江苏省高等学校精品教材
江苏省高等学校重点教材

药物合成技术

第二版

钱清华　张　萍　主编
金学平　主审

U0359669

化学工业出版社
·北京·

药物合成技术是制药专业最重要的专业课之一。本教材是以全面提高学生素质为基础、以专业建设为核心、以能力为本位组织编写的，内容选编得当，并加强了实践环节。全书共分十一章，内容以典型药物合成过程为例，以点带面，系统介绍了药物制备的基本内容、基本实践技术和生产工艺，以及制药反应设备和环保、安全知识。全书结合阿司匹林、对乙酰氨基苯酚、诺氟沙星、磺胺甲噁唑、氯霉素、氢化可的松、半合成青霉素、半合成头孢菌素、紫杉醇、维生素 C 等典型药物，对药物合成涉及的酰化反应技术、还原反应技术、卤化反应技术、烃化反应技术、缩合反应技术、氧化反应技术、发酵制药技术、溶剂和催化剂应用技术、手性药物合成技术进行了具体讨论。在生产技术部分增加运行和操作内容，并结合实验室具体操作，加强学生的感性认识和实践技能的培训，做到实践教学融合于理论教学之中。

　　本书涉及面广、由浅入深、实用性强，既可作为高职院校药品生产技术专业教材，还可供相关专业及有关生产、技术、管理人员参考。

图书在版编目（CIP）数据

　　药物合成技术/钱清华，张萍主编. —2 版.—北京：
化学工业出版社，2015.11（2024.6重印）
　　江苏省高等学校重点教材
　　ISBN 978-7-122-24999-9

　　Ⅰ.①药…　Ⅱ.①钱…②张…　Ⅲ.①药物化学-
有机合成-高等职业教育-教材　Ⅳ.①TQ460.31

　　中国版本图书馆 CIP 数据核字（2015）第 191199 号

责任编辑：李植峰　迟　蕾　　　　　　　　　　　　　　　　装帧设计：刘亚婷
责任校对：宋　夏

出版发行：化学工业出版社（北京市东城区青年湖南街 13 号　邮政编码 100011）
印　　装：北京天宇星印刷厂
787mm×1092mm　1/16　印张 15¾　字数 398 千字　　2024 年 6 月北京第 2 版第 6 次印刷

购书咨询：010-64518888　　　　　　　售后服务：010-64518899
网　　址：http://www.cip.com.cn
凡购买本书，如有缺损质量问题，本社销售中心负责调换。

定　　价：45.00 元　　　　　　　　　　　　　　　　　　　版权所有　违者必究

《药物合成技术》（第二版）编写人员

主　　编　钱清华

　　　　　张　萍

副 主 编　汤立新

　　　　　镇　磊

参编人员　（按姓名汉语拼音排列）

　　　　　陈立波（吉林工业职业技术学院）

　　　　　贺绍杰（正大天晴药业集团股份有限公司）

　　　　　季锡平（连云港杰瑞药业有限公司）

　　　　　钱清华（连云港职业技术学院）

　　　　　汤立新（南京化工职业技术学院）

　　　　　王金香（广东食品药品职业学院）

　　　　　王学民（荆楚理工学院）

　　　　　易庆平（荆楚理工学院）

　　　　　张　萍（连云港职业技术学院）

　　　　　镇　磊（荆州职业技术学院）

主　　审　季锡平（连云港杰瑞药业有限公司）

　　　　　金学平（武汉软件工程职业学院）

前　言

　　《药物合成技术》于 2008 年第一次出版。教材突出了高职教育课程体系和教学内容职业性的特点，在 2011 年被评为江苏省高等学校精品教材，2013 年被选为江苏省高等学校重点教材。

　　本教材在第一版的基础上，进一步强化理论实践一体、工学结合的理念，与企业技术人员共同修订，以能力培养为主线，按照实际工业生产过程操作来组织编写，能更好地满足培养技能型人才的需求。

　　与第一版《药物合成技术》相比，内容的取舍和体例结构都有比较大的变动，加强了校企合作的教学内容，增加部分新药生产工艺，在内容中适当增加操作中常见异常现象的分析判断与对策、反应釜的单元操作、反应温度和传热操作及控制、搅拌机的使用及过程操作、发酵罐的操作技术、离子交换树脂塔设备及操作技术、设备维护、安全知识和具体的 GMP 知识与要求等，在每章内容后都增加了有机合成工职业技能考核复习题，突出了教学过程与生产过程的有效对接、学历与职业资格对接和职业教育与终身学习对接的要求。

　　全书共分十一章，章节之间渐进衔接，体现完整的工作过程，内容涵盖了药物生产岗位群所要求的能力和知识；按学习目标、能力目标、技术理论、生产工艺和实训操作技术、知识拓展、资料阅读展开，便于各种教学方法的实施；以典型药物的合成过程为案例，将基本的有机单元反应、具体应用和操作技术贯穿其中，以点带面，内容按照"由简单到复杂，由初级到高级，由单项到综合"能力递进的学习规律，并结合企业岗位安全、企业化管理理念和实验室具体操作。在"选做实验及生产实训部分"，按"一般操作、科研训练操作、生产实训"循序渐进，使学生在掌握基础知识的同时，积累职业经验，培养学生分析和解决问题的能力。

　　本书既可作为高职院校药品生产技术专业的教材，也可供从事化学制药相关工作的技术人员参考。

编者

2016 年 2 月

第一版前言

随着科学技术的发展以及社会对应用型人才需求的快速增长，我国的高等职业技术教育进展飞速。高等职业技术教育的课程体系和教学内容要突出职业技术特点，并注重实践技能，加强针对性和实用性，基础知识以必需、够用为度，以讲清概念、强化应用为教学重点。教材是教学活动中必须使用的基本材料，其内容的范围和深度必须与相应职业岗位群的要求紧密结合，实践性、应用性要强，要突破传统教材以理论知识为主的局限，突出职业技能特点，应按模块化组织教学体系，各个模块之间相互衔接，且具有一定的可裁减性和可拼接性。

药物合成技术是研究药物合成路线、合成原理、工业生产过程及实现过程最优化的一般途径和方法的一门学科，是制药专业最重要的专业课之一。本教材是按照教育部高职教育要求，以全面提高学生素质为基础、以专业建设为核心、以能力为本位组织编写的，内容选编得当，并加强了实践环节。例如，在有关具体药物合成实例上，将实际操作中的理论与实践适当结合，主次分明，理论少而精。全书共分十一章，以典型药物合成过程为例，以点带面，系统介绍了药物制备的基本内容、基本实践技术和生产工艺，以及制药反应设备和环保、安全知识。结合阿司匹林、对乙酰氨基苯酚、诺氟沙星、磺胺甲噁唑、氯霉素、半合成青霉素、氢化可的松、半合成头孢菌素、紫杉醇、维生素 C 等典型药物，对药物合成涉及的酰化反应技术、还原反应技术、卤化反应技术、烃化反应技术、缩合反应技术、氧化反应技术、发酵制药技术、溶剂和催化剂应用技术、手性药物合成技术进行了具体讨论，可加深学生对工艺路线及生产原理的理解，培养学生分析和解决问题的能力。在生产技术部分增加运行和操作内容，并结合实验室具体操作，加强学生的感性认识和实践技能的培训，做到实践教学融合于理论教学之中。

本书涉及面广、由浅入深、实用性强，既可作为高职院校化学制药专业教材，也可作为高职高专制药技术类专业的教材，还可供相关专业师生及有关生产、技术、管理人员参考。

编者

2008 年 6 月

目　录

第一章　制药基础知识

知识目标

◇ 了解制药工业的特点、现状及发展趋势。

◇ 掌握药物的全合成、半合成及先导化合物的概念。

◇ 了解 GMP 理念。

能力目标

◇ 能从药物合成反应的转化率、收率、安全性和环保方面对合成方法进行综合评价。

第一节　药物合成技术的任务和内容

一、药物合成技术的任务

药物合成技术的任务是对药物的合成路线和合成原理进行研究，实现工业生产过程及过程最优化的途径和方法。药物合成技术是在综合有机化学、分析化学、物理化学、药物化学、化学反应过程及设备等知识基础上，与化学工程学有着密切关系，与微生物学、生物化学等学科及生产工艺学相互渗透，与农药学、医学、天然药物化学等也有着不可分割联系的学科；是设计和选用安全、经济、简便的方法合成药物的一门科学；是药物研究和开发中的重要组成部分。

化学药物、生物药物以及中草药是人类防病、治病的三大药源，是药物合成技术的研究对象。所谓化学药物是指经过一系列的化学合成和物理处理过程制得的化学物质，而生物药物则泛指包括生物制品在内的生物体的代谢产物或生物体的某一组成部分，甚至是整个生物体用作诊断和治疗疾病的医药品，例如蛋白质、激素、疫苗等。

药物作用主要有两个方面：①对疾病预防、治疗和诊断；②调节抗体的生理功能及保健。因此按照药物的作用把药物分为预防药、治疗药、诊断药及保健药四大类，有些药物同时具有预防、治疗和保健作用，例如钙片、板蓝根等。

二、药物合成技术的内容

1. 开发新药

新药和新药开发企业在医药产业中具有极其重要的地位。药物品种多、更新快，在发达国家，新药销售占药物总销售的 80%左右。随着社会经济的进步和生活水平的提高，人们对康复保健也不断提出新的和更高的要求，这就要求制药技术不断进步，不断生产出品种更多、疗效更好的新药，以满足需求。

药物一般是由化学结构比较简单的化工原料经过一系列化学合成和物理处理过程制得（称为全合成）；或由已知具有一定基本结构的天然产物经化学结构改造和物理处理过程制得（称为半合成）。在新药创制中，首先是通过筛选，发现先导化合物（lead compound，具有一定生理活性、可作为结构改造的模型，从而获得预期药理作用的药物），然后合成一系列目标化合物，进而优选出最佳的有效化合物；其次是对被认为有开发前景的有效化合物进行深入的药效学、毒理学、药代动力学等药理学研究以及化学稳定性、药物剂型、生物利用度等药剂学研究。

2. 改进生产工艺

生产工艺改进是针对已投产的药物，主要是指产量大、应用面广的品种，对这些类型的药物生产要研究开发出更先进的新技术路线和生产工艺，主要集中在产品收率、三废治理和经济效益方面。

3. 合成方法的评价

合成一种药品常常可以有多种路线，即采用不同的原料，通过不同的工艺途径合成。那么如何确定最优合成路线？根据哪些原则对合成的路线进行评价和选择？这是在生产上必须解决的问题。一般要考虑原料的来源、成本、产物的产率、中间体的稳定性、分离的难易、设备条件、安全性及环境保护等因素。其中反应步数和反应总收率是评价合成方法优劣的最主要和最直接标准。生产上常用下列参数描述反应的进行程度。

① 转化率　对某一组分来说，如 A 组分，反应物所消耗掉的物料量与投入反应的物料量之比称为该组分 A 的转化率，一般以百分比例来表示：

$$A 的转化率 = \frac{反应消耗 A 组分的量}{投入反应 A 组分的量} \times 100\% \tag{1-1}$$

② 收率　某主要产物实际收得的量与投入原料计算的理论产量之比值，也以百分比例表示：

$$收率 = \frac{产物实际得量}{按某一主要原料计算的理论产量} \times 100\% \tag{1-2}$$

或

$$收率 = \frac{产物收得量折算成原料量}{原料投入量} \times 100\% \tag{1-3}$$

收率一般要说明是按哪一种主要原料计算的。

③ 选择性　各种主、副产物中，主产物所占比例或百分率可用选择性表示，则有：

$$选择性 = \frac{主反应生成量折算成原料量}{反应消耗的原料量} \times 100\% \tag{1-4}$$

或　　　　　　　　　　$$收率 = 转化率 \times 选择性 \tag{1-5}$$

④ 总收率　从原料到目标产物所需的反应步数之和称为反应总步数，而总收率是各步收率的连乘积。另外，反应的排列方式也直接影响产物的总收率，通常采用线性法和收敛法。线性法是由原料经连续的几步反应获得产物的方法，又称连续法。收敛法或汇聚法是指原料经两个或两个以上的反应平行进行，分别获得的产物再进行进一步反应的方法，又称为平行法。一般说来，在反应步数相同的情况下，收敛法的总收率高于线性法。例如，某化合物 ABCDEF 采用两条路线合成，每步收率都是 90%，则总收率分别如下所述。

线性法：

$$A \xrightarrow{B} AB \xrightarrow{C} ABC \xrightarrow{D} ABCD \xrightarrow{E} ABCDE \xrightarrow{F} ABCDEF$$
$$总收率 = (90\%)^5 = 59\%$$

收敛法：

$$\left. \begin{array}{l} A \xrightarrow{B} AB \xrightarrow{C} ABC \\ D \xrightarrow{E} DE \xrightarrow{F} DEF \end{array} \right\} \longrightarrow ABCDEF$$
$$总收率 = (90\%)^3 = 73\%$$

4. 安全生产和"三废"防治

在药物的生产中，可以通过不断改进生产工艺，尽量避免使用易燃易爆或具有较强毒性的原辅材料，如果必须使用有毒有害原料，一定要采取安全措施，如注意排气通风、配备必要的防护工具等。在生产过程中会产生大量的废水、废气和废渣即"三废"，并且具有数量少、成分复杂、变动性大、综合利用率低、间歇排放、化学耗氧量高等特点，如果不经处理直接排放，会造成严重的环境污染。因此，如何做好制药生产中的"三废"治理也是制药工艺中的重要部分。

三、本课程的学习内容和总目标

药物合成技术主要进行的是原料药生产，具有与其他化工生产不同的要求，包括精制、干燥、包装生产环境的要求。一种原料药的合成即是生产过程，或是工作过程，包括图 1-1 的几个方面。本课程的学习内容即是完成图 1-1 的工作任务，涉及的工作岗位主要有化学原料药和中间体生产的操作、调试、运行与设备维护、化工产品的质量监督与控制、GMP 培训、生产管理、医药产品的研发与销售等岗位。

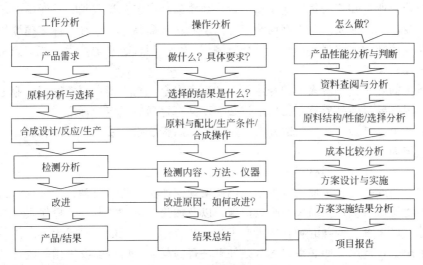

图 1-1 本课程的学习内容

通过本课程的学习，能掌握各种有机单元反应的基本特点、各单元反应所需要的相关试剂及其应用，初步掌握各单元反应在有机产品合成中的应用，能判断和排除合成过程中常见的不正常情况，能初步对反应过程进行优化，掌握常用药物的合成方法和生产操作技术、产品检测方法等。

第二节 制药工业的特点

医药制品是直接保护人民健康和生命的特殊商品，随着人们生活水平的提高，需要更多的治疗疑难杂症的药物和保健药品以及比现有药物疗效更高、耐受性更好的新药。

一、小批量、多品种、复配型居多、药物更新换代快

医药制品专用性强、效能高、用量不大，从原料到各种制剂成药，其品种数要翻数十倍。其中大部分是化学合成药物，并且其中的高效、低毒、特效和速效药物品种不断增长，同时，适合某些医疗需要的长效和短效药物也受到重视。这主要是由于：病人对各种药物的疗效反应不同，病人对某种药物过敏时，就要更换其他品种的药物；某些药物由于长期服用

而产生耐药性，更需要更换另一种药物；具有同一类型药理作用的药物，还有长效、中效、短效和速效的要求。有些老品牌药物，长期临床应用发现疗效差、毒副作用大、产生耐药性等问题，已逐渐被新品种所取代。

二、新药研究和开发投资大、周期长

新药品开发费用高而成功率低，所需时间较长，需要经过制定研究计划和实验设计、临床前研究、临床试验，新药上市后，还要继续经过收集有关疗效和毒副作用情况阶段。

据报道，每一种新药的开发成本需要 8 亿美元以上（某些人估计可高达 14 亿美元）。近几年，研发周期最长的为神经药物学治疗领域药物。抗癌药、糖尿病治疗药物和中枢神经系统药物等正成为制药巨头关注的研发重点。在企业的研发线上，这些治疗领域产品也普遍被寄予厚望。

环境保护对三废治理的要求日趋严格，也直接影响到新产品的开发投资和速度。

三、高技术密度、高质量、高利润、高安全性

现代制药企业是知识密集型高技术产业。药物的生产工艺流程长，单元反应多，中间过程需要严格控制，产品质量要求高而稳定等。从原料到商品，其中涉及许多领域的多学科的理论知识和专业技能，包括多步合成、分析测试、性能筛选、复配技术、新型研制、计算机信息处理等现代技术。

药品质量的好坏关系着人类的身体健康和生命安全，它是衡量国家医药工业生产水平的重要标志，因此要对药品质量严格要求，必须使其符合药典规定的标准。

药物生产工艺复杂，在药物的开发和生产中，高资金投入带来了高额利润，主要是由于新药专利保护周密，竞争激烈。

药品生产中，涉及原辅材料多，且有些材料或生产工艺过程易燃、易爆、毒性大，然而产量却不大。因此一定要采取安全措施，例如实现生产机械化、自动化或采用密封设备，防止有毒有害物质逸散；加强通风和吸收措施，以及加强对毒物的管理；操作人员应使用劳动保护用品等。以无毒、低毒的物料或生产工艺代替有毒、高毒的物料或生产工艺。

药品生产中，常用一些必须在无水条件下进行的反应，所以需要采用一些有机溶剂和有毒物质，如金属钠、氰化物、苯、双氧水、硝基化合物等易燃易爆溶剂或剧毒原料，在使用这些原料时，必须根据不同情况采取足够的安全措施。很多用来作为溶剂使用的有毒物质现在已改用环己烷、醇等无毒性物质。

四、环保要求

药厂排出的"三废"种类多，成分复杂，常具有毒性、刺激性、腐蚀性，化学需氧量（COD）高，处理困难。在治理"三废"过程中必须综合利用，也就是把原来认为无用甚至有害的工业"三废"变为有用的物质，充分合理使用资源，既可物尽其用，降低成本，增加生产，又可减少污染保护环境。"三废"是在生产过程中产生的，改革生产工艺才是消除或减少"三废"危害的根本措施，其中包括以下几方面。

1. 更换原辅材料，改善工艺条件，调整不合理的配料比，采用新技术

选择最适宜的原料和中间体，以无毒、低毒的原辅材料代替有毒、高毒的原辅材料。例如，氯霉素生产中异丙醇铝的制备，原用 $HgCl_2$ 作催化剂，后改用 $AlCl_3$。

药物生产中，要使反应完全、提高收率，要考虑兼作溶剂，所以需经常使用某种过量的原料，这样会增加后处理和"三废"处理的负担。因此，要统筹兼顾，调整配比，减少污染。

采用新工艺、新技术不但能显著提高产品产量，而且也有利于防治"三废"。有时微生物转化技术比化学合成法具有更大优越性，可以大大简化工序，提高收率，减少"三废"处理费用。

例如维生素 C 采用两步发酵法生产工艺。此外，其他新技术如立体定向合成、固定化酶技术等都是药物生产中减轻"三废"后处理负担的重要方法，并且也是药物生产工艺改进的新方向。

2. 循环使用和合理套用；回收和综合利用

药物合成反应不可能十分完全，产物的分离过程也较难彻底，因而母液中常常含有一定数量的未反应的原辅材料和主副产物。在某些药物合成中，反应母液可直接套用或经适当处理后套用。这样既减少了"三废"，也降低了原辅材料的消耗。

回收利用所采用的方法包括蒸馏、结晶、吸收、吸附等。有些"三废"的回收利用有困难，可先进行适当的化学处理，如氧化、还原、中和等，然后再加以回收利用。

3. 加强管理

加强生产技术和设备管理，杜绝跑、冒、滴、漏现象，减少环境污染。

查一查

什么是药品生产质量管理规范（GMP)？质量保证的基本原则有哪些？

第三节 制药工业的现状及发展趋势

世界各国企业在竞争中求得生存与发展的基本条件是：新药开发、生产工艺不断改进，研究开发更先进的新技术路线和生产工艺。许多国家的制药工业发展速度多年来一直高于其他工业的发展速度。

一、国外制药工业的发展概况

1. 发展现状

发达国家控制着世界医药市场。由于制药业具有高投入、高技术、高风险的特征，世界医药市场被少数发达国家和跨国制药企业所垄断，前 100 家世界性医药企业供应着全球药品的 80%，前 25 家企业控制着 50%市场。90%药品生产由美国、日本、德国、法国、英国和瑞典 6 个发达国家完成。占世界人口 25%的发达国家消费了 79%的全球药品。随着未来几年世界人口的高速增长，药品的消费和需求将大幅度上升。

2. 发展趋势

在近年上市的新产品中，抗感染药物、心血管药物、中枢神经系统用药和抗癌药物占主导地位。由于发现药物新分子本体的难度越来越大，世界各大制药公司药物研究机构均加大投资力度，发展高新技术，寻找新的药物新分子本体，其发展趋势如下所述。

① 利用分子生物学、结构生物学、电子学、波谱学、化学、基因重组、分子克隆、计算机（图形，计算，检索和处理技术）等技术，研究治疗靶点的生物靶分子的结构和功能，并对现有某些药物小分子的结构进行修饰改造或设计新的药物小分子，研究生物靶分子与药物小分子之间的相互作用，对修饰的或创新的药物小分子进行筛选，从而发现新药，并对其进行系统研究。

② 利用组合化学方法发现新药。与传统的化学合成相比较，组合化学合成能够对化合物之间的每一种组合提供结合的可能，利用可靠的化学反应以及简单的纯化技术（如固相化反应技术）系统，反复、微量地制备出不同组合的化合物，建立具有多样性的化合物质库，然后用灵敏、快捷的分子生物学检测技术，筛选出具有活性的化合物或化合物群，测定其结构，然后再批量合成，评价其药理活性。组合化学可以用较短的时间合成大量不同结构的化合物，克服了过去只依靠从动植物或微生物中分离提纯的天然产物作为药物先导结构的局限

性，为发现药物先导结构提供了一种快捷方法。

③ 从现有含有手性碳原子的未经拆分、以外消旋体出售的药物为出发点，进行消旋拆分，分别对两种对映体的活性进行研究，选择最具活性的对映体，再进行立体选择性合成或不对称合成或消旋拆分研究。

④ 继续对从动植物或微生物中提取分离的已确知化学结构的新化合物研究其化学合成方法，这仍是合成新药的任务之一。

⑤ 研究开发先进的合成技术，如声化学合成、微波化学合成、电化学合成、固相化反应、纳米技术、冲击波化学合成等先进的合成技术，选择新型催化剂，研究环境友好合成工艺技术以及新型高效分离技术，用这些新的技术改造现有合成药物的生产工艺也是合成药物研究的发展趋势之一。

二、我国医药行业发展

1. 发展现状

目前，我国生产的原料药品种约 900 种，制剂和中成药各约 3000 多种，一些主要药品不仅能满足国内需要，还可部分出口。例如甾类激素发展到工业生产的规模，维生素、半合成抗生素、抗生素、解热镇痛药、磺胺类药物、抗寄生虫病药、抗肿瘤药、心血管药、中枢神经系统药物、口服避孕药等的品种和产量都有很大的增加，对疗效确实的国外新品种，大多数国内都能投入生产。

随着对疾病的病因、发病机制、病理过程和药物作用机制的进一步了解，人们更加重视对天然生理调节因素的研究，如维持正常血压和肌肉紧张度、修复胃部损伤、调节神经系统、增强记忆和防止衰老等，一旦对健康、疾病、逆转的生物化学全过程获得进一步阐明，势必会导致又一代新药的产生。同时，随着饮食的改善和人类寿命的延长，许多疾病如肥胖病、心血管疾病、糖尿病等日益突出，这些疾病使得药品消耗结构逐渐发生了变化，例如心血管药物所占比重逐年增加；抗感染药物有下降的趋势；老年疾病及妇女儿童用药、预防药物、保健食品（也称功能性食品）的市场快速发展；天然药物（主要指植物药）发展潜力大，使我国的中药前景更为广阔；非处方药（OTC）销售市场增长速度加快；老年性痴呆、精神分裂症、高胆固醇、艾滋病及多种癌症等治疗药物的研制加快，市场前景广阔。

2. 发展趋势

我国医药行业已基本形成了原料药、中间体、制剂和医疗器械等比较配套且较为完善的制药工业体系，数量规模上已跻身世界前列，在发展中国家占有明显优势。预计到 2010 年，我国医药行业将发展成为高技术、外向型、具竞争能力的主导产业。即医药产业和产品结构更趋合理，资源配置优化；形成完善的新药研制创新体系；将培育一批现代化的大型医药企业；化学药制剂、中成药（习称中药）现代化、具有知识产权的生物技术药物等方面将有大的突破。将成为继美国、日本、德国和法国之后的世界第 5 大医药市场。

（1）化学原料药 化学原料药是制药增长的主要部分，我国将分层次发展化学原料药，在满足基本医疗用药需求的同时，一些具有我国自主知识产权的产品和目前国内短缺的产品将会出现，更多的高附加值出口品种将得到发展，东欧、非洲、亚洲、拉美等广阔的国际市场将得到一定程度的开拓。

（2）中成药现代化 随着国际上对天然药物需求的不断增加，我国中药现代化水平的不断提高，以及发达国家对我国中药的认同感加强，我国在中药国际化程度上有所深化，将有一定数量的中成药正式进入国际药品市场。

（3）重点发展医药项目　我国将重点发展如下医药项目：①中草药及其有效生物活性成分的提取和发酵生产；②不断改进和提高抗生素的生产工艺技术；③开发各种疫苗与酶诊断试剂，重点是乙肝基因疫苗与单克隆抗体诊断试剂；④开发活性蛋白与多肽类药物、靶向药物，以治疗肿瘤药物为重点；⑤应用微生物转化法与酶固定化技术发展氨基酸工业，并开发甾体激素，对现有传统生产工艺进行改造。

原子经济性反应

原子经济性反应是指在化学反应过程中原料分子中的原子进入最终所希望产品中的数量，在设计反应时，使原料分子中的原子更多或全部地变成最终希望的产品中的原子。例如：假设 C 是要合成的目标产物，若以 A 和 B 为起始原料，生成 C 和 D，D 是副产物，且许多情况下是对环境有害的，那么这一部分原子被浪费，形成的副产物对环境造成负荷。所谓原子经济性反应即是使用 E 和 F 为起始原料，整个反应结束后只生成 C，E 和 F 的原子得到了 100％利用，即没有任何副产物生成。可以用下列式子表示：

$$A+B \longrightarrow C+D$$
$$E+F \longrightarrow C$$

只有通过实现原料分子中的原子百分之百地转变成目标产物，才能达到不产生副产物和实现"废物""零排放"的要求。原子经济性反应在一些大宗化工产品生产中已得到了较好地应用。比如用于合成高分子材料的聚合反应；甲醇羰基化制乙酸；丁烯与 HCN 合成己二腈；乙烯一步法氧化生产环氧乙烷等均为原子经济性反应。在药物合成中，一些重排反应实现了原子经济性反应，而在其他类型的反应中还需要进行充分地研究探索。

本 章 小 结

- **基本概念**
  - **药物全合成**：由化学结构比较简单的化工原料经过一系列化学合成和物理处理过程制得药物的过程
  - **药物半合成**：由已知具有一定基本结构的天然产物经化学结构改造和物理处理过程制得药物的过程
  - **先导化合物**：具有一定生理活性、可作为结构改造的模型，从而获得预期药理作用的药物

- **制药工艺**
  - **合成方法评价**
    - **转化率**：某一反应物所消耗掉的物料量与投入反应的物料量之比
    - **收率**：某主要产物实际收得的量与投入原料计算的理论产量之比
    - **选择性**：各种主、副产物中，主产物所占比例或百分率
    - **总收率**：从原料到目标产物的各步反应收率的连乘积
    - **生产安全性**：安全生产、"三废"防治、环境保护
  - **制药工业特点**
    - 小批量、多品种、复配型居多、药物更新换代快
    - 新药研究和开发投资大，周期长，技术密度高
    - 高质量、高利润、高安全、高环保
  - **发展现状及趋势**
    - **现状**：制药工业发展速度高于其他工业
    - **趋势**：利用分子生物学、结构生物学、电子学、波谱学、化学、组合化学、基因重组、分子克隆、计算机技术，研究、发现新药、用新技术改造现有生产工艺

复 习 题

一、自测题

1. _____是药物研究和开发中的重要组成部分；它是研究、设计和选用最安全、最经济和最简捷的化学合成药物工业生产途径的一门科学。

2. 化学合成药物生产工艺的研究可分为_____和中试放大研究两个先后相互联系的阶段。

3. 我国_____（习称中药）和现代药品并存，各有优势，相辅相成。

4. 制药企业都采用科研、生产（包括原料药与_____）、销售三位一体的经营方式和规模生产。

5. 今后世界制药工业的发展动向可以概括为_____、高要求、高速度、高集中。

6. 在新药创制中，首先是通过筛选，发现_____，合成一系列目标化合物，进而优选出最佳的有效化合物。

7. 对某一组分来说，反应产物所消耗掉的物料量与投入反应物料量之比简称该组分的_____。

8. 某主要产物实际收得的量与投入原料计算的理论产量之比值，称为_____。

9. 主产物生成量折算成原料量与反应消耗原料量之比称为_____。

二、思考题

1. 什么是汇聚型合成？什么是直线型合成？两种类型的反应对产物的收率影响如何？

2. 什么是药物的转化率？什么是药物的收率？

三、计算题

甲氧苄氨嘧啶生产中由没食子酸（名称：3,4,5-三羟基苯甲酸，分子式：$C_7H_6O_5$，摩尔质量：170g/mol）经甲基化反应制备三甲氧苯甲酸（$C_{10}H_{12}O_5$，摩尔质量：212g/mol）工序，测得投料量没食子酸25.0kg，未反应的没食子酸2.0kg，生成三甲氧苯甲酸24.0kg，试求转化率、选择性和收率。

有机合成工职业技能考核习题（1）

一、选择题

1. 烷烃①正庚烷、②正己烷、③2-甲基戊烷、④正癸烷的沸点由高到低的顺序是（　　）。
   A. ①②③④ 　　　B. ③②①④ 　　　C. ④③②① 　　　D. ④①②③

2. 下列烯烃中（　　）不是最基本的有机合成原料"三烯"中的一个。
   A. 乙烯 　　　B. 丁烯 　　　C. 丙烯 　　　D. 1,3-丁二烯

3. 涂改液中含有许多挥发性有害物质，二氯甲烷就是其中一种。关于二氯甲烷的几种说法：①它是由碳、氢、氯三种元素组成的化合物；②它是由氯气和甲烷组成的混合物；③它的分子中碳、氢、氯元素的原子个数比为1:2:2；④它是由多种原子构成的一种化合物。说法正确的是（　　）。
   A. ①③ 　　　B. ②④ 　　　C. ②③ 　　　D. ①④

4. 在冷浓硝酸中最难溶的金属是（　　）。
   A. Cu 　　　B. Ag 　　　C. Zn 　　　D. C

5. 既溶解于水又溶解于乙醚的是（　　）。
   A. 乙醇 　　　B. 丙三醇 　　　C. 苯酚 　　　D. 苯

6. 雾属于分散体系，其分散介质是（　　）。
   A. 固体 　　　B. 气体 　　　C. 液体 　　　D. 气体或固体

7. CO、H_2、CH_4三种物质，火灾爆炸危险性由小到大排列正确的是（　　）。
   A. CO>H_2>CH_4 　　B. CO>CH_4>H_2 　　C. CH_4>CO>H_2 　　D. CH_4>H_2>CO

8. 化工厂供电设计对于正常运行时可能出现爆炸性气体混合物的环境定为（　　）。
   A. 0区 　　　B. 1区 　　　C. 2区 　　　D. 危险区

9. 在管道布置中，为安装和操作方便，管道上的安全阀布置高度可为（　　）。
   A. 0.8m 　　　B. 1.2m 　　　C. 2.2m 　　　D. 3.2m

10. 化工生产中防静电措施不包含（　　）。

A. 工艺控制   B. 接地   C. 增湿   D. 安装保护间隙

11. 下列物质不需用棕色试剂瓶保存的是（   ）。

A. 浓 HNO_3 B. $AgNO_3$ C. 氯水   D. 浓 H_2SO_4

12. 既有颜色又有毒性的气体是（   ）。

A. Cl_2 B. H_2 C. CO   D. CO_2

13. 按被测组分含量来分，分析方法中常量组分分析指含量（   ）。

A. $<0.1\%$ B. $>0.1\%$ C. $<1\%$ D. $>1\%$

14. 国家标准规定的实验室用水分为（   ）级。

A. 4   B. 5   C. 3   D. 2

15. 转化率、选择性和收率间的关系是（   ）。

A. 转化率×选择性＝收率   B. 转化率×收率＝选择性

C. 收率×选择性＝转化率   D. 没有关系

16. 下列活化基的定位效应强弱次序正确的是（   ）。

A. $-NH_2>-OH>-CH_3$ B. $-OH>-NH_2>-CH_3$

C. $-OH>-CH_3>-NH_2$ D. $-NH_2>-CH_3>-OH$

17. 格氏试剂是有机（   ）化合物。

A. 镁   B. 铁   C. 铜   D. 硅

18. 对热敏性物质的蒸馏分离，常在（   ）条件下进行。

A. 减压   B. 常压   C. 加稀释剂   D. 加压

19. 下列（   ）含四位和两位有效数字。

A. 1000 和 0.100   B. 10.00 和 0.01   C. 10.02 和 12   D. 100.0 和 0.110

20. NH_4NO_2 分子中，前、后 2 个 N 的氧化值分别为（   ）。

A. $+1$、-1 B. $+1$、$+2$ C. $+1$、$+5$ D. -3、$+3$

21. 欲使 $Mg(OH)_2$ 的溶解度降低，最好加入（   ）。

A. NaOH   B. H_2O C. HCl   D. H_2SO_4

22. 下列物质不是有机化合物的是（   ）。

A. CH_3I B. NH_3 C. CH_3OH D. CH_3CN

23. 根据酸碱质子理论，不属于两性物质的是（   ）。

A. H_2O B. HCO_3^- C. NH_4Ac D. NH_4^+

24. 在日常生活中，常用作灭火剂、干洗剂的是（   ）。

A. $CHCl_3$ B. CCl_4 C. CCl_2F_2 D. CH_2Cl_2

25. 下列各组化合物中沸点最高的是（   ）。

A. 乙醚   B. 溴乙烷   C. 乙醇   D. 丙烷

26. 下列物质酸性最强的是（   ）。

A. $CH_3CH=CHCH_3$ B. $CH_3CH=CH-CH=CH_2$

C. $CH_3CH_2CH_2CH=CH_2$ D. $CH_3CH_2CH_2C\equiv CH$

27. 下列化学物质属于麻醉性毒物的是（   ）。

A. 氯   B. 一氧化碳   C. 醇类   D. 氨

28. 下列气瓶需要每两年就进行检验的是（   ）

A. 氧气   B. 氯气   C. 氢   D. 氮气

29. 下列物质属于剧毒物质的是（   ）。

A. 光气   B. 氨   C. 乙醇   D. 氯化钡

30. 下列化合物中，苯环上两个基团的定位效应不一致的是（   ）。

A.   B.   C. CH_3CH_2-⟨苯环⟩$-COCH_3$

31. 关于取代反应的概念，下列说法正确的是（　　）。
    A. 有机物分子中的氢原子被氯原子所取代
    B. 有机物分子中的氢原子被其他原子或原子团所取代
    C. 有机物分子中的某些原子或原子团被其他原子所取代
    D. 有机物分子中某些原子或原子团被其他原子或原子团所取代

32. 参加反应的原料量与投入反应器的原料量的百分比，称为（　　）。
    A. 产率　　　　　　B. 转化率　　　　　　C. 收率　　　　　　D. 选择性

33. 在食品及药品工业中，常用（　　）作为防腐剂。
    A. 碳酸氢钠　　　　B. 乙酸钠　　　　　　C. 苯甲酸钠　　　　D. 苯乙酸钠

二、判断题（√或×）

1. 选择性是目的产品的理论产量以参加反应的某种原料量为基准计算的理论产率。

2. 衡量一个反应效率的好坏，不能单靠某一指标来确定，应综合转化率和产率两个方面的因素来评定。

3. 对于一个反应体系，转化率越高，则目的产物的产量就越大。

4. 水击事故会使管道承受的压力骤然升高，发生猛烈震动并发出巨大声响，常造成管道、法兰、阀门等的破坏。

5. 安全装置的报警设施是运用声、光、色、味等信号，提出警告以引起人们注意，采取措施，避免危险。

6. 化工生产中，投料的速度越快越好。

7. 搬运易燃易爆化学品时，应该轻拿轻放，轻轻托、拉、滚。

8. 危险化学品的运输应做到"三定"，定人、定车、定点。

9. 从业人员发现直接危及人身安全的紧急情况时，可以边作业边报告本单位负责人。

10. 易燃、可燃液体桶装库应设计为双层仓库。

11. 盛装易燃液体的铁桶不宜堆放太高，防止发生碰撞、摩擦而产生火花。

12. 易燃液体的蒸发速度越慢，火灾爆炸危险性越大。

13. 张贴危险化学品标志可以有效减轻化学溶剂对工人的伤害。

14. 干燥过程既是传热过程又是传质过程。

15. H_3BO_3 是三元弱酸。

16. 有机化合物是含碳元素的化合物，所以凡是含碳的化合物都是有机物。

17. 乙醛是重要的化工原料，它是由乙炔和水发生亲核加成反应制得的。

18. 在重氮盐水解时，是把稀硫酸慢慢加到重氮硫酸盐溶液中。

19. 由脂肪伯胺制得的重氮化合物性质稳定，由芳伯胺得到的重氮化合物很不稳定。

20. 苯中毒可使人昏迷、晕倒、呼吸困难，甚至死亡。

21. 氮氧化合物和碳氢化合物在太阳光照射下，会产生二次污染——光化学烟雾。

22. 可燃性混合物的爆炸下限越低，爆炸极限范围越宽，其爆炸危险性越小。

23. 物质的沸点越高，危险性越低。

24. 尘毒物质对人体的危害与个人体质因素无关。

25. 因为环境有自净能力，所以轻度污染物可以直接排放。

26. 根据燃烧三要素，采取除掉可燃物、隔绝氧气（助燃物）、将可燃物冷却至燃点以下等措施均可灭火。

27. 乙酸乙酯、甲酸丙酯、丁酸互为同分异构体。

28. 乙烯、丙烯属于有机化工基本化工原料。

29. 化工生产上，生产收率越高，说明反应转化率越高，反之亦然。

30. 烧碱的化学名称为氢氧化钠，而纯碱的化学名称为碳酸钠。

31. 当溶液中氢氧根离子大于氢离子浓度时，溶液呈碱性。

32. 羧酸衍生物的水解活性顺序是酰卤＞酸酐＞酯＞酰胺。

33. 苯酚的酸性比碳酸弱，但是比碳酸氢钠强。

34. 我国安全生产方针是："安全第一、预防为主"。

35. 升高反应温度，有利于放热反应。

36. 对于同一个产品生产，因其组成、化学特性、分离要求、产品质量等相同，须采用同一操作方式。

37. 通常用来衡量一个国家石油化工发展水平的标志是石油产量。

38. 温度升高，对所有的反应都能加快反应速度，生产能力提高。

39. 国家明确规定氢气钢瓶为深绿色，氧气钢瓶为天蓝色，氮气钢瓶则为黑色。

40. 有毒气体气瓶的燃烧扑救，应站在下风口，并使用防毒用具。

41. 浓硫酸稀释时只能把水缓缓倒入浓硫酸中，并不断地加以搅拌，切不可反过来。

42. 甲醛和乙醛与品红试剂作用，都能使溶液变成紫红色，再加浓硫酸，乙醛与品红试剂所显示的颜色消失。

43. 醛能和托伦试剂发生银镜反应，在反应过程中 Ag 被还原。

44. 甲醛与格氏试剂加层产物水解后得到伯醇，其他的醛和酮与格氏试剂加成产物水解后得到的都是仲醇。

45. 乙醇只能进行分子内脱氢生成乙烯，而不能进行分子间脱水生成乙醚。

46. 乙炔水合反应是通过 Hg^{2+} 与乙炔生成络合物而起催化作用的。

第二章　酰化反应技术

知识目标

◇ 掌握酰化反应技术及其在生产中的应用。
◇ 理解酰化反应的意义和重结晶的原理。
◇ 重要的酰化剂及乙酰化物的制备方法。

能力目标

◇ 掌握阿司匹林的制备原理和操作方法。
◇ 会控制温度、时间、加料方式、反应终点，会处理反应中的有害气体。

重点与难点

◇ 阿司匹林的合成方法。

工作任务

根据有机化工产品的合成方法和生产条件，选择适宜的酰化试剂，并能对典型的药物合成进行酰化反应操作和控制。

第一节　酰化反应技术理论

在有机化合物分子中的C、O、N、S等原子上引入酰基的反应称为酰化反应（acylation reaction）。酰基是指从含有氧的有机酸、无机酸或磺酸等分子中脱去羟基后所剩余的基团，例如，乙酰基即CH_3CO—。根据所引入的酰基不同，酰化反应可分为甲酰化、乙酰化、苯甲酰化反应等。

一、酰化反应类型及应用

根据接受酰基的原子不同又分为氧酰化、氮酰化、碳酰化。按照酰基的引入方式，可分为直接酰化和间接酰化。直接酰化是指将酰基直接引入到有机化合物分子中；间接酰化是指在有机化合物分子中首先引入酰基的等价体，经处理给出酰基。例如，直接酰化反应：

$$CH_3-\overset{\overset{\large O}{\|}}{C}-Cl + CH_3NH_2 \longrightarrow CH_3-\overset{\overset{\large O}{\|}}{C}-NHCH_3 + H^+ + Cl^-$$

间接酰化反应：

$$CH_3CHO \xrightarrow[90\sim95℃,8h]{B_2O_3} \quad \xrightarrow{CH_2=CH_2} CH_3COCH_2CH_3$$

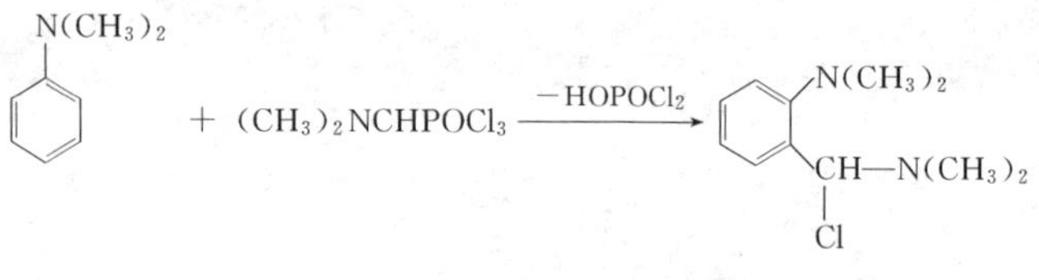

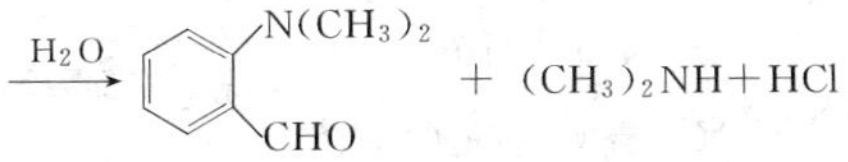

$$\xrightarrow{H_2O} \text{[苯环] N(CH}_3)_2 \text{, CHO} + (CH_3)_2NH + HCl$$

在碳原子上引入酰基为常见的酰化反应，例如苯丙酮的制备反应。

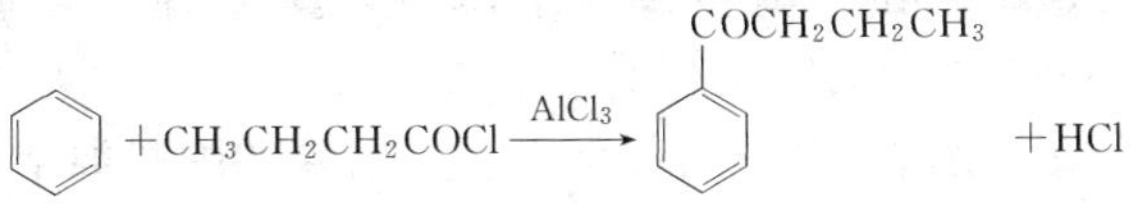

$$\text{[苯]} + CH_3CH_2CH_2COCl \xrightarrow{AlCl_3} \text{[苯-COCH}_2CH_2CH_3] + HCl$$

生产工艺：在反应釜中先加入 281kg 苯和 50kg 无水三氯化铝，搅拌冷却到 10℃，滴加 333kg 的丙酰氯与无水苯的混合液，滴加完毕，缓慢升温至 20℃，保温反应 1h。将物料加入冰水中，于 30℃ 以下搅拌水解。静置分层，油层用碱液洗涤，再用水洗至中性，减压蒸馏，收集 112～120℃（30×133.3Pa）馏分，得苯丙酮，收率 85%。

酰化反应在药物合成中主要用于制备药物中间体和对药物进行结构修饰或者是氨基保护。例如，磺胺类药物的原料 N-乙酰苯胺的合成：

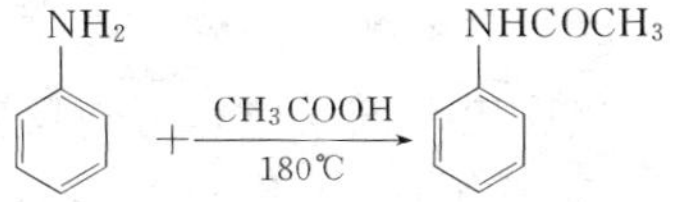

$$\text{[苯-NH}_2] + CH_3COOH \xrightarrow{180℃} \text{[苯-NHCOCH}_3]$$

N-乙酰苯胺也可用作止痛剂、防腐剂以及合成樟脑和染料的中间体。它是由苯胺与冰醋酸以物质的量比为 1：（1.3～1.5）的混合物在 118℃ 反应，然后蒸出稀醋酸而合成的。

再如，镇痛药盐酸哌替啶和非甾体抗炎药布洛芬中间体的合成：

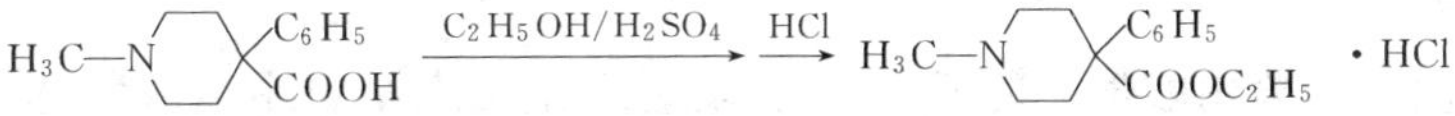

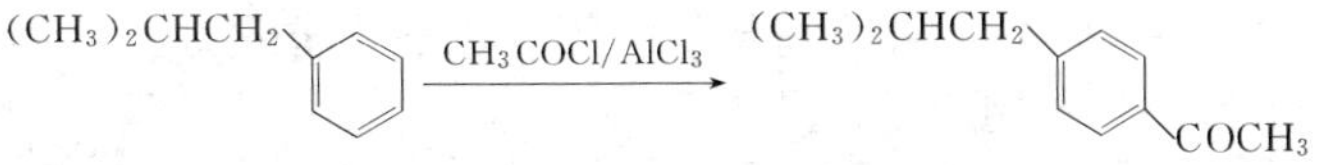

$$H_3C-N\text{[哌啶环]}\begin{matrix}C_6H_5\\COOH\end{matrix} \xrightarrow{C_2H_5OH/H_2SO_4} HCl \xrightarrow{} H_3C-N\text{[哌啶环]}\begin{matrix}C_6H_5\\COOC_2H_5\end{matrix} \cdot HCl$$

$$(CH_3)_2CHCH_2\text{[苯]} \xrightarrow{CH_3COCl/AlCl_3} (CH_3)_2CHCH_2\text{[苯]}COCH_3$$

含羟基、羧基、氨基等官能团的药物，通过成酯或成酰胺的修饰作用，可提高疗效、降低毒副作用。通过结构修饰，可改变药物的理化性质（如克服刺激性、异臭、苦味，增大水溶性，增大稳定性等）及药物在体内的吸收代谢。如降低毒副作用的贝诺酯、延长药物作用时间的氟奋乃静庚酸酯、增大水溶性的氢化可的松丁二酸单酯、消除苦味的氯霉素棕榈酸酯等。

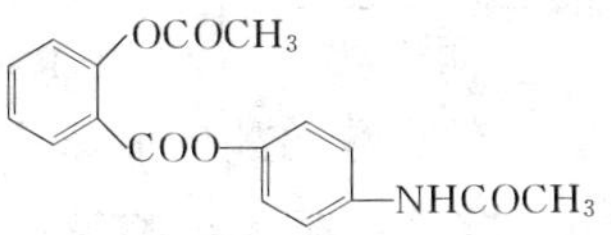

贝诺酯

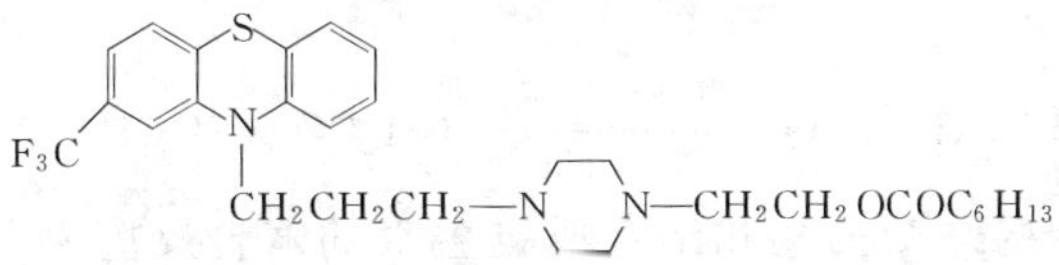

氟奋乃静庚酸酯

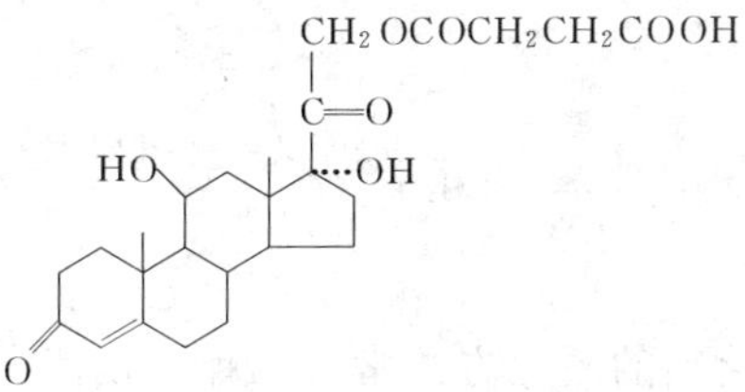

氢化可的松丁二酸单酯

$$O_2N—\bigcirc\!\!-\!\!\overset{\displaystyle NHCOCHCl_2}{\underset{\displaystyle OH}{\overset{|}{CH}CH_2OCOC_{15}H_{31}}}$$ 氯霉素棕榈酸酯

常用的酰化剂有羧酸、酸酐、酰卤及羧酸酯等，这 4 种酰化剂的反应活性顺序为：$RCOCl > RCOOCOR' > RCOOH > RCOOR'$。

应用时主要根据被酰化物酰化的难易程度以及所引入的酰基类型来决定。一般氨基比羟基易被酰化，醇羟基比酚羟基易被酰化。

二、氧原子的酰化反应

氧原子上的酰化反应有醇的 O-酰化和酚的 O-酰化。

1. 醇的 O-酰化

（1）羧酸酰化剂　羧酸是较弱的酰化剂，一般适用于碱性较强的、空间位阻较小的胺类的氮酰化，以及与醇发生氧酰化制备酯。

醇的酰化常采用的酰化剂有羧酸、羧酸酯、酸酐、酰氯、酰胺、烯酮等。以羧酸作为酰化剂进行的羟基酰化，是典型的酯化反应，该反应是可逆反应，反应通式如下：

$$RCOOH + R'OH \rightleftharpoons RCOOR' + H_2O$$

为使反应向生成酯的方向进行，必须加入催化剂活化羧酸以增强羰基的亲电子能力，或活化醇以增强其成酯的反应能力。同时采用不断从反应系统中去水或酯的方法以使反应平衡向右移动。可在反应系统中加入甲苯或二甲苯共沸蒸馏去水，或加入脱水剂，如五氧化二磷、三氯化磷等。

① 酸催化剂　一般用酸催化时常采用浓硫酸或在反应系统中通入氯化氢气体，某些对无机酸敏感的醇可以采用苯磺酸、对甲基苯磺酸等有机酸为催化剂。例如，降血脂药氯贝丁酯的制备反应：

$$Cl\!-\!\bigcirc\!\!-\!O\!-\!\overset{\underset{\displaystyle CH_3}{|}}{\underset{\underset{\displaystyle CH_3}{|}}{C}}\!-\!COOH \xrightarrow[80\sim85℃]{C_2H_5OH/H_2SO_4} Cl\!-\!\bigcirc\!\!-\!O\!-\!\overset{\underset{\displaystyle CH_3}{|}}{\underset{\underset{\displaystyle CH_3}{|}}{C}}\!-\!COOC_2H_5$$

② Lewis 酸催化　用于不饱和酸的酯化，为避免双键的分解或重排，常采用三氟化硼催化。例如：

$$\bigcirc\!\!-\!CH\!=\!CH\!-\!COOH + CH_3OH \xrightarrow[\triangle,21h]{BF_3/(C_2H_5)_2O} \bigcirc\!\!-\!CH\!=\!CH\!-\!COOCH_3$$

③ 强酸型离子交换树脂加硫酸钙催化　在乙酸乙酯的制备中，在同样配比条件下，用对甲基苯磺酸作为催化剂反应 14h，收率为 82%，而在强酸型离子交换树脂加硫酸钙催化下，反应仅 10min，收率达 94%。

$$CH_3COOH + CH_3CH_2OH \xrightarrow[10min]{H^+ + CaSO_4} CH_3COOCH_2CH_3$$

④ 其他催化剂　在某些结构复杂的酯和半合成抗生素的缩合反应中，二环己基碳化二甲胺（DCC）是一个良好的酰化缩合剂。例如：

$$\begin{array}{c}CH_3O\\CH_3O\\CH_3O\end{array}\bigcirc\hspace{-0.3em}\bigcirc\hspace{-0.3em}\begin{array}{c}COOH\\OH\\COOH\end{array} \xrightarrow[回流,20h]{DCC/Py} \begin{array}{c}CH_3O\\CH_3O\\CH_3O\end{array}\bigcirc\hspace{-0.3em}\bigcirc\hspace{-0.3em}\begin{array}{c}COOH\\O\\O\end{array}$$

（2）羧酸酯酰化剂　以羧酸酯为酰化剂的酰化方法常称为酯交换法，是将一种容易制得的酯与醇、羧酸或另一种酯分子中的烷氧基或酰基进行交换，由一种酯转化成所需要的另一种酯，当用直接酯化不易取得良好效果时，常常要用酯交换法。其反应类型有以下三种：

$$RCOOR' + R''OH \longrightarrow RCOOR'' + R'OH$$
$$RCOOR' + R''COOH \longrightarrow RCOOR'' + R'COOH$$
$$RCOOR' + R''COOR''' \longrightarrow RCOOR''' + R''COOR'$$

其中第一种酯交换方式应用最广。此法与用羧酸进行直接酯化相比较，其反应条件更温和，适用于某些直接进行酰化困难的化合物，如热敏性或反应活性较小的羧酸，以及溶解度较小的或结构复杂的醇等均可采用此法。

为适合于合成复杂的化合物如肽、大环内酯类等天然化合物，开发了许多酰化能力较强的活性羧酸酯为酰化剂。例如羧酸硫醇酯类中，2-吡啶硫醇酯是一个活性较强的酰化剂，该活性酯在用于合成大环内酯以及 β-内酰胺类化合物时，收率较高。

2-吡啶硫醇酯

羧酸吡啶酯、羧酸硝基苯酯、羧酸异丙烯酯等也常用作酰化剂。

（3）酸酐酰化剂　酸酐是一种强酰化剂，由其参与的反应具有不可逆性，用酸酐为酰化剂进行酰化时多在酸或碱的催化下进行，常用的催化剂有硫酸、氯化锌、三氟化硼、二氯化钴、三氯化铈、对甲基苯磺酸、醋酸钠、三乙酸、喹啉以及 N,N-二甲苯苯胺等。但由于大分子的酸酐难以制备，所以在应用上有其局限性。酸酐多用在反应困难或位阻较大的醇羟基的酰化上。酸催化活性一般大于碱催化。对于必须用碱催化而位阻又较大的醇，可采用对二甲氨基吡啶、4-吡咯烷基吡啶等催化剂。

某些试剂在反应中与羧酸形成混合酸酐，混合酸酐具有反应活性更强和应用范围更广的特点，所以利用混合酸酐比用单一酸酐进行酸化更具有实用价值。

① 羧酸-三氟乙酸（酐）混合酸酐　适用于立体位阻较大的羧酸的酯化。应用时，三氟乙酸（酐）先与羧酸形成混合酸酐，再加入醇而得羧酸酯。对于位阻较小的羧酸可先使羧酸与醇混合后再加入三氟乙酐，在此反应中由于三氟乙酐也能进行酰化，故要求醇的用量要多一些，以避免副反应。对于含有酸敏感性基团的物质不宜应用此法。

② 羧酸-磺酸混合酸酐　羧酸与磺酰氯作用可形成羧酸-磺酸的混合酸酐，其是活性酰化剂，用于制备酯和酰胺。

③ 羧酸-多取代苯甲酸混合酸酐　在合成大环内酯时，将结构复杂的链状羟基酸与含有多个吸电子基取代的苯甲酰氯作用，先形成混合酸酐，然后再发生分子内酰化，环合成所需要的内酯。例如羧酸与 2,4,6-三氯苯甲酸的混合酸酐，不仅使羧酸得到活化，而且由于多取代氯苯的位阻，大大减少了三氯苯甲酰化副作用的发生。

④ 其他混合酸酐　在用羧酸进行酰化反应的过程中，加入硫酸、氯代甲酸酯、光气、氧氯化磷、二卤磷酸酐等均可与羧酸形成酸酐，从而使羧酸酰化能力大大增强，例如：

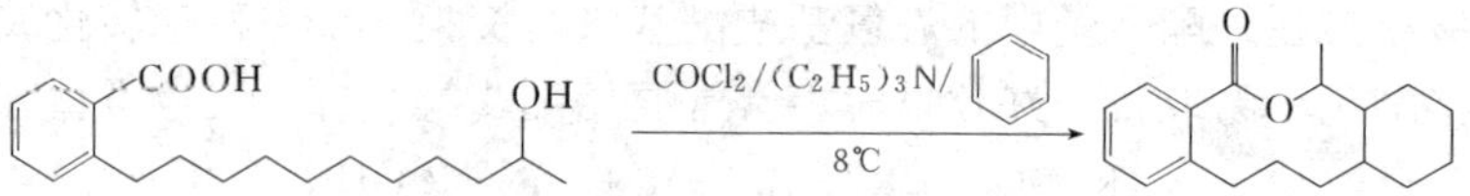

（4）酰氯酰化剂　酰氯可以和醇、酚反应生成酯，反应为不可逆。

$$RCOCl + R'OH \longrightarrow RCOOR' + HCl$$

酰氯是一个活泼的酰化剂，其反应能力强，适于位阻大的醇羟基酰化，其性质虽然不如酸酐稳定，但若某些高级脂肪酸的酸酐因难以制备而不能采用酸酐法时，则可将其制备成酰氯后再与醇反应。由于反应中释放出来的氢卤酸需要中和，所以用酰氯酰化时多在吡啶、三乙胺、N,N-二甲基苯胺、N,N-二甲氨基吡啶等有机碱或碳酸钠等无机弱碱存在下进行。吡啶不仅有中和氢卤酸的作用，而且对反应有催化作用。

在用酰氯酰化的过程中，可加入一种催化剂 4-取代氨基吡啶，它与酰氯可形成活性中间体，与醇反应迅速成酯，对于这些催化剂每摩尔酰氯只需用 $0.05\sim0.2\text{mol}$。此外，4-苄基吡啶与酰氯也可形成活性中间体，在有机碱存在下形成活性酰胺，可进一步与酸形成酸酐，与醇成酯。

吡啶　　　4-取代氨基吡啶　　　4-苄基吡啶

2. 酚的 O-酰化

酚羟基由于受芳环的影响使得羟基氧的亲核性降低，其酰化比醇困难，多采用较强的酰化剂如酰氯、酸酐以及一些特殊的试剂来完成这一反应。

（1）酰氯酰化剂　酚在碱性催化剂（氢氧化钠、碳酸钠、三乙胺、无水吡啶等）存在下，其羟基可以被酰氯酰化。例如，新型的消炎镇痛药 2-乙酰氧基苯甲酸-4-乙酰氨基苯酯的制备技术，其反应为：

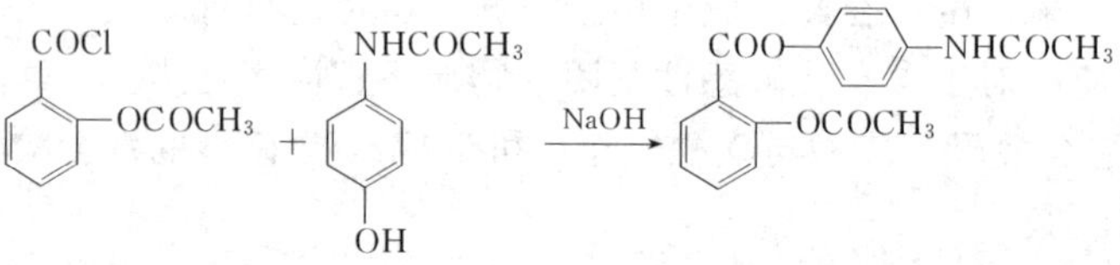

实践操作为：在反应瓶中先加入 75g 乙酰水杨酰氯，在 $10\sim15℃$ 时，半小时内加入对乙酰氨基苯酚 65g 与 20% 的氢氧化钠悬浮液，激烈搅拌，并调整 pH 为 10。加毕，继续搅拌半小时，放冷，有白色晶体析出。过滤，用水洗涤，在乙醇中重结晶得产品。

在以无水吡啶为催化剂时，有如下反应：

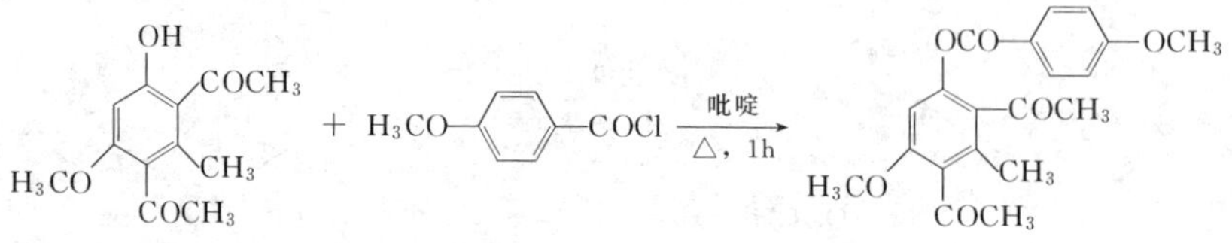

采用酰氯为酰化剂吡啶为催化剂的方法来制备位阻大的酯时，其效果不理想，若加入氰化银可使反应得到较好的效果。

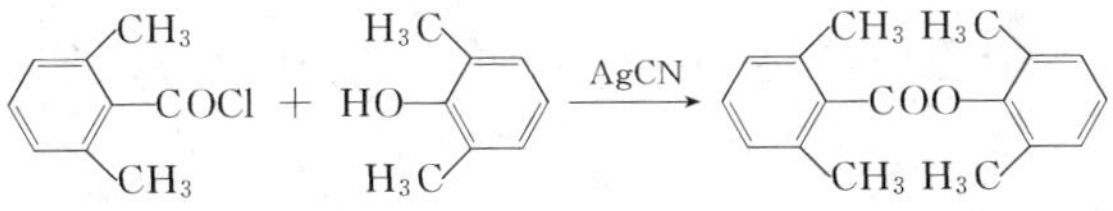

（反应式：2,6-二甲基苯甲酰氯 + 2,6-二甲基苯酚 $\xrightarrow{\text{AgCN}}$ 酯）

有时采用间接方法，即羧酸和氧氯化磷、氯化亚砜等氯化剂一起反应而进行酰化。

（2）酸酐酰化剂　例如，4-叔丁基乙酰氧基苯的制备。

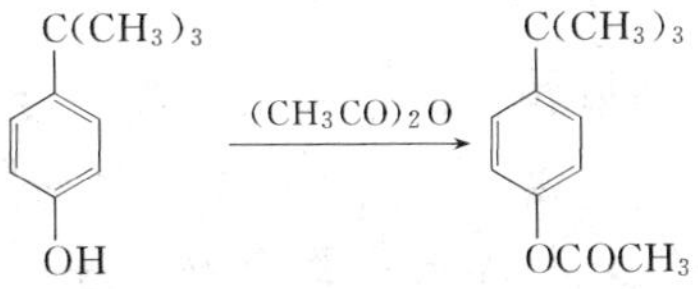

（反应式：4-叔丁基苯酚 $\xrightarrow{(CH_3CO)_2O}$ 4-叔丁基乙酰氧基苯）

应用酸酐对酚酰化，其条件与醇的酰化相似，加入硫酸或有机碱等催化剂以加快反应速度，如果反应激烈可用石油醚、苯、甲苯等惰性溶剂稀释。

在一些用羧酸酰化酚羟基的反应中，有时采用加入三氟乙酐、三氟甲基磺酸酐、氯甲酸酯、磺酰氯、草酰氯的方法，实际上是在反应体系中首先形成混合酸酐-活性中间体，再与酚作用，此法在一些有立体位阻且较大的羧酸和酚的反应中得到了较好的效果。例如：

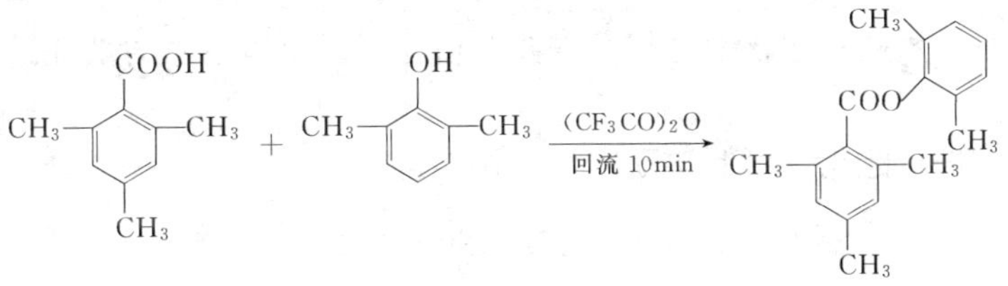

（反应式：2,4,6-三甲基苯甲酸 + 2,6-二甲基苯酚 $\xrightarrow[\text{回流 10min}]{(CF_3CO)_2O}$ 酯）

（3）其他酰化剂　酚羟基的酰化还可直接采用羧酸在多聚磷酸（PPA）以及 DCC 催化剂存在下进行，也有采用 H_3BO_3-H_2SO_4 混合酸催化共沸脱水的方法可使收率接近理论量。

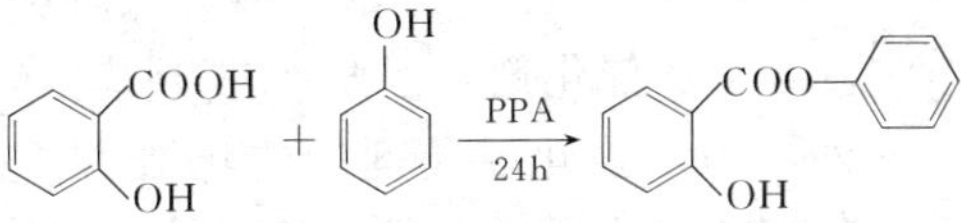

（反应式：水杨酸 + 苯酚 $\xrightarrow[\text{24h}]{\text{PPA}}$ 水杨酸苯酯）

活性硫醇酯及卡特缩合剂 BOP［benzotriazole-1-yl-oxy-tris-(dimethylamino) phosphonium hexafluorophosphate］试剂在酚羟基酰化上都有应用，在肽的合成中用催化量的 BOP 即可得到较高收率的氨基酸苯酯。此外，醇、酚羟基同时存在于分子中，如果要选择性酰化酚羟基，可以用 3-乙酰基-1,5,5-三甲基乙内酰脲［Ac-TMH］作为特殊酰化试剂。还可以采用相转移催化反应对酚羟基进行选择性酰化，收率也比较高，并且可以在室温下进行。

三、氮原子的酰化反应

制备酰胺应用最广的方法是在伯胺、仲胺的 N—上进行酰化，就亲核性而言，胺比醇易于酰化，但有位阻的仲胺则要困难一些。

1. 羧酸为酰化剂

羧酸与胺高温下脱水生成酰胺的反应是一个可逆反应，为了加快反应使之趋于完全，需加入催化剂，或不断蒸出生成的水以破坏平衡，此反应一般要在高温下脱水，因此不适于热敏性的酸或胺。

羧酸是一弱酰化剂，对于弱碱性氨基物若直接用羧酸酰化困难，此时可加入缩合剂以提高反应活性。常用的酰化缩合剂有二环己基碳化二亚胺（DCC）、N,N'-碳酰二咪唑（CDI）和二异丙基碳二亚胺（diisopropyl carbodiimide，DIC）等。DIC 常用于固相合成中，因生成的脲易溶于很多有机溶剂，可以通过过滤的方法除掉。例如：

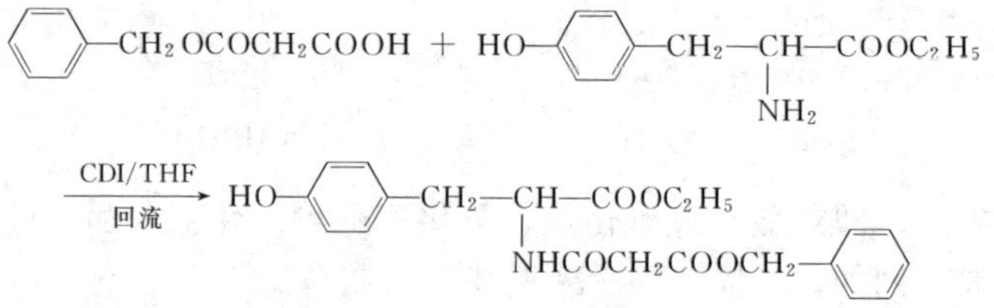

$$\text{C}_6\text{H}_5\text{—CH}_2\text{OCOCH}_2\text{COOH} + \text{HO—C}_6\text{H}_4\text{—CH}_2\text{—CH—COOC}_2\text{H}_5$$
$$|$$
$$\text{NH}_2$$

$$\xrightarrow[\text{回流}]{\text{CDI/THF}} \text{HO—C}_6\text{H}_4\text{—CH}_2\text{—CH—COOC}_2\text{H}_5$$
$$|$$
$$\text{NHCOCH}_2\text{COOCH}_2\text{—C}_6\text{H}_5$$

2. 羧酸酯酰化剂

以羧酸酯为酰化剂进行氨基的酰化，可得到 N—取代或 N,N—二取代的酰胺。反应需用碱催化。常用的催化剂有醇钠、金属钠、氢化锂铝、氢化钠等强碱。对于活性小的酯和胺的酰化反应，可加入 BBr₃ 或 BCl₃，与酯形成络合物，进一步转化为酰溴可增大其反应活性。例如：

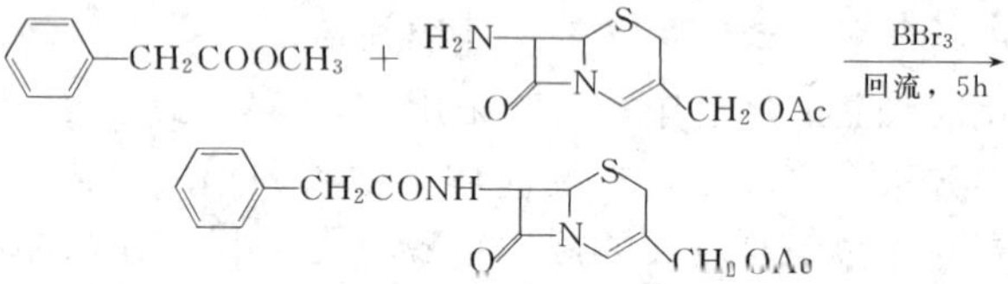

为了防止酰胺的水解和催化剂分解，需要严格控制反应体系中的水分。

3. 酸酐酰化剂

用酸酐对胺类进行酰化，可制备酰胺。例如：

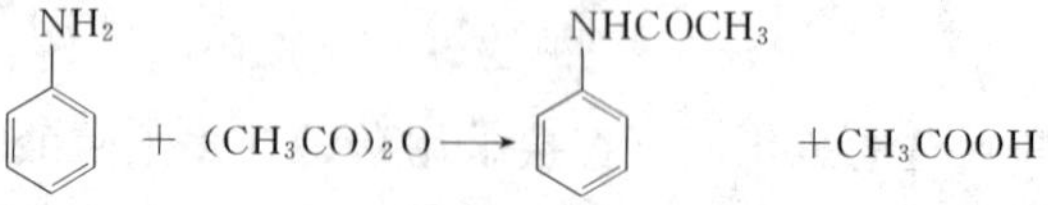

酸酐用量一般为理论量的 5%～10%，不必过量太多。酸酐酰化活性较强，由于反应过程有酸生成，可自动催化，一般可不加催化剂。但某些难于酰化的胺类化合物可加入硫酸、磷酸、高氯酸以加速反应。另外，为了强化酰化剂的酰化能力，在合成中常采用混合酸酐法，如采用 6-氨基青霉烷酸（6-APA）为原料合成氨苄西林中间体：

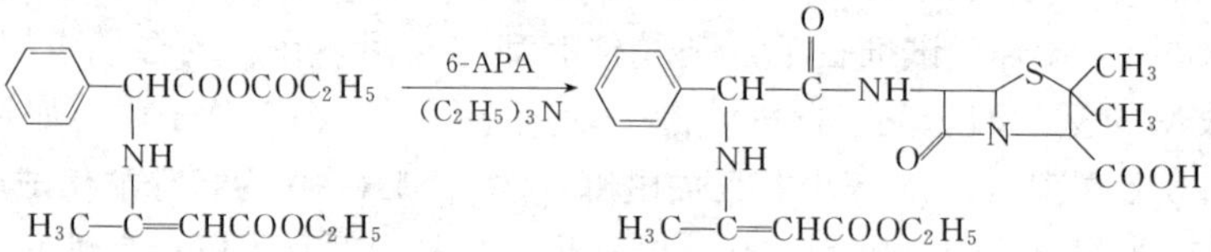

环状酸酐酰化时，在低温下生成单酰化产物，高温加热则可得双酰化产物。

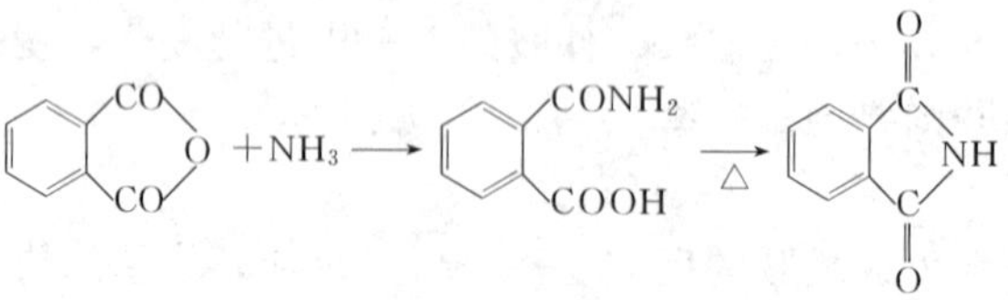

4. 酰卤为酰化剂

酰卤与胺作用时反应强烈快速，其中以酰氯应用最多。为了获得较高的收率，必须不断除去生成的卤化氢以防止其与胺成盐，中和卤化氢可采用过量胺或加入有机碱例如吡啶、三乙胺甚至强碱性季铵化合物，有的可加入无机碱，如 NaOH、Na₂CO₃、NaOAc 等，加入的有机碱吡啶、三乙胺不仅中和卤化氢，且与酰化剂形成酰基铵盐而提高了酰化能力。例如，医药与染料中间体马尿酸（苯酰氨基乙酸）的合成反应：

$$\text{（COCl）} + H_2NCH_2COOH \xrightarrow{H_2O,NaOH} \xrightarrow{HCl} \text{（CONHCH}_2COOH\text{）}$$

由于酰氯活性强，一般在常温与低温下即可反应，故多用于位阻较大的胺以及热敏性物质的酰化上，但对于光学活性氨基酸，则由于反应过于激烈，易发生消旋化而不使用。例如：

$$\text{（COCl）} + NH(CH_3)_2 \longrightarrow \text{（CON(CH}_3)_2\text{）}$$

5. 其他酰化剂

苯磺酰氯酰化剂在碳酸钙或氧化镁存在下，发生如下反应：

$$\text{（OH NH}_2\text{, NaO}_3S, SO_3H\text{）} + \text{（O}_2SCl\text{）} \xrightarrow{CaCO_3,70℃} \xrightarrow{NaOH,85℃} \text{（OH NHSO}_2\text{, NaO}_3S, SO_3H\text{）}$$

开始时使用碳酸钙的作用是为了抑制羟基的酰化，酰化终了后加入氢氧化钠并升高温度，是为了使生成的少量羟基酰化物水解。为避免碱性过高，可在反应中逐渐加碱以维持介质始终在中性左右。

芳胺的酰基衍生物不像芳胺那样容易被氧化，它们容易由芳胺酰化制得，又容易水解再转变为原料芳胺，在合成上常利用酰基化保护氨基，以避免芳胺在进行某些反应时（如硝化）被破坏。

第二节 生产实例——阿司匹林的生产技术

一、概述

阿司匹林（Aspirin）又名乙酰水杨酸，其化学名称为2-乙酰氧基苯甲酸，化学结构式为：

$$\text{（OCOCH}_3\text{, COOH）}$$

阿司匹林为白色针状或板状结晶，熔点（m. p.）135～140℃，易溶于乙醇，可溶于氯仿、乙醚，微溶于水。阿司匹林是19世纪末合成的，至今仍广泛使用，是世界上最重要的解热镇痛药之一。目前全世界阿司匹林原料药产量已达5万吨左右，年产片剂1千多亿片。多年来，阿司匹林一直是我国解热镇痛药的支柱产品之一，年产量达1万多吨，也是我国医药原料药出口的大宗产品。

阿司匹林具有较强的抗炎功效，在临床上被广泛用于各种原因引起的发热、头痛、牙痛、肌肉痛、关节痛、腰痛、月经痛以及术后小伤口痛等，疗效好，在用药后24～48h即可退热，关节红肿疼痛症状明显减轻。因此，阿司匹林一直是治疗类风湿关节炎、骨关节炎等的首选药物之一；此外，阿司匹林还可用于治疗胆道蛔虫引起的胆绞痛（可使虫体退出胆道）；其粉末局部用药治疗足癣的疗效颇佳；对抑制血小板聚集有独特功效，有助于降血压、阻止血栓形成，可用它防治脑中风、冠心病、糖尿病性失明，以及预防抗生素所致的听力障碍；预防老年痴呆症，也有预防结肠癌、食道癌及胃癌等肿瘤的作用；可以减少突发心血管病患者死亡率，抗衰除皱，改善老年男性性功能。除了以上用途外，人们正在发现阿司匹林的某些新功能，如能治疗老年性白内障、偏头痛、妊娠高血压、下肢静脉曲张引起的溃疡等。

经过几十年的生产实践，阿司匹林的生产已形成了一套十分成熟的工艺，其生产工艺简单，收率和成本等也较为理想。其生产过程一般都是以苯酚为原料，经过与二氧化碳的羧化反应，生成水杨酸，再经升华后得到升华水杨酸，然后采用醋酐-醋酸方法，将水杨酸和醋酐进行酰化反应，最终得到乙酰水杨酸，也即阿司匹林。几十年来，国内外生产企业基本按照这条工艺路线进行生产。现在由于社会对绿色、环保、节能等更加重视，科学界对阿司匹林生产几十年来沿用的生产工艺重新进行了审视，有关阿司匹林工艺研究渐趋活跃，老产品正图谋工艺创新，新生产工艺将会变得更理想、更完美。当然，一条工艺路线要能真正实现工业化大生产，还需经过实践的检验。

思考

水杨酸可以从哪些植物中提取？

二、阿司匹林的生产技术

1. 化学反应

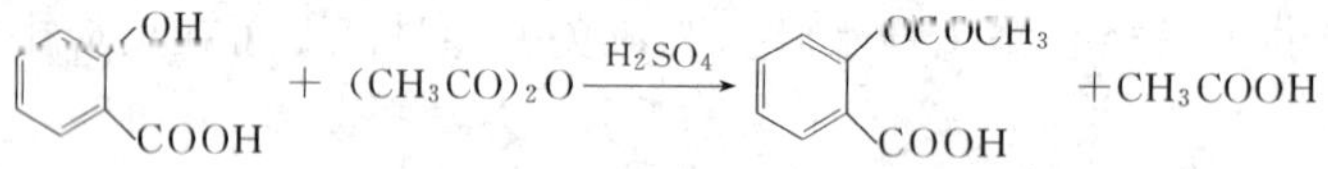

阿司匹林是由水杨酸（邻羟基苯甲酸）与醋酸酐进行酯化反应而得的。水杨酸可由水杨酸甲酯即冬青油（由冬青树提取而得）水解制得，是一种具有双官能团的化合物，其官能团一个是酚羟基、一个是羧基，羧基和羟基都可以发生酯化，而且还可以形成分子内氢键，阻碍酰化和酯化反应的发生，反应如下：

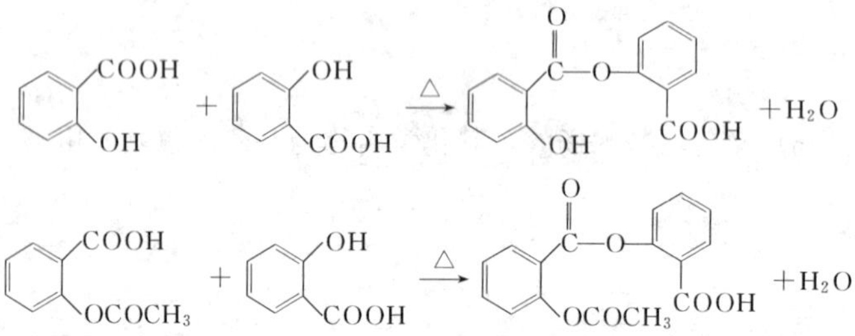

在合成过程中，还会发生阿司匹林自身缩合副反应，形成一种聚合物，通常利用阿司匹林和碱反应生成水溶性钠盐的性质，与聚合物分离。

聚合物的结构如下：

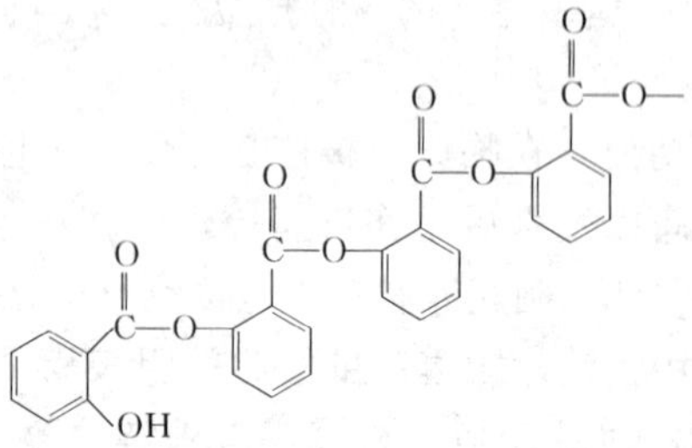

除上述反应副产物外，在阿司匹林合成体系中的另一个主要杂质是水杨酸，均可以通过过滤、洗涤、重结晶等处理方法加以分离。

2. 酰化岗位操作

配料比为醋酐：水杨酸＝1：1.27。

在装有回流冷凝器的搪瓷玻璃酰化釜中，投入上批生产的母液及醋酐，在搅拌下加入水杨酸，逐步升温至75~80℃，保温搅拌反应5h。反应结束后，缓缓冷却至析出结晶。用离心机过滤，收集乙酰水杨酸结晶，并尽量除去母液，收集母液供下批反应使用。晶体以冷水洗涤数次，滤干，以气流干燥器干燥、过筛，即得乙酰水杨酸成品（阿司匹林）。

乙酰水杨酸（阿司匹林）生产流程图如图2-1所示。

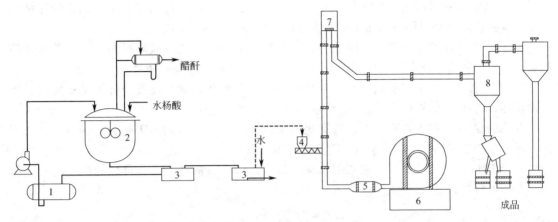

图2-1　乙酰水杨酸生产流程图

1—母液；2—酰化釜；3—离心机；4—加料器；5—加热器；6—鼓风机；7—气流干燥器；8—旋风分离器

任务实施——阿司匹林的合成和精制

1. 试剂

水杨酸，乙酸酐，浓硫酸，浓盐酸，乙醚，石油醚，碳酸氢钠，乙酸乙酯。

2. 合成步骤

（1）酰化（酯化）反应　在干燥的250mL圆底烧瓶中，依次加入干燥的水杨酸10g、新蒸的乙酸酐25mL，在振摇下滴加7滴浓硫酸，参照图2-2安装普通回流装置。通水后，振摇反应液使水杨酸溶解，然后用水浴加热①，控制水浴温度在80~85℃，反应20min。撤去水浴，趁热于球形冷凝管上口加入2mL蒸馏水，以分解过量的乙酸酐。稍冷后，拆下冷凝装置，开始结晶②，在不断搅拌下将反应液倒入250mL冷水③中，并用冰水浴冷却20min，待结晶析出完全后，减压过滤，用冰水洗涤固体（尽量压紧抽干），得到乙酰水杨酸（阿司匹林）粗产品。

（2）粗品精制　将乙酰水杨酸粗产品转移至250mL烧杯中，加入饱和的碳酸氢钠水溶液125mL④，搅拌到没有二氧化碳气体放出为止（无气泡放出），此时有不溶性固体存在，真空抽滤，除去不溶物并用少量水洗涤。

另取150mL烧杯一只，放入浓盐酸17.5mL和水50mL。将得到的滤液缓慢地分多次倒入烧杯中，边倒边搅拌，将烧杯放入冰浴中冷却，抽滤得固体⑤，并用冷水洗涤，并尽量压紧抽干。

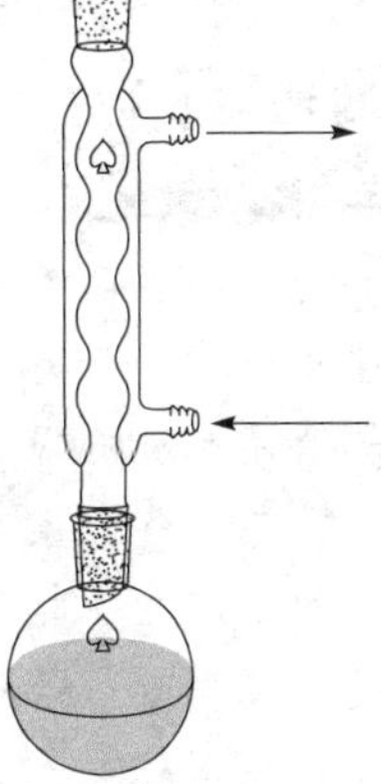

将所得的阿司匹林放入25mL锥形瓶中，加入少量的热乙酸乙酯（不超过15mL）⑥，在蒸汽浴上缓慢地加热至固体溶解，冷却至室温，或用冰水浴冷却，阿司匹林渐渐析出，抽滤，压干，固体置红外灯下干燥（干燥时温度不超过60℃为宜），得阿司匹林精品，测熔点

图2-2　普通回流装置

（135～136℃）。计算收率。

3. 注释

① 实验中加热的热源可以是蒸汽浴、电加热套、电热板以及烧杯加水的水浴、水浴锅。若加热的介质为水时，要注意不要让水蒸气进入锥形瓶中，以防止酸酐和生成的阿司匹林发生水解。

② 如果在冷却过程中阿司匹林没有从反应液中析出，可用玻璃棒或不锈钢刮勺轻轻摩擦锥形瓶内壁，也可以同时将锥形瓶放入冰浴中冷却，促使结晶生成。

③ 加水时要注意，一定要等结晶充分形成后才能加入。加水时要慢慢加入，并有放热现象，甚至会使溶液沸腾，产生醋酸蒸气，须小心，最好在通风橱中进行。

④ 当碳酸氢钠水溶液加到阿司匹林中时，会产生大量气泡，注意分批少量地加入，边加边搅拌，以防止气泡过多引起溶液外溢。

⑤ 如果将滤液加入盐酸后，仍没有固体析出，测一下溶液的 pH 是否呈酸性。如果不是，再补加盐酸至溶液 pH 2 左右，则会有固体析出。

⑥ 此时应有阿司匹林从乙酸乙酯溶液中析出。若没有固体析出，可加热将乙酸乙酯挥发一些，再冷却，重复操作。

小资料

① 热过滤时，应该避免明火，以防着火。

② 产品乙酰水杨酸（阿司匹林）易受热分解，熔点不明显，它的分解温度为 128～135℃。因此重结晶时不宜长时间加热，控制水温，产品采取自然晾干。用毛细管测熔点时，宜先将溶液加热至 120℃ 左右，再放入样品管测定，控制升温速度为 3～5℃/min。

③ 仪器要全部干燥，药品也要事先经过干燥处理，醋酐要使用新蒸馏的、收集 139～140℃ 的馏分。

④ 产品也可以用乙醇-水或苯-石油醚（60～90℃）重结晶。

⑤ 水杨酸和阿司匹林的定性检测：取两支干净试管，分别放入少量的水杨酸和阿司匹林精品。各加入乙醇 1mL，使固体溶解，然后分别在每支试管中加入几滴 10% 的 $FeCl_3$ 溶液，盛水杨酸的试管中有红色或紫色出现，盛阿司匹林精品的试管中应无色。

查一查

① 干燥剂和干燥管的使用方法，常用的干燥剂有哪些？

② 还有哪些常用的合成步骤简单的药物是通过酰化反应合成的？

③ GMP 对实验室仪器设备管理的要求是什么？

 **一 药物生产技术条件与设备要求**

药物的生产条件很复杂，从低温到高温，从真空到超高压，从易燃、易爆到剧毒、强腐蚀性物料等，千差万别。不同的生产条件对设备及其材质有着不同的要求，而先进的生产设备是产品质量的保证。同时，反应条件与设备条件之间是相互关联又相互影响的，只有使反应条件与设备因素有机地统一起来，才能有效地进行药物的工业生产。

例如，在多相反应中搅拌设备的好坏是至关重要的，当采用 Raney Ni 等固体金属催化剂进行催化时，若搅拌效果不佳，相对密度较大的 Raney Ni 沉在釜底，起不到催化的作用。再如，在苯胺重氮化还原制备苯肼时，若用一般间歇反应锅，需在 0～5℃ 进行，如果温度过高，生成的重氮盐分解，会导致发生其他副反应。假如将重氮化反应改在管道化连续反应器中，使生成的重氮盐来不及分解即迅速转入下一步还原反应，则可以在常温下生产，并提高收率。

在工业生产中，对能显著提高产品收率，能实现机械化、连续化、自动化生产，有利于劳动保护和环境保护的反应，即使设备要求高，技术条件复杂，也应尽可能根据条件予以选择。同时，通过持续的技术创新、工艺改进，也可有效降低设备要求和投资。例如，在避孕药 18-甲基炔诺酮的合成中，由 β-萘甲醚氢化制备四氢萘甲醚时，据文献资料报道，需在 8MPa 压力条件下进行，但经实验摸索改进，把压力降至 0.5MPa，也取得了同样的效果，避免了使用耐高温耐高压的设备和材质，使操作更加安全。

此外，适宜的设备也有利于企业环境保护、安全生产、员工职业健康等方面的工作。

二 反应温度的控制

温度在影响化学反应的诸多因素中是最重要的，温度影响化学反应的速度、反应方向与产物、副反应的发生与否以及副反应的多少。例如，提高反应温度可以加快反应速度，缩短反应时间，进而缩短生产周期，提高劳动生产率。但是升高温度时副反应也相应增多，即常常使反应物、中间体或产物发生分解或产生更多更复杂的副反应，特别是对化学活泼性较大的反应物、中间体或产物，从而导致产品的收率降低。

在阿司匹林生产中的乙酰化反应，提高反应温度能加快反应速度，但是，水杨酸也能与阿司匹林作用生成乙酰水杨酰水杨酸，该反应速度随着温度的升高而加快；另外，当反应温度达到 90℃ 时，两分子阿司匹林分解而得到水杨酰水杨酸和乙酐，这是一个不可逆反应，并随着反应温度升高分解速度增加。因此，在实际生产中所采用的反应温度为 80℃，不得超过 88℃，既要考虑乙酰化反应速度，又要考虑到副反应。

提高反应温度的同时，也提高了大工业生产中对设备材料、加热方式的要求，同时也会缩短设备的使用寿命等。最适宜温度的确定应从单元反应的反应机理入手，综合分析正、副反应的规律，反应速度与温度的关系，以及经济核算，通过实验确定最终反应温度。对于新反应，往往从室温开始，若无反应发生，则逐步升高温度或延长反应时间；若反应过快或过于激烈，可以通过降温或控温使反应缓和进行。

对于实验室小试规模，低温方式一般选用冰/水（0℃）、冰/盐（-10～-5℃）、干冰/丙酮（-60～-50℃）、液氮（-196～-190℃）；加热可以选用电热套或电炉、油浴、水浴等。

在工业生产上加热通常用蒸汽加热。由于设备的耐压能力有限，例如搪玻璃罐的正常使用压力为 6Pa，而蒸汽温度与压力有对应关系（表 2-1），一般希望反应温度在 150℃ 以下，超过 150℃ 则往往使用电加热釜或控温油浴来完成，但是反应的体积不宜太大。对于低温或冷却要求，工业上常用冷却水冷却，对于 0℃ 以下的反应，则需要有冷却设备。因此，只要有可能，总希望反应在接近室温时进行。

表 2-1　一定压力下饱和水蒸气对应的温度值

项　目		对　应　值					
饱和水蒸气压力	绝对压力/kPa	101.3	200	303	400	510	606.7
	表压/kPa	0	98.07	201.7	298.7	408.7	505.4
对应温度	开氏温度（K）	373.2	393.3	407.1	416.8	425.8	432.6
	摄氏温度（℃）	100	120.1	133.9	143.6	152.6	159.4

三 釜式反应器

1. 反应器类型

化工生产中经常使用的反应器有反应釜、固定床、塔式、流化床等，结构及物料流向示意图见图2-3。

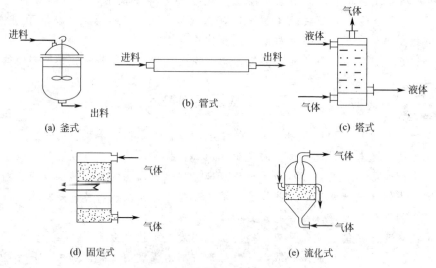

(a) 釜式　　　(b) 管式　　　(c) 塔式

(d) 固定式　　　(e) 流化式

图 2-3　不同类型反应器示意图

2. 釜式反应器

釜式反应器是药物生产过程中极为常用的设备，可对釜内物料进行加热、冷却、蒸馏（包括减压蒸馏）、溶解混合等单元操作，在原料药合成、制剂生产、生物发酵等方面得到广泛使用。

（1）釜式反应器结构　根据反应物料性质（如酸碱性）、工艺条件（如压力、温度、加出料方式）等生产技术要求，反应釜有不锈钢、搪瓷、玻璃材质，有高压、常压，有夹套热交换、釜内盘管热交换、釜外电加热等多种规格和型号。釜式反应器的基本结构由电动装置、釜体、搅拌装置、密封装置、换热装置等部分组成，见图2-4。

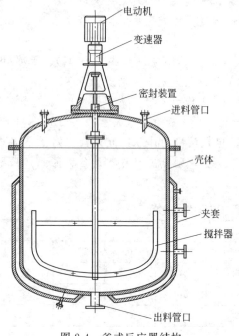

图 2-4　釜式反应器结构

（2）反应釜操作

① 开车前的准备：a. 准备必要的开车工具，如扳手、管钳等；b. 确保减速机、机座轴承、釜用机封油盒内不缺油；c. 确认传动部分完好后，启动电机，检查搅拌轴是否按顺时针方向旋转，严禁反转；d. 用氮气（压缩空气）试漏，检查釜上进出口阀门是否内漏，相关动、静密封点是否有漏点，并用直接放空阀泄压，看压力能否很快泄完。

② 开车时的要求：a. 按工艺操作规程进料，启动搅拌运行；b. 反应釜在运行中严格执行工艺操作规程，严禁超温、超压、超负荷运行；禁止

锅内超过规定的液位反应；c. 严格按工艺规定的物料配比加（投）料，并均衡控制加料和升温速度，防止因配比错误或加（投）料过快，引起釜内剧烈反应，而引发设备安全事故；d. 设备升温或降温时，操作动作平稳，以避免温差应力和压力应力突然叠加，使设备产生变形或受损；e. 严格执行交接班管理制度，把设备运行与完好情况列入交接班，杜绝因交接班不清而出现异常情况和设备事故。

③ 停车时的要求：按工艺操作规程处理完反应釜物料后停止搅拌；并检查、清洗或吹扫相关管线与设备；按工艺操作规程确认合格后准备下一循环的操作。

④ 安全注意事项：反应釜正常运行中，应随时仔细检查有无异状；不得打开上盖和触及板上之接线端子，以免触电；用氮气试压的过程中，仔细观察压力表的变化，达到试压压力，立即关闭氮气阀门开关；升降温速度均不宜太快，加压亦应缓慢进行；釜体加热到较高温度时，不要和釜体接触，以免烫伤。

（3）换热装置 釜式反应器的换热装置示意图见图2-5。

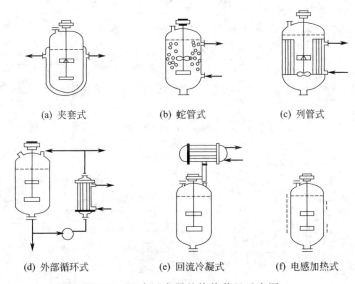

(a) 夹套式　　　　　(b) 蛇管式　　　　　(c) 列管式

(d) 外部循环式　　　　(e) 回流冷凝式　　　　(f) 电感加热式

图 2-5　釜式反应器的换热装置示意图

换热装置操作如下所述。

① 升温：a. 升温前先关闭疏水阀再打开排污阀，排掉夹套内循环水，有盐水的把盐水打回。b. 排循环水时，先打开排污阀，再打开调节站放空阀。c. 打盐水时，先检查盐进阀和盐回阀是否关好，打开盐压回阀，再缓慢开空压阀，压力不超过0.6MPa；随着压力表压力下降至0.02MPa以下时盐水已打完，迅速关闭盐压回阀及空压阀，打开调节站放空阀。d. 排完夹套内循环水，关闭排污阀、放空阀、打开疏水阀，缓慢打开蒸汽阀升温。e. 根据蒸汽压力和升温速度判断何时关蒸汽阀（当关蒸汽后，温度还会有上升，一般要留出一定的富余温度，一般是升到所需温度前的3～5℃时，提前关闭蒸汽）。

② 降温：a. 降温前先打开蒸汽阀将夹套内蒸汽排净，关闭排污阀、疏水阀。b. 先打开水回，再开水进阀。c. 达到预期期要求的温度，要根据温度下降的速度判断何时关闭水进阀。d. 选用冷冻盐水降温时，先排掉夹套内的水，然后关闭排污阀、疏水阀、水进阀、水回阀等。e. 检查完毕，先打开盐回阀，再开盐进阀，根据降温速度判断何时压回盐水。f. 使用盐水降温前，先检查个阀门是否关好，防止盐水流失或漏循环水进入盐水池。g. 从50℃以上降至低温时要先用循环水降至30℃左右（季节不同略有差异），再用

盐水降温。

（4）搅拌 搅拌操作广泛应用于制药工业，几乎所有的反应设备都装有搅拌装置。搅拌能使物料质点相互接触，特别是对非均相体系，更能扩大反应物间的接触面积，从而加速反应的进行。搅拌还能使反应介质充分混合，消除局部过热和局部反应，防止大量副产物的生成。搅拌能提高热量的传递速率；在吸附、结晶过程中，搅拌能增加表面吸附作用及析出均匀的晶体。

搅拌对反应的影响也很大。例如，乙苯的硝化是多相反应，混酸在搅拌下加到乙苯中去，混酸与乙苯互不相溶，因此，搅拌效果的好坏非常重要，加强搅拌可增加两相的接触面积，加速反应。又如，在应用固体金属的催化反应中（如使用雷尼镍），若搅拌效果不好，密度大的雷尼镍会沉在罐底，就起不到催化作用。

本 章 小 结

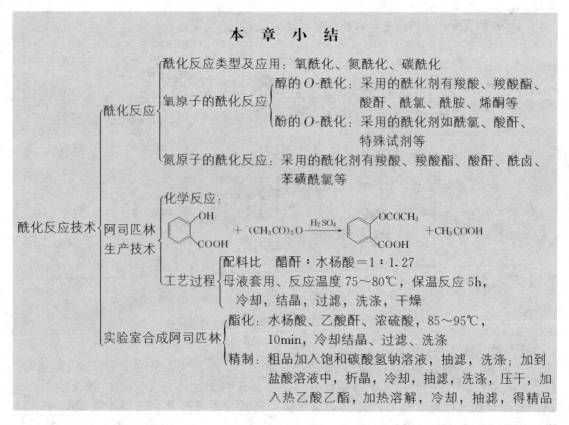

复 习 题

1. 为什么使用新蒸馏的乙酸酐？

2. 如何检验产品中是否还含有水杨酸？

3. 为什么控制反应温度在 $70\sim80\,^\circ\!C$？

4. 阿司匹林粗品还必须使用溶剂进行重结晶精制，重结晶时需要注意什么？

5. 熔点测定时需要注意什么问题？

6. 通过什么样的简便方法可以鉴定出阿司匹林是否变质？

7. 混合溶剂重结晶的方法是什么？

8. 在阿司匹林合成反应过程中可能发生的副反应和生成的副产物有哪些？

9. 什么是酰化反应？常用的酰化剂有哪些？它们的酰化能力、应用范围以及在使用上有何异同？

10. 按"任务实施"中的原料量计算合成的阿司匹林的理论产量。

有机合成工职业技能考核习题（2）

一、选择题

1. 以产品品种为准而制定的安全操作、安全生产、防火防爆、防尘防毒、安全卫生知识为一体的法规性管理制度是（　　）。
   A. 安全技术规程　　　　　　　　　　　　B. 安全检查制度
   C. 化工企业安全管理制度　　　　　　　　D. 安全技术措施管理制度

2. 在农业上常用稀释的福尔马林来浸种，给种子消毒。该溶液中含有（　　）。
   A. 甲醇　　　　　　　B. 甲醛　　　　　　　C. 甲酸　　　　　　　D. 乙醇

3. 常温常压下为无色液体，而且密度大于水的是（　　）。
   ① 苯　② 硝基苯　③ 溴苯　④ 四氯化碳　⑤ 溴乙烷　⑥ 乙酸乙酯
   A. ①⑥　　　　　　　B. ②③④⑥　　　　　C. ②③④⑤　　　　　D. ③④⑤⑥

4. 常温常压下为气体的有机物是（　　）。
   ① 一氯甲烷　② 二氯甲烷　③ 甲醇　④ 甲醛　⑤ 甲酸　⑥ 甲酸甲酯
   A. ①②　　　　　　　B. ②④⑤　　　　　　C. ③⑤⑥　　　　　　D. ①④

5. 下列有机物命名正确的是（　　）。
   A. 2,2,3-三甲基丁烷　B. 2-乙基戊烷　　　　C. 2-甲基-1-丁炔　　　D. 2,2-甲基-1-丁烯

6. 下列化合物沸点最高者为（　　）。
   A. 乙醇　　　　　　　B. 乙酸　　　　　　　C. 乙酸乙酯　　　　　D. 乙酰胺

7. 有一套管换热器，环隙中有 119.6℃ 的蒸汽冷凝，管内的空气从 20℃ 被加热到 50℃，管壁温度应接近（　　）。
   A. 20℃　　　　　　　B. 50℃　　　　　　　C. 77.3℃　　　　　　D. 119.6℃

8. 比较下列物质的反应活性，正确的是（　　）。
   A. 酰氯＞酸酐＞羧酸　　　　　　　　　　B. 羧酸＞酰氯＞酸酐
   C. 酸酐＞酰氯＞羧酸　　　　　　　　　　D. 酰氯＞羧酸＞酸酐

9. 下列酰化剂在进行酰化反应时，活性最强的是（　　）。
   A. 羧酸　　　　　　　B. 酰氯　　　　　　　C. 酸酐　　　　　　　D. 酯

10. 可在反应器内设置搅拌器的是（　　）。
    A. 套管　　　　　　　B. 釜式　　　　　　　C. 夹套　　　　　　　D. 热管

11. 搅拌的作用是强化（　　）。
    A. 传质　　　　　　　B. 传热　　　　　　　C. 传质和传热　　　　D. 流动

12. F-C 酰化反应不能用于（　　）。
    A. 甲酰化　　　　　　B. 乙酰化　　　　　　C. 苯甲酰化　　　　　D. 苯乙酰化

13. 化工生产上精馏塔常用于（　　）设备。
    A. 定型　　　　　　　B. 干燥　　　　　　　C. 蒸发　　　　　　　D. 非定型

14. 压力表上显示的读数是指（　　）。
    A. 系统内实际压力　　　　　　　　　　　B. 系统内实际压力与大气压力的差值
    C. 真空度　　　　　　　　　　　　　　　D. 大气压与系统内实际压力的差值

15. 用于制备解热镇痛药阿司匹林的主要原料是（　　）。
    A. 水杨酸　　　　　　B. 碳酸　　　　　　　C. 苦味酸　　　　　　D. 安息香酸

16. 水杨酸与（　　）反应可制得乙酰水杨酸。
    A. 乙酸钠　　　　　　B. 乙酸酐　　　　　　C. 乙酸　　　　　　　D. 乙醇

17. 从含氧的无机酸、有机酸或磺酸等分子中除去（　　）后所剩余的基团称为酰基。
    A. 羧基　　　　　　　B. 磺酰基　　　　　　C. 羟基　　　　　　　D. 水

18. 下列（　　）不是有机酰氯。
    A. 光气　　　　　　　B. 三聚氯氰　　　　　C. 磷酰氯　　　　　　D. 氨基甲酰氯

19. 釜式反应器的换热方式有（　　）。
    A. 夹套式　　　　　　B. 蛇管式　　　　　　C. 回流冷凝式　　　　D. 外循环式

20. 下列属于酰化剂是（　　）。
    A. 羧酸　　　　　　　B. 醛　　　　　　　　C. 酯　　　　　　　　D. 酰胺
21. N-酰化可用（　　）做酰化剂。
    A. 酰氯　　　　　　　B. 三聚氯氰　　　　　C. 光气　　　　　　　D. 二乙烯酮
22. 设备、管道保温的作用有（　　）。
    A. 减少热量损失　　　B. 防冻　　　　　　　C. 提高生产能力　　　D. 提高防火等级
23. 下列可用于酯化反应的酰化试剂的是（　　）。
    A. 酰氯　　　　　　　B. 酸酐　　　　　　　C. 羧酸　　　　　　　D. 羧酸酯
24. 在酯化后进行产物分离时可以通过（　　）方式实现。
    A. 原料醇与生成水共沸蒸除　　　　　　　　B. 生成酯与水共沸蒸除
    C. 蒸出生成酯　　　　　　　　　　　　　　D. 生成酯与原料醇共沸蒸除
25. 由于酰化时生成的氯化氢与游离氨结合成盐，降低了 N-酰化反应的速度，因此在反应过程中一般
    要加入缚酸剂来中和生成的氯化氢，下列（　　）是常用的缚酸剂。
    A. 醋酸钠　　　　　　B. 三乙胺　　　　　　C. 硫酸钠　　　　　　D. 磷酸钠
26. 酸酐多用于活性较低的氨基或羟基的酰化，常用的酸酐是（　　）。
    A. 乙酸酐　　　　　　B. 邻苯二甲酸酐　　　C. 马来酸酐　　　　　D. 碳酸酐
27. 胺类酰化时可以用（　　）作为催化剂。
    A. 氢氧化钠　　　　　B. 氢氧化钾　　　　　C. 硫酸　　　　　　　D. 盐酸

二、判断题（√或×）

1. 从含氧酸中除去羟基后所剩的基团称酰基。
2. 酰化反应是个完全反应。
3. O-酰化是向醇或酚羟基的氧原子上引入酰基制取酯的化学过程，也称为酯化。
4. 醇和卤烷作用生成醚的反应叫作威廉姆逊反应。
5. 电加热套的最高温度可达到 400℃，具有不易引着火的优点，缺点是降温慢。
6. 电加热套主要用作回流加热的热源，不适合于作蒸馏操作的热源。
7. 氨基氮原子上电子云密度越高，碱性越强，则胺被酰化的反应性越强。
8. 酯化反应必须采取边反应边脱水的操作才能将酯化反应进行到底。
9. 制备乙酰水杨酸，用乙酸与水杨酸反应，比用乙酰氯与水杨酸反应快。
10. 制备乙酰水杨酸，用乙酸酐与水杨酸反应，比用乙酸与水杨酸反应快。
11. 在列管式换热器中，管束的表面积即为该换热器所具有的传热面积。
12. 乙二醇常用来作为保护羰基试剂。
13. 乙酸乙酯、乙酰氯、乙酸酐、乙酰胺中最活泼的酰化基是乙酸乙酯。
14. 现有 90kg 的乙酸与乙醇发生酯化反应，转化率达到 80％时，得到的乙酸乙酯应是 150kg。
15. 醇和酸发生酯化反应的过程，一般是：羧酸分子中羟基上的氢原子跟醇分子中的羟基结合成水，
其余部分结合成酯。

第三章　还原反应技术

知识目标

◇ 了解还原反应类型及反应原理。

◇ 掌握乙酰化反应技术和还原反应技术在对乙酰氨基苯酚合成中的应用。

◇ 掌握亚硝化反应的反应原理。

能力目标

◇ 掌握对乙酰氨基苯酚的合成技术。

◇ 了解对乙酰氨基苯酚生产中可能出现的突发事件，并掌握其处理方法。

重点与难点

◇ 还原反应类型及其应用。

◇ 对乙酰氨基苯酚的合成和分离方法。

工作任务

根据有机化工产品的合成方法和生产条件，选择适宜的还原剂，并能对典型的药物合成进行还原反应操作和控制。

第一节　还原反应技术理论

还原反应是指在化学反应中使有机物分子中碳原子总的氧化态降低的反应。狭义地讲是指在有机物分子中增加氧或减少氢的反应。还原反应分为两类：①使用化学物质作还原剂进行的反应称为化学还原；②在催化剂作用下与氢分子进行的加氢反应称为催化氢化反应。

一、化学还原

1. 活泼金属还原

活泼金属的最外层电子数少，容易失去，故有较强的供电子能力，可以作为电子源，水、醇、酸、氨提供质子，从而共同完成有机化合物的加氢反应，即还原反应。常用的金属还原剂有金属锂、钠、钾、钙、镁、锌、铝、锡、铁等。

(1) 金属铁还原剂　铁粉在酸性介质中，在盐类电解质（低价铁和氯化铵）存在下具有较强的还原能力，可将芳香族硝基、脂肪族硝基或其他含氮氧功能基（亚硝基、羟胺等）还原成相应的氨基，该反应称为铁酸还原。其由于价格低廉，在药物合成中仍在使用。例如：

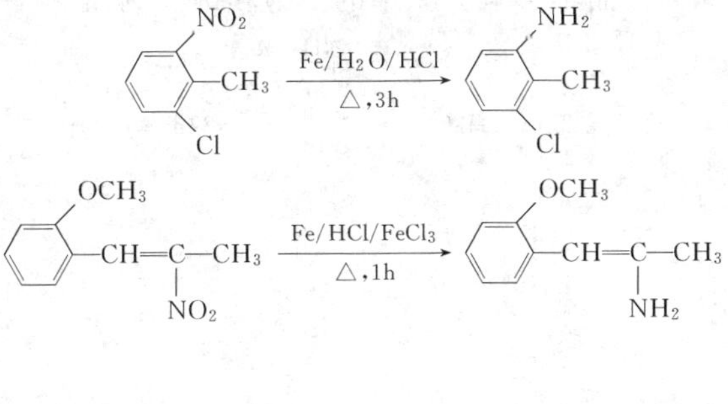

铁酸还原剂的特点如下所述。

① 还原剂铁粉价廉易得，且还原反应在酸性水溶液中进行，不需特殊的溶剂，操作简便易行，适用范围广，副反应少，对反应设备要求低。

② 反应后产生大量铁泥，铁泥中含有有毒的硝基化合物和氨基化合物，危害大，后处理困难。还原过程及中间产物比较复杂，但总的结果是，一个硝基要得到 6 个电子才可以被还原成氨基。若铁由零价变成正二价，则还原 1mol 硝基化合物需要 3mol 的铁；若铁由零价变成正三价，则还原 1mol 硝基化合物需要 2mol 的铁。实际上，铁既有正二价又有正三价，所以，总的反应通式为：

$$4ArNO_2 + 9Fe + 4H_2O \longrightarrow 4ArNH_2 + 3Fe_3O_4$$

③ 当芳环上有吸电子基团时，硝基、亚硝基、羟胺等含氮氧功能基容易被还原，还原温度较低；而当芳环上有供电子基团时，这些含氮氧功能基不易被还原，反应温度较高。

④ 铁粉还原一般用含硅的铸铁粉，而熟铁粉、钢粉及化学纯的铁粉，则还原效果差。因为铸铁粉含有较多的碳，并含有硅、锰、硫、磷等元素，在含有电解质的溶液中能形成许多微电池，促进铁的电化学腐蚀，有利于还原反应的进行。另外，铸铁粉质脆，搅拌时容易粉碎，从而增加了被还原物的接触表面。铁粉的粒度一般为 60～80 目。

⑤ 铁粉的用量。理论上还原 1mol 硝基化合物需要 2.25mol 的铁粉，而实际用量常为 3～4mol，过量多少与铁粉质量和粒度大小有关。一般为：硝基化合物与铁粉比为 1:(2.5～5.0)。

⑥ 一般用水作溶剂。1mol 硝基化合物用水 50～100mol。

⑦ 加入电解质氯化亚铁和氯化铵可促进反应的进行，并保持介质的 pH 为 3.5～5.0，使溶液中有铁离子存在。电解质的作用是增加水溶液的导电性，加速铁的电化学腐蚀。1mol 硝基化合物常加入 0.1～0.2mol 的电解质。酸用量一般为理论量的 1%～2%。

⑧ 反应温度。反应温度随被还原物结构的不同而不同。易还原的反应物温度可低些，难还原的反应物反应温度要高些。若还原芳环上有供电子基团的硝基化合物时，反应温度一般是 95～102℃，即接近反应液的沸腾温度。铁粉还原是强烈的放热反应，如果加料太快，反应过于激烈，会导致爆沸溢料。

⑨ 反应器。铁的密度较大，容易沉在反应器的底部，为非均相接触反应，必须辅以很好地搅拌，一般使用衬有耐酸砖的平底刚槽和铸铁制的慢速耙式搅拌器，并用直接水蒸气加热。

(2) 金属锌和锌-汞齐　金属锌在酸性、碱性、中性条件下都具有还原性。反应条件不同，其还原活性不同。锌-汞齐一般在酸性条件下使用。

① 锌在碱性条件下的还原。锌粉在碱性水溶液中可将硝基苯逐步还原为氢化偶氮苯。氢化偶氮苯在酸性条件下重排为联苯胺。例如：

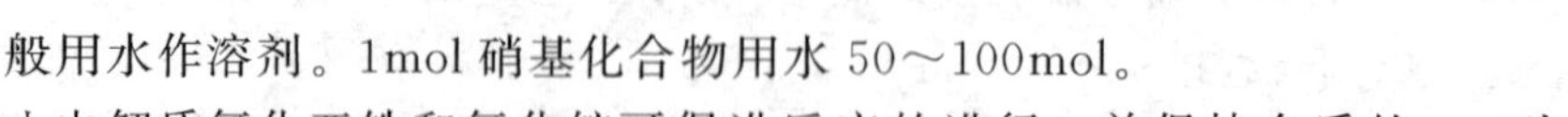

② 锌在中性条件下的还原。锌粉在中性条件下可将芳香硝基化合物还原成为芳基羟胺；叔醇中的羟基可被锌粉除去，而不影响分子中的不饱和键。例如：

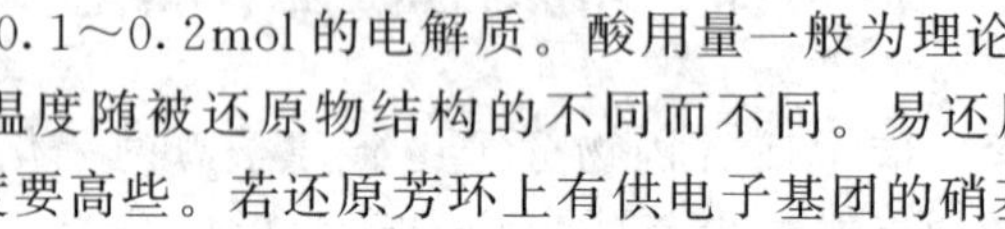

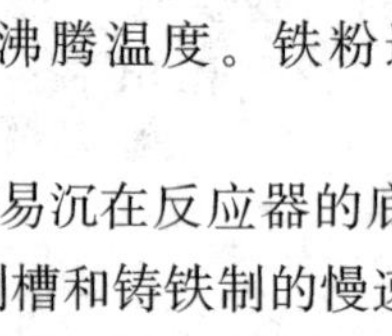

③ 锌或锌粉在酸性条件下的还原。锌粉在酸性条件下可将硝基和亚硝基还原成氨基。如升压药多巴胺中间体的制备：

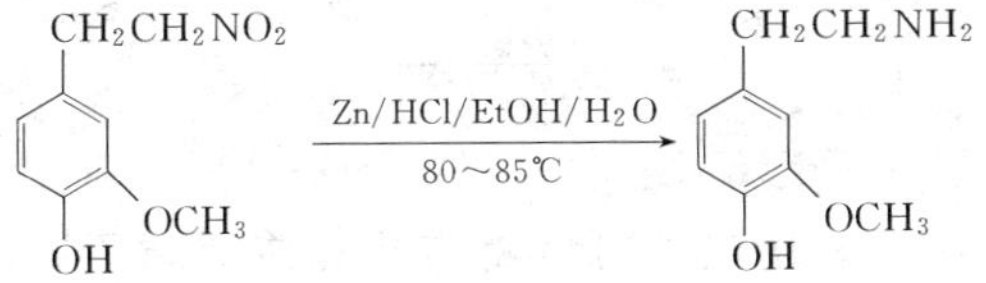

血管收缩药羟甲唑啉中间体的制备：

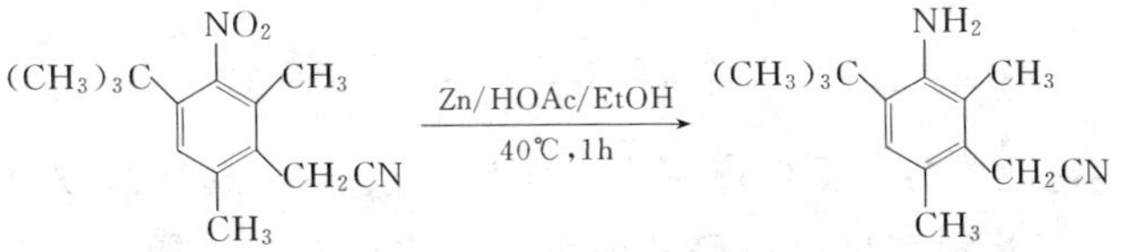

在酸性条件下，有锌粉存在时，羟基可被还原成醇，醌可被还原成氢醌。如抗过敏药赛庚啶中间体和维生素 K_4 的制备：

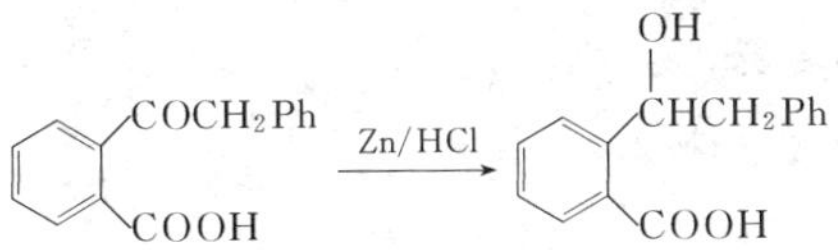

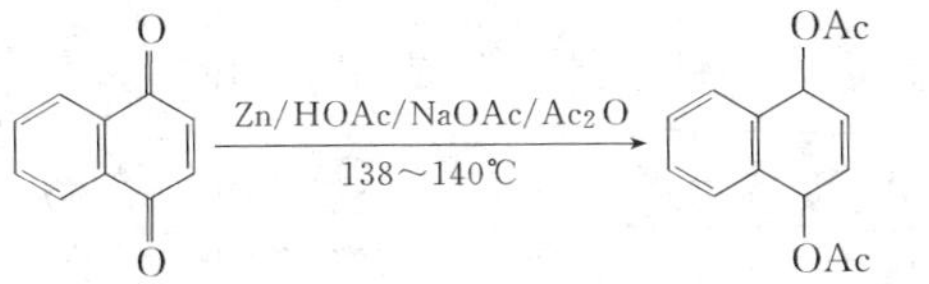

锌-汞齐在酸性条件下可将醛或酮羰基还原成甲基或亚甲基，该反应称为克莱门森（Clemmensen）还原，反应物分子中有羧酸、酯、酰胺等羰基存在时，可不受影响。例如：

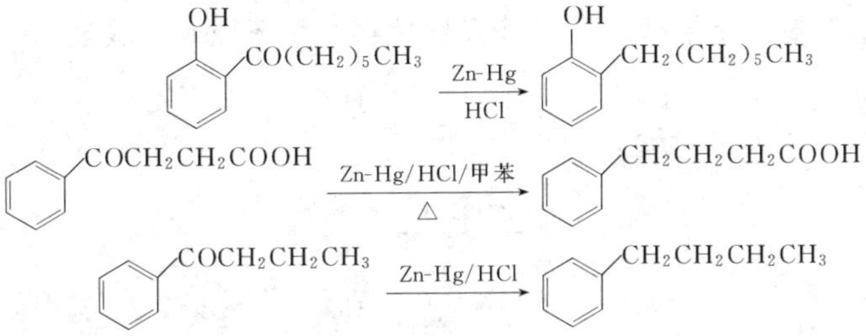

2. 金属复氢化物还原剂

金属复氢化物还原剂主要有氢化铝锂、硼氢化钾（钠）等。此类还原剂是还原羰基化合物为醇的首选试剂，具有条件温和、副反应少以及产物产率高的优点。

（1）氢化铝锂 氢化铝锂的活性很强，除双键外，几乎可以将所有的含氧不饱和基团还原成相应的醇，将脂肪族的含氮不饱和基团的化合物还原成相应的胺，以及将芳香的硝基和亚硝基化合物、氧化偶氮化合物还原成相应的偶氮化合物以及将卤代烷的卤原子脱除等。

① 醛酮的还原。氢化铝锂可将醛酮还原成相应的醇，对某些特定结构的羰基，在一定反应条件下，可进一步还原成相应的烃。例如：

$$CH_3(CH_2)_5CHO \xrightarrow{LiAlH_4} CH_3(CH_2)_5CHOH$$

$$CH_3CH_2COCH_3 \xrightarrow{LiAlH_4} CH_3CH_2\underset{\displaystyle OH}{\underset{|}{C}}HCH_3$$

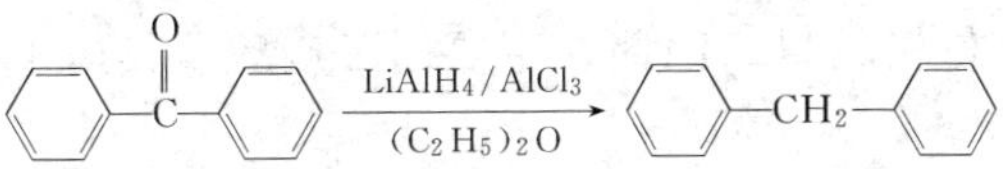

以及抗肿瘤药物三尖杉酯碱（harringtonine）中间体的合成：

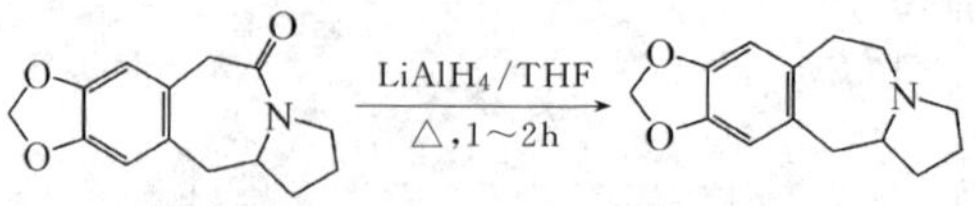

② 羧酸和羧酸酯的还原。氢化铝锂可以将羧酸和羧酸酯还原成相应的伯醇，由于氢化铝锂不能在酸性条件下反应，所以要先将羧酸中和生成盐，然后再进行还原反应。

$$CH_3COOH \xrightarrow{LiAlH_4} \xrightarrow{C_2H_5OH} \xrightarrow{H_2O} CH_3CH_2OH$$

用氢化铝锂直接还原羧酸，不但产率高，而且还原不饱和酸时，对双键没有影响。

③ 酸酐的还原。氢化铝锂可以将链状酸酐还原生成两分子醇，以及将环状酸酐还原生成二元醇。例如：

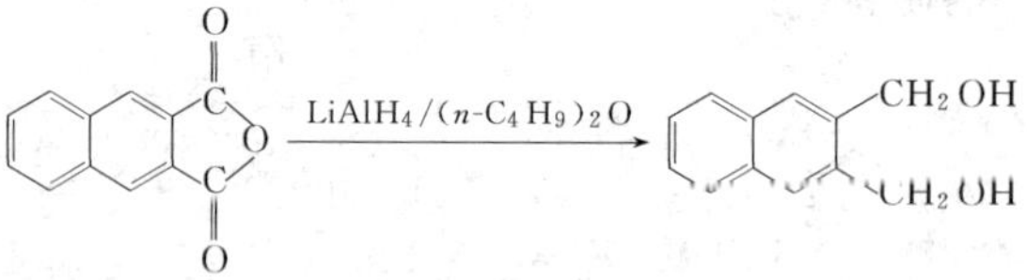

④ 酰氯的还原。酰氯可以被氢化铝锂还原，生成相应的醇。

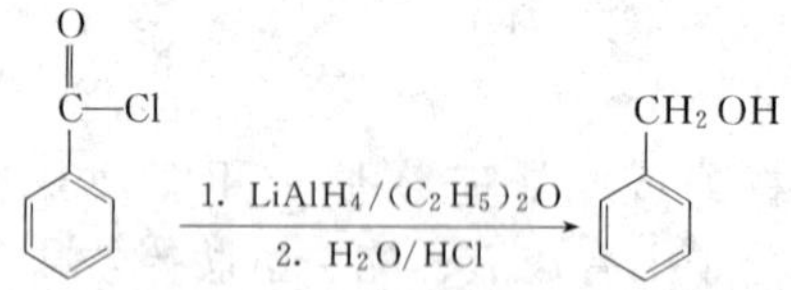

但是，采用三叔丁氧基氢化铝锂，可以选择性地将酰氯还原，生成醛。

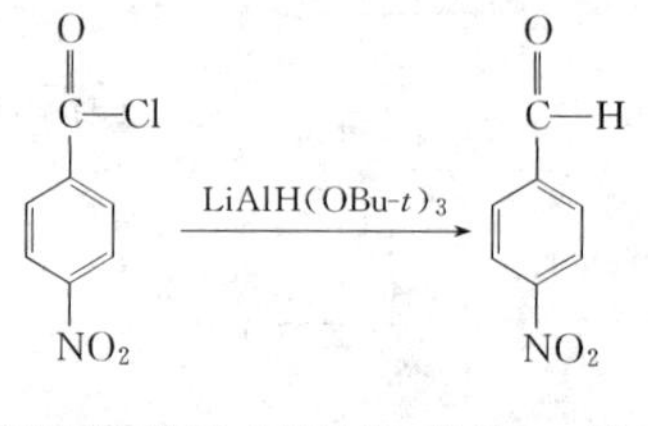

⑤ 酰胺的还原。氢化铝锂可以将酰胺还原生成胺，其反应条件温和，常用于伯胺、仲胺、叔胺的合成。

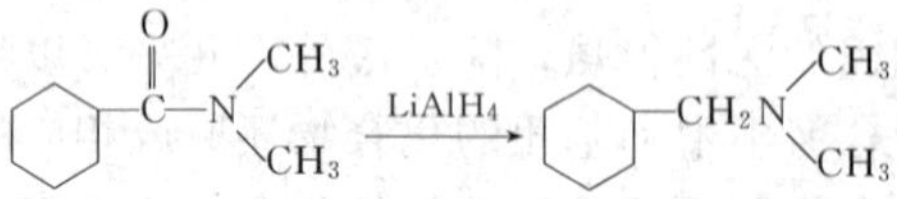

⑥ 腈的还原。氢化铝锂可以将腈还原，生成伯胺，为使反应完全，常需要加入过量的氢化铝锂。

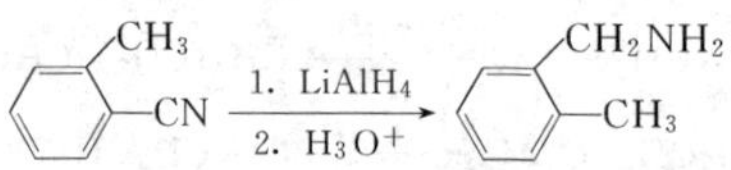

氢化铝锂虽然还原活性强，作用范围广，可还原多种基因，但选择性较差，且本身化学性质活泼，反应条件苛刻，价格较贵。因此，主要用于羧酸及其衍生物以及立体位阻大的酮的还原。

<table>
<tr><td colspan="2" align="center">知识窗　氢化铝锂的性质及使用方法</td></tr>
<tr>
<td>性质：氢化铝锂为白色多孔的轻质粉末，放置会变为灰色，毒性很大，遇水、酸或含羟基、巯基的化合物可分解放出氢而形成相应的铝盐，所以反应需在无水条件下进行，且不能使用含有羟基或巯基的化合物作溶剂

操作时应在通风橱中进行</td>
<td>使用方法：常用无水乙醚或无水四氢呋喃作溶剂，其在乙醚中的溶解度为 $20\%\sim30\%$，在四氢呋喃中为 17%。还原反应结束后，可加入乙醇、含水乙醚或 10% 氯化铵水溶液以分解未反应的氢化铝锂和还原物。用含水溶剂分解时，其水量应接近于计算量，使生成颗粒状沉淀的偏铝酸锂而便于分离。如加水过多，则偏铝酸锂进而水解成胶状的氢氧化铝，并与水及有机溶剂形成乳化层，致使分离困难，产物损失大。</td>
</tr>
</table>

（2）硼氢化钠和硼氢化钾　硼氢化钠和硼氢化钾的还原作用比较温和，具有很高的选择性，且操作简便，是还原醛、酮生成醇的首选试剂，在制药工业上得到了广泛的应用。

① 醛、酮的还原。硼氢化钠和硼氢化钾可将醛、酮还原成醇，而分子中的硝基、氰基、亚氨基、烯键、炔键、卤素等不受影响。例如：

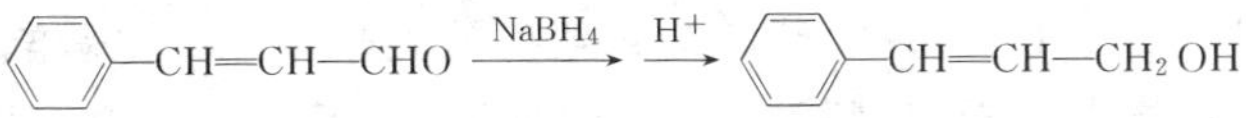

邻氯喘息定中间体的制备：

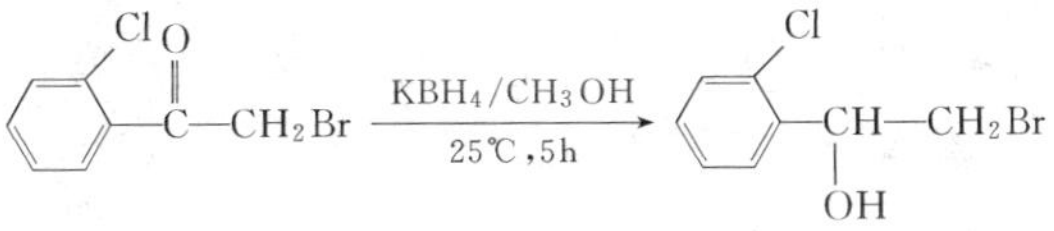

避孕药炔诺酮中间体的制备：

② 羧酸及其衍生物的还原。硼氢化钠和硼氢化钾可将酰氯还原成醇，以及将环状酸酐还原成酯。一般不还原羧酸、链状酸酐、酯、酰胺和腈。

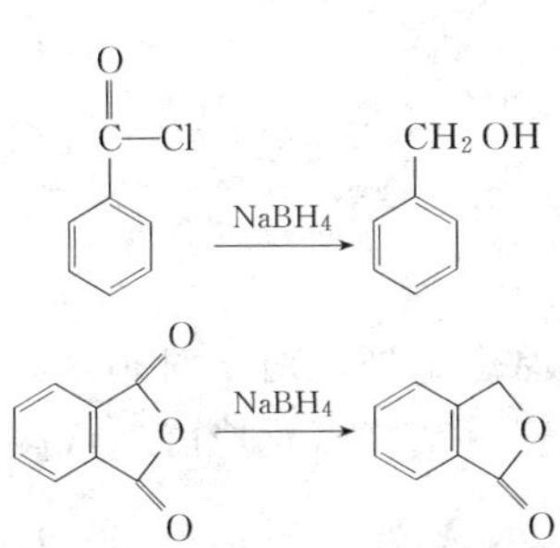

<table>
<tr><td colspan="2" align="center">知识窗　硼氢化钠和硼氢化钾的性质及使用方法</td></tr>
<tr>
<td>性质：硼氢化钠和硼氢化钾在常温下遇水、醇都比较稳定，不溶于乙醚及四氢呋喃，能溶于水、甲醇、乙醇，所以常选用醇类作溶剂。如果必须在较高的温度下进行，则可选用异丙醇、二甲氧基乙醚作溶剂</td>
<td>使用方法：在反应液中加入少量的碱，可促进反应的进行。由于硼氢化钠比硼氢化钾更易吸湿，易于潮解，故工业上多采用钾盐。反应结束后，可加稀酸分解还原产物并使剩余的硼氢化钾生成硼酸，便于分离</td>
</tr>
</table>

3. 乙硼烷

乙硼烷（B_2H_6）是比较强的还原剂，可将羧酸、醛、酮、酰胺等还原，特别是容易将羧酸还原成醇，不影响分子中的酸性和碱性基团，也不影响硝基、卤素、羰基、氰基、酯基、环氧化合物等。

知识窗　乙硼烷的性质及使用方法	
性质：硼烷的二聚体，熔点 $-165.5℃$，沸点 $-92.5℃$，溶于醚（如乙醚、四氢呋喃）和二硫化碳等有机溶剂中，有剧毒，化学性质活泼，室温下遇水即可分解生成硼酸；在室温和干燥空气中并不燃烧，若有痕量水分，就会发生爆炸性燃烧，生成氧化硼	使用方法：有关乙硼烷反应的操作要隔绝空气，在干燥的氮气保护下进行

4. 含硫化合物还原剂

含硫化合物还原剂主要有硫化物、二硫化物、含氧硫化物，分别有 $Na_2S \cdot 9H_2O$、$K_2S \cdot 5H_2O$、$(NH_4)_2S$；Na_2S_2、K_2S_2；亚硫酸盐、亚硫酸氢盐及连二亚硫酸盐。

（1）硫化物　硫化物常用于将硝基和亚硝基还原成氨基，以及对多硝基化合物进行选择性还原。

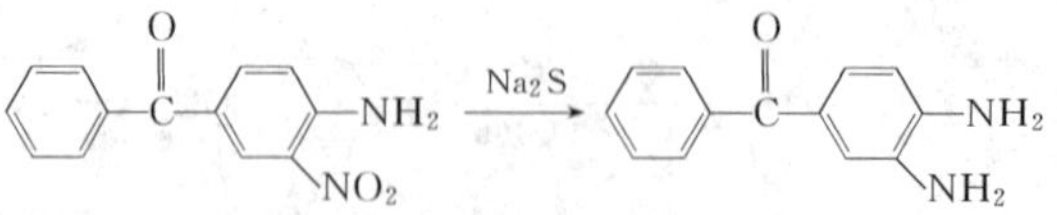

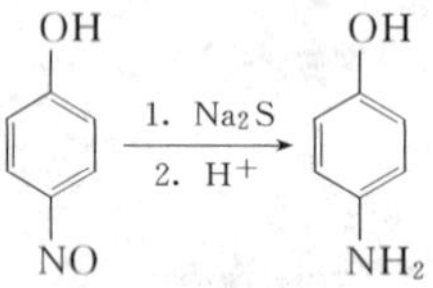

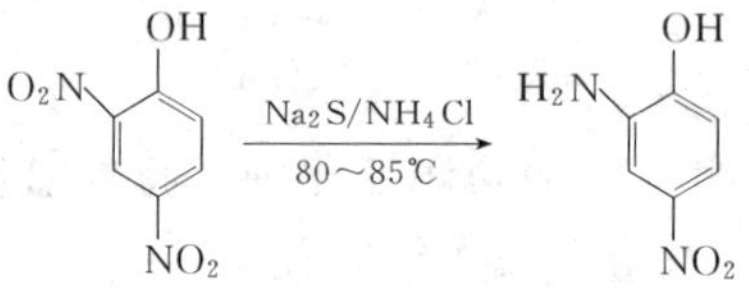

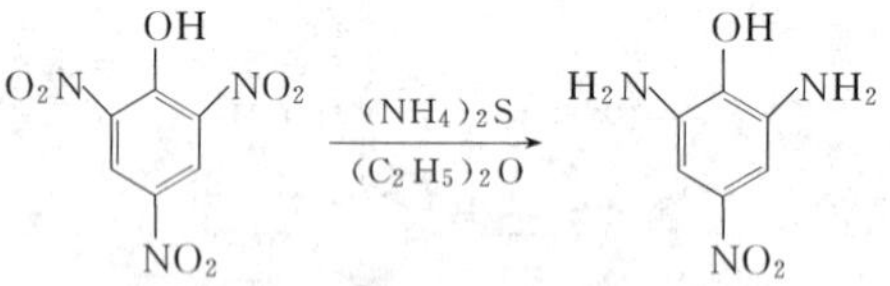

（2）二硫化物　二硫化物除还原硝基外，对于对硝基芳烃也有还原氧化作用，即使其硝基还原成氨基，以及对位的甲基或亚甲基被氧化成醛基或酮基。

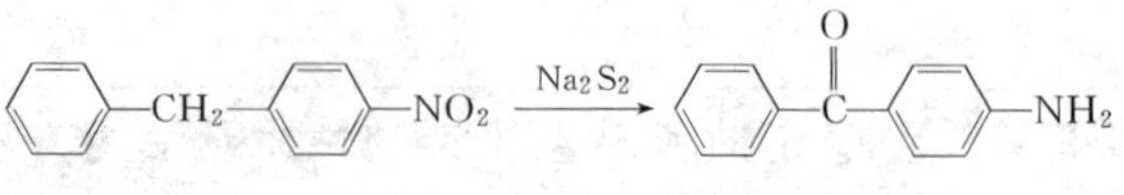

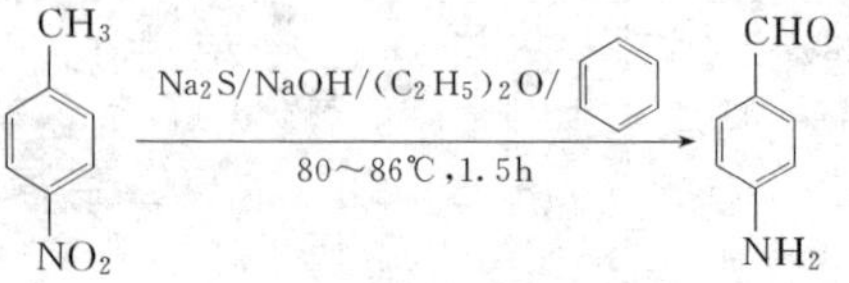

（3）含氧硫化物　常用硫代硫酸钠，又称为连二亚硫酸钠、次亚硫酸钠，商品名为保险

粉，其还原能力比较强，可以还原硝基、重氮基及醌基等。例如，抗肿瘤药巯嘌呤中间体的制备：

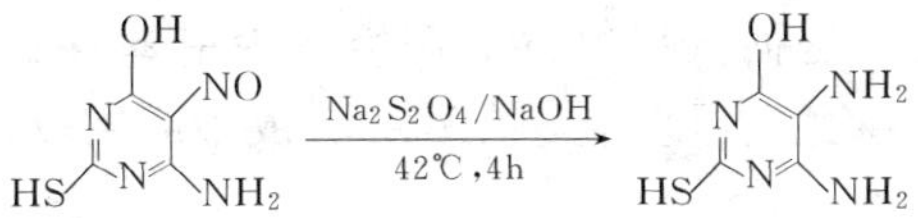

维生素类药物叶酸合成原料：

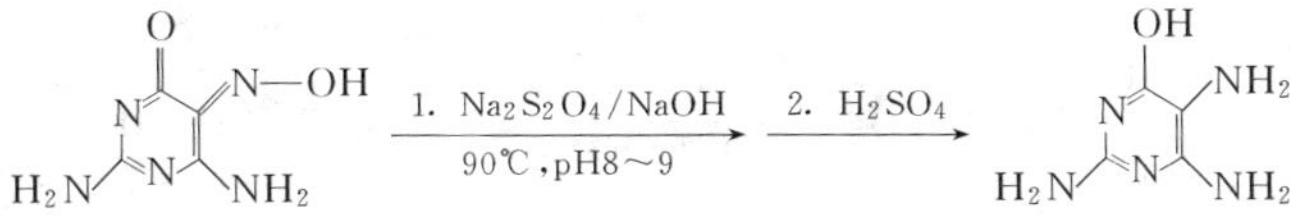

维生素 E 中间体的制备：

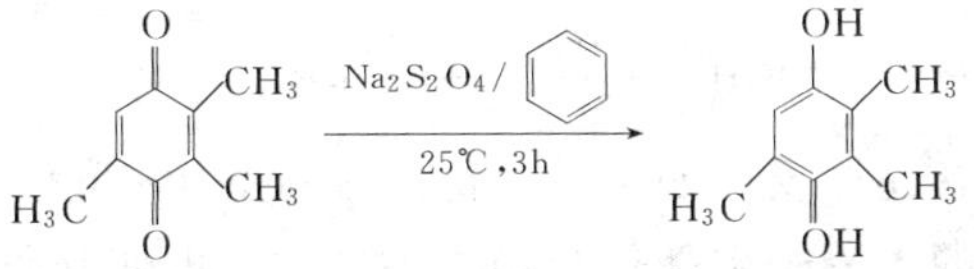

小知识

连二亚硫酸钠性质不稳定，易变质，当受热或在水溶液中，特别在酸性溶液中时迅速分解，使用时应在碱性条件下临时配用。

（4）亚硫酸盐还原剂　亚硫酸盐、亚硫酸氢盐能将硝基、亚硝基、羟胺基及偶氮基还原成氨基；将重氮盐还原成肼。例如：

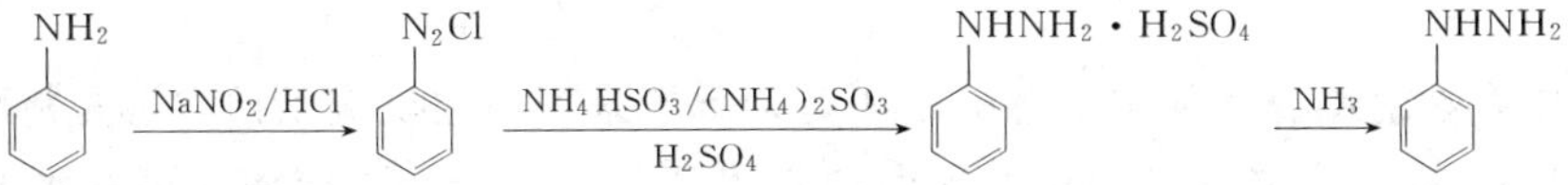

5. 醇铝还原剂

将醛、酮等羰基化合物与异丙醇铝在异丙醇中共热时，可还原得到相应的醇，并同时将异丙醇氧化成丙酮，该反应也称为 Meerwein-ponndorf-verley 反应。异丙醇铝是还原脂肪族和芳香族醛、酮生成醇的选择性很高的还原剂，对分子中含有的烯键、炔键、硝基、缩醛、腈基及卤素等均无影响。

对于 1,3-二酮、β-酮酯等易于烯醇化的羰基化合物，或含有酚羟基、羧基等酸性基团的羰基化合物，由于羟基或羧基易与异丙醇铝形成铝盐，使反应受到抑制，一般不宜采用异丙醇铝还原。

含有氨基的羰基化合物也易与异丙醇铝形成复盐而影响还原反应的进行，但是可以改为使用异丙醇钠作为还原剂。

知识窗　异丙醇铝			
性质：异丙醇铝为白色固体，极易吸湿变质，遇水分解	使用方法：需无水操作，通常应现制现用	制备方法：将铝片加入到过量的异丙醇中，在三氯化铝的催化作用下加热回流至铝片反应完全为止	氯化异丙醇铝：制备的异丙醇铝中少量三氯化铝的存在，使部分异丙醇铝转化成氯化异丙醇铝，可以加速反应并提高收率

6. 乌尔夫-凯惜纳-黄鸣龙还原反应

醛、酮在强碱性条件下，以及在高沸点溶剂中，如在一缩乙二醇（HOCH₂CH₂OCH₂CH₂OH）中加热，与水合肼缩合成腙，进而放出氮气分解转变为甲基或亚甲基的反应，称为乌尔夫-凯惜纳（Wolff-Kishner）-黄鸣龙还原反应，在药物合成中应用较多。可用下列通式表示：

$$\begin{matrix} R \\ \diagup \\ C=O \\ \diagdown \\ R \end{matrix} \xrightarrow{H_2NNH_2} \begin{matrix} R \\ \diagup \\ C=NNH_2 \\ \diagdown \\ R \end{matrix} \xrightarrow{C_2H_5ONa\ KOH} \begin{matrix} R \\ \diagup \\ CH_2 \\ \diagdown \\ R \end{matrix} +N_2$$

$$\text{苯基—COCH}_2\text{CH}_3 \xrightarrow[\text{(HOCH}_2\text{CH}_2)_2\text{O}]{\text{H}_2\text{NNH}_2, \text{NaOH}} \text{苯基—CH}_2\text{CH}_2\text{CH}_3$$

抗癌药苯丁酸氮芥（Chlorambucil）中间体的制备：

$$\text{CH}_3\text{CONH—}\bigcirc\text{—}\overset{\text{O}}{\underset{||}{\text{C}}}\text{—CH}_2\text{CH}_2\text{COOH} \xrightarrow[140\sim160℃,1h]{\text{H}_2\text{NNH}_2/\text{H}_2\text{O/KOH}} \text{CH}_3\text{CONH—}\bigcirc\text{—CH}_2\text{CH}_2\text{CH}_2\text{COOH}$$

该反应弥补了克莱门森还原反应的不足，适用于对酸敏感的吡啶、四氢呋喃衍生物，对于甾族羰基化合物及难溶的大分子羰基化合物尤为合适。即使分子中有双键、羰基存在，还原时也不受影响，一般位阻较大的酮基也可以被还原。但是还原共轭羰基时有时伴有双键的位移。

$$\xrightarrow[180\sim200℃]{\text{H}_2\text{NNH}_2\cdot\text{H}_2\text{O/KOH/TEG}}$$

若结构中存在对高温和强碱敏感的基团时，不能采用上述反应条件，可先将醛或酮生成相应的腙，然后在25℃左右加入叔丁醇钾的二甲亚砜（DMSO）溶液，可在温和条件下进行放氮反应，收率一般在64%～90%之间，例如：

$$\xrightarrow{\text{H}_2\text{NNH}_2} \quad \xrightarrow[(95\%)]{t\text{-BuOK/DMSO}}$$

但有连氮（═N—N═）副产物生成。

小资料

最初，本反应是将羰基转变为腙或缩氨基脲后与醇钠置于封管中，在200℃左右长时间的热压分解，其操作繁杂，收率较低，缺乏实用价值。1946年经我国科学家黄鸣龙改进，即将醛或酮和85%水合肼、氢氧化钾混合，在二聚乙二醇（DEG）或三聚乙二醇（TEG）等高沸点溶剂中，加热蒸出生成的水，然后升温至180～200℃，在常压下反应2～4h，即还原得到亚甲基产物。经黄氏改进后的方法，不但省去加压反应步骤，且收率也有所提高，一般在60%～95%，具有工业生产价值。

克莱门森还原反应和乌尔夫-凯惜纳-黄鸣龙还原反应都是把羰基还原成亚甲基的反应，但是前者是在强酸条件下进行，而后者是在强碱条件下进行。这两种还原法，可以根据反应物分子中所含其他基团对反应条件的要求，选择使用。

二、催化氢化还原

在催化剂存在下，有机化合物与氢分子发生还原反应称为催化氢化。根据作用物和催化剂的存在状态，分为非均相催化氢化和均相催化氢化。以气态氢为氢源，催化剂以固态形式参与反应称为多相催化氢化，即非均相催化。所有非均相催化氢化均在催化剂表面进行。

多相催化氢化在医药工业研究和生产中应用最多，其特点有：还原范围广、反应活性高、反应速度快、能还原多种可还原的基团；选择性好；反应条件温和；经济实用；后处理简单，污染少。

液相催化氢化使用的催化剂按金属性质分类可分为贵金属系和一般金属系，贵金属系主要有铂、钯，近年来也出现了含铑、铱、锇、钌等金属的催化剂。一般金属系主要是指镍、铜等。按催化剂的制法分为纯金属粉、骨架型、氢氧化物、氧化物、硫化物以及金属载体型等，其中最重要的是骨架型和载体型。目前使用较多的有骨架镍和钯-碳（Pd-C）。

1. 骨架镍

骨架镍（Raney 镍） 适用于炔键、烯键、硝基、氰基、糖精、芳杂环、芳稠环、苯环的氢化，以及碳-卤键、碳-硫键的氢解。例如强髓袢利尿药吡咯他尼（Piretanide）中间体的合成反应：

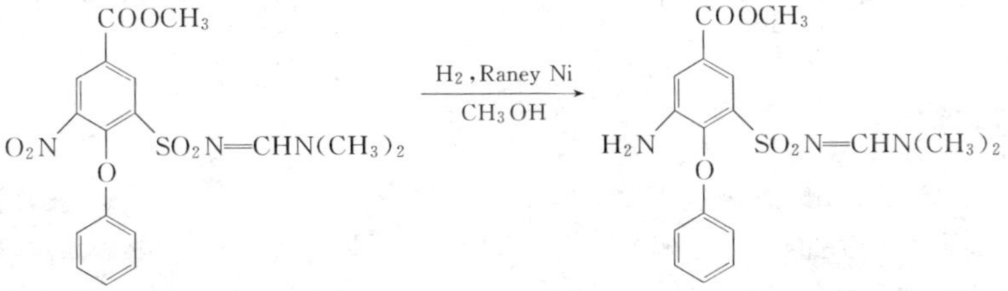

心血管系统药物盐酸贝凡洛尔（Bevantolol）中间体以及小檗碱中间体胡椒乙胺的制备：

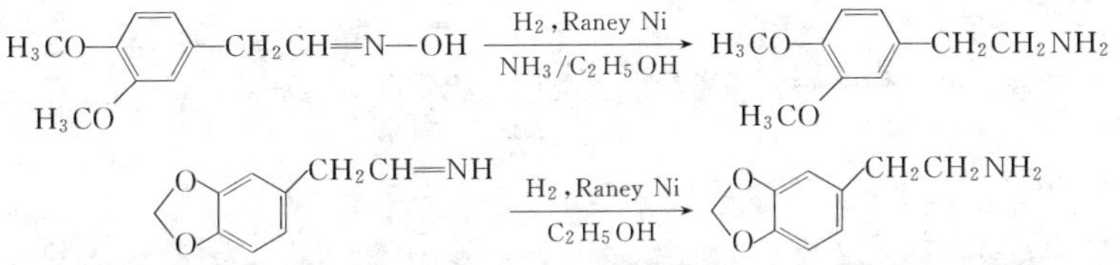

知识窗　骨架镍（Raney 镍）

性质	使用方法	生产方法
性质：新鲜制成的骨架镍为灰黑色粉末，干燥后在空气中易自燃，因此必须保存在乙醇或蒸馏水中	使用方法：催化剂长期保存会变质，因此其一次制备量一般不应超过 6 个月所需的用量。催化剂使用后仍很活泼，干燥后会自燃，不得任意丢弃，一般将不再回收套用的骨架镍倒入到无机酸中以破坏其活性。含硫、磷、砷、铋的化合物，卤素（特别是碘）及含锡、铅的有机金属化合物在不同程度上可使骨架镍催化剂中毒，有的甚至造成永久性中毒，无法再生	生产方法：生产骨架镍的原料是镍铝合金。将炽热的镍、铬、铁金属块与熔融的金属铝反应，生成镍铝合金。经骤冷、粉碎，得 80～200 目粉末。与 20%～25% 氢氧化钠水溶液作用，Al 与 NaOH 发生反应而被溶出，再经洗涤处理，形成具有高度空隙结构的骨架镍，即 Raney 镍催化剂。$2Ni\text{-}Al + 2NaOH + 2H_2O \longrightarrow 2Ni + 2NaAlO_2 + 3H_2$　使用的镍铝合金一般含镍 30%～50%，NaOH 用量为理论量的 140%～190%。骨架镍催化剂的活性随着催化剂的制备温度、镍铝合金的组成、NaOH 的质量浓度、溶解时间及洗涤条件等方面的不同而有很大的差异

2. 钯-炭

将钯盐水溶液浸渍在或吸附于载体活性炭上，再经还原剂处理，使其形成金属微粒，经洗涤、干燥得到钯-炭（Pd-C）催化剂。

Pd-C 催化剂在使用时不需经活化处理，作用温和，选择性较好，是一类性能优良的催化剂，适用于多种有机物的选择性氢化反应。Pd-C 催化剂是烯烃、炔烃最好的氢化催化剂，能在室温和较低的氢压下还原很多官能团。既可在酸性溶液中又可在碱性溶液中起作用（在碱性溶液中其活性略有降低）。对毒物的敏感性差，故不易中毒。使用过的 Pd-C 催化剂通过处理可回收套用 4～5 次，失去活性的 Pd-C 催化剂要回收处理。Pd-C 催化剂在药物的合成中应用广泛，例如抗菌药奥沙拉秦（Olsalazine）中间体的合成反应：

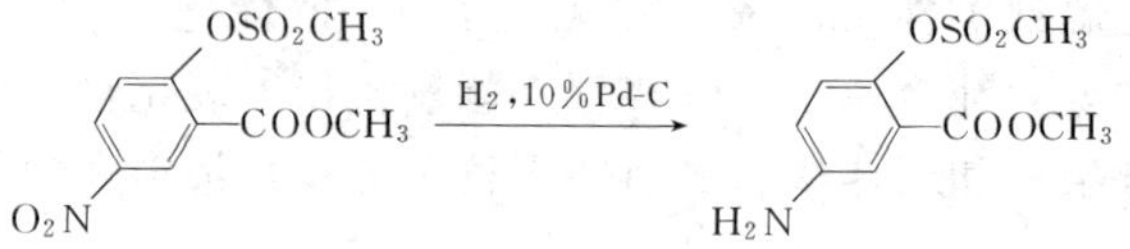

降血压药雷米普利（Ramipril）中间体的合成：

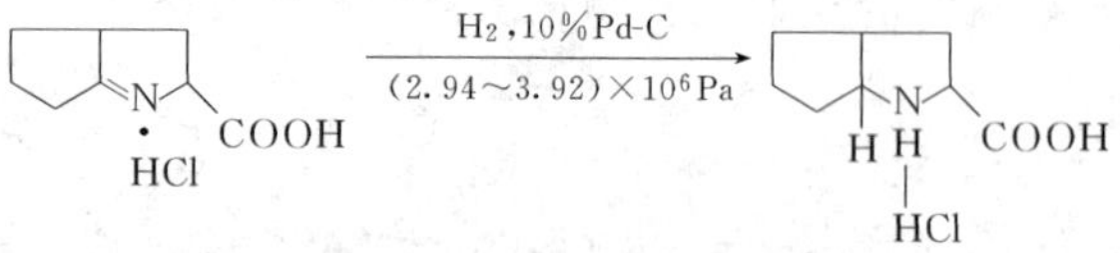

小资料

Pd-C 催化剂（含 10%Pd）的制备。

配料比为：氯化钯：浓盐酸：水：醋酸钠三水合物：优质活性炭 = 1.00(w)：0.66(V)：64.88(V)：16.21(w)：6.60(w)。

制备方法：氯化钯与浓盐酸及 7.4%用量的水混合，在蒸汽浴上加热溶解，将其加到由醋酸钠三水合物与 92.6%用量的水所组成的溶液中，再加入优质活性炭。通氢气 1～2h 至氢不再被吸收为止。抽滤、水洗、滤干，并在空气中晾干后，在盛有无水氯化钙的干燥器中干燥。粉碎后密闭储存。

想一想

骨架镍与 Pd-C 催化剂的使用性能有何不同？

第二节　生产实例——对乙酰氨基苯酚的生产技术

一、概述

对乙酰氨基苯酚又称扑热息痛，化学名称为 4-乙酰氨基苯酚或 N-(4-羟基苯基) 乙酰胺。其结构式为：

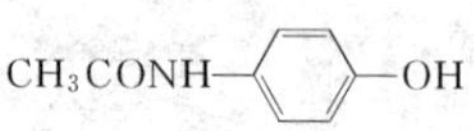

$$CH_3CONH—\bigcirc—OH$$

对乙酰氨基苯酚为白色至类白色结晶性粉末，无臭，味微苦。在热水或乙醇中易溶，在丙酮中溶解，在水中微溶，熔点为 168～172℃。

对乙酰氨基苯酚为解热镇痛药，是临床常用的基本药物，人工合成已有 100 多年的历史了，于 20 世纪 40 年代开始在临床上广泛使用，现已收入各国药典，它能使升高的体温降至正常水平，并可解除某些躯体疼痛。其解热原理是作用于人体下丘脑的体温调节中枢，通过皮肤血管扩张、散热、出汗而使体温恢复正常。

20 世纪 60 年代，因发现非那西丁对肾小球及视网膜有严重毒副作用，故逐渐形成以对乙酰氨基苯酚代替非那西丁的局面。90 年代对乙酰氨基苯酚更加受到临床重视，是我国医药原料药产量最大的品种之一，也成为全世界应用较为广泛的药物之一，是国际医药市场上头号解热镇痛药。扑热息痛的全球市场每年产销量约达 10 多万吨。我国于 1959 年开始生产扑热息痛，自 20 世纪 80 年代以来，产量持续稳步上升。由于扑热息痛经久不衰，其生产工艺改进也一直成为研究的关注点。

二、对乙酰氨基苯酚的合成路线及其选择

对乙酰氨基苯酚的合成路线有多条，可根据形成功能基——乙酰氨基和羟基的化学反应类型来区分。苯环上引入氨基和羟基得到的对氨基苯酚是合成对乙酰氨基苯酚共同的中间体，再乙酰化得对乙酰氨基苯酚。

中间体对氨基苯酚是生产对乙酰氨基苯酚的关键。合成路线如下：

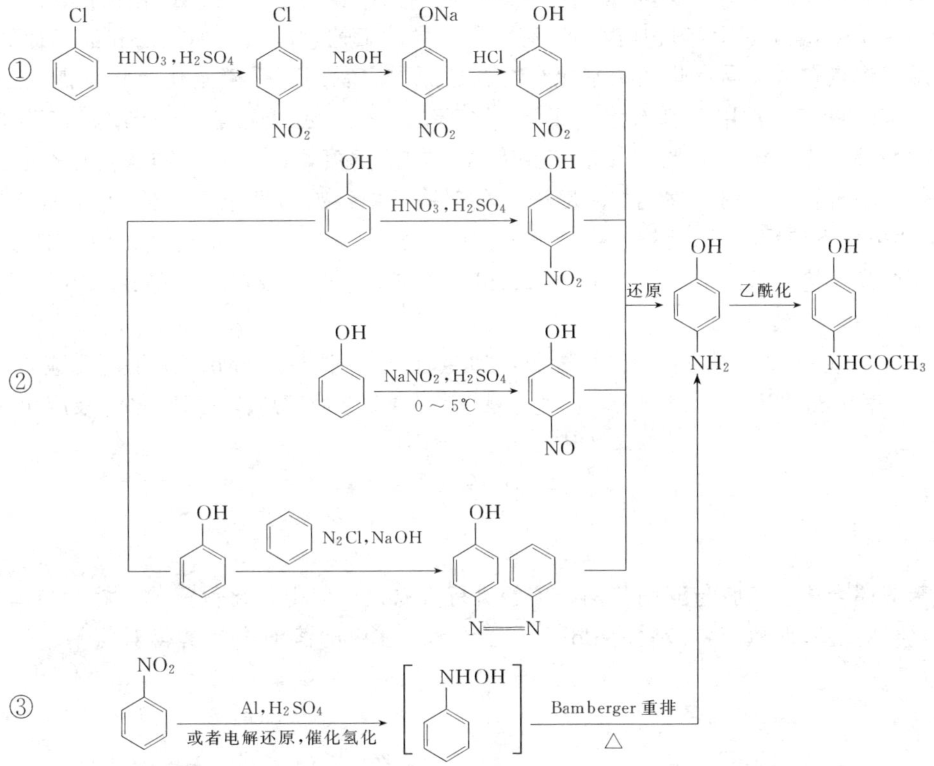

① 氯苯 $\xrightarrow{HNO_3,H_2SO_4}$ 对硝基氯苯 $\xrightarrow{NaOH}$ 对硝基苯酚钠（ONa）$\xrightarrow{HCl}$ 对硝基苯酚（OH）

② 苯酚 $\xrightarrow{HNO_3,H_2SO_4}$ 对硝基苯酚（NO_2）

苯酚 $\xrightarrow[0\sim5℃]{NaNO_2,H_2SO_4}$ 对亚硝基苯酚（NO）

苯酚 $\xrightarrow{N_2Cl,NaOH}$ 对羟基偶氮苯（N=N）

→ 还原 → 对氨基苯酚（NH_2）$\xrightarrow{乙酰化}$ 对乙酰氨基苯酚（$NHCOCH_3$）

③ 硝基苯（NO_2）$\xrightarrow[或者电解还原，催化氢化]{Al,H_2SO_4}$ [苯基羟胺 NHOH] $\xrightarrow[\triangle]{Bamberger\ 重排}$

1. 以对硝基苯酚钠为原料的路线

对硝基苯酚钠是医药、染料及农药的中间体，由氯苯经过硝化及碱水解而制得，产量大，成本低，生产工艺成熟。

对硝基苯酚钠经过酸化、铁粉还原、乙酰化反应而得对乙酰氨基苯酚。该路线虽很简捷，也适合大规模生产，但原料供应常受染料和农药生产的制约，而且对硝基氯苯的毒性很大，且用铁酸还原产生的大量铁泥在"三废"的处理和防治上也存在困难。

2. 以苯酚为原料的路线

（1）苯酚亚硝化法　反应釜中加入苯酚，冷却至 0～5℃，加入亚硝酸钠，滴加硫酸制得对亚硝基苯酚，再用硫化钠还原可得对氨基苯酚。该路线虽较成熟，收率 80%～85%，

但还原剂硫化钠价格较贵，生产成本高，同时产生大量碱性废水，污染严重。

（2）苯酚硝化法　由苯酚硝化而制得对硝基苯酚，然后还原得对氨基苯酚。但硝化一步反应时需要冷却（0～5℃），同时伴有毒性气体二氧化氮的产生，因此需要耐酸设备及废气吸收装置。

对硝基苯酚还原为对氨基苯酚有以下两种方法。

① 铁粉还原法。铁粉还原法是还原硝基成氨基的经典方法。此法是以活泼金属铁为还原剂，在酸性介质（盐酸、硫酸或醋酸）中进行，同时加入一定量的电解质（如氯化铵）。

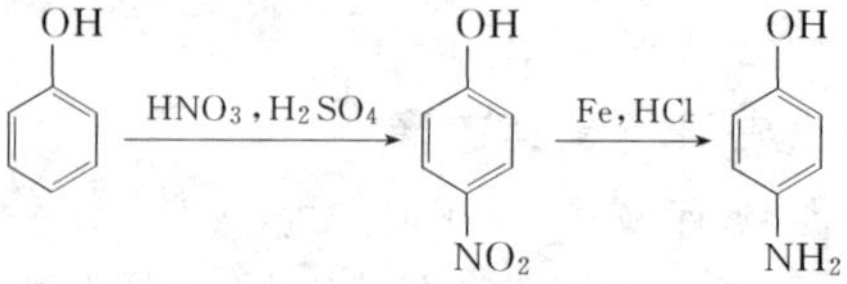

此法在后处理时应将对氨基苯酚制成钠盐使其溶于水中而与铁泥分离，但对氨基苯酚钠在水中极易氧化，所得产品质量差，必须精制；且排出的废渣、废液量大，几乎每生产 1t 对氨基苯酚就有 2t 铁泥产生，环境污染严重，因此本法已被淘汰，生产上基本不用。

② 加氢还原法。工业上实现加氢还原有两种不同的工艺，即气相加氢法和液相加氢法。前者仅适用于沸点较低、易汽化的硝基化合物的还原；后者则不受硝基化合物沸点的限制，所以其适用范围更广。常用溶剂有水、甲醇、乙醇、乙酸、乙酸乙酯、环己烷、四氢呋喃等。所用溶剂沸点应高于反应温度并对产物有较大的溶解度，以利于产物从催化剂表面解吸，使催化中心再发挥作用。催化剂一般采用骨架镍（中性或碱性条件下使用）、贵金属铂（酸性或中性条件下使用），以及钯、铑、林德拉催化剂等。为缩短反应时间、催化剂易于吸收以及提高产品质量，可添加一种不溶于水的惰性溶剂如甲苯，反应后成品在水中，催化剂则留在甲苯层中。

催化加氢反应可在常压或低压下进行，加氢压力一般在 0.5MPa 以下，反应温度在 60～100℃，产率在 85%以上。加氢还原法的优点是产品质量好、收率高、"三废"少。反应如下：

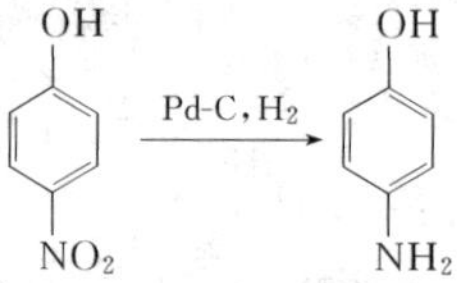

（3）苯酚偶合法　苯胺与亚硝酸钠、硫酸进行重氮化反应得氯化重氮苯，然后与苯酚偶合，再酸化得对羟基偶氮苯，最后用 Pd-C 为催化剂，在甲醇溶液中氢解得对氨基苯酚。反应如下：

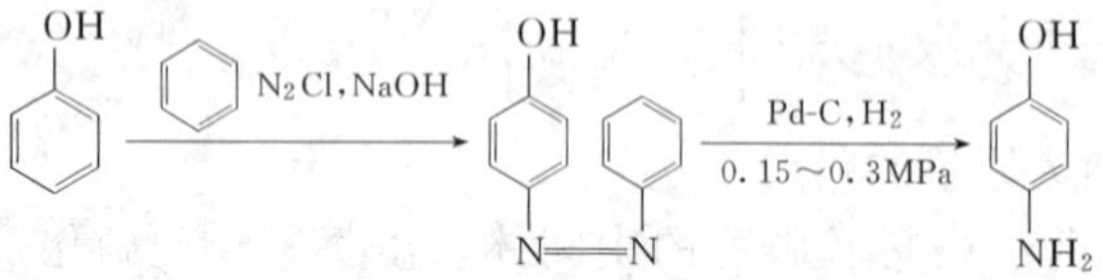

此法原料易得，收率也很高（95%～98%），氢解后生成的苯胺可回收利用，但其中间体对羟基偶氮苯必须在甲醇中氢解，用贵金属钯作催化剂，成本较高，故该路线并不理想。

3. 以硝基苯为原料的路线

硝基苯是价廉易得的基本化工原料，可经铝屑还原、电解或催化氢化等方法直接制备中间体对氨基苯酚。此工艺路线较短，收率高，产品质量好。

（1）铝还原法　硝基苯在硫酸中经铝屑还原得苯胲，不经分离，经过 Bamberger 重排得对氨基苯酚。所得产品质量好，副产物氢氧化铝可通过加热过滤回收。缺点是消耗大量铝粉。

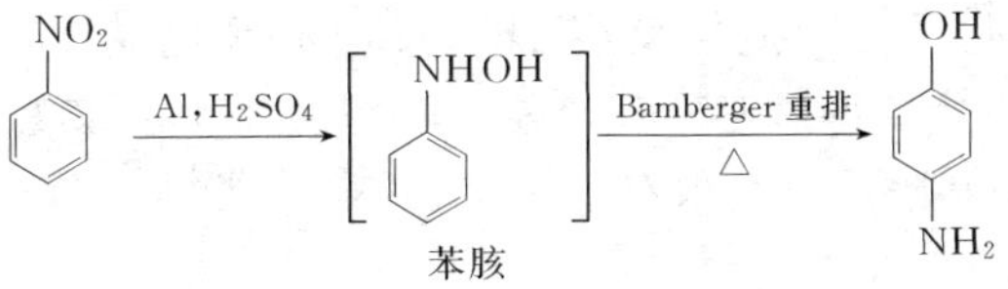

（2）电解还原法　此法由硝基苯经电化学还原得苯胲，再经重排得对氨基苯酚。还原时一般以硫酸为阳极电解液，铝作阳极，铜作阴极，反应温度为 80～90℃。

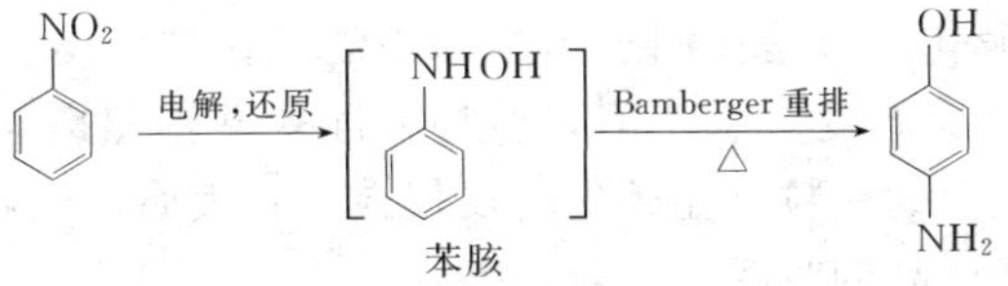

本法由于对电解设备要求较高，电解槽需密闭以防止有毒的硝基苯蒸气溢出，同时电极腐蚀严重，耗电较多，不适于工业化大生产，仅限于实验室或中型规模生产。

（3）催化氢化法　以载体铂（或其他贵金属）为催化剂，在酸性溶液中对硝基苯加氢还原得苯胲，再以十二烷基氯化铵为分散剂，在 10%～20%硫酸水溶液中重排得对氨基苯酚。催化加氢还原法收率高，产品质量好，环境污染少，是生产的首选方法。

查一查

N-苯基羟胺（苯胲）为不稳定中间体，试查阅有关性质。

三、对乙酰氨基苯酚的生产技术

1. 对氨基苯酚的合成

（1）以对亚硝基苯酚为原料

① 对亚硝基苯酚的合成。在苯酚的水溶液中加入亚硝酸钠，然后再滴加硫酸，进行亚硝化反应，即得对亚硝基苯酚。

a. 化学反应

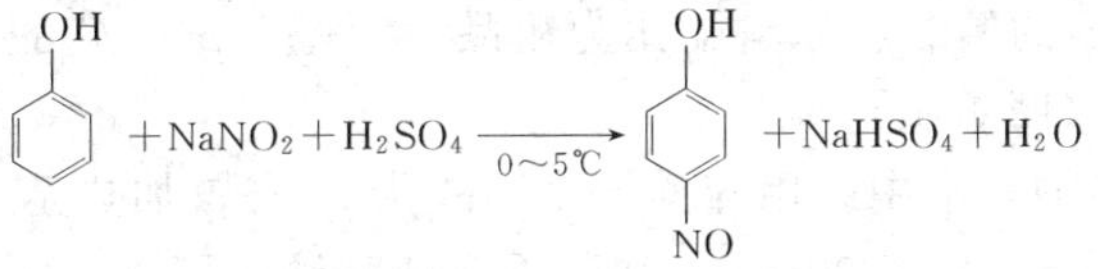

亚硝化反应的副反应是亚硝酸在水溶液中分解成 NO 和 NO_2。

$$2HNO_2 \longrightarrow N_2O_3 + H_2O \longrightarrow H_2O + NO + NO_2$$

NO_2 为红色有强烈刺激性的气体。NO 和 NO_2 与空气中的氧气及水作用生成硝酸。

$$NO + NO_2 + H_2O + O_2 \longrightarrow 2HNO_3$$

反应生成的硝酸又可将对亚硝基苯酚氧化，生成苯醌或对硝基苯酚。

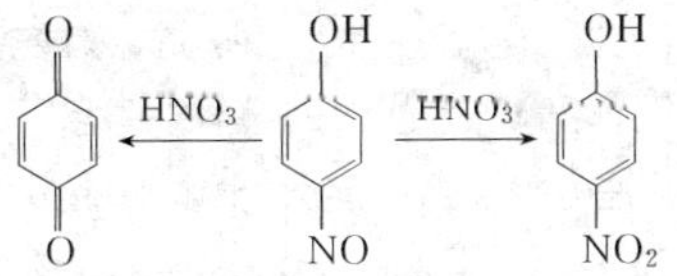

b. 亚硝化岗位操作

配料比为苯酚：亚硝酸钠：硫酸＝1：1.3：0.8。

在反应罐中加入规定量的冷水和亚硝酸钠（4：1），剧烈搅拌下加入碎冰。然后加入冰晶苯酚。冷至 0～5℃，滴加 1：1 硫酸，约 2h 内滴加完规定量的 40% 硫酸，继续滴加硫酸，约 1h 加完。滴完继续在此温度下搅拌反应 1h。反应液颜色变浅，反应结束后，静置、过滤、水洗至 pH=5。离心分离得对亚硝基苯酚，收率为 80%～85%。对亚硝基苯酚不稳定，应置于冷库中，避免光照和隔绝空气保存。

　　c. 反应条件及控制

　　ⓐ 温度：亚硝化反应是放热反应，因此温度的控制很重要，反应温度应控制在 0～5℃，操作上应控制好加料速度和搅拌速度，避免局部过热。

　　ⓑ 苯酚的处理：亚硝化反应是在固态苯酚和液态亚硝酸水溶液间进行的。工业用苯酚的熔点为 40℃ 左右，而反应温度为 0～5℃，应加入冰块并剧烈搅拌使苯酚分散成均匀的絮状微晶。否则苯酚结成较大的晶粒，亚硝化时仅仅在晶粒表面生成对亚硝基苯酚，阻碍亚硝化反应的继续进行，影响产品的收率和质量。

　　ⓒ 配料比：亚硝酸钠易吸潮、氧化，反应时部分亚硝酸还会分解，所以应增大亚硝酸钠的配比，以使反应完全。

　　② 对氨基苯酚的合成。对亚硝基苯酚与硫化钠共热，发生还原反应生成对氨基苯酚钠，再以稀硫酸中和，析出对氨基苯酚。

　　a. 化学反应

此反应是典型的放热反应，温度宜控制在 38～50℃ 进行反应。

　　b. 还原岗位操作

　　ⓐ 粗品对氨基苯酚的合成：原料配比为对亚硝基苯酚：硫化钠=1：1.1（摩尔比）。

　　在盛有 38%～45% 浓度的硫化钠溶液的还原釜中，开动搅拌，于 38～50℃ 下将对亚硝基苯酚缓缓加入，约 1h 加完，继续搅拌 20min，检查终点合格，升温 70℃ 保温反应 20min，冷至 40℃ 以下，用 1：1 硫酸中和至 pH=8，析出结晶，抽滤，得粗品对氨基苯酚。

　　ⓑ 粗品对氨基苯酚的精制：原料配比为粗品对氨基苯酚：硫酸：氢氧化钠：活性炭=1：0.77：0.418：0.1（摩尔比）。

　　将粗品对氨基苯酚加入水中，用硫酸调节 pH 为 5～6；加热至 90℃，加入活性炭，再加热至沸腾，保温 30min，静置 30min，加入重亚硫酸钠，压滤，冷却至 25℃ 以下，用氢氧化钠调节至 pH=8，过滤，用少量水洗涤，甩干得对氨基苯酚精品，收率为 80%。

生产工艺小提示			
温度：还原反应为放热反应，在生产过程中，加料时要缓慢，同时通入冷却水，使反应温度控制在 36～50℃，如超过 55℃ 易引起副反应，即对氨基苯酚易氧化，同时有对亚硝基苯酚自燃的危险；若低于 30℃，则反应进行不彻底而影响产品质量及收率	硫化钠：生产中硫化钠的投料比应比理论量高，若硫化钠用量少，反应不彻底	pH：对氨基苯酚钠生成后，用硫酸中和，pH=10 时，对氨基苯酚已基本游离完全；pH=8 时，析出少量硫黄和对氨基苯酚；pH=7.0～7.5 时，有大量硫化氢气体产生，因此，选择 pH=8	硫酸加入速度：硫酸加入反应液时放热，会使局部温度过高，引起副反应，所以硫酸加入速度不宜过快

以对亚硝基苯酚为原料的生产工艺流程图如图 3-1 所示。

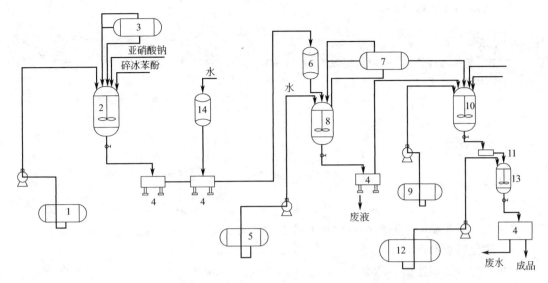

图 3-1　以对亚硝基苯酚为原料的生产工艺流程图

1—冷冻水罐；2—反应罐；3—硫酸储罐；4—离心机；5—水罐；6—对亚硝基苯酚冷库；7—硫酸储罐；
8—还原釜；9—硫酸钠储罐；10—精制釜；11—压滤机；12—氢氧化钠储罐；13—滤液储罐；14—洗水罐

（2）以对硝基苯酚钠为原料

① 对硝基苯酚的制备

a. 化学反应

$$\underset{NO_2}{\underset{|}{\bigcirc}}ONa \xrightarrow{HCl} \underset{NO_2}{\underset{|}{\bigcirc}}OH$$

对硝基苯酚钠是强碱弱酸盐，用酸中和即析出对硝基苯酚。此反应为酸化反应，也是中和反应，生产上一般用盐酸。如用硫酸，生成的硫酸钠在冷却时溶解度较小，易伴随着对硝基苯酚一同析出，影响产品质量。用盐酸中和，生成的氯化钠溶解度大，留在母液中不析出。

b. 酸化岗位操作

原料比为对硝基苯酚钠（65%）：盐酸（工业）：水=1：0.6：1.9（质量比）。

在酸化罐中，先加入常量水，再加配量对硝基苯酚钠，开动搅拌并加热至溶解（48～50℃），然后滴加盐酸调 pH 为 2～3，继续升温至 75℃，复调 pH 为 2～3，保温 30min，冷却至 25℃。为防止结晶时出现挂壁现象，应逐渐冷却。放料，甩滤，得对硝基苯酚。

② 对氨基苯酚的合成

a. 化学反应

$$\underset{NO_2}{\underset{|}{\bigcirc}}OH \xrightarrow[H_2]{催化剂} \underset{NH_2}{\underset{|}{\bigcirc}}OH$$

对硝基苯酚在催化剂催化下加氢还原得对氨基苯酚。

b. 催化氢化岗位操作

向加氢釜中投入配量对硝基苯酚溶液及催化剂，加氢还原至终点（薄层色谱显示原料已基本转化成产品）。加氢结束，压滤，将滤液浓缩并加热水溶解，加活性炭脱色，压滤，滤液冷却，结晶，甩干得产品。

> **小提示**
>
> 　　加氢前一定要试压防漏，然后用氮气赶尽空气，用氢气赶氮气三遍，再加氢气至反应压力。反应结束时同样要用氮气赶氢气。反应终点用薄层色谱法检测原料是否反应完全。

2. 对乙酰氨基苯酚的合成

（1）化学反应

$$\underset{NH_2}{\underset{|}{\overset{OH}{\overset{|}{\bigcirc}}}} \xrightarrow[\triangle]{CH_3COOH \text{ 或 } (CH_3CO)_2O} \underset{NHCOCH_3}{\underset{|}{\overset{OH}{\overset{|}{\bigcirc}}}}$$

对氨基苯酚与醋酸或醋酸酐在加热下脱水，反应生成对乙酰氨基苯酚。

（2）酰化岗位操作

配料比为对氨基苯酚：冰醋酸：母液＝1：1：1（质量比）。

将对氨基苯酚、冰醋酸、母液（含醋酸50％以上）投入酰化釜中，开夹层蒸汽，打开反应罐上回流冷凝器的冷却水，加热回流反应2h后，改蒸馏，控制蒸出醋酸速度为每小时蒸出总量的1/10，待内温升至135℃以上，从底阀取样检测对氨基苯酚残留量，氨基苯酚低于2.0％时为反应终点。如未到反应终点，需要补加醋酸酐继续反应到终点。反应结束后，加入含量50％以上的酸，冷却结晶。甩滤，先用少量稀酸洗涤，再用大量水洗涤至滤液近无色，得对乙酰氨基苯酚粗品。

在精制釜中投入配量粗品对乙酰氨基苯酚、水及活性炭，开夹层蒸汽，加热至沸腾，用1：1盐酸调节pH＝5.5，然后升温至95℃趁热压滤，滤液冷却结晶，再加入亚硫酸氢钠，以防止氧化。冷却结束，甩滤，滤饼用大量水洗，甩干，干燥得对乙酰氨基苯酚成品。滤液经浓缩、结晶、甩滤后得粗品对乙酰氨基苯酚，再精制。以对硝基苯酚钠为原料的生产工艺流程如图3-2所示。

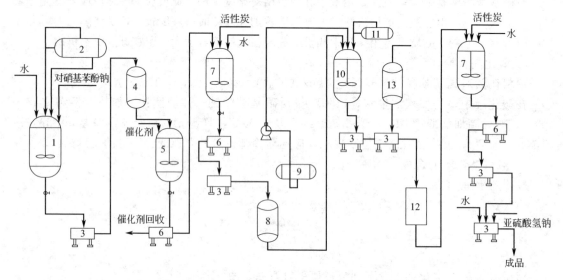

图 3-2　以对硝基苯酚钠为原料的生产工艺流程

1—酸化罐；2—盐酸罐；3—离心机；4—对硝基苯酚储柜；5—氢化釜；6—压滤机；7—精制釜；
8—对氨基苯酚；9—母液槽；10—酰化釜；11—冰硝酸；12—对乙酰氨基苯酚精品；13—洗水罐

小资料

由于该反应是在较高温度下进行（158℃）的，未乙酰化的对氨基苯酚可能与空气中的氧气作用，生成亚胺醌及其聚合物，致使产品变成深褐色或黑色，通常加入少量抗氧剂如亚硫酸氢钠等。

如果使用酸酐为乙酰化剂，反应宜在较低温度下进行，可减少副反应。例如用醋酐-醋酸作酰化剂，可在80℃下进行反应；用醋酐-吡啶，在100℃下可以进行反应；用乙酰氯-吡啶-甲苯为酰化剂，反应在60℃以下就能进行。

醋酐价格较贵，生产上一般采用稀醋酸（35%～40%）与之混合使用，即先套用回收的稀醋酸，蒸馏脱水后再加入冰醋酸回流去水，最后加醋酐减压，蒸出醋酸。测定对氨基苯酚的剩余量和反应液的酸度以确定反应终点。

乙酰化时，采用适当的分流装置严格控制蒸馏速度和脱水速度，也可利用三元共沸的原理把乙酰化生成的水及时蒸出，使乙酰化反应完全。

查一查

① GMP对原料药生产企业机构与人员的要求有哪些？
② GMP对乙酰氨基苯酚的质检内容有哪些？

任务实施——对乙酰氨基苯酚的合成

一、实验主要药品及仪器

实验主要药品及仪器见表3-1。

表3-1 实验主要药品及仪器

步骤	药品名称	规格	用量	仪器
还原	对硝基苯酚	化学纯(CP)	83.4g	普通玻璃仪器 减压抽滤设备 铁架台等
	铁粉	还原用铁	110g	
	盐酸	30%以上	11mL	
	碳酸钠	CP或工业	约6g	
	亚硫酸氢钠	CP或工业	约6g	
酰化	对氨基苯酚	自制	10.6g	
	乙酐	CP,93%	13.0g	
	亚硫酸氢钠	CP	适量	

二、操作步骤

1. 还原反应

在1000mL烧杯上装置温度计，机械搅拌，加入200mL水，于石棉网上加热至60℃以上，加入约1/2量的铁粉和11mL盐酸，继续加热搅拌，缓慢升温，制备氯化亚铁约5min，此时温度已在95℃以上，撤去热源，将烧杯从石棉网上取下，立即加入大约1/3量的对硝基苯酚，用玻璃棒充分搅拌，反应放出大量的热使反应液剧烈沸腾，此时温度已自行上升到102～103℃，将温度计取出①。如果反应激烈，可能发生冲料时，应立即加入少量预先准备好的冷水，以控制反应、避免冲料，但反应必须保持在沸腾状态②。继续搅拌，待反应缓和后用玻璃棒蘸取反应液滴点在滤纸上，观察黄圈颜色的深浅，确定反应程度，等黄色褪去后，再继续分次加料。

将剩余的对硝基苯酚分三次加入，根据反应程度，随时补加剩余的铁粉。如果黄圈没褪，不要再加对硝基苯酚；如果黄圈迟迟不褪，则应补加铁粉，并且铁粉最好留一部分在最后加入。

当对硝基苯酚全部加完，试验已无黄圈时③（从开始加对硝基苯酚到全部加完并使黄圈褪去的全部过程，以控制在15～20min内完成为好④），再煮沸搅拌5min。然后向反应液中慢慢加入粉末状的碳酸钠6g左右，调节pH为6～7⑤，此时不要加得太快，防止冲料。中和完毕，加入沸水，使反应液的总体积达到1000mL左右，并加热至沸，将5g亚硫酸氢钠⑥放入抽滤瓶中，趁热抽滤。冷后析出结晶，抽滤。将母液与铁泥都转移到烧杯中，加入2～3g亚硫酸氢钠，加热煮沸，再趁热抽滤（滤瓶中预先加入2～3g亚硫酸氢钠）。冷却后，待结晶全部析出，抽滤。合并两次所得的结晶，用1%亚硫酸氢钠液洗涤。置红外灯下干燥，得对氨基苯酚粗品。

每1g对氨基苯酚粗品加水15mL，加入适量亚硫酸氢钠（每100mL水加1g），加热溶解。稍冷后加入适量活性炭（约加对氨基苯酚粗品的5%～10%），加热脱色5min，趁热抽滤（滤瓶中加入与脱色时等量的亚硫酸氢钠）。冷后，待结晶全部析出后，抽滤。用1%亚硫酸氢钠液洗涤2次。干燥，得对氨基苯酚，熔点（m.p.）为182～184℃（分解）。

2. 酰化反应

在100mL锥形瓶中加入10.6g对氨基苯酚⑦，加入30mL水⑧，再加入12mL醋酐，剧烈振摇，反应放热并呈均相⑨。在预热至80℃的水浴上加热30min，冷却。待结晶析出完全后抽滤，用水洗涤2～3次，使无酸味。干燥，得白色结晶性对乙酰氨基苯酚粗品10～12g。

每1g对乙酰氨基苯酚粗品加水15mL，加热溶解，稍冷后加入约为对乙酰氨基苯酚粗品的1%～2%的活性炭，煮沸5～10min，趁热抽滤时，应预先在接受瓶中加入少量的亚硫酸氢钠。冷却，待结晶全部析出后，抽滤。用少量0.5%的亚硫酸氢钠液洗涤2次。干燥，得对乙酰氨基苯酚精品约8g。熔点（m.p.）为168～170℃。

3. 注释

① 因需充分搅拌，易碰碎温度计，只需测得沸腾时的温度，接着保持反应继续沸腾即可，不必再用温度计。

② 加水量要少，只要控制不冲料即可；如水量加多，反应液不能自行沸腾，需在石棉网上加热沸腾。

③ 黄色褪去，只能说明没有对硝基苯酚，并不说明还原已经完全，还应继续反应5min。

④ 反应速度快，时间短，产品质量好。

⑤ 反应液偏酸或偏碱均可使对氨基苯酚成盐，增加溶解度，影响质量。

⑥ 这样可以防止对氨基苯酚的氧化。

⑦ 对氨基苯酚的质量是影响对乙酰氨基苯酚质量和产量的关键。用于酰化的对氨基苯酚应是白色或淡黄色颗粒状结晶，m.p.183～184℃。

⑧ 有水存在，醋酐可以选择性地酰化氨基而不与酚羟基作用。酰化剂醋酐虽然较贵，但可以使得操作方便，产品质量好。若用醋酸反应时间长，操作麻烦，实验量较少时则很难控制氧化副反应，产品质量差。

⑨ 若振摇时间稍长，反应温度下降，可有少量对乙酰氨基苯酚结晶析出，但在80℃水浴加热振摇后又能溶解，并不影响反应。

一　压强对反应的影响

反应物料的聚集状态不同，压强对其影响也不同。压强对于液相反应、液-固相反应的影响不大，所以多数反应是在常压下进行的。但有时反应要在加压下进行才能提高收率，压强对气相反应或气-液相反应的平衡影响比较显著。压强对于此类反应收率的影响依赖于反应前后体积或分子数的变化，如果一个反应的结果是使体积增加（即分子数增多），那么加压对产物生成不利；反之，如果一个反应的结果是使体积缩小，则加压对产物生成有利；如果反应前后分子数没有变化，则压强对化学平衡没有影响。

在催化氢化反应中加压能增加氢气在溶液中的溶解度和催化剂表面氢的浓度，促进反应的进行。另外，对需要较高反应温度的液相反应，当温度已超过反应物或溶剂的沸点时，也可以加压，以提高反应温度，缩短反应时间。

在一定的压强范围内，适当加压有利于加快反应速度，但是压力过高，动力消耗增加，对设备的要求提高，而且效果有限。

若反应过程中有惰性气体，如氮气或水蒸气存在，当操作压强不变时，提高惰性气体的分压，可降低反应物的分压，有利于提高分子数减少的反应的平衡产率，但不利于反应速率的提高。

二 高压反应釜操作

（一）反应釜安装

反应釜应安装在符合防爆要求的高压操作室内。在装备多台高压釜时，应分开放置，每两台之间应用安全的防爆墙隔开。每间操作室均应有直接通向室外或通道的出口，应保证设备地点通风良好。反应釜安装步骤如图3-3所示。

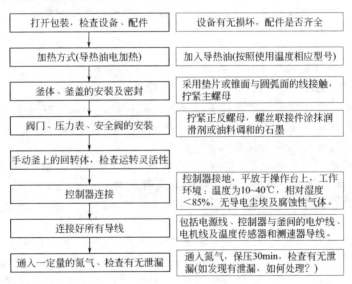

打开包装，检查设备、配件	设备有无损坏，配件是否齐全
加热方式(导热油电加热)	加入导热油(按照使用温度相应型号)
釜体、釜盖的安装及密封	采用垫片或锥面与圆弧面的线接触，拧紧主螺母
阀门、压力表、安全阀的安装	拧紧正反螺母，螺丝联接件涂抹润滑剂或油料调和的石墨
手动釜上的回转体，检查运转灵活性	
控制器连接	控制器接地，平放于操作台上，工作环境：温度为10~40℃，相对湿度<85%，无导电尘埃及腐蚀性气体。
连接好所有导线	包括电源线、控制器与釜间的电炉线、电机线及温度传感器和测速器导线。
通入一定量的氮气、检查有无泄漏	通入氮气，保压30min，检查有无泄漏(如发现有泄漏，如何处理?)

图3-3 反应釜的安装

（二）反应釜操作

1. 将面板上"电源"空气总开关合上，数显表应有显示。

2. 在数显表上设定好各种参数（如上限报警温度、工作温度等）然后，按下"加热"开关，电炉接通，同时"加热"开关上的指示灯亮。调节"调压"旋钮，即可调节电炉加热功率。

3. 按下"搅拌"开关，搅拌电机通电，同时"搅拌"开关上的指示灯亮，缓慢旋动"调速"旋钮，使电机缓慢转动，观察电机是否为正转，无误时，停机挂上皮带，再重新启动。

4. 操作结束后，可自然冷却、通水冷却或置于支架上空冷。待温降后，再放出釜内带压气体，使压力降至常压（压力表显示零），再将主螺母对称均等旋松，卸下主螺母，然后小心地取下釜盖，置于支架上。

5. 操作完毕，清除釜体、釜盖上残留物，并保持干净，不允许用硬物或表面粗糙物进行擦拭。

（三）反应釜维护

1. 当降温冷却时，可用水经冷却盘管进行内冷却，禁止速冷，以防产生过大的温差应力，造成冷却盘管、釜体产生裂纹。工作中当釜内温度超过100℃时，磁力搅拌器与釜盖间的水套应通冷却水，保证水温小于35℃，以免磁钢退磁。

2. 反应完毕后，先进行冷却降温，再将釜内的气体通过管路泄放到室外，使釜内压力降至常压，严禁带压拆卸，再将主螺栓、螺母对称地松开卸下，然后小心地取下釜盖（或升起釜盖）置于支架上，卸盖过程中应特别注意保护密封面。拆卸釜盖时应将釜盖上下缓慢抬起，防止釜体与釜盖之间的密封面相互碰撞。

3. 釜内的清洗：每次操作完毕用清洗液（使用清洗液应注意避免对主体材料产生腐蚀）清除釜体及密封面的残留物，应经常清洗并保持干净，不允许用硬物质或表面粗糙的物品进行清洗。

三　亚硝化反应

向有机物分子中的碳原子上引入亚硝基，生成C—NO键的反应称为亚硝化反应。由于不饱和键的存在，使得亚硝基化合物可以进行缩合、加成、还原和氧化等反应，用以制备各种中间体，特别是染料和药物中间体。

1. 亚硝化剂

亚硝化反应一般用亚硝酸盐作为亚硝化剂，可在不同的酸中反应。因为亚硝酸很不稳定，受热或在空气中易分解，因此常常先将亚硝酸盐与被硝化物混合，或溶于碱性水溶液中，然后滴加强酸，使生成的亚硝酸立即与被硝化物反应。用亚硝酸盐与强酸的亚硝化只能在水溶液中进行，反应体系常为非均相状态。若要在均相状态下进行反应，可采用亚硝酸盐与冰醋酸或亚硝酸酯与有机溶剂作亚硝化剂。

亚硝化剂在亚硝化反应中的活性质点是亚硝基正离子NO^+。由于NO^+的亲电能力不如NO_2^+，所以亚硝化反应的应用范围比硝化反应要窄很多，只能与酚类、仲芳胺、叔芳胺等活泼芳香族化合物反应，而且主要得到它们的对位产物。

2. 典型的亚硝化反应

（1）酚类的亚硝化　亚硝化反应通常需要在低温下进行，温度超过规定限度，不仅造成产物产率下降，而且影响产品质量。例如，1-亚硝基-2-萘酚的制备是将稀硫酸在低温下慢慢加入到2-萘酚和含等物质的量的亚硝酸钠的水溶液中，搅拌数小时后制得。反应如下：

$$\text{(2-萘酚)}\text{—OH} + HONO \longrightarrow \text{(1-亚硝基-2-萘酚)}\begin{smallmatrix}NO\\—OH\end{smallmatrix} + H_2O$$

（2）仲芳胺与叔芳胺的亚硝化　芳香族伯胺与亚硝酸在低温（一般在5℃以下）及强酸水溶液中反应，生成芳基重氮盐，例如：

$$\text{—NH}_2 \xrightarrow[<5℃]{NaNO_2,HCl} \text{—N}_2Cl + 2H_2O$$

芳基重氮盐虽然不稳定，但在低温下可以保持不分解，这在有机合成上是很有用的。

①仲芳胺的亚硝化。仲芳胺进行亚硝化反应时，生成N-亚硝基衍生物比生成C-亚硝基

衍生物更容易。因此，一般先在仲芳胺的氮原子上引入亚硝基生成 N-亚硝基衍生物，然后在酸性介质中发生异构化，进行分子内重排反应，生成 C-亚硝基衍生物。例如：对亚硝基二苯胺是通过二苯胺的 N-亚硝基化合物重排反应制得的。

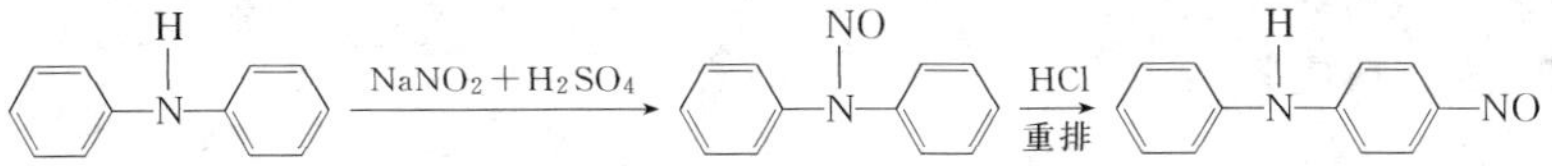

② 叔芳胺的亚硝化。叔芳胺的亚硝化主要得到的是对位取代产物。例如，对亚硝基-N,N-二甲基苯胺的制备。

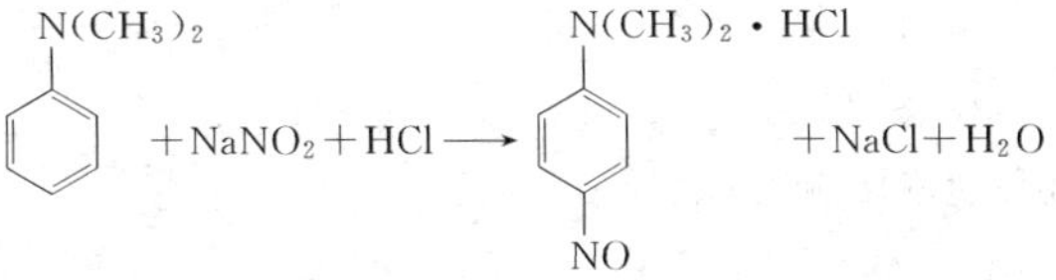

本 章 小 结

还原反应技术
- 还原反应
  - 化学还原
    - 活泼金属还原：常用锂、钠、钾、钙、镁、锌、铝、锡、铁
    - 金属复氢化物还原剂：氢化铝锂、硼氢化钠和硼氢化钾
    - 乙硼烷、含硫化合物还原剂、醇铝还原剂、黄鸣龙反应还原剂
  - 催化氢化还原：骨架镍（Raney 镍）、钯-炭（Pd-C）
- 生产实例——对乙酰氨基苯酚的合成技术
  - 合成路线
    - 以对硝基苯酚钠为原料
    - 以苯酚为原料
    - 以硝基苯为原料
  - 对氨基苯酚的合成
    1. 苯酚为原料：经亚硝化、硫化钠还原、硫酸中和；硫酸、氢氧化钠、活性炭精制，得对氨基苯酚
    2. 对硝基苯酚钠为原料：酸化、催化加氢还原、过滤、滤液、浓缩、水溶解、活性炭脱色，得对氨基苯酚
  - 对乙酰氨基苯酚合成：对氨基苯酚与醋酸或醋酸酐加热、脱水，活性炭、盐酸、亚硫酸氢钠精制
- 任务实施——实验室合成对乙酰氨基苯酚
  1. 还原反应：用铁粉和盐酸还原对硝基苯酚，碳酸钠调节 pH，生成对氨基苯酚，加硫酸氢钠防止对氨基苯酚氧化、抽滤、结晶、活性炭处理、干燥，得对氨基苯酚
  2. 酰化反应：用醋酐将对氨基苯酚乙酰化、加热、冷却、结晶、洗涤、干燥，得到对乙酰氨基苯酚；采用活性炭、亚硫酸氢钠精制对乙酰氨基苯酚

复 习 题

1. 比较对乙酰氨基苯酚各种合成途径的优缺点。

2. 在化学还原方法中，常用哪些还原剂？

3. 还原羰基成亚甲基，可用哪些还原剂？

4. 乙酰化反应时，为何有少量深褐色或黑色物质产生？如何避免这些物质的产生？

5. 常用的氮酰化试剂有哪些？

6. 常用的亚硝化试剂是什么？

有机合成工职业技能考核习题（3）

一、选择题

1. 加氢反应催化剂的活性组分是（　　）。
   A. 单质金属　　　　B. 金属氧化物　　　　C. 金属硫化物　　　　D. 都不是

2. 不同电解质对铁屑还原速率影响最大的是（　　）。
   A. NH_4Cl　　　　B. $FeCl_2$　　　　C. $NaCl$　　　　D. $NaOH$

3. 下列加氢催化剂中在空气中会发生自燃的是（　　）。
   A. 骨架 Ni　　　　B. 金属 Ni　　　　C. 金属 Pt　　　　D. MoO_3

4. 把肉桂酸 [苯基—CH=CH—COOH] 还原成肉桂醇，可选用（　　）作为还原剂。
   A. 骨架 Ni　　　　B. 锌汞齐（Zn-Hg）　　　　C. 金属 Pt　　　　D. 氢化铝锂（$LiAlH_4$）

5. 在相同条件下，下列物质用铁作还原剂还原成相应的芳胺反应速度最快的是（　　）。

   A. [苯环—NO2]　　　　B. [苯环，带两个 NO2]　　　　C. [CH3—苯环—NO2]　　　　D. [苯环，带 Cl 和 NO2]

6. 能将酮羰基还原成亚甲基（—CH_2—）的还原剂为（　　）。
   A. H_2/Raney Ni　　　　B. Fe/HCl　　　　C. Zn-Hg/HCl　　　　D. 保险粉

7. 可选择性还原多硝基化合物中一个硝基的还原剂是（　　）。
   A. H_2/Raney Ni　　　　B. Fe/HCl　　　　C. Sn/HCl　　　　D. Na_2S

8. 能将羧基选择性还原成羟基的还原剂为（　　）。
   A. Zn-Hg/HCl　　　　B. $NaBH_4$　　　　C. BH_3/THF　　　　D. NH_2NH_2

9. 用作还原的铁粉，一般采用（　　）。
   A. 含硅铸铁粉　　　　B. 含硅熟铁粉　　　　C. 钢粉　　　　D. 化学纯铁粉

10. 能选择还原羧酸的优良试剂是（　　）。
    A. 硼氢化钾　　　　B. 氯化亚锡　　　　C. 氢化铝锂　　　　D. 硼烷

11. 能将碳碳三键还原成双键的试剂是（　　）。
    A. Na/NH_3　　　　B. Fe/HCl　　　　C. $KMnO_4/H^+$　　　　D. Zn-Hg/HCl

12. 下列化学试剂中属于还原剂是（　　）。
    A. $KMnO_4/OH^-$　　　　B. $Na_2S_2O_4$　　　　C. CH_3COOH　　　　D. 氧化剂

13. 用铁粉还原硝基化合物用（　　）作溶剂时，酰化物的含量可明显减少。
    A. 水　　　　B. 醋酸　　　　C. 乙醇　　　　D. 丙酮

14. 亚硝酸是否过量可用（　　）进行检测。
    A. 碘化钾淀粉试剂　　B. 石蕊试纸　　　　C. 刚果红试纸　　　　D. pH 试纸

15. 下列（　　）会提高催化加氢镍催化剂的催化活性。
    A. 强酸　　　　B. 弱酸　　　　C. 碱性　　　　D. 中性

16. 下列物质中不能作为化学还原剂的是（　　）。
    A. 硫化钠　　　　B. 锌粉　　　　C. 保险粉　　　　D. 双氧水

17. 采用化学还原剂对重氮盐进行还原，得到的产物是（　　）。

A. 羟胺　　　　　　B. 偶氮化合物　　　　C. 芳胺　　　　　　D. 芳肼

18. （　　）是重氮化的影响因素。

　　A. 无机酸的用量　　B. pH 值　　　　　C. 温度　　　　　　D. 压力

19. 关于铁屑还原，说法不正确的是（　　）。

　　A. 对设备要求高　　　　　　　　　　B. 副反应多

　　C. 产生大量的铁泥和废水　　　　　　D. 产品质量差

20. 采用氢化铝锂（LiAlH₄）对有机化合物进行化学还原时，下列物质中（　　）不能作为该反应的反应介质。

　　A. 水　　　　　　　B. 无水乙醚　　　　C. 无水四氢呋喃　　D. 醇

21. 某制药企业生产的"一休口服液"，其商品名为对乙酰氨基苯酚，如果以对硝基苯酚和醋酸为主要原料制备该口服液，需要进行的有机合成单元反应是（　　）。

　　A. 羟基化　　　　　B. 还原　　　　　　C. 烷基化　　　　　D. 芳氨基化

二、判断题（√或×）

1. 液相加氢还原是气液固三相反应。

2. 重氮盐的水解宜采用盐酸和重氮盐酸盐。

3. 重氮化反应是放热反应，一般在 5～10℃的低温下进行。

4. 亚硫酸钠具有还原性，常被称为保险粉。

5. LiAlH₄只能还原羰基。

6. 工业生产上所用的还原铁粉一般采用 50～60 目的铁粉。

7. 所有非均相催化氢化均在催化剂表面进行。

8. 铁酸还原剂不需特殊的溶剂，操作简便易行，适用范围广，副反应少，对反应设备要求低。

9. 当芳环上有吸电子基团时，硝基、亚硝基、羟胺等含氮氧功能基容易被还原，还原温度较低。

10. 当芳环上有供电子基团时，这些含氮氧功能基不易被还原，反应温度较高。

11. 铁粉还原一般用含硅的铸铁粉，而熟铁粉、钢粉及化学纯的铁粉还原效果差。

12. 重氮化是芳香族伯胺与亚硝酸作用生成重氮化合物的化学过程。

13. 在稀盐酸中进行重氮化时，主要的活性质点是亚硝酸。

14. 由脂肪伯胺制得的重氮化合物性质稳定，由芳伯胺得到的重氮化合物很不稳定。

15. 重氮化合物与偶氮化合物的结构是一样的。

16. 加成反应中，试剂分成两部分同时加到双键的两端。

17. 由于 sp 杂化轨道对称轴夹角是 180°，所以乙炔分子结构呈直线型。

18. 羟基是邻对位定位基，它能使苯环活化，所以苯酚的取代反应比苯容易进行。

19. 羟基化合反应虽为放热反应，但温度升高，仍能加快反应速率。

20. 甲酸分子中既含羧基，又含醛基，因此它既具有羧酸的性质，又具有醛的性质。在饱和一元酸中，甲酸的 pH 值最小。

21. 羧酸衍生物是指羧酸分子中羟基上的氢原子被其他原子或基团取代后所生成的化合物。

22. 取代酚的酸性强弱与取代基的种类、数目无关。

23. 醛和酮都可以与 HCN 发生亲核反应。

24. 从化学性质上看，醛比酮活泼，这可从电子效应和空间效应得到解释。

第四章 卤化反应技术

知识目标

◇ 了解卤化反应的意义和重要的卤化剂。
◇ 掌握硝化反应和卤化反应的基本知识。
◇ 理解生产中卤化反应技术的应用。

能力目标

◇ 掌握各部分中间体的质量控制方法。
◇ 掌握卤化反应和硝化反应的基本操作。

重点与难点

◇ 3-氯-4-氟-硝基苯的合成方法。
◇ 诺氟沙星（氟哌酸）合成原理和方法。
◇ 水蒸气蒸馏装置。

工作任务

根据有机化工产品的合成方法和生产条件，选择适宜的卤化剂，并能对典型的药物合成进行硝化及卤化反应操作和控制。

第一节 卤化反应技术理论

在有机化合物分子中引入卤原子的反应称为卤化反应。通过卤化反应可以制备多种含卤有机化合物，如有机化工中常用的工业溶剂（如一氯甲烷、四氯化碳等）、冷冻剂（如氟利昂）、有机中间体（如氯乙烯、氯苯、氯丙醇）等。根据所引入的卤原子不同，卤化反应可分为氟化、氯化、溴化和碘化反应。由于不同种类卤化剂的活性不同，有机卤化物的活性之间又有一定的差异，其中氯化和溴化比较常用，氟化也越来越多地用于含氟药物的合成。卤化反应按反应条件不同，主要分为三类：取代卤化、加成卤化和置换卤化。

知识回顾

以前学过的有机反应中哪些是引入卤原子的反应？

查一查

卤化反应的应用、过程条件及所用的反应器。

一、卤化反应的类型

1. 取代卤化反应

有机化合物分子中的氢原子被卤素原子所代替的反应称为取代卤化反应，例如：

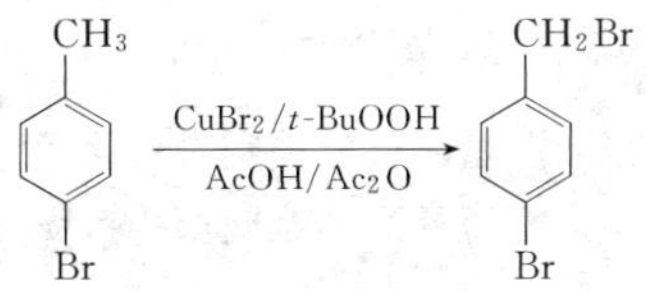

环丙沙星的中间体 2,4-二氯乙酰苯胺的合成反应：

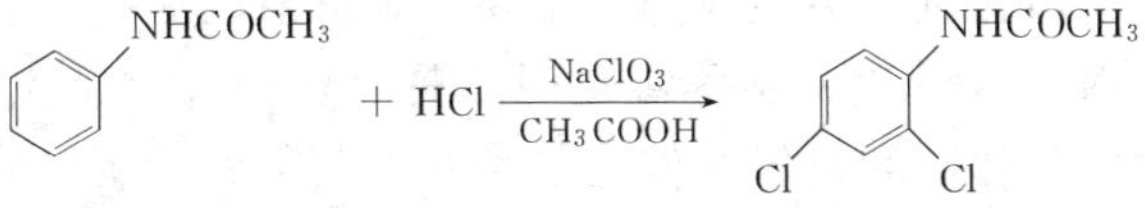

2. 加成卤化反应

加成卤化反应是利用卤素、卤化氢和其他卤化物与具有双键、三键或某些芳环的有机物进行加成反应来制取卤化物，例如驱钩虫药四氯乙烯的合成：

$$ClCH=CCl_2 \xrightarrow[60\sim70℃]{Cl_2/h\nu} Cl_2CH-CCl_3 \xrightarrow{-HCl} Cl_2C=CCl_2$$

3. 置换卤化反应

由卤素原子置换有机分子中的其他基团（非氢原子）的反应称为置换卤化反应。在置换卤化反应中，可以被置换的取代基主要有羟基、磺基、重氮基和硝基等。氟还可以置换其他的卤素及基团，而且氟化反应主要通过置换反应来完成。例如：

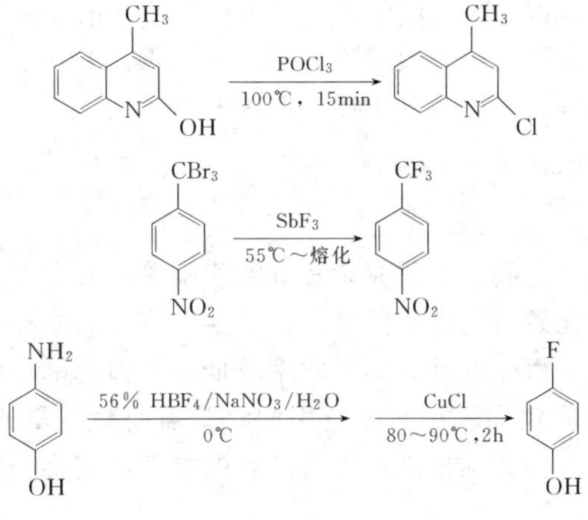

二、常用的卤化剂

1. 卤素

卤素进行卤化反应的活性不同，原子量越小越容易进行卤化反应，其活性大小顺序为：$F_2 > Cl_2 > Br_2 > I_2$。在不同的条件下，卤素能与不饱和烃发生加成反应，与芳烃、羰基化合物发生取代反应。

2. 卤化氢

卤化氢或氢卤酸可以作为卤化剂，与烯烃、炔烃、环醚发生加成反应，与醇发生置换反应，得到相应的有机卤化物。卤化氢或氢卤酸的反应活性因键能增大而减小，顺序为：$HI > HBr > HCl > HF$。氢卤酸中，除氢氟酸外都是强酸。氢卤酸的刺激性和腐蚀性都比较强，使用时应注意安全。

3. 含硫卤化剂

含硫卤化剂是常用的卤化剂，活性较强，主要有硫酰氯、亚硫酰氯和亚硫酰溴。

（1）硫酰氯　硫酰氯（SO_2Cl_2）又称氯化砜，是无色液体，沸点为 $69.1℃$，具有刺激臭味。由于硫酰氯是由二氧化硫和氯气在催化剂存在下制得的，所以放置后由于部分分解为二氧化硫和氯气而略带黄色。硫酰氯使用比氯气方便，在药物合成中，常用硫酰氯进行苄位氢原子的氯取代、酮的 α-氢原子的氯取代等。

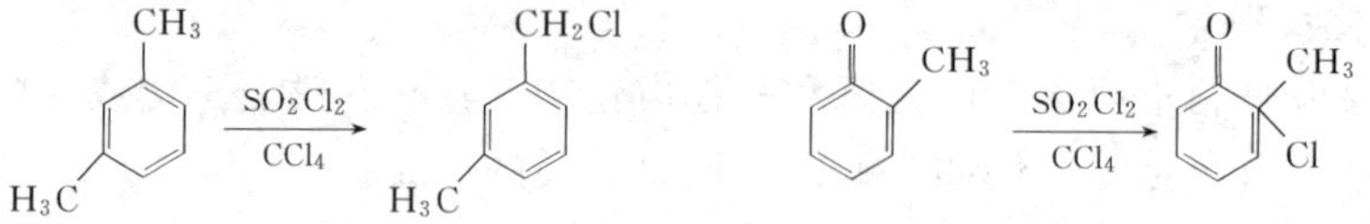

（2）亚硫酰氯　亚硫酰氯（$SOCl_2$）又称氯化亚砜，是无色液体，沸点 $79℃$，在湿空气中遇水蒸气分解为氯化氢和二氧化硫而发烟。亚硫酰氯是由五氯化磷和二氧化硫反应制得的，可溶于强酸、强碱及乙醇中。亚硫酰氯是良好的氯化剂，反应活性强，可用于醇羟基和羧羟基的氯置换反应。反应后过量的亚硫酰氯可蒸馏回收再用，反应中生成的氯化氢和二氧化硫均为气体，易挥发除去而无残留物，产品易纯化。但是大量的氯化氢和二氧化硫逸出会造成污染，需要吸收利用。

（3）亚硫酰溴　亚硫酰溴（$SOBr_2$）又称溴化亚砜，是由亚硫酰氯与溴化氢气体在 $0℃$ 反应制得。亚硫酰溴可用于醇的溴置换反应，但价格较贵。芳环上无取代基或具有给电子基的芳醛与亚硫酰溴一起加热反应时，则生成二溴甲基苯。

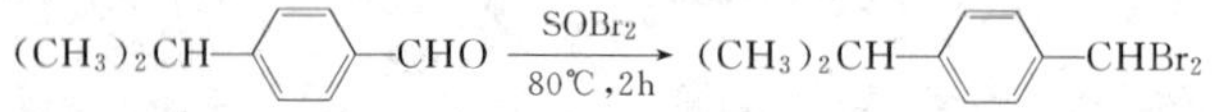

$$(CH_3)_2CH\!-\!\!\!\left\langle\ \right\rangle\!\!\!-\!CHO \xrightarrow[\ 80℃,2h\ ]{SOBr_2} (CH_3)_2CH\!-\!\!\!\left\langle\ \right\rangle\!\!\!-\!CHBr_2$$

4. 含磷卤化剂

含磷卤化剂主要有三卤化磷、三氯氧磷和五氯化磷等，其中五氯化磷的活性最强。

（1）三卤化磷　三卤化磷可用于醇羟基的卤置换反应，而酚羟基的活性较小，一般需在高温、高压条件下才能与三卤化磷反应，且收率较低。三卤化磷也可用于脂肪族羧酸的酰卤化反应，与芳香族羧酸反应较弱。在实际应用中，常需要稍过量的三卤化磷与醋酸一起加热，制成的低沸点酰卤可直接蒸馏出来；而高沸点的酰卤则需要经适当的溶剂溶解后，再与亚磷酸分开。

（2）三氯氧磷　三氯氧磷（$POCl_3$）又称磷酰氯，为无色透明液体，常因溶有氯气或五氯化磷而呈红色，相对密度为 1.675(21℃)、熔点 2℃、沸点 175.3℃，其暴露于潮湿的空气中可迅速分解成为磷酸和氯化氢，发生白烟。三氯氧磷活性比三氯化磷大，醇与酚均能与三氯氧磷反应，生成相应的卤代烃。在药物合成中，主要用于芳环上或缺电子的芳杂环上羟基的氯置换，如抗菌药吡哌酸中间体的制备。三氯氧磷分子中的三个氯原子中，只有一个氯原子活性大，有时必须加入适当的催化剂才能使置换反应进行完全。常用的催化剂有吡啶、二甲基甲酰胺、二甲苯胺和三乙胺等。

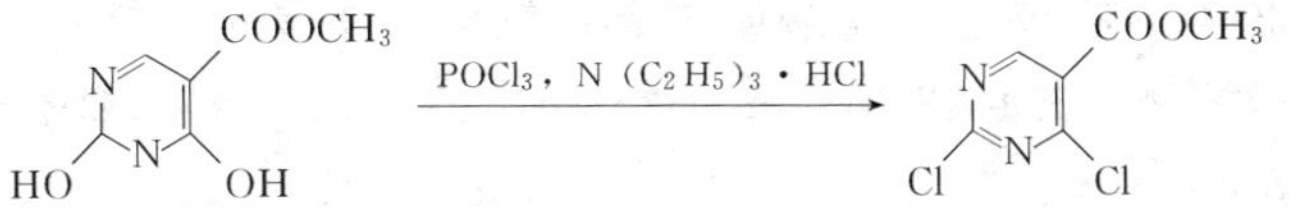

三氯氧磷与羧酸反应能力较弱，但容易与羧酸盐类反应得到相应的酰氯。由于反应中不产生氯化氢，尤其适合于制备不饱和脂肪酰氯。

$$CH_3CH{=\!=}CHCOONa \xrightarrow[CCl_4]{POCl_3} CH_3CH{=\!=}CHCOCl$$

（3）五氯化磷　五氯化磷（PCl_5）为白色或淡黄色四角形晶体，极易吸收空气中的水分而分解成为磷酸和氯化氢，并发生白烟和产生特殊的刺激性臭味。将氯气通入三氯化磷中即可得到白色的五氯化磷固体。实际操作中，将五氯化磷溶于三氯化磷或三氯氧磷中使用，效果更好。

五氯化磷活性强，不仅能置换醇与酚分子中的羟基，也能置换缺电子芳杂环上的羟基和烯醇中的羟基；脂肪族和芳香族羧酸以及某些位阻较大的羧酸都能与五氯化磷发生酰氯化反应，生成相应的酰氯。但是，五氯化磷的选择性不高，在制备酰氯时，反应物分子中的羟基、醛基、酮羰基、烷氧基等敏感基团都有可能发生氯置换反应。五氯化磷受热易解离成三氯化磷和氯气，且温度越高，解离度越大，置换能力也随之下降，300℃时可以完全解离，解离出的氯气还可能产生芳核上的氯取代和双键上的加成等副反应。因此，五氯化磷在使用时，反应温度不能过高，时间也不宜过长。

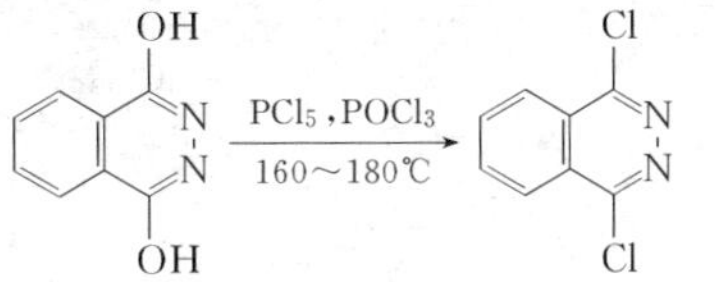

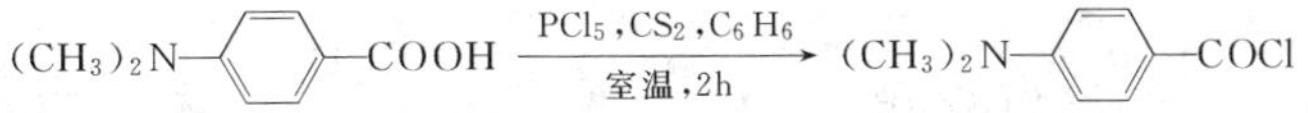

第二节　生产实例——诺氟沙星的合成技术

一、概述

诺氟沙星（Norfloxacin）又名氟哌酸，化学名为 1-乙基-6-氟-4-氧代-1,4-二氢-7-(1-哌嗪基)-3 喹啉酸 [1-ethyl-6-fluoro-1,4-dihydro-4-oxo-7-(1-piperazinyl)-3-quinolinecarboxylic acid] 化学结构式为：

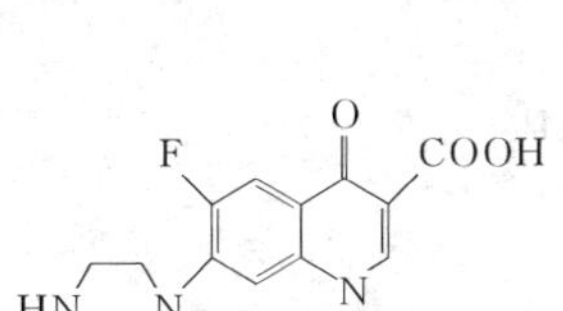

诺氟沙星为喹诺酮酸衍生物，有很广的抗菌谱，抗革兰阴性菌和阳性菌；对金黄色葡萄球菌、铜绿假单胞菌、大肠杆菌和黏质沙雷菌等引起的全身性急性感染疗效显著。对一些耐氨苄青霉素、羧苄青霉素、头孢力新、庆大霉素和 TMP 的菌株也有效。适用于膀胱炎、肾盂炎、膀胱肾盂炎和肾盂肾炎等尿路感染。不良反应有消化不良、恶心、头痛、头晕、目眩及皮疹等。

诺氟沙星为类白色至淡黄色结晶性粉末，无臭，味微苦，在空气中能吸收水分，遇光色变深，熔点 218~224℃。在醋酸、盐酸或氢氧化钠溶液中易溶，在二甲基甲酰胺中微溶，在水中或乙醇中极微溶解。并且在273nm、325nm 与 336nm 的波长处有较大吸收（0.4%氢氧化钠溶液，5μg/mL）。

氟哌酸的制备方法很多，按不同原料及路线划分有十几种，但我国工业生产中以下述路线为主。并且近几年来，许多新工艺在氟哌酸生产中获得应用，其中以路线二，即硼螯合物法收率高，操作简便，单耗低，且产品质量较好。

具体合成路线如下所述。

（1）路线一

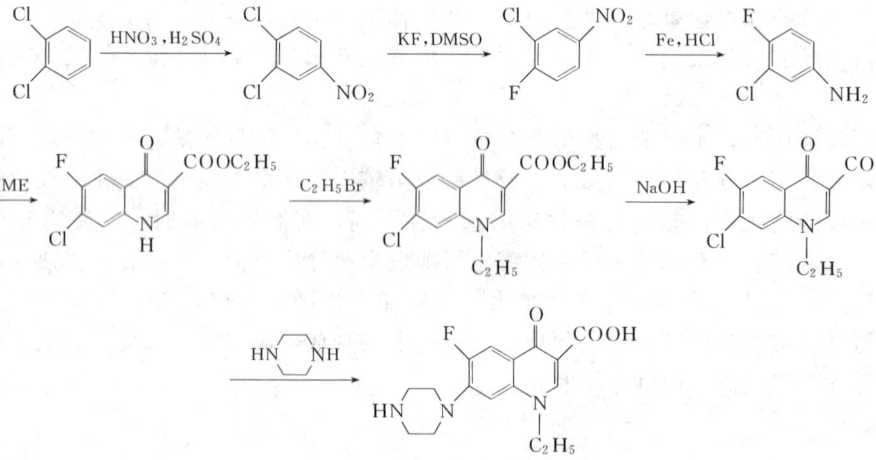

（2）路线二

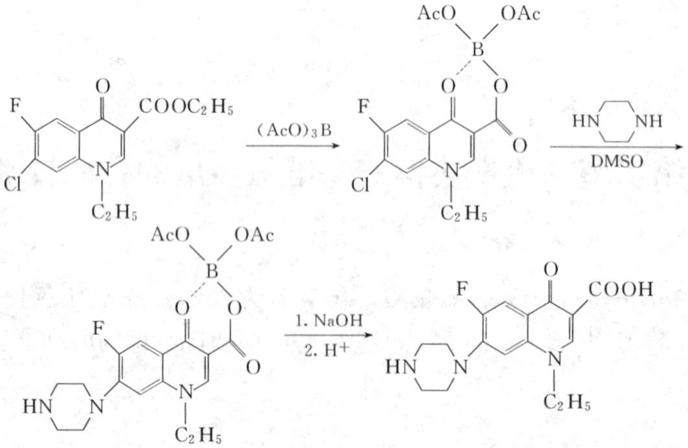

二、诺氟沙星的合成技术

1. 3,4-二氯硝基苯的合成

（1）化学反应

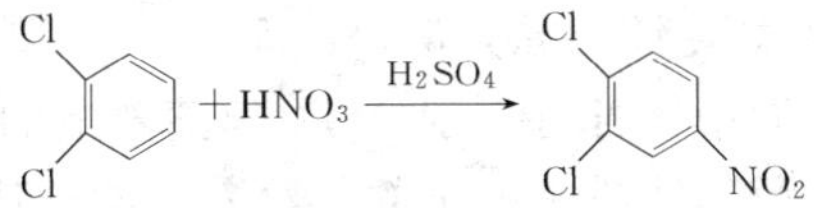

邻二氯苯用混酸（$HNO_3 \cdot H_2SO_4$）硝化得 3,4-二氯硝基苯。

（2）硝化岗位操作 将硫酸与硝酸按比例加入反应罐中，冷却到 60℃以下，滴加邻二氯苯，滴毕，于 60℃反应 2h。冷却后，冰解，析出，离心过滤，用水洗涤至中性。低温干燥得黄色结晶，熔点为 39～60℃，纯度在 96％以上，收率达 88％。

（3）反应条件及控制

① 在苯环上进行硝化反应属亲电取代，由硝酰离子（NO_2^+）进攻氯原子的邻位及对位。硫酸供质子能力强于硝酸，加入硫酸可增加形成硝酰离子（NO_2^+）的程度。

② 3,4-二氯硝基苯的质量和收率与原料邻二氯苯的质量有关。如邻二氯苯中有对二氯苯，则硝化产物会出现油状物，不仅收率降低，而且熔点低，产物颜色深，质量差。邻二氯苯可用冷冻法精制，是将对二氯苯结晶滤除，再精馏得纯邻二氯苯。

③ 混酸中硝酸的浓度对硝化收率有影响；可加入适量的发烟硝酸，以提高收率。

2. 3-氯-4-氟-硝基苯的合成

3,4-二氯硝基苯在非质子极性溶剂二甲基亚砜（DMSO）中与氟化钾于 180℃发生置换卤化反应，然后以水蒸气蒸馏，得 3-氯-4-氟-硝基苯。

（1）化学反应

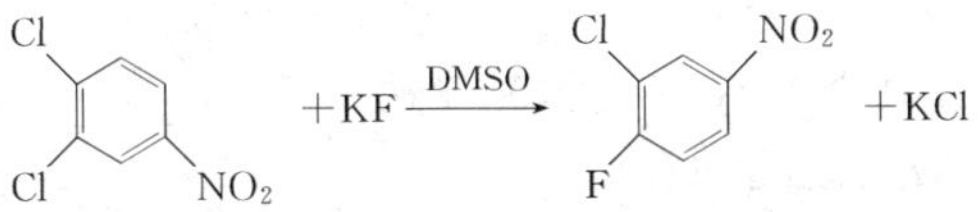

3-氯-4-氟-硝基苯

硝基为强吸电子基团，其活化了对位的氯原子，便于为氟原子所置换。

（2）氟化岗位操作 将 3,4-二氯硝基苯、无水二甲基亚砜及无水氟化钾加入反应罐中，加热回流，反应完毕，进行水蒸气蒸馏，得类白色结晶 3-氯-4-氟-硝基苯，熔点为 41～43℃，纯度在 98％以上，收率达 82％。

（3）反应条件及控制

① 氟代反应为亲核性取代反应；生产上常用非极性的二甲基亚砜作溶剂，在 180℃以上高温反应。若用沸点较低的二甲基甲酰胺作溶剂则收率明显降低。

② 回流加热以 1～2h 为宜，时间太久会增加副产物。

③ 氟代反应需要严格控制水分，因为水的存在，高温反应时易发生下列反应，使 3,4-二氯硝基苯水解并形成二苯醚衍生物等副产物。

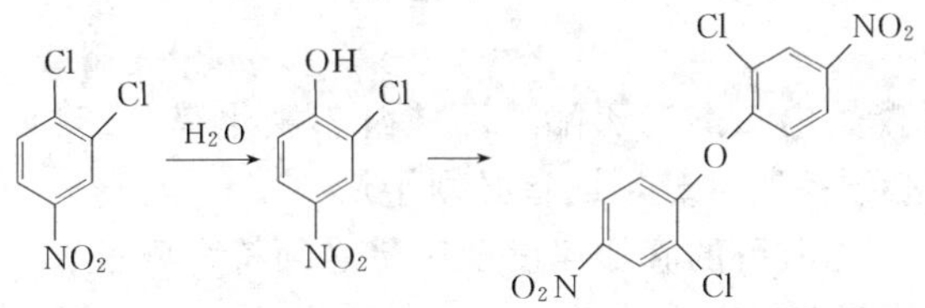

3. 3-氯-4-氟-苯胺的合成

将 3-氯-4-氟-硝基苯上的硝基还原成氨基，常用的还原方法有铁酸还原、催化氢化还原等。目前国内生产均采用铁粉-氯化铵还原方法，收率达 90% 以上，纯度在 98% 以上。

　　铁粉在电解质氯化铵水溶液中，可将 3-氯-4-氟-硝基苯上的硝基还原成氨基。这是在铁粉表面进行电子得失的转移过程。铁粉是电子的供给者，电子从铁粉表面转移到硝基上产生的阴离子游离基在有质子供给的情况下，获得质子，生成 3-氯-4-氟-苯胺。水是质子的供给者，铁粉则失去电子被氧化成四氧化三铁（铁泥）。

　　（1）化学反应

　　（2）还原岗位操作　将铁粉、氯化钠、盐酸和水按比例加入反应罐中，搅拌混合，分次加入 3-氯-4-氟-硝基苯，回流反应 2h；水蒸气蒸馏，冷却蒸出物，析出结晶，过滤，干燥，得 3-氯-4-氟-苯胺，纯度 98% 以上，收率达 90%，熔点 42～44℃。

　　（3）反应条件及控制

　　① 3-氯-4-氟硝基苯上的氟原子、氯原子是吸电子基，使硝基氮原子的亲电性增强，易于还原；一般在用铁粉-氯化铵还原时，回流 2h 即可完全。

　　② 由于工业用铁粉成分的差异，其还原活性也有显著不同。一般含硅的铸铁粉效果较好，化学纯铁粉、熟铁粉等效果较差。铁粉的颗粒大小对反应也有影响，铁粉越细反应越快，但常给产品的分离及后处理带来困难，一般采用 60～100 目。

　　③ 铁粉置反应罐中加水及少量盐酸，微微加热使铁粉活化。反应液中铁粉密度大，易沉降，为使反应充分，必须注意搅拌方式和搅拌速度。

　　4. 乙氧基亚甲基丙二酸二乙酯的合成

　　乙氧基亚甲基丙二酸二乙酯（EMME）是由原甲酸三乙酯、丙二酸二乙酯和乙酸酐在无水氯化锌催化下生成。

　　（1）化学反应　本反应是一缩合反应，氯化锌是 Lewis 酸，其作为催化剂。

$$HC(OC_2H_5)_3 + H_2C(COOC_2H_5)_2 \xrightarrow[\text{ZnCl}_2]{\text{Ac}_2\text{O}} C_2H_5OCH \!=\!\!=\! C(COOC_2H_5)_2 + C_2H_5OH$$

乙氧基亚甲基丙二酸二乙酯
（EMME）

　　（2）缩合岗位操作　在干燥的反应罐中加入原甲酸三乙酯，升温，蒸去低沸物，在罐内温度不超过 130℃时，加入丙二酸二乙酯和无水氯化锌。在搅拌下滴加乙酸酐，回流，逐渐蒸出乙醇；使罐内温度达到 156℃，并在此温度反应 3h。冷却至 100℃，减压回收原甲酸三乙酯，反应物抽入精馏罐中，进行减压蒸馏，收集 140～160℃/1.33×10³Pa（10mHg）的馏分，得乙氧基亚甲基丙二酸二乙酯（EMME），含量在 98% 以上，收率达 50%～60%。

　　（3）反应条件及控制

　　① 原料原甲酸三乙酯、丙二酸二乙酯、乙酸酐、氯化锌及产物乙氧基亚甲基丙二酸二乙酯都易水解，因此，必须控制水分，设备必须干燥。

　　② 为保证反应安全，乙酸酐的滴加速度及用量必须符合要求。

　　上述工艺条件都对收率有很大影响。

　　5. 3-氯-4-氟-苯胺基亚甲基丙二酸二乙酯的合成

　　3-氯-4-氟-苯胺和乙氧基亚甲基丙二酸二乙酯共热，脱去一分子乙醇，缩合而得到 3-氯-

4-氟-苯胺基亚甲基丙二酸二乙酯。

（1）化学反应

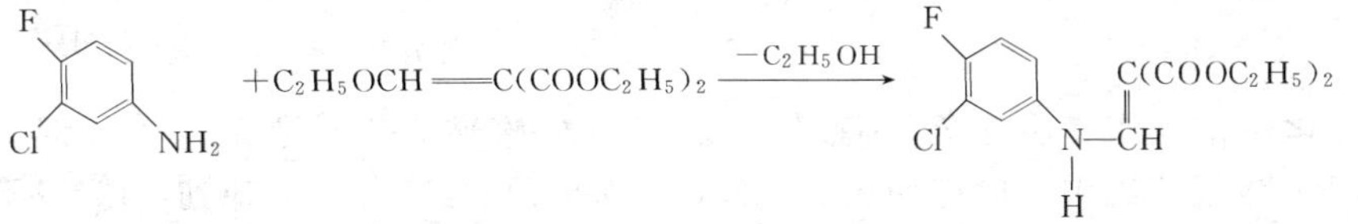

3-氯-4-氟-苯胺基亚甲基丙二酸二乙酯

乙氧基亚甲基丙二酸二乙酯含有乙烯基醚的结构，其双键化学性质比较活泼，可与氨基发生亲核加成，然后消除一分子乙醇，得到 3-氯-4-氟-苯胺基亚甲基丙二酸二乙酯

（2）缩合岗位操作 在干燥的反应罐中加入 3-氯-4-氟-苯胺和 EMME，开动搅拌，升温蒸出生成的乙醇，并在 130℃反应 1.5h。反应毕，减压蒸馏除去生成的乙醇后，立即放出反应液，冷却后立即固化，得到 3-氯-4-氟-苯胺基亚甲基丙二酸二乙酯，其熔点在 60℃以上。

（3）反应条件及控制 乙氧基亚甲基丙二酸二乙酯遇水易分解，反应必须在干燥的系统中进行。它的质量对下一步收率有很大影响。

6. 7-氯-6-氟-1,4-二氢-4-氧-喹啉-3-羧酸乙酯（环合物）的合成

3-氯-4-氟-苯胺基亚甲基丙二酸二乙酯在高温导热介质中（250℃）脱醇环合得 7-氯-6-氟-1,4-二氢-4-氧-喹啉-3-甲酸乙酯（环合物）。

（1）化学反应

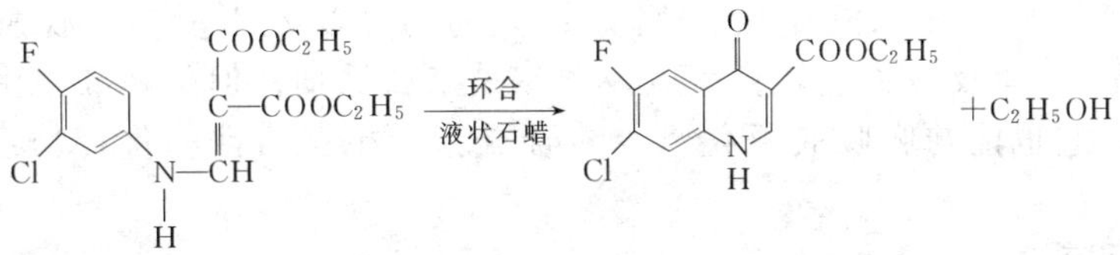

7-氯-6-氟-1,4-二氢-4-氧-喹啉-3-甲酸乙酯

（2）环合岗位操作 将石蜡油预热到 250℃，加入 3-氯-4-氟-苯胺基亚甲基丙二酸二乙酯；升温到 250～260℃，反应 1h，蒸馏出生成的乙醇，冷却到 10℃，离心过滤，滤饼先用石油醚再用丙酮洗涤，干燥后，产物熔点在 310℃以上，收率为 79%。

（3）反应条件及控制 反应温度控制在 250～260℃为宜，且升温要快。因此，需将导热介质预热到 250℃，但温度过高会导致环合产物碳化。另外，选用导热介质不同，生成的环合产物和副产物也各异。

小资料
工业上用石蜡油、道生油（73.5%二苯醚和 26.5%联苯混合物）、二苯乙烷、二苯醚作导热介质。

7. 1-乙基-7-氯-6-氟-1,4-二氢-4-氧-喹啉-3-甲酸的合成

7-氯-6-氟-1,4-二氢-4-氧-喹啉-3-甲酸乙酯与乙基化试剂作用，在氮原子上引入乙基，生成 1-乙基-7-氯-6-氟-1,4-二氢-4-氧-喹啉-3-甲酸乙酯（乙基物），在碱性溶液中水解，再酸化得到 1-乙基-7-氯-6-氟-1,4-二氢-4-氧-喹啉-3-甲酸。

（1）化学反应

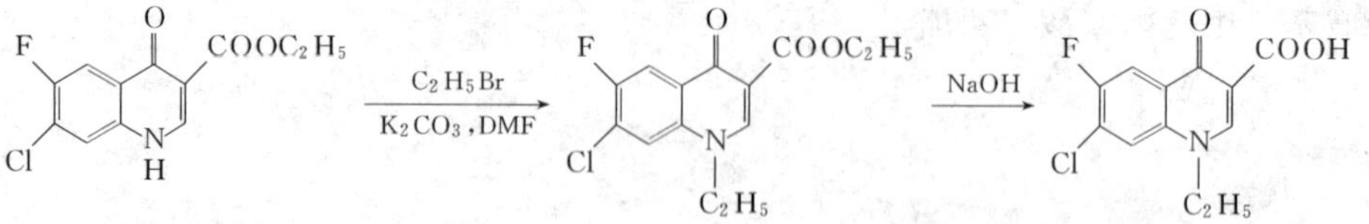

（2）烃化岗位操作　将7-氯-6-氟-1,4-二氢-4-氧-喹啉-3-甲酸乙酯、碳酸钾、二甲基甲酰胺（DMF）置反应罐中，搅拌加热到110℃，保温反应1h，再冷却到30℃以下，滴加溴乙烷。滴加完毕，加热到90℃，回流8h。冷却，滤去反应副产物无机盐，减压回收DMF。加碱水解2h。加水稀释，并用活性炭脱色，过滤，滤液用乙酸调整pH至6.4。析出沉淀冷却到0℃，过滤，用水洗涤滤饼。真空干燥，产物熔点在250℃以上，含量在90%以上。再用DMF重结晶得精品，其熔点在278℃以上，收率为56%。

（3）反应条件及控制

① 选择适宜的乙基化试剂是提高乙基化收率和产品质量的关键。溴乙烷沸点低，因此，滴加时必须将罐内反应液降温到30℃以下，以避免溴乙烷损失。

② 中和时，要保持pH=6.4为宜，防止呈碱性，影响收率。

小资料

常用的乙基化试剂有硫酸二乙酯、对甲苯磺酸乙酯、溴乙烷、碘乙烷等。用碘乙烷收率高，但价格昂贵；用硫酸二乙酯，虽价格较廉，但收率不高且毒性较大。用对甲苯磺酸乙酯，收率低，"三废"和后处理繁杂，成本也较高。目前国内生产均以溴乙烷作乙基化试剂。

8. 诺氟沙星的合成

1-乙基-7-氯-6-氟-1,4-二氢-4-氧-喹啉-3-甲酸易与哌嗪发生反应，脱氯化氢缩合得诺氟沙星（氟哌酸），本反应为氮烃化反应，哌嗪是亲核试剂。但处在6位上的氟原子也具有一定的活性，它也能与哌嗪脱氟化氢，缩合成为无抗菌活性的化合物氯哌酸，生产中伴有25%左右。

（1）化学反应

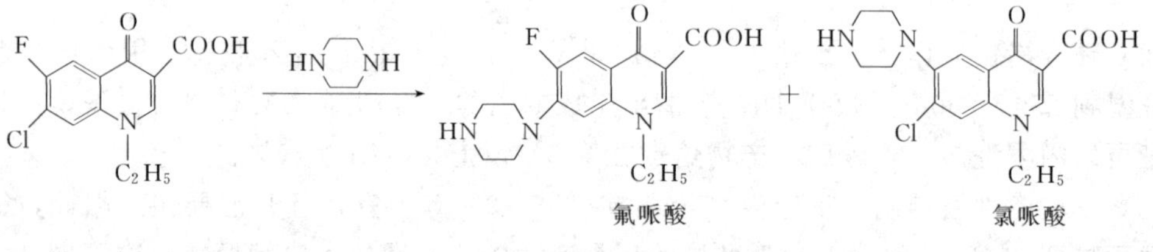

氟哌酸　　　　氯哌酸

（2）合成岗位操作　将六水哌嗪、甲苯加入有分水装置的反应罐中，搅拌回流，由甲苯带水，直至蒸出的甲苯澄清，内温达115℃，冷却，加入1-乙基-7-氯-6-氟-1,4-二氢-4-氧-喹啉-3-甲酸和吡啶，升温回流8h。然后减压回收吡啶；再加水减压蒸出剩余的吡啶。残留物加稀乙酸，使pH至5.5，加活性炭脱色，趁热过滤，滤液调至pH=7.0～7.2。冷却，过滤，得粗品。用水洗涤粗品和用乙醇重结晶得精品，收率为52%。

（3）反应条件及控制

① 7-位上氯原子的活性是缩合哌嗪的关键；设法增强氯原子活性，不仅可以提高诺氟沙星的收率，同时可减少氯哌酸的生成，提高诺氟沙星的质量。

② 缩合反应需在无水条件下进行，应用无水哌嗪并用吡啶为缩合剂为宜。

诺氟沙星的生产工艺流程简图如图4-1所示。

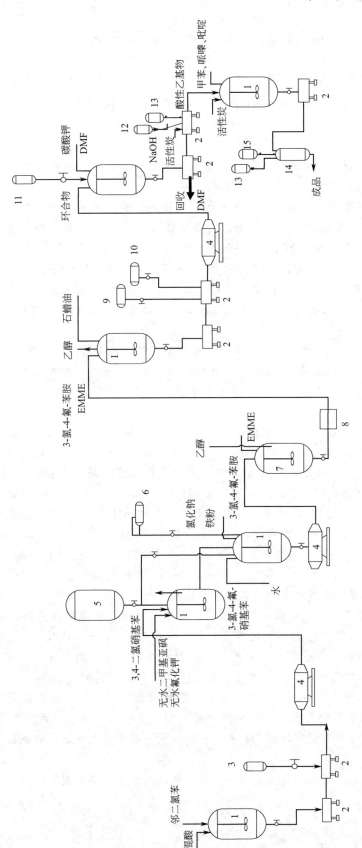

图 4-1　诺氟沙星生产工艺流程简图

1—反应罐；2—离心机；3—水洗罐；4—离心机；5—水蒸气源；6—盐酸储槽；7—干燥反应器；8—固化槽；9—石油醚罐；10—丙酮罐；11—溴乙烷计量罐；12—乙醇计量罐；13—洗水罐；14—重结晶罐；15—乙醇计量罐

知识扩展一　原甲酸三乙酯的合成

1. 化学反应

乙醇钠和氯仿加热，生成原甲酸三乙酯：

$$3C_2H_5ONa + CHCl_3 \longrightarrow CH(OC_2H_5)_3 + 3NaCl$$
$$\text{原甲酸三乙酯}$$

2. 合成岗位操作

① 将乙醇钠浓缩到一定体积时，降温；加入适量的原甲酸三乙酯浓缩时回收的初馏分（因为沸点低，含氯仿和乙醇），抽入高位槽中，供用。

② 将氯仿和原甲酸三乙酯精馏时的低沸物按规定比例加入反应罐中，在搅拌下加热到45℃，由高位槽滴加乙醇钠浓缩液，控制反应温度在55～60℃。加料时间约需2～5h，加毕，反应液 pH 为9～10。如果 pH＞10，适当补加氯仿，再维持55～60℃反应0.5h，升温到70℃。反应完毕，冷却到35℃以下，pH 为6.5～7.5，即达到反应终点。滤去生成的氯化钠，并用精馏时的低沸物洗涤滤出的氯化钠，合并滤液及洗液；抽入浓缩塔中进行蒸馏浓缩。收集馏出物。初馏分可供下一批原甲酸三乙酯投料套用。当蒸馏釜内温达78～80℃时，停止蒸馏。

③ 冷却蒸馏后的浓缩液至40℃，将浓缩液滤去氯化钠。滤液用常压蒸馏，80～100℃的低沸馏分主要为氯仿及乙醇；100～148℃中沸馏分主要为原甲酸三乙酯和乙醇。再减压蒸馏收集原甲酸三乙酯，沸点148℃以上。低沸物可套用；中沸物可供精馏用。

3. 反应条件及控制

① 配料控制。根据化学反应，氯仿与乙醇钠的投料摩尔比为1∶3。为使化学反应完全，氯仿可稍多一点，使乙醇钠全部耗去。生产上采用理论量1∶3摩尔比投料。

② 反应液 pH 控制。如反应液呈 pH＞9，说明氯仿用量不足；应补加氯仿继续反应，当 pH 达7.5～8.0时，反应即完成。如反应液 pH 为5～6，说明产物发生水解，有甲酸及甲酸钠生成，使收率降低。此时可适当加些乙醇钠，调整 pH 至7.5～8.0。否则，在减压蒸馏产物时，残留物呈浓稠状，后处理困难。如控制正常 pH，残留物为固体，易于取出。

③ 卡宾反应。乙醇钠和氯仿反应是分步生成二价碳化合物卡宾（Carbene），最后制得原甲酸三乙酯，卡宾遇水分解成一氧化碳和甲酸，并逸出氯化氢；有碱时，更易分解。因此，对氯仿中的含水量和乙醇钠中的游离碱含量应加以控制。

④ 反应温度。卡宾反应为放热反应，若反应时温度控制不当有溢料危险；如反应温度过低，反应速度太慢。以控制在56℃左右为宜。反应后期可升温至70℃，使反应完全。

⑤ 加料方式。加料方式对收率有重要影响。如将氯仿加入乙醇钠中，并套用初馏分，收率仅为46.6%；如将乙醇钠加入氯仿中，收率可提高10%，达到56.6%；若注意加料速度，收率能达到68%～70%。这是因为氯仿加入乙醇钠溶液中时，反应是在强碱性溶液中进行，生成的卡宾与乙醇钠及水作用，生成甲酸乙酯，使收率下降。若逐渐加入乙醇钠溶液，反应液中碱的强度得到控制，副产物减少；同时反应液中存在高浓度的氯仿，使反应速度加快。

此外，反应时搅拌良好，也可避免局部反应不均以及发生分解等副反应。

查一查

乙醇钠和氯仿反应生成原甲酸三乙酯的机理是怎样的？

任务实施——诺氟沙星的实验室合成

1. 3,4-二氯硝基苯的合成

(1) 原料规格及配比、仪器设备　见表4-1。

表4-1　3,4-二氯硝基苯合成原料规格及配比、仪器设备

原料名称	规格	用量	摩尔数比	仪器设备
邻二氯苯	≥95%	35g	1	四颈瓶,普通玻璃仪器
H_2SO_4	≥98%,相对密度1.84	79g	3.18	加热、搅拌、回流装置
HNO_3	≥65%,相对密度1.40	51g	2.44	滴液漏斗,水浴锅等

(2) 操作步骤　在装有搅拌器、回流冷凝器、温度计、滴液漏斗的四颈瓶中,先加入硝酸51g,水浴冷却下滴加硫酸79g,控制滴加速度,使温度保持在50℃以下。滴加完毕,换滴液漏斗,于40～50℃内滴加邻二氯苯35g,40min内滴完,升温至60℃,反应2h,静置分层,取上层油状液体倾入5倍量水中,搅拌,固化,放置30min,过滤,水洗至pH6～7,真空干燥,称重,计算收率。装置简图见图4-2。

(3) 注释

① 本反应是用混酸硝化。硫酸可以防止副反应的进行,并可以增加被硝化物的溶解度;硝酸生成 NO_2^+,是硝化剂。

② 此硝化反应需达到40℃时才能进行,低于此温度,滴加混酸会导致大量混酸聚集,一旦反应引发,聚集的混酸会使反应温度急剧升高,生成许多副产物,因此滴加混酸时应调节滴加速度,控制反应温度在40～50℃。

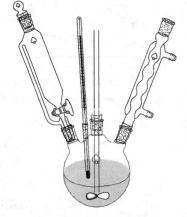

图4-2　硝化反应装置图

③ 上述方法所得的产品纯度已经足够用于下步反应,如要得到较纯的产品,可以采用水蒸气蒸馏或减压蒸馏的方法。

④ 3,4-二氯硝基苯的熔点为39～41℃,不能用红外灯或烘箱干燥。

2. 3-氯-4-氟-硝基苯的合成

(1) 原料规格及配比、仪器设备　见表4-2。

表4-2　3-氯-4-氟-硝基苯合成原料规格及配比、仪器设备

原料名称	规格	用量	摩尔数比	仪器设备
3,4-二氯硝基苯	熔点39～40℃;上一步合成	40g	1	普通玻璃仪器,水蒸气蒸馏装置
氟化钾	无水	23g	1.93	加热、搅拌、回流装置
二甲亚砜	无水	73g	4.49	四颈瓶,分液漏斗,油浴锅、水浴锅等

(2) 操作步骤　在装有搅拌器、回流冷凝器、温度计、氯化钙干燥管的四颈瓶中,加入3,4-二氯硝基苯40g、无水二甲基亚砜73g以及无水氟化钾23g,升温到回流温度194～198℃,在此温度下快速搅拌1～1.5h,冷却至50℃左右,加入75mL水,充分搅拌,倒入分液漏斗中,静置分层,分出下层油状物。安装水蒸气蒸馏装置,进行水蒸气蒸馏,得淡黄色固体,过滤,水洗至中性,真空干燥,得3-氯-4-氟-硝基苯。

（3）注释

① 该氟化反应为无水反应，一切仪器及药品必须绝对无水，微量水会导致收率大幅下降。

② 为保证反应液的无水状态，可在刚回流时蒸出少量二甲基亚砜，以将反应液中的微量水分带出。

③ 进行水蒸气蒸馏时，少量冷凝水就已足够，大量冷凝水会导致 3-氯-4-氟-硝基苯固化，堵塞冷凝管。

3. 3-氯-4-氟-苯胺的合成

（1）原料规格及配比、仪器设备　见表 4-3。

表 4-3　3-氯-4-氟-苯胺合成原料规格及配比、仪器设备

原料名称	规格	用量	摩尔数比	仪器设备
3-氯-4-氟-硝基苯	上一步合成	30g	1	三颈瓶
铁粉	60 目	51.5g	5.409	加热、搅拌、回流装置
氯化钠	CP	4.3g	0.430	油浴锅、水浴锅等
浓盐酸	CP	2mL	0.215	水蒸气蒸馏装置
自来水		173mL		普通玻璃仪器等

（2）操作步骤　在装有搅拌子、回流冷凝器、温度计的三颈瓶中投入铁粉 51.5g、水 173mL、氯化钠 4.3g、浓盐酸 2mL，搅拌下于 100℃活化 10min，降温至 85℃，在快速搅拌下，先加入 3-氯-4-氟-硝基苯 15g，温度自然升至 95℃，10min 后再加入 3-氯-4-氟-硝基苯 15g，于 95℃反应 2h，然后将反应液进行水蒸气蒸馏，馏出液中加入冰，使产品固化完全，过滤，于 30℃下干燥，得 3-氯-4-氟-苯胺，熔点 44℃。

（3）注释

① 由于铁粉密度较大，搅拌速度慢则不能将铁粉搅匀，会在烧瓶下部结块，影响收率，因此该反应应剧烈搅拌。

② 水蒸气蒸馏应控制冷凝水的流速，防止 3-氯-4-氟-苯胺固化，堵塞冷凝管。

③ 3-氯-4-氟-苯胺的熔点低（40～43℃），故应低温干燥。

想一想

铁酸还原剂的使用方法。

4. EMME 的合成

（1）原料规格及配比、仪器设备　见表 4-4。

表 4-4　EMME 合成原料规格及配比、仪器设备

原料名称	规格	用量	摩尔数比	仪器设备
原甲酸三乙酯	CP	(78+20)g	1	四颈瓶，滴液漏斗
丙二酸二乙酯	CP	30g	0.283	加热、搅拌、回流装置
乙酸酐	CP	6g	0.9	油浴锅、水浴锅等
氯化锌	CP	0.1g		减压蒸馏装置，普通玻璃仪器等

（2）操作步骤　在装有搅拌器、温度计、滴液漏斗、蒸馏装置的四颈瓶中，加入原甲酸三乙酯 78g、氯化锌 0.1g，搅拌，加热，升温至 120℃，蒸出乙醇，降温至 70℃，于 70～

80℃内滴加第二批原甲酸三乙酯20g及醋酐6g，于0.5h内滴完，然后升温到152～156℃，保温反应2h。冷却至室温，将反应液倾入圆底烧瓶中，水泵减压回收原甲酸三乙酯（bp.140℃，70℃/5333Pa）。冷到室温，换油泵进行减压蒸馏，收集120～140℃/666.6Pa的馏分，得乙氧基亚甲基丙二酸二乙酯，收率70%。

（3）注释

① 减压蒸馏所需真空度要达666.6Pa以上，才可进行蒸馏操作。真空度小，蒸馏温度高，导致收率下降。

② 减压回收原甲酸三乙酯时亦可进行常压蒸馏，收集140～150℃沸点馏分。蒸出的原甲酸三乙酯可以套用。

5. 7-氯-6-氟-1,4-二氢-4-氧喹啉-3-羧酸乙酯（环合物）的合成

实验中，3-氯-4-氟苯胺基亚甲基丙二酸二乙酯生成后，可以继续进行7-氯-6-氟-1,4-二氢-4-氧喹啉-3-羧酸乙酯（环合物）的合成反应。无需取出3-氯-4-氟苯胺基亚甲基丙二酸二乙酯。

（1）原料规格及配比、仪器设备 见表4-5。

表 4-5 7-氯-6-氟-1，4-二氢-4-氧-喹啉-3-羧酸乙酯合成原料规格及配比、仪器设备

原料名称	规格	用量	摩尔数比	仪器设备
3-氯-4-氟-苯胺	上一步合成	15g	1	三颈瓶
EMME	上一步合成	24g	1.07	加热、搅拌、回流装置
石蜡油	CP	80mL		油浴锅、水浴锅等
甲苯	CP	适量		蒸馏装置
丙酮	CP	适量		普通玻璃仪器等

（2）操作步骤 在装有搅拌器、回流冷凝器、温度计的三颈瓶中分别投入3-氯-4-氟-苯胺15g、EMME 24g，快速搅拌下加热到120℃，于120～130℃反应2h。冷至室温，将回流装置改成蒸馏装置，加入石蜡油80mL，加热到260～270℃，有大量乙醇生成，回收乙醇。反应30min后，冷却到60℃以下，过滤，滤饼分别用甲苯、丙酮洗至灰白色，干燥，测熔点为297～298℃，计算收率。

（3）注释

① 本反应为无水反应，所有仪器应干燥，严格按无水反应操作进行，否则会导致EMME分解。

② 环合反应温度控制在260～270℃，为避免温度超过270℃，可在将要达到270℃时缓慢加热。反应开始后，反应液变黏稠，为避免局部过热，应快速搅拌。

③ 该环合反应考虑苯环上的取代基的定位效应及空间效应，3-位氯的对位远比邻位活泼，但也不能忽略邻位的取代。反应条件控制不当，便会按下式反应形成反环物：

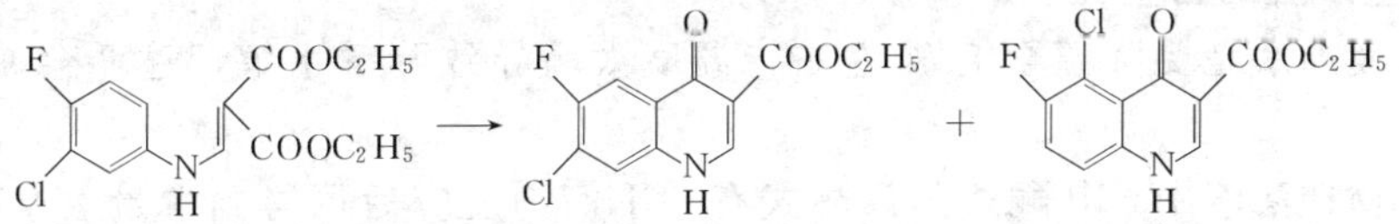

为减少反环物的生成，应注意以下几点。

a. 反应温度低，有利于反环物的生成。因此，反应温度应快速达到260℃，且保持在260～270℃。

b. 加大溶剂用量可以降低反环物的生成。从经济的角度来讲，采用溶剂与反应物用量比为 3∶1 时比较合适。

c. 用二甲苯或二苯砜为溶剂时，会减少反环物的生成，但价格昂贵。亦可用廉价的工业柴油代替石蜡油。

查一查

本反应为高温反应，试举出几种高温浴装置，并写出安全注意事项。

6. 1-乙基-7-氯-6-氟-4-氧-喹啉-3-甲酸的合成

（1）原料规格及配比、仪器设备　见表 4-6。

表 4-6　1-乙基-7-氯-6-氟-4-氧-喹啉-3-甲酸合成原料规格及配比、仪器设备

原料名称	规格	用量	摩尔数比	仪器设备
环合物	上一步合成	25g	1	三颈瓶、四颈瓶
溴乙烷	自制	25g	2.46	加热、搅拌、回流装置
DMF	CP	125g		油浴锅、水浴锅等
无水碳酸钾	CP	30.8 g	2.39	蒸馏装置
乙基物	上一步合成	20g	1	普通玻璃仪器等
氢氧化钠	CP	5.5 g	2.0	滴液漏斗
蒸馏水		75g		
浓盐酸	CP	适量		

（2）操作步骤

① 在装有搅拌器、回流冷凝器、温度计、滴液漏斗的 250mL 四颈瓶中，加入环合物 25g、无水碳酸钾 30.8g、DMF 125g，搅拌，加热到 70℃，于 70～80℃下，在 40～60min 内滴加溴乙烷 25g。滴加完毕，升温至 100～110℃，保温反应 6～8h，反应完毕，减压回收 70%～80% 的 DMF，降温至 50℃ 左右，加入 200mL 水，析出固体，过滤，水洗，干燥，得乙基物粗品，用乙醇重结晶。

② 在装有搅拌器、冷凝器、温度计的三颈瓶中，加入 20g 乙基物以及碱液（由氢氧化钠 5.5g 和蒸馏水 75g 配成），加热至 95～100℃，保温反应 10min。冷却至 50℃，加入水 125mL 稀释，浓盐酸调 pH=6，冷却至 20℃，过滤，水洗，干燥，测熔点（若熔点低于 270℃，需进行重结晶），计算收率。

（3）注释

① 少量水分对收率有很大影响。所用 DMF 要预先干燥，无水碳酸钾需炒过。

② 溴乙烷沸点低，易挥发，为避免损失，可将滴液漏斗的滴管加长，插到液面以下，同时注意反应装置的密闭性。

③ 反应液加水是要降温至 50℃ 左右，温度太高导致酯键水解，过低会使产物结块，不易处理。

④ 环合物在溶液中，其酮式与烯醇式有一平衡，反应后可得到少量乙基化合物，该化合物随主产物一起进入后续反应，使生成 6-氟-1,4-二氢-4-氧代-7-(1-哌嗪基)喹啉（简称脱羧物），成为氟哌酸中的主要杂质。不同的乙基化试剂，O-乙基产物生成量不同，采用溴乙烷时较低。反应如下：

⑤ 滤饼洗涤时要将颗粒碾细，同时用大量水冲洗，否则会有少量 K_2CO_3 残留。

⑥ 乙基物乙醇重结晶操作过程：取粗品，加入 4 倍量的乙醇，加热至沸，溶解。稍冷，加入活性炭，回流 10min，趁热过滤，滤液冷却至 10℃结晶析出，过滤，洗涤，干燥，得精品，测熔点（m.p. 144～145℃）。母液中尚有部分产品，可以浓缩一半体积后，冷却，析晶，所得产品亦可用于下一步投料。

⑦ 由于反应物不溶于碱，而产品溶于碱，反应完全后，反应液澄清。

⑧ 在调 pH 之前应先粗略计算盐酸用量，快到终点时，将盐酸稀释，以防加入过量的酸。

⑨ 水解物重结晶的方法：取粗品，加入 5 倍量上步回收的 DMF，加热溶解，加入活性炭，再加热，过滤，除去活性炭，冷却，结晶，过滤，洗涤，干燥，得精品。

7. 诺氟沙星的合成

（1）原料规格及配比、仪器设备　见表 4-7。

表 4-7　诺氟沙星合成原料规格及配比、仪器设备

原料名称	规格	用量	摩尔数比	仪器设备
水解物	上一步合成	10g	1	三颈瓶、普通玻璃仪器等
无水哌嗪	CP	13g	4.08	加热、搅拌、回流装置
吡啶	CP	65g		油浴锅、水浴锅等
醋酸	CP	适量		抽滤装置

（2）操作　在装有搅拌器、回流冷凝器、温度计的 150mL 三颈瓶中，投入水解物 10g、无水哌嗪 13g、吡啶 65g，回流反应 6h，冷却到 10℃，析出固体，抽滤，干燥，称重，测熔点，熔点为 215～218℃。将上述粗品加入 100mL 水溶解，用冰醋酸调 pH＝7，抽滤，得精品，干燥，称重，测熔点，熔点为 216～220℃，计算收率和总收率。

知识扩展二　采用路线二进行诺氟沙星的实验室合成

1. 硼螯合物的合成

（1）原料规格及配比、仪器设备　见表 4-8。

表 4-8　硼螯合物合成原料规格及配比、仪器设备

原料名称	规格	用量	摩尔数比	仪器设备
乙基物	上一步合成	10g	1	四颈瓶
硼酸	CP	3.3g	1.5	加热、搅拌、回流装置
醋酐	CP	17g	4.9	油浴锅、水浴锅等
氯化锌	CP			抽滤装置
乙醇	CP	适量		普通玻璃仪器等

（2）操作　在装有搅拌器、冷凝器、温度计、滴液漏斗的250mL四颈瓶中，加入氯化锌、硼酸3.3g及少量醋酐（醋酐总计用量为17g），搅拌，加热至79℃，反应引发后，停止加热，自动升温至120℃。滴加剩余醋酐，加完后回流1h，冷却，加入乙基物10g，回流2.5h，冷却到室温，加水，过滤，少量冰乙醇洗至灰白色，干燥，测熔点，熔点为275℃（分解）。

（3）注释

① 硼酸与醋酐反应生成硼酸三乙酰酯，此反应到达79℃临界点时才开始进行，并释放出大量热量，从而使温度急剧升高。如果量大，则有冲料的危险，建议采用250mL以上的反应瓶，并缓慢加热。

② 由于螯合物在乙醇中有一定的溶解度，为避免产品损失，最后洗涤时，可先用冰水洗涤，温度降下来后，再用冰乙醇洗涤。

2. 诺氟沙星（氟哌酸）的制备

（1）原料规格及配比、仪器设备　见表4-9。

表4-9　诺氟沙星合成原料规格及配比、仪器设备

原料名称	规格	用量	仪器设备
螯合物	上一步合成	10g	三颈瓶
无水哌嗪	CP	8g	加热、搅拌、回流装置
二甲亚砜	CP	30g	油浴锅、水浴锅等
NaOH	10%	20 mL	抽滤装置
乙酸	CP	适量	普通玻璃仪器等

（2）操作　在装有搅拌器、回流冷凝器、温度计的三颈瓶中，加入螯合物10g、无水哌嗪8g、二甲基亚砜（DMSO）30g，于110℃反应3h，冷却至90℃，加入10% NaOH 20mL，回流2h，冷至室温，加50mL水稀释，用乙酸调pH＝7.2，过滤，水洗，得粗品。在250mL烧杯中加入粗品及100mL水，加热溶解后，冷却，用乙酸调pH＝7，析出固体，抽滤，水洗，干燥，得诺氟沙星，测熔点，m.p.216～220℃。

（3）注释

① 硼螯合物可以利用4位羰基氧的p电子向硼原子轨道转移的特性，增强诱导效应，激活7-Cl，钝化6-F，从而选择性地提高哌嗪化收率，能彻底防止氯哌酸的生成。

② 由于诺氟沙星溶于碱，如反应液在加入NaOH回流后澄清，表示反应已进行完全。

③ 过滤粗品时，要将滤饼中的乙酸盐洗净，防止带入精制过程，影响产品的质量。

硝化反应技术

硝化反应是指向有机化合物分子中引入硝基的反应。硝化反应又可进一步分为C-硝化、O-硝化和N-硝化。有机化学中最重要的硝化反应是芳烃的硝化。向芳环上引入硝基的最主要作用是作为制备氨基化合物的一条重要途径，进而制备酚、氟化物等化合物。

1. 硝化方法

常用的硝化剂有各种浓度的硝酸、硝酸和硫酸的混合物（即混酸）、硝酸和醋酐的混合物等。根据被硝化物的性质和所用硝化剂的不同，硝化方法主要有以下几种。

（1）稀硝酸硝化　一般用于含有强的第一类定位基的芳香族化合物的硝化，反应在不锈钢或搪瓷设备中进行，硝酸约过量 $10\%\sim65\%$。

（2）浓硝酸硝化 这种硝化往往要用过量很多倍的硝酸，过量的硝酸必须设法利用或回收，因此使得它的实际应用受到了限制。

（3）混酸硝化 在浓硫酸中用硝酸硝化。当被硝化物或硝化产物在反应温度下为固体时，常常将被硝化物溶解于大量浓硫酸中，然后加入硫酸和硝酸的混合物进行硝化。这种方法只需要使用过量很少的硝酸，一般产率较高，缺点是硫酸用量大。

混酸硝化主要用于苯、甲苯和氯苯等的硝化。混酸硝化产物的需要量很大，因此，混酸硝化是最重要的硝化反应过程。

（4）非均相混酸硝化 当被硝化物或硝化产物在反应温度下都是液体时，常常采用非均相混酸硝化的方法，通过强烈地搅拌，使有机相分散到酸相中从而完成硝化反应。

（5）有机溶剂中硝化 这种方法的优点是采用不同的溶剂常常可以改变所得到的硝基异构产物的比例，避免使用大量硫酸作溶剂，以及使用接近理论量的硝酸。常用的有机溶剂有乙酸、乙酸酐、二氯乙烷等。

2. 过程特点

硝化要求保持适当的反应温度，以避免生成多硝基物以及产生氧化等副反应。硝化反应是一个放热反应。引进一个硝基，放出约 $36.5kcal$[●]$/mol$ 的热量。而且反应速率快，控制不当会引起爆炸。因此，硝化反应必须使其缓慢进行。为了保持一定的硝化温度，通常要求硝化反应器具有良好的传热装置。

混酸硝化法还具有以下特点。

① 被硝化物或硝化产物在反应温度下是液态的，而且不溶于废硫酸中，因此，硝化后可用分层法回收废酸。

② 硝酸用量接近于理论量或过量不多，废硫酸经浓缩后可再用于配制混酸，即硫酸的消耗量很小。

③ 混酸硝化是非均相过程，要求硝化反应器装有良好的搅拌装置，使酸相与有机相充分接触。

④ 混酸组成是影响硝化能力的重要因素，混酸的硝化能力用硫酸脱水值（DVS）或硝化活性因数（FNA）表示。DVS 是混酸中的硝酸完全硝化生成水后，废硫酸中硫酸和水的质量比。FNA 是混酸中硝酸完全硝化生成水后，废酸中硫酸的质量分数。DVS 高或 FNA 高表示硝化能力强。对于每个具体硝化过程，其混酸组成、DVS 或 FNA 都要通过实验来确定它们的适宜范围。例如苯硝化制硝基苯时，混酸组成（%）为：H_2SO_4 $46\sim49.5$，HNO_3 $44\sim47$，其余是水。DVS $2.33\sim2.58$，FNA $70\sim72$。

脂肪族化合物硝化时有氧化-断键副反应，工业上很少采用。硝基甲烷、硝基乙烷、1-硝基丙烷和2-硝基丙烷四种硝基烷烃气相法生产过程是20世纪30年代美国商品溶剂公司开发的。迄今该法仍是制取硝基烷烃的主要工业方法。此外，硝化也泛指氮的氧化物的形成过程。混酸的配制工艺流程如图4-3所示。

3. 硝化反应器

硝化反应过程在液相中进行，通常采用釜式反应器。根据硝化剂和介质的不同，可采用的硝化釜有搪瓷釜、钢釜、铸铁釜或不锈钢釜等。用混酸进行硝化时，为了尽快移去反应热以保持适宜的反应温度，除利用夹套冷却外，还在釜内安装冷却蛇管，以及装配温度自

● $1cal=4.184J$。

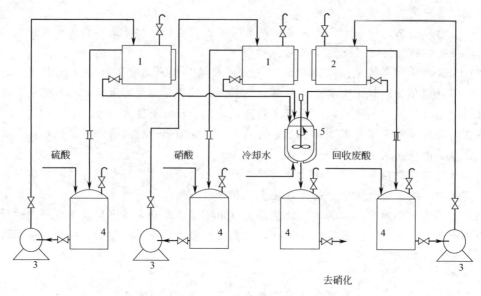

图 4-3　混酸的配制工艺流程图

1—硫酸计量罐；2—废酸计量罐；3—泵；4—硫酸储罐；5—搅拌釜

动控制系统。

硝化过程大多采用间歇操作，特别是产量小的硝化过程，产量大的硝化过程可采用连续操作，采用釜式连续硝化反应器或环形连续硝化反应器，实行多台串联完成硝化反应。环形连续硝化反应器的优点是传热面积大，搅拌良好，生产能力大，副反应产物（多硝基物和硝基酚）少。

连续硝化反应器或环形连续硝化反应器示意图如图 4-4 所示。

釜式连续硝化反应器如图 4-5 所示。

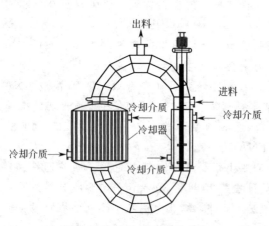

图 4-4　环形连续硝化反应器

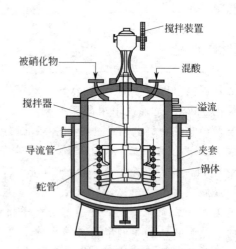

图 4-5　釜式连续硝化反应器

4. 工业应用

由硝化反应生产的硝基烷烃为优质溶剂，对纤维素化合物、聚氯乙烯、聚酰胺、环氧树脂等均有良好的溶解能力，并可作为溶剂添加剂和燃料添加剂。它们也是有机合成的原料，如用于合成羟胺、三羟甲基硝基甲烷、炸药、医药、农药和表面活性剂等。各种芳香族硝基化合物可用于染料、纺织等行业。

工业上应用较多的是芳烃的硝化，以硝基取代芳环（Ar）上的氢，可用以下通式表示：

$$Ar-H+HNO_3 \longrightarrow Ar-NO_2+H_2O$$

在浓硝酸和浓硫酸的混合物中，浓硫酸在反应中不仅是脱水剂，而且与硝酸作用生成硝酰正离子 NO_2^+（或叫作硝基正离子），硝基正离子是进攻苯环的试剂。例如：苯的硝化反应是苯环上的氢原子被硝基取代，生成硝基苯的反应：

小提示

在生产上，混酸配制的加料顺序与实验室不同。在实验室用烧杯作容器，不产生腐蚀问题，在生产上则必须考虑这一点。20%～30%的硫酸对铁的腐蚀性最强，而浓硫酸对铁的腐蚀作用则弱。混酸中浓硫酸的用量要比水多得多，将水加于酸中可大大降低对混酸罐的腐蚀。其次，在良好的搅拌下，水以细流加于浓硫酸中产生的稀释热立即被均匀分散，因此不会出现在实验时发生的酸沫四溅的现象。

在安全问题上，需特别注意以下几点：①浓硝酸是强氧化剂，遇有纤维、木块等立即将其氧化，氧化产生的热量使硝酸激烈分解引起爆炸。浓硫酸、浓硝酸均有强腐蚀性，应注意防护。②在配制混酸以及进行硝化反应时，因有大量稀释热或反应热放出，故中途不得停止搅拌及冷却。如发生停电事故，应立即停止加酸。③精馏完毕，不得在高温下解除真空放入空气，以免热的残渣（含多硝基化合物）氧化爆炸。

硝化剂硝酸、硫酸和水混合（混酸），这些混合物中的溶解酸以及所得到的废酸一般都含硫酸68%以上，对铸铁和不锈钢都具有一定的稳定性。随着生产能力的扩大，为了便于加工制造，设置足够的传热面积的结构，近年来越来越多地用不锈钢代替了铸铁。当硝化废酸较稀或单纯用硝酸进行硝化时，为保证设备的使用期，采用不锈钢为宜。所以混酸罐宜选用不锈钢罐。

使用混酸硝化，在温度40℃左右下操作，硝化废酸中含有68%以上的硫酸，所以硝化罐的罐体和罐盖都用铸铁材料制造，能具有良好的化学稳定性。罐体外设置普通碳钢造的冷却夹套，罐内物料具有腐蚀性，为减少对内部构件损坏维修，罐内构件全部用不锈钢材料制造。

硝化反应是强放热反应，为保证硝化过程的安全操作，必须有良好可靠的搅拌装置，尤其是在间歇硝化反应加料阶段，停止搅拌或搅拌叶脱落导致搅拌失效，将是非常危险的。因为两相很快分层而停止反应，当积累过量的硝化剂或硝化物时，一旦重新搅拌，会突然发生剧烈反应，在瞬间放出大量热，使温度失控而导致安全事故。所以硝化时采用旋桨式搅拌器，混酸时采用推进式搅拌器。反应过程要连续搅拌，保证物料充分混合，并备有惰性气体搅拌和人工搅拌的辅助设备。搅拌机应有自动启动的备用电源，以防止机械搅拌在突然断电时停止转动而引起事故。搅拌轴要用硫酸作润滑剂，温度套管用硫酸作导热剂，不可使用普通机油或甘油，防止机油或甘油被硝化而形成爆炸性物质。

硝化反应放热集中、强烈，因而热量的移除是控制硝化反应的突出问题之一。反应温度和酸的用量对硝化程度的影响很大。例如，当硝基苯在过量的混酸存在下能够继续被硝化，生成间二硝基苯，但第二次硝化反应要比第一次慢得多，而且需要比较高的温度。导入第三个硝基极为困难，可以认为用苯直接硝化基本上是得不到三硝基苯的。烷基苯比苯容易硝化，如甲苯低于50℃就可以进行硝化，主要生成邻硝基甲苯。硝基甲苯进一步硝化可以得到2,4,6-三硝基甲苯，即炸药TNT。

硝化反应要求保持适宜的温度，以避免浓硝酸的分解、氧化以及生成多硝基化合物等的副反应。多硝基化合物在受热、摩擦或撞击等条件下有可能出现爆炸的危险；有机物在氧化过程中，有大量的氧化氮气体释放，并使体系温度迅速升高，引起反应物从设备中喷出而发生爆炸事故。所以要仔细配制反应混合物并除去其中易氧化的组分，防止油类杂质进入反应设备，准确地对温度进行控制，实施连续混合以防止硝化反应过程中发生氧化作用。

硝化设备要严格密封，防止硝化物料溅到蒸汽管道等高温表面上而引起燃烧或爆炸。如管道堵塞，可用蒸汽加热疏通，不能用金属棒敲打或用明火加热。

硝化车间硝化锅的工艺参数温度显示偏高，原因是什么？应采用哪些安全控制措施进行改正？ 想一想 硝化反应釜循环废酸进料管道工艺参数显示流量偏大，会造成哪些主要后果？应采用哪些安全控制措施进行改正？

查一查

GMP 对原料药生产厂区、厂房与设施的要求有哪些？

本 章 小 结

卤化反应技术

卤化反应
　卤化反应类型 { 取代卤化反应 / 加成卤化反应 / 置换卤化反应 }
　常用卤化剂 { 卤素、卤化氢、含硫卤化剂（酰氯、亚硫酰氯和亚硫酰溴）、含磷卤化剂（三卤化磷、三氯氧磷和五氯化磷） }

生产实例——诺氟沙星的合成技术
1. 3,4-二氯硝基苯的合成：邻二氯苯用混酸硝化，得 3,4-二氯硝基苯
2. 3-氯-4-氟-硝基苯的合成：3,4-二氯硝基苯与氟化钾反应，得 3-氯-4-氟-硝基苯
3. 3-氯-4-氟-苯胺的合成：用铁酸将 3-氯-4-氟-硝基苯还原成 3-氯-4-氟-苯胺
4. EMME 的合成：原甲酸三乙酯、丙二酸二乙酯和乙酸酐在无水氯化锌催化生成 EMME
5. 3-氯-4-氟-苯胺基亚甲基丙二酸二乙酯的合成：3-氯-4-氟-苯胺和 EMME 共热，脱乙醇，缩合，得到 3-氯-4-氟-苯胺基亚甲基丙二酸二乙酯
6. 环合物的合成：3-氯-4-氟-苯胺基亚甲基丙二酸二乙酯在 250℃脱醇环合得 7-氯-6-氟-1,4-二氢-4-氧-喹啉-3-甲酸乙酯（环合物）
7. 1-乙基-7-氯-6-氟-1,4-二氢-4-氧-喹啉-3-甲酸的合成：环合物与溴乙烷反应，生成 1-乙基-7-氯-6-氟-1,4-二氢-4-氧-喹啉-3-甲酸乙酯，NaOH 中水解，酸化得 1-乙基-7-氯-6-氟-4-氧-喹啉-3-甲酸
8. 诺氟沙星的合成：1-乙基-7-氯-6-氟-4-氧-喹啉-3-甲酸与哌嗪反应，脱氯化氢缩合得诺氟沙星

任务实施——诺氟沙星的实验室合成
1. 3,4-二氯硝基苯的合成：邻二氯苯用混酸硝化
2. 3-氯-4-氟-硝基苯的合成：3,4-二氯硝基苯与氟化钾反应
3. 3-氯-4-氟-苯胺的合成：用铁酸还原 3-氯-4-氟-硝基苯
4. EMME 的合成：原甲酸三乙酯、丙二酸二乙酯和乙酸酐在无水氯化锌催化下生成 EMME
5. 环合物的合成：3-氯-4-氟-苯胺和 EMME 共热，脱乙醇，得 3-氯-4-氟-苯胺基亚甲基丙二酸二乙酯，加入石蜡油，反应 30 min 后，冷却到 60℃以下，过滤，滤饼分别用甲苯、丙酮洗，干燥，得环合物
6. 1-乙基-7-氯-6-氟-1,4-二氢-4-氧喹啉-3-甲酸的合成：环合物与溴乙烷作用，生成 1-乙基-7-氯-6-氟-1,4-二氢-4-氧喹啉-3-甲酸乙酯，在 NaOH 中水解；再酸化得 1-乙基-7-氯-6-氟-4-氧喹啉-3-甲酸
7. 诺氟沙星的合成：1-乙基-7-氯-6-氟-4-氧喹啉-3-甲酸与哌嗪反应，脱氯化氢缩合得诺氟沙星

复 习 题

1. 硝化试剂有许多种，请举出其中几种并说明其各自的特点。
2. 提高 3-氯-4-氟-硝基苯合成反应收率的关键是什么？
3. 在 3-氯-4-氟-苯胺合成反应中用的铁粉为硅铁粉，含有部分硅，如用纯铁粉效果如何？
4. 减压蒸馏的注意事项有哪些？不按操作规程做的后果是什么？
5. 在使用混酸进行硝化反应时，应注意哪些事项？
6. 常用的卤化剂有哪些？

有机合成工职业技能考核习题（4）

一、选择题

1. 不属于硝化反应加料方法的是（   ）。
   A. 并加法　　　　　B. 反加法　　　　　C. 正加法　　　　　D. 过量法
2. 侧链上卤代反应的容器不能为（   ）。
   A. 玻璃质　　　　　B. 搪瓷质　　　　　C. 铁质　　　　　　D. 衬镍
3. 氯化反应进料方式应为（   ）。
   A. 逆流　　　　　　B. 并流　　　　　　C. 层流　　　　　　D. 湍流
4. 卤烷烷基化能力最强的是（   ）。
   A. RI　　　　　　　B. RBr　　　　　　C. RCl　　　　　　D. RF
5. 下列选项中能在双键上形成碳-卤键并使双键碳原子上增加一个碳原子的卤化剂是（   ）。
   A. 多卤代甲烷衍生物　B. 卤素　　　　　C. 次卤酸　　　　　D. 卤化氢
6. 下列按环上硝化反应的活性顺序排列正确的是（   ）。
   A. 对二甲苯＞间二甲苯＞甲苯＞苯　　　　B. 间二甲苯＞对二甲苯＞甲苯＞苯
   C. 甲苯＞苯＞对二甲苯＞间二甲苯　　　　D. 苯＞甲苯＞间二甲苯＞对二甲苯
7. 混酸是（   ）的混合物。
   A. 硝酸、硫酸　　　B. 硝酸、醋酸　　　C. 硫酸、磷酸　　　D. 醋酸、硫酸
8. 20%发烟硝酸换算成硫酸的浓度为（   ）。
   A. 104.5%　　　　　B. 106.8%　　　　　C. 108.4%　　　　　D. 110.2%
9. 甲烷和氯气在光照的条件下发生的反应属于（   ）。
   A. 自由基取代　　　B. 亲核取代　　　　C. 亲电取代　　　　D. 亲核加成
10. 下列芳环上取代卤化反应是吸热反应是的（   ）。
    A. 氟化　　　　　　B. 氯化　　　　　　C. 溴化　　　　　　D. 碘化
11. 苯环上具有吸电子基团时，芳环上的电子云密度降低，这类取代基如（   ），从而使取代卤化反
    应比较困难，需要加入催化剂并且在较高温度下进行。
    A. —NO_2　　　　　B. —CH_3　　　　　C. —CH_2CH_3　　　D. —NH_2
12. 下类芳香族卤化合物在碱性条件下最易水解生成酚类的是（   ）。

    A. 　　　　　　　　　B. 　　　　　　　　　C. 　　　　　　　　　D.

13. 下列试剂中属于硝化试剂的是（   ）。
    A. 浓硫酸　　　　　B. 氨基磺酸　　　　C. 混酸　　　　　　D. 三氧化硫
14. 混酸配制时，应使配酸的温度控制在（   ）。
    A. 30℃以下　　　　B. 40℃以下　　　　C. 50℃以下　　　　D. 不超过80℃
15. 某烷烃与 Cl_2 反应只能生成一种一氯代产物，该烃的分子式为（   ）。
    A. C_4H_{10}　　　　　B. C_5H_{12}　　　　　C. C_3H_8　　　　　D. C_6H_{14}
16. 下列反应中，产物违反马氏规则的是（   ）。

    A. $CH_3CH\!=\!CH_2 + HI \xrightarrow{\text{过氧化物}}$ 　　　　B. $(CH_3)_2C\!=\!CH_2 + HBr \longrightarrow$

    C. $CH_3C\!\equiv\!CH + HBr \xrightarrow{\text{过氧化物}}$ 　　　　D. $CH_3\!\equiv\!CH + HCl \xrightarrow{\text{过氧化物}}$

17. 在光照条件下，甲苯与溴发生的是（   ）。

    A. 亲电取代   B. 亲核取代   C. 自由基取代   D. 亲电加成

18. 下列化合物发生硝化时，反应速度最快的是（　　　）。

A.   B.   C.   D.

Cl CH_3 NO_2

19. 卤代烷的水解反应属于（　　　）反应历程。

    A. 亲电取代   B. 自由基取代   C. 亲核加成   D. 亲核取代

20. 硝化反应的亲电质点是（　　　）。

    A. NO_2^+ B. NO^+ C. NO_2^- D. NO_3^-

21. 芳香环侧链的取代卤化是（　　　）反应机理。

    A. 亲电加成   B. 亲核加成   C. 自由基   D. 加成-消除

22. 卤化反应主要类型包括（　　　）。

    A. 卤原子与不饱和烃的加成反应

    B. 卤原子与有机物氢原子之间的取代反应

    C. 卤原子与氢以外的其他原子或基团的置换反应

    D. 卤原子与环烷烃的取代反应

23. 不属于硝基还原的方法是（　　　）。

    A. 铁屑还原   B. 硫化氢还原   C. 高压加氢还原   D. 强碱性介质中还原

24. 目前工业上常用的硝化方法是（　　　）。

    A. 稀硝酸硝化   B. 浓硝酸硝化

    C. 浓硫酸介质中的均相硝化   D. 非均相混酸硝化

25. 当用稀硝酸硝化时，参加反应的亲电活泼质点可能是（　　　）。

    A. NO_2 B. NO_2^+ C. NO^+ D. NO

26. 甲苯在硫酸的存在下和硝酸作用，主要生成（　　　）。

    A. 间氨基甲苯   B. 对氨基甲苯   C. 邻硝基甲苯   D. 对硝基甲苯

27. 硝化产物中有氧化副产物酚时，可通过（　　　）将酚除去。

    A. 水解   B. 加热   C. 水洗   D. 碱洗

28. 以混酸为硝化剂的液相硝化，其操作一般采用（　　　）加料顺序。

    A. 正加法   B. 反加法   C. 并加法   D. 连续

29. 下列卤化剂中，用于置换卤化的卤化剂有（　　　）。

    A. HF B. KF C. Cl_2 D. PCl_3

30. 含硫卤化剂是常用的卤化剂，活性较强，主要有（　　　）。

    A. 硫酰氯   B. 亚硫酰氯   C. 亚硫酰溴

二、判断题（√或×）

1. 硝基属于供电子基团。

2. 硝化反应中真正的反应物为 NO_2。

3. 硝化反应中的搅拌可有可无。

4. 根据反应机理不同，可将卤化反应分为取代卤化、加成卤化和置换卤化三类。

5. 卤化反应的加料方式应采用逆流。

6. 进行硫酸脱水值（D. V. S.）和废酸计算浓度（F. N. A.）计算公式的推导时，须假设一硝化反应完全且没有副反应发生。

7. 连续操作的硝化反应器和间歇操作的硝化反应器由于进行的反应类似，因此可选用相同的材质。

8. 在醋酐中采用单一的浓硝酸对有机物进行硝化时，可避免硝化反应生成的水使浓硝酸稀释，从而使浓硝酸保持较强的硝化能力。

9. 可将苯胺直接硝化来制备对硝基苯胺。

10. 卤化反应中，卤化氢或氢卤酸的反应活性因键能增大而减小。

11. 五氯化磷的选择性不高，在制备酰氯时，分子中的羟基、醛基、酮羰基、烷氧基等敏感基团都有可能发生氯置换反应。

12. 在三卤化磷卤化剂中，三氯化磷（PCl_3）和三溴化磷（PBr_3）应用最多。

13. 醇与氢卤酸发生反应生成卤代烃的活性由强到弱次序为：伯醇，仲醇，叔醇。

14. 醇与 HX 酸作用，羟基被卤原子取代，制取卤代烷。

15. 醇羟基被卤素置换比酚羟基困难，需要活性很强的卤化剂，如五氯化磷和三氯氧磷等。

16. 碘的活性很低，通常它是不能与烯烃发生加成反应的。

17. 卤化氢与烯烃的加成反应是离子型机理还是自由基机理，只要根据反应条件来判断就可以了。

18. 卤化氢与烯烃的离子型加成机理是反马氏规则的。

19. 和烯烃相比，炔烃与卤素的加成是较容易的。

20. 氟代芳烃也可以用直接的方法来制备。

21. 苯的烷基化生成的产物很容易进一步发生烷基化，成为二烷基苯或多烷基苯。

22. 卤代苯是最常见的烷基化试剂之一。

23. 卤代烷的水解反应既可用碱促进，也可用酸催化。

24. 叔卤代烃在发生氨基化反应的同时会发生消除副反应而生成大量副产物烯烃，故不宜用其制备叔胺。

25. 不能由 Grinard 试剂合成醇。

26. 氯原子是邻、对位取代定位基，因此能使苯环活化。

27. 1,3-丁二烯与溴加成，只可以得到 3,4-二溴-1-丁烯。

28. 1,3-丁二烯只能够自身聚合，不能与其他含碳碳双键的化合物一起进行聚合。

第五章　烃化反应技术

知识目标

◇ 了解烃化反应的类型及常用的烃化剂。

◇ 掌握 Friedel-Crafts、Gabriel、Williamson、Hofmann 降解反应。

◇ 了解 Delepine 和 Ulmann 反应原理。

◇ 掌握磺胺甲噁唑的生产工艺原理。

能力目标

◇ 掌握磺胺甲噁唑的生产技术。

重点与难点

◇ *N*-烷基化反应装置操作。

工作任务

根据有机化工产品的合成方法和生产条件，选择适宜的烃化剂，并能对典型的药物合成进行烃化反应操作和控制。

第一节　烃化反应技术理论

在有机化合物分子的碳、氧和氮等原子上引入烃基的反应称为烃化反应。其类型有：①烃基引入到有机物分子中的氧原子上称氧烃化反应。②烃基引入到有机物分子中的氮原子上称氮烃化反应。③烃基引入到有机物分子中的碳原子上称碳烃化反应。

提供烃基的物质称为烃化剂，包括饱和的、不饱和的、芳香的以及具有各种取代基的烃基。烃基通常用—R 表示。常用的烃化剂有：①卤代烃类；②硫酸酯和芳磺酸酯及其他酯类；③环氧烷类；④醇类；⑤醚类；⑥烯烃类；⑦甲醛-甲酸、重氮甲烷等。烃化反应也可以按烃化剂不同分类。

一、卤代烃类烃化剂

（一）性质

卤代烃是药物合成中最重要而且应用最广泛的一类烃化剂，可用于氧、氮、碳等原子的烃化。不同卤代烃的活性顺序是：RF＜RCl＜RBr＜RI。RF 活性很小，且不易制备，在烃化反应中很少用；RI 尽管活性最大，但是由于其不如 RCl 和 RBr 易得，价格贵、稳定性差，应用时易发生消除、还原等副反应，所以应用也很少；应用最多的是 RCl 和 RBr。

不同 R 卤代烃的活性顺序为：伯卤代烃（RCH_2X）＞仲卤代烃（R_2CHX）＞叔卤代烃（R_3CX）。叔卤代烃常会发生严重的消除反应，不宜直接用来进行烃化。氯苄和溴苄（$C_6H_5CH_2X$）的活性大于氯苯和溴苯（C_6H_5X）。氯苯和溴苯（C_6H_5X）要在强烈（高温、催化剂催化）的反应条件下或在芳环上有其他活化取代基（强吸电子基）存在时，才能顺利进行反应。

（二）应用

1. 氧原子上的烃化反应

（1）醇与卤代烃的反应　醇的氧原子烃化可得醚。醇与卤代烃的反应多用于混合醚的制备。醇在钠、氢氧化钠、氢氧化钾等存在下，与卤代烃作用生成醚的反应称为威廉逊（Williamson）反应。催化剂是金属钠，强碱性物质氢氧化钠和氢氧化钾等。反应常采用极性非质子溶剂如二甲基亚砜（DMSO）、N,N-二甲基甲酰胺（DMF）、六甲基磷酰胺（HMPTA）、苯或甲苯等；被烃化物的醇若为液体，也可兼作溶剂使用；还可将醇盐悬浮在醚类（如乙醚-四氢呋喃或乙二醇二甲醚等）溶剂中进行反应。

烃化反应中的醇可以具有不同的结构。对于活性小的醇，必须先与金属钠作用制成醇钠再行烃化。而对于活性大的醇，在反应中直接加入氢氧化钠等碱即可进行反应。例如：抗组胺药苯海拉明，可采用下列两种不同的方式合成：

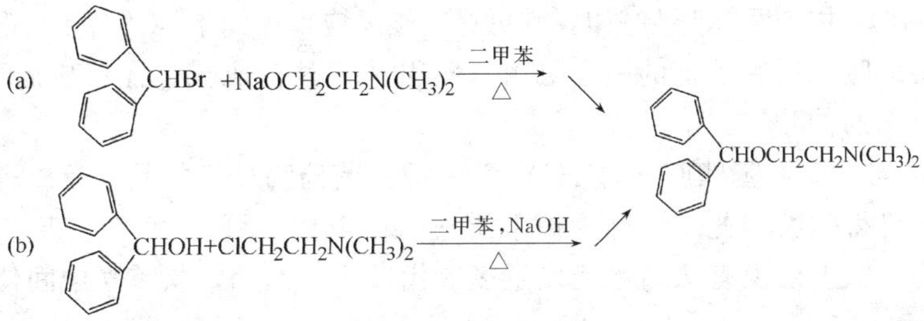

反应（a）中，醇的活性较差，需先生成醇钠再进行反应。而由于二苯甲醇的两个苯基的吸电子作用，使得羟基氢原子的活性增大，在氢氧化钠存在下即可顺利反应。

（2）酚与卤代烃的反应　酚的酸性比醇强，很容易在碱性条件下与卤代烃反应制备酚醚。常用的碱是氢氧化钠或碳酸钠（钾）。溶剂是水、醇类、丙酮、DMF、DMSO、苯或甲苯等。反应液接近中性时反应即基本完成。例如，抗癌药物盐酸埃罗替尼中间体的合成：

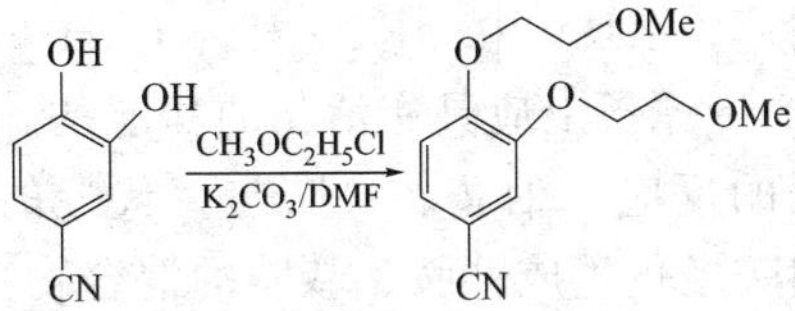

酚羟基的邻近有羰基存在时，羰基与羟基之间易形成分子内氢键，使该羟基难以发生烃化反应。例如水杨酸用碘甲烷于碱性条件下进行烃化时，得水杨酸甲酯，而不是羟基烃化产物。

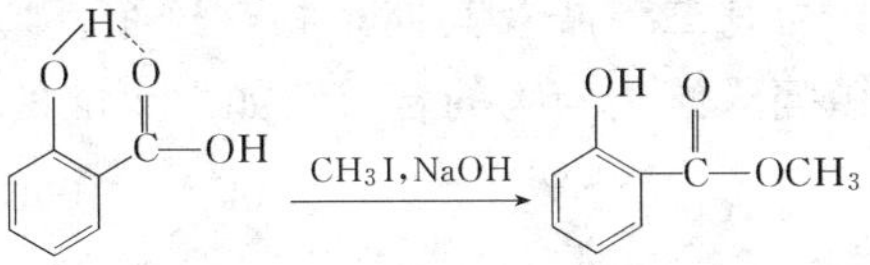

一些中草药中含有的黄酮类化合物，其羰基邻近的羟基在较温和的条件下也不易烃化。

2. 氮原子上的烃化反应

氨或伯胺、仲胺用卤代烃进行烃化是合成胺类的主要方法之一。氨基氮的亲核能力强于羟基氧，一般氮烃化比氧烃化更易进行。

（1）氨与卤代烃的反应　卤代烃与氨的烃化反应又称为氨基化反应。由于氨的三个氢原子都可被烃基取代，生成物为伯胺、仲胺、叔胺及季铵盐的混合物。

$$RX+NH_3 \xrightarrow[]{-HX} RNH_2 \xrightarrow[-HX]{+RX} R_2NH \xrightarrow[-HX]{+RX} R_3N \xrightarrow[-HX]{+RX} R_4NX$$

虽然氨与卤代烃反应易得混合物，但通过改进方法仍能制备伯胺。

① 使用大大过量的氨与卤代烃反应，可抑制产物的进一步烃化，而主要得伯胺。如：

$$CH_3-CH-COOH \xrightarrow{NH_3(70mol)} CH_3-CH-COOH \quad (70\%)$$
$$\quad\quad | \quad\quad\quad\quad\quad\quad\quad\quad\quad\quad\quad | $$
$$\quad\quad Br \quad\quad\quad\quad\quad\quad\quad\quad\quad\quad NH_2$$

② 将氨先制成邻苯二甲酰亚胺,再进行氮烃化反应。利用邻苯二甲酰亚胺氮上氢的酸性,先与氢氧化钾作用生成钾盐,然后与卤代烃共热,得 N-烃基邻苯二甲酰亚胺,后者在酸性或碱性条件下水解得伯胺,此反应称加布里尔(Gabriel)反应。

$$\text{邻苯二甲酰亚胺} \xrightarrow{KOH,EtOH} \text{钾盐} \xrightarrow[100\sim180℃]{RX} \text{N-R} \xrightarrow[200℃]{酸} R-NH_2$$

此反应可以从卤代烃制备不含仲胺、叔胺的纯伯胺,且收率较好,广泛用于药物合成中。反应中若所用卤代烃中有两个活性基团,则可进一步反应,得到结构较为复杂的化合物。

同样,如将伯胺中氮原子上的一个氢用三氟甲基磺酰基取代,经反应后再去除取代基,也可以获得高收率的仲胺。

③ 用卤代烃与六亚甲基四胺 [$(CH_2)_6N_4$,即抗菌药物乌洛托品] 反应得季铵盐,然后在醇中用酸水解可得伯胺,此反应称为德莱潘(Delepiné)反应。六亚甲基四胺是氨与甲醛反应制得的产物,氮上已没有氢,不能发生多取代反应。例如,氯霉素中间体的合成:

$$O_2N-\text{C}_6H_4-COCH_2Br \xrightarrow[33\sim38℃]{(CH_2)_6N_4,C_6H_5Cl} O_2N-\text{C}_6H_4-COCH_2N_4^+(CH_2)_6 \cdot Br^-$$

$$\xrightarrow[33\sim38℃,5h]{C_2H_5OH,HCl} O_2N-\text{C}_6H_4-COCH_2NH_2 \cdot HCl$$

反应分两步进行,第一步是将卤代烃加到六亚甲基四胺的氯仿或氯苯等溶液中,生成不溶的季铵盐,过滤分离;第二步将所得季铵盐溶于乙醇,在室温下用盐酸分解即得伯胺盐酸盐。该法的优点是操作简便,原料价廉易得。缺点是应用范围不如加布里尔合成法广泛,要求使用的卤代烃有较高的活性,在 RX 中,R 一般为 $C_6H_5-CH_2-$、$R-COCH_2-$ 以及 $CH_2=CH-CH_2-$ 等,即在 β-碳原子上应具有活化的功能基。

(2)伯胺、仲胺与卤代烃的反应 伯胺、仲胺与卤代烃的烃化与氨的烃化过程基本相同。仲胺烃化生成叔胺,而伯胺烃化生成仲胺、叔胺的混合物。胺的活性为:立体位阻小的胺>立体位阻大的胺;碱性强的胺>碱性弱的胺。

卤代芳烃由于活性较低又有位阻,不易与芳伯胺反应。若加入铜盐催化,将芳伯胺与卤代芳烃在无水碳酸钾中共热,可得二苯胺及其同系物,这个反应称为乌尔曼(Ulmann)反应。乌尔曼反应常用于消炎镇痛灭酸类药物的合成,如氯灭酸的合成。

$$\text{(3-氯苯胺)} + \text{(2-氯苯甲酸)} \xrightarrow[\triangle]{Cu,NaOH} \text{(氯灭酸)}$$

3. 碳原子上的烃化反应

(1)芳环碳原子的烃化 在三氯化铝或其他路易斯酸的催化下,芳香族化合物与卤代烃反应时,芳环上的氢原子可被烃基取代,这个反应称为傅瑞德里-克拉夫茨(Friedel-Crafts)烷基化反应,简称傅-克烷基化反应,此反应在药物合成上应用广泛,例如冠状动脉扩张药哌克昔林的中间体二苯酮的合成:

$$\text{苯} \xrightarrow[29\sim31℃,3h]{CCl_4,AlCl_3} \text{(二氯二苯甲烷)} \xrightarrow{H_2O} \text{(二苯酮)}$$

傅-克烷基化反应属于亲电取代反应。烃化剂 RX 的活性与 R 的结构和 X 的性质有关。当卤原子相同 R 不同时，RX 的活性取决于中间体碳正离子的稳定性，其活性次序为：

$$\begin{matrix} CH_2{=}CH{-}CH_2X \\ C_6H_5{-}CH_2X \end{matrix} {>} R_3CX {>} R_2CHX {>} RCH_2X {>} CH_3X$$

常用的催化剂有路易斯酸和质子酸。一般路易斯酸的催化活性大于质子酸，其强弱程度因具体反应条件不同而改变。一般活性次序为：

路易斯酸　$AlBr_3 {>} AlCl_3 {>} SbCl_5 {>} FeCl_3 {>} SnCl_4 {>} TiCl_4 {>} ZnCl_2$

质子酸　$HF {>} H_2SO_4 {>} P_2O_5 {>} H_3PO_4$

在所有催化剂中，无水三氯化铝催化活性强，价格较便宜，在药物合成上应用最多，但不宜用于某些多 Ⅱ 电子的芳杂环如呋喃、噻吩等。芳环上的苄醚、烯丙基等基团，在三氯化铝作用下，常引起去烃基的副反应。另外，三氯化铝由于催化活性强，易引起多烷基化。这时需改用其他催化剂，如三氟化硼、三氯化铁、四氯化钛和二氯化锌等都是较三氯化铝温和的催化剂。质子酸中较重要的有硫酸、氢氟酸、磷酸和多聚磷酸。以烯烃、醇类为烃化剂时，广泛应用硫酸作催化剂。

当芳烃本身为液体时，如苯，即可用过量反应物兼作溶剂；当芳烃为固体时，如萘，可在二硫化碳、四氯化碳、石油醚中进行，硝基苯不易发生傅-克反应，但对芳香族化合物和卤代烃都有较好的溶解性，常作为傅-克反应的溶剂使用。

傅-克反应中将会发生碳正离子重排，产生烃基的异构化产物，通常 3 个碳原子或 3 个碳原子以上的烃基易发生异构化。温度对烃基的异构化有影响，高温时易于异构化，当反应在接近 0℃ 的低温下进行时，可避免烃基的异构化。催化剂对烃基的异构化的影响是催化剂的活性大、用量多时，异构化程度大；反之，则异构化程度小。

（2）活性亚甲基碳原子的烃化　亚甲基上连有吸电子基团时，其上氢原子的活性增大，称为活性亚甲基。活性亚甲基化合物很容易溶于醇溶液中，在醇盐等碱性物质存在下与卤代烃作用，得到碳原子的烃化产物。

$$Y{-}CH_2{-}Z + R{-}X \xrightarrow{RONa} Y{-}\underset{\underset{R}{|}}{\overset{}{C}}H{-}Z \xrightarrow[RX]{RONa} Y{-}\underset{\underset{R}{|}}{\overset{\overset{R}{|}}{C}}{-}Z$$

常见吸电子基团使亚甲基活性增大的能力排列顺序如下：

$$-NO_2 {>} -COR {>} -SO_2R {>} -CN {>} -COOR {>} -SOR {>} -Ph$$

最常见的具有活性亚甲基的化合物有丙二酸酯、氰乙酸酯、胰腺乙酸酯、丙二腈、苄腈、β-双酮、单酮、单腈以及脂肪硝基化合物等。反应常用的催化剂是醇钠（RONa），其催化活性顺序为：

$$(CH_3)_3CONa {>} (CH_3)_2CHONa {>} CH_3CH_2ONa {>} CH_3ONa$$

也可采用氢氧化钠、金属钠作催化剂。选用溶剂要考虑其对反应速度的影响和副反应的发生。如极性非质子溶剂 DMF 或 DMSO 可明显增加烃化反应速度，但也增加了副反应氧烃化程度；又如当丙二酸酯或氰乙酸酯的烃化产物在乙醇中长时间加热时，可发生脱烷氧羰基的副反应。被烃化物分子中的活性亚甲基上有两个活性氢原子，与卤代烃进行烃化反应时，是单烃化还是双烃化，要视活性亚甲基与卤代烃的活性大小及反应条件而定。如丙二酸二乙酯与溴乙烷在乙醇中反应，主要得单乙基化产物，而双乙基化产物的量不多。当活性亚甲基化合物在足够量的碱和烃化剂存在下，可发生双烃化反应。当用二卤化物作烃化剂时，则得环状产物。如镇痛药哌替啶（杜冷丁）中间体的合成：

$$H_3C-N \underset{CH_2CH_2Cl}{\overset{CH_2CH_2Cl}{\bigg\langle}} + \underset{CN}{\overset{}{H_2C}}\underset{}{\bigcirc} \xrightarrow[\text{回流,4h}]{\text{NaOH,}\bigcirc} H_3C-N\bigcirc\overset{\bigcirc}{\underset{CN}{}}$$

不同的双烃基丙二酸二乙酯是合成巴比妥类镇静催眠药的重要中间体，可由丙二酸二乙酯或氰乙酸乙酯与不同的卤代烃进行烃化反应制得。两个烃基引入的次序可直接影响产品的纯度和收率，若引入两个相同而较小的烃基，可先用等摩尔的碱和卤代烃与等摩尔的丙二酸二乙酯反应，待反应液接近中性，即表示第一步烃化完毕，蒸出生成的醇，然后再加入等摩尔的碱和卤代烃进行第二步烃化；若引入两个不同的伯烃基，则先引入较大的伯烃基，再引入较小者，如异戊巴比妥中间体2-乙基-2-异戊基丙二酸二乙酯的合成，是用丙二酸二乙酯在乙醇钠存在下，先引入较大的异戊基，再引入较小的乙基，收率分别为88%和87%，总收率为76.6%。若先引入乙基再引入异戊基，其收率分别为89%和75%，总收率为66.8%。

$$H_2C\underset{COOC_2H_5}{\overset{COOC_2H_5}{\bigg\langle}} \xrightarrow[C_2H_5OH,6h,88\%]{(CH_3)_2CH(CH_2)_2Br,C_2H_5ONa} \underset{(CH_3)_2CH(CH_2)_2}{\overset{H\quad COOC_2H_5}{C}}\underset{}{\overset{}{COOC_2H_5}}$$

$$\xrightarrow[C_2H_5OH,87\%]{C_2H_5Br,C_2H_5ONa} \underset{(CH_3)_2CH(CH_2)_2}{\overset{C_2H_5\quad COOC_2H_5}{C}}\underset{}{\overset{}{COOC_2H_5}}$$

若引入的两个烃基一个为伯烃基，一个为仲烃基，则应先引入伯烃基再引入仲烃基，因为仲烃基丙二酸二乙酯的酸性比伯烃基丙二酸二乙酯的酸性小，而立体位阻大，要进行第二次烃化比较困难。若引入的两个烃基都是仲烃基，使用丙二酸二乙酯收率很低，需改用活性较大的氰乙酸乙酯在乙醇钠或叔丁醇钠存在下反应。如引入两个异丙基，使用丙二酸二乙酯，第二步烃化收率仅为4%，改用活性较大的氰乙酸乙酯，收率可达95%。

二、硫酸酯和芳磺酸酯类烃化剂

1. 性质

硫酸酯（$ROSO_2OR$）类和芳磺酸酯（$C_6H_5SO_2OR$）类也是常用的烃化剂。由于硫酸酯基和磺酸酯基比卤原子易脱离，所以活性比卤代烃大，其活性顺序是：$ROSO_2OR>C_6H_5SO_2OR>RX$。因此，使用类烃化剂硫酸酯和芳磺酸酯时，其反应条件较卤代烃温和。

常用的硫酸酯类烃化剂有硫酸二甲酯和硫酸二乙酯，它们可分别由甲醇、乙醇与硫酸作用制得，但价格较贵，应用不如卤代烃广泛。

硫酸二酯分子中虽有两个烷基，但通常只有一个烷基参加反应，在水中的溶解度小；温度高时易水解生成醇和硫酸氢酯（$ROSO_2OH$）。因此，一般将硫酸二酯滴加到含被烃化物的碱性水溶液中进行反应，碱可增加被烃化物的反应活性并能中和反应生成的硫酸氢酯；也可以在无水条件下直接加热进行烃化。硫酸二酯类的沸点比相应的卤代烃高，能在较高温度下反应而不需加压，其用量也不需要过量很多。

硫酸二酯中应用最多的是硫酸二甲酯，硫酸二甲酯的毒性极大，能通过呼吸道及皮肤接触使人体中毒，因此反应的废液需经氨水或碱液分解，使用时注意防护措施。

2. 应用

（1）氧原子上的烃化 硫酸二酯类对活性较大的醇羟基（如苄醇、烯丙型醇和 α-氰基醇）和酚羟基很易烃化，在氢氧化钠水溶液中即可顺利烃化。但对活性较小的醇羟基（如甲醇、乙醇），在上述条件下则难以烃化。如果要使活性小的醇羟基烃化，则必须先在无水条件下制成醇钠，然后再在较高温度下与硫酸二酯类反应，才能得到烃化产物，例如：

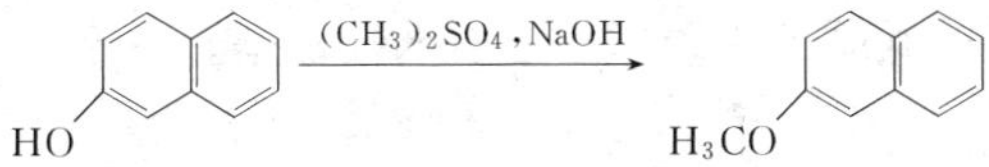

若分子中同时存在有酚羟基和醇羟基，由于酚羟基易成钠盐而优先被烃化。例如：

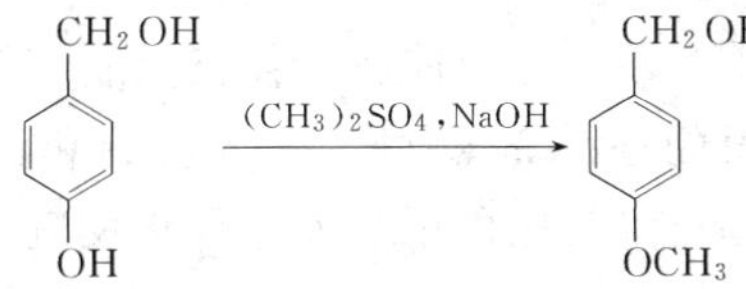

（2）氮原子上的烃化　氨基氮的亲核活性大于羟基氧，用硫酸二酯类更易烃化。若分子中有多个氮原子，通常可根据氮原子的碱性不同而进行选择性烃化。如在黄嘌呤分子内有三个可被烃化的氮原子，控制反应液的 pH 可进行选择性烃化，分别得到利尿药咖啡因和可可碱。

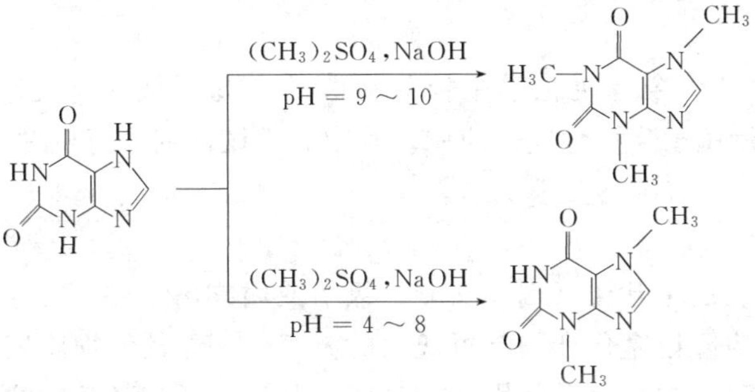

某些难以烃化的羟基（如与邻近羰基形成氢键的羟基），用芳磺酸酯在剧烈条件下可顺利烃化。例如：

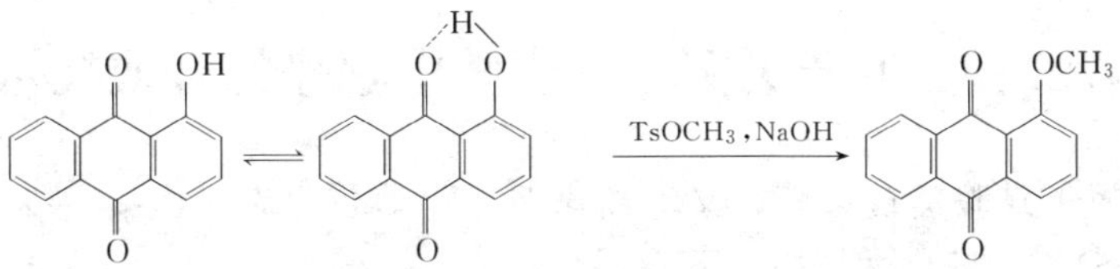

三、环氧烷类烃化剂

一般醚的烃化活性很低，只能用于活性大的氮原子的烃化。环氧乙烷及其衍生物的分子内具有三元环结构，其张力较大，容易开环，能和分子中含有活泼氢的化合物（如水、醇、胺、活性亚甲基、芳环）加成形成羟烃化产物，是一类活性较强的烃化剂。在酸或碱的催化下，环氧乙烷很易与水、醇和酚发生加成反应，在氧原子上引入羟乙基，这个反应也称为羟乙基化反应。

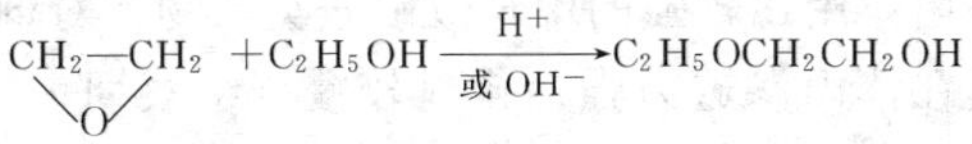

$$CH_2\text{—}CH_2 + C_2H_5OH \xrightarrow[\text{或 } OH^-]{H^+} C_2H_5OCH_2CH_2OH$$

环氧乙烷衍生物也可在酸或碱催化下发生类似的反应，但情况复杂。在酸催化下，若 R 为供电子基团，主要生产伯醇产物；若 R 为吸电子基团，则生成仲醇产物。

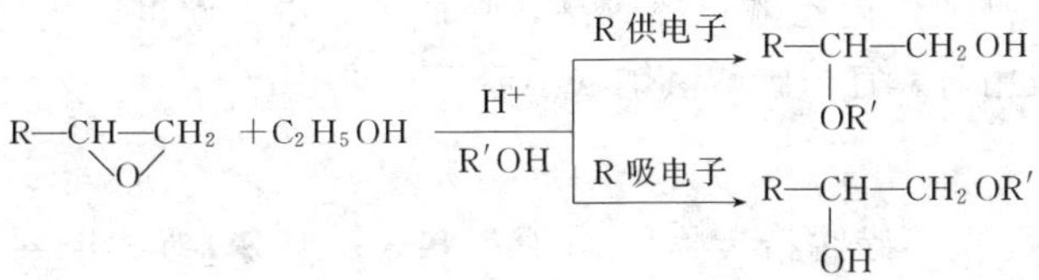

在碱催化下，醇或酚首先与碱作用生成烷（苯）氧负离子，然后从位阻小的一侧向环氧乙烷衍生物进行亲核进攻，生成仲醇产物。

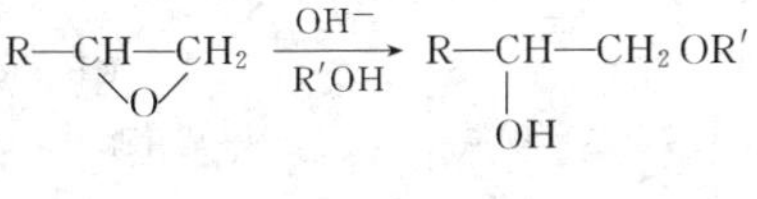

环氧乙烷衍生物也可在氮原子、碳原子上引入羟乙基。

四、其他烃化方法

1. 甲醛-还原烃化

醛或酮在还原剂存在的条件下，与氨、伯胺、仲胺反应，使氮原子上引进烃基的反应称为还原烃化反应。该反应可使用的还原剂较多，有金属钠和乙醇、钠-汞齐和乙醇、锌粉、复氢化合物以及甲酸等。另外，催化氢化也用于还原烃化反应。其中氢化还原烃化反应和甲酸还原烃化反应最常用。

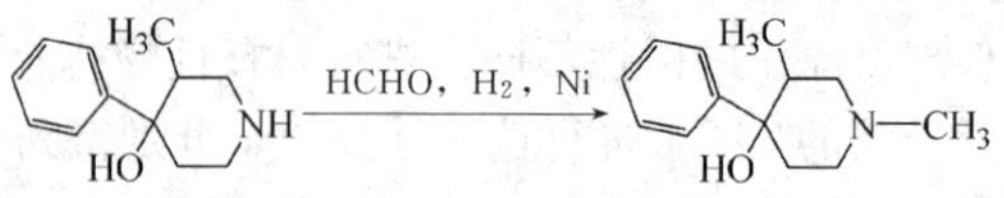

2. 有机金属烃化

有机金属化合物是当今有机化学中极为活泼的研究领域。有机钠（钾、锂、镁、铜、硅、硼）等试剂已广泛用于药物合成反应中。其中有机镁试剂和有机锂试剂应用最多，在碳-烃反应中占有重要地位。

3. 重氮甲烷烃化

重氮甲烷是很活泼的甲基化试剂，在醚、氯仿或丙酮溶液中于常温条件下可对酚羟基、羧羟基甲基化。该反应除甲基化产物与可逸出的氮气外，无其他物质生成，因而产物纯度高且后处理简单，收率高。缺点是重氮甲烷为气体，其本身及其制备它的中间体均有毒，不宜大量制备。所以重氮甲烷仅适用于实验室中酚羟基和羧羟基的甲基化。

第二节 生产实例——磺胺甲噁唑的合成技术

磺胺甲噁唑属于磺胺类抗菌药，又称新诺明，化学名称为 3-(4-氨基苯磺酰氨基)-5-甲基异噁唑，简称 SMZ，其化学结构如下：

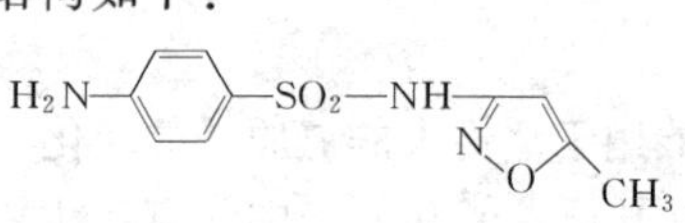

磺胺甲噁唑为白色结晶性粉末，无臭、味微苦；在水中几乎不溶，在稀盐酸或氢氧化钠溶液中以及氨溶液中易溶。熔点为 $168 \sim 172$℃。

磺胺甲噁唑是一个抑菌作用比较强的中长效磺胺类药物。对痢疾杆菌、伤寒杆菌、肺炎杆菌等有较强的作用。其在体内渗透力强、排泄较慢（半衰期为 11h），并能在脑脊液内达到相当高的浓度。对呼吸道、尿路、皮肤化脓性感染以及脑脊液系统内的细菌感染有治疗作用。当磺胺甲噁唑和甲氧苄氨嘧啶（5∶1）联合应用时，使其抑制作用变为杀菌作用，可获得更好的效果。缺点是在体内乙酰化率较高，降低了尿中溶解度，故易出现结晶尿、血尿等。大剂量或长期服用时，宜与碳酸氢钠（小苏打）同服。

一、合成路线

磺胺甲噁唑是 N1 杂环磺胺衍生物［3-(对氨基苯磺酰氨基)-5-甲基异噁唑］。其分子结构可以分为两部分，即对氨基苯磺酰氨基和 5-甲基异噁唑。

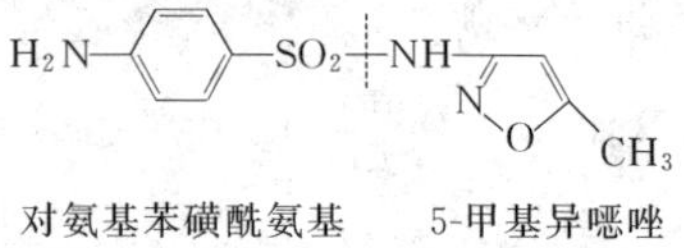

对氨基苯磺酰氨基　　　5-甲基异噁唑

1. 对氨基苯磺酰胺部分

对氨基苯磺酰胺部分来自对乙酰氨基苯磺酰氯。对乙酰氨基苯磺酰氯是由乙酰苯胺和氯磺酸反应，生成对乙酰氨基苯磺酸，并进而生成对乙酰氨基苯磺酰氯。

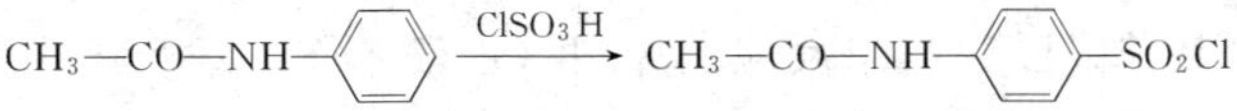

$$CH_3-CO-NH-\underset{\text{乙酰苯胺}}{\bigcirc} \xrightarrow{\text{ClSO}_3\text{H}} CH_3-CO-NH-\underset{\text{对乙酰氨基苯磺酰氯}}{\bigcirc}-SO_2Cl$$

2. 5-甲基异噁唑部分

生产上常用草酸为起始原料，与乙醇进行酯化，生成草酸二乙酯，以醇钠为缩合剂，与丙酮经克莱森缩合生成乙酰丙酮酸乙酯（α,β-二酮类），再与盐酸羟胺环合，生成5-甲基异噁唑-3-甲酸乙酯后，经功能基转变，将酯基氨解成酰氨基，再经霍夫曼（Hofmann）降解，得到3-氨基-5-甲基异噁唑。反应为：

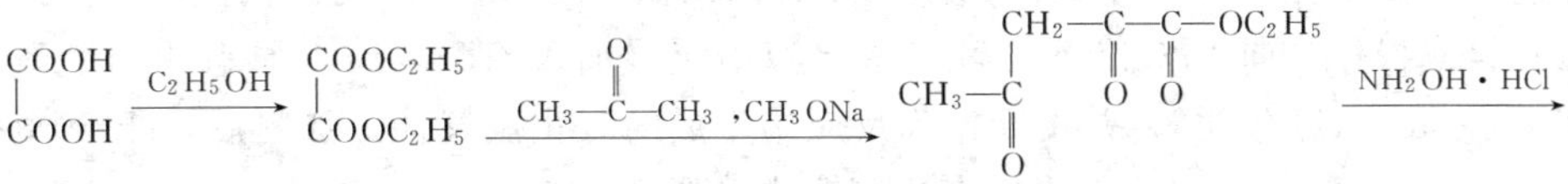

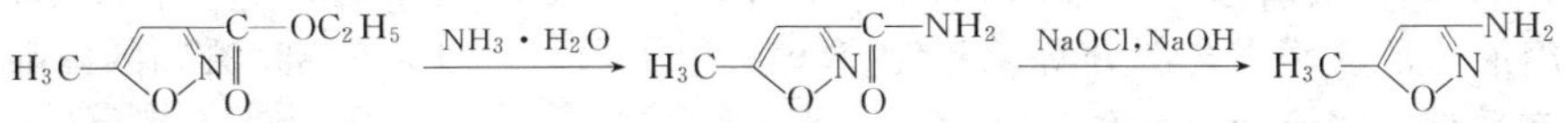

该工艺路线的优点为原料（草酸二乙酯或草酸二甲酯、甲醇钠、丙酮、羟胺等）易得，虽然其反应步骤多，收率仅 40% 左右（由草酸二乙酯至 3-氨基-5-甲基异噁唑）；盐酸羟胺价格较贵，成本略高，生产中必须使用氯气、氯仿等有毒原辅材料，但这条合成路线仍是目前生产中常采用的工艺路线。

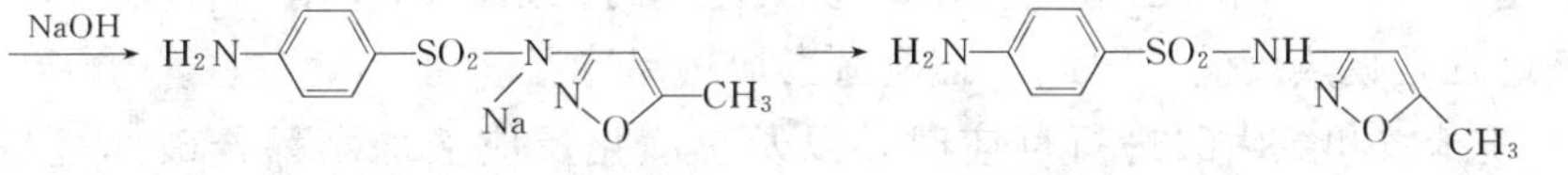

3. 磺胺甲噁唑的合成

化学反应为：

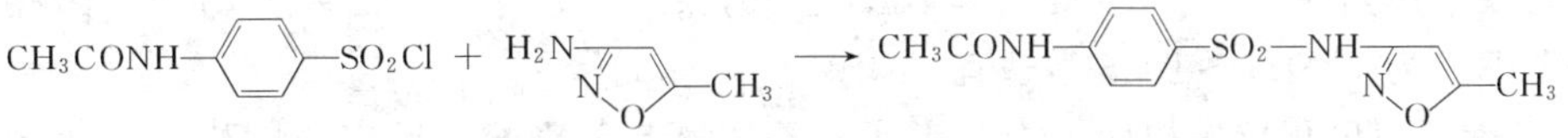

磺胺甲噁唑的合成是利用对乙酰氨基苯磺酰氯和 3-氨基-5-甲基异噁唑缩合时，生成 3-（对乙酰氨基苯磺酰胺）-5-甲基异噁唑，然后将 3-（对乙酰氨基苯磺酰胺）-5-甲基异噁唑的乙酰基水解脱去而得到。

二、合成技术

1. 对氨基苯磺酰胺部分

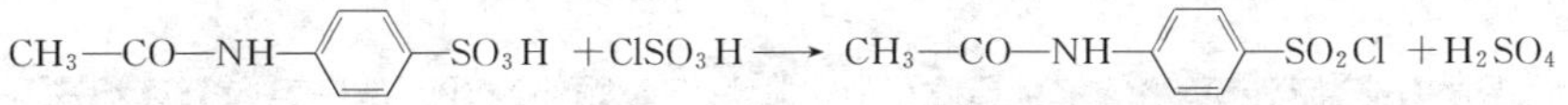

对乙酰氨基苯磺酰氯的合成如下所述。

（1）化学反应

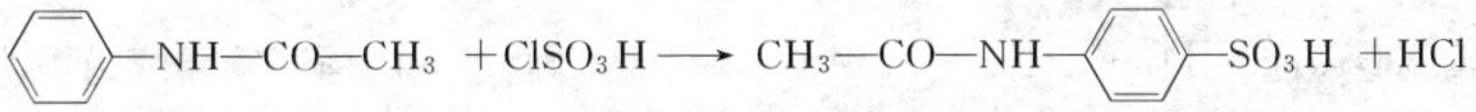

乙酰苯胺和氯磺酸在室温反应，生成对乙酰氨基苯磺酸，同时产生少量的对乙酰氨基苯磺酰氯。反应中生成的对乙酰氨基苯磺酸在过量的氯磺酸作用下，进一步生成对乙酰氨基苯磺酰氯。该反应过程中除上述主反应外，也伴随着副反应，例如：生成物对乙酰氨基苯磺酰氯的水解；对乙酰氨基苯磺酰氯与未反应的原料（乙酰苯胺）缩合产生砜类化合物等。当反应温度较高时，有利于这些副反应的发生。

在乙酰苯胺氯磺化反应中，除对乙酰氨基苯磺酰氯外，还有反应不完全的乙酰苯胺、对乙酰氨基苯磺酸，以及大量的硫酸和氯磺酸。为了分离，一般在反应后缓慢加入大量水稀释，使过量的氯磺酸分解，又使硫酸等水溶性物质溶于水，而同时析出在水中溶解度小的对乙酰氨基苯磺酰氯。加水时会放出大量的稀释热，使部分对乙酰氨基苯磺酰氯水解。因此，一般控制稀释温度在 20℃ 以下，然后从水中分离出白色粉末状的对乙酰氨基苯磺酰氯。

（2）合成操作　向 15℃ 以下的氯磺酸溶液中缓慢加入乙酰苯胺，原料比为乙酰苯胺：氯磺酸＝1：4.7（摩尔比），并不断排除反应中生成的氯化氢气体。加料后，于 50～60℃ 保温 2h，冷却至 30℃，放入氯磺化反应液储罐内静置 8～12h。

① 一次水解。将上面氯磺化反应液冷却到 15℃ 以下，于 20～25℃ 缓慢滴加计算量的水，使反应液中的氯磺酸全部分解，并使硫酸浓度为 90%，因为在 89.31% 的硫酸中，氯化氢的溶解度最低，同时回收氯化氢。

② 二次水解。将上面的一次水解液流入约 20 倍量的水中进行稀释，并保持稀释温度在 30℃ 以下，析出对乙酰氨基苯磺酰氯，离心脱水、用水洗涤后，得类白色对乙酰氨基苯磺酰氯粉末，收率在 80% 左右。

（3）反应条件及控制

① 原料配比。乙酰苯胺和氯磺酸进行反应时，理论上需要分子比是 1：2，但在此配比下进行氯磺化时，对乙酰氨基苯磺酰氯的收率仅为 7%，当氯磺酸的分子比增加到 1：3.5 时，则其收率达到 60%；1：5 时，其收率达 80%；1：7 时，其收率达 87%。因此，氯磺酸的分子配比为 1：4.5～1：5 最适宜。

② 温度。氯磺化反应初期，主要生成对乙酰氨基苯磺酸，反应速度快，且放热；一般控制温度不超过 50℃。而对乙酰氨基苯磺酸在过量的氯磺酸的作用下转变成对乙酰氨基苯磺酰氯，该过程是吸热反应，因此，必须适当加热保持温度在 60℃ 左右。

③ 当乙酰苯胺和氯磺酸进行反应时，以及氯磺化反应液加水稀释破坏过量氯磺酸时，均产生大量氯化氢气体，一般用水吸收，并制成 35% 左右的浓盐酸。此外，在析出对乙酰氨基苯磺酰氯的母液中，一般含 5%～7% 的硫酸，为了回收利用和便于"三废"治理，一般将离心分离出的对乙酰氨基苯磺酰氯的母液经过冷却后，可反复套用至含硫酸 28% 以后，通入氨气制成化肥硫酸铵。

小提示

① 氯磺酸系危险品，需用减压方法输送。

② 氯磺化罐外部有喷水装置，喷冷水冷却或热水加热。此种冷却、加热装置的特点是，反应罐破漏时可以立即发现，不致引起重大事故。

③ 乙酰苯胺的熔点应为 113～115℃，并完全干燥。因为含水时，可使氯磺酸分解。

④ 乙酰苯胺加入速度不可太快。加得快时，温度升高，易引起多氯磺化反应，也可使局部过浓，易生成砜类。

⑤ 水解温度如果过高，产物分解；温度过低，则沉淀物颗粒过细，难于离心分离和洗涤。

2. 5-甲基异噁唑部分

(1) 乙酰丙酮酸甲酯的合成

① 化学反应。丙酮在醇钠或金属钠的影响下，先形成碳负离子，该碳负离子对草酸二乙酯进行亲核加成，然后脱一分子醇而形成乙酰丙酮酸乙酯的钠盐。

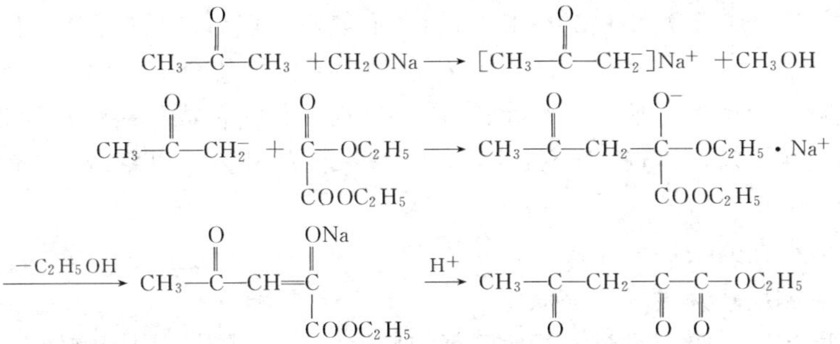

若以甲醇为溶剂、甲醇钠为缩合剂，则得到的产物主要是乙酰丙酮酸甲酯的钠盐。这是由于在缩合反应时，乙酯基与甲醇间进行酯交换反应的缘故。反应后用酸中和至弱酸性，便可得到乙酰丙酮酸甲酯。

② 合成操作。向含 20% 甲醇钠的甲醇溶液中，加入草酸二乙酯和丙酮的混合液 [草酸二乙酯：丙酮：20% 甲醇钠：甲醇 = 1.0：1.16：1.19：0.95（摩尔比）]，于 40～45℃ 反应 2h，冷却至 10℃ 以下，再补加一部分甲醇（为草酸二乙酯和丙酮混合液质量的一半）进行稀释，然后于 15℃ 以下滴加硫酸直至反应液的 pH 为 3～4。

③ 反应条件及控制

a. 水分。反应系统中水分的含量对缩合反应影响极大。因为水作用于甲醇钠并定量地生成氢氧化钠，氢氧化钠不仅不能起缩合作用，而且可使形成的乙酰丙酮酸酯水解，生成乙酰丙酮酸钠，所以工艺上要求参与反应的原料（丙酮和甲醇）含水量均需在 0.5% 以下，甲醇钠中游离碱（氢氧化钠）的含量在 0.5% 以下。

b. 物料比例。为抑制和减少副反应的发生，工艺上要求丙酮稍微过量一些（草酸二乙酯：丙酮 = 1.0：1.55）。

c. 温度。因草酸二乙酯和丙酮之间的缩合是在醇钠中进行，故反应后得到的是乙酰丙酮酸钠，当用酸中和时，可转变为乙酰丙酮酸酯。中和反应是放热反应，要防止局部过热和酸性太强，以免引起酯的水解，生成乙酰丙酮酸钠。为减少此反应的发生，在中和时除应用含量在 98% 以上的浓硫酸，缓慢滴加，使中和温度不超过 20℃ 外，还需在中和前加入一部分甲醇稀释，以免因反应物过稠而发生局部过热和酸性太强，造成乙酰丙酮酸酯的水解。

(2) 5-甲基异噁唑-3-甲酰胺的合成

① 化学反应。乙酰丙酮酸酯在甲醇溶剂中、酸性条件下，与盐酸羟胺反应，生成 5-甲基异噁唑-3-甲酸酯。

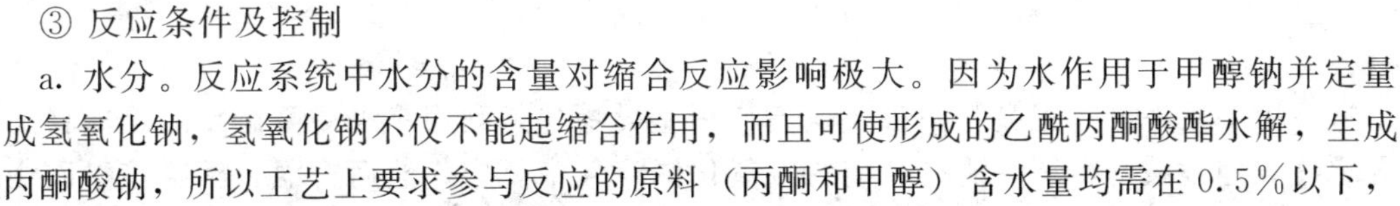

乙酰丙酮酸酯　　　　　　　　　　　　　　　　　　　5-甲基异噁唑-3-甲酸酯

5-甲基异噁唑-3-甲酸酯与氨进行亲核加成和脱醇反应，生成 5-甲基异噁唑-3-甲酰胺。

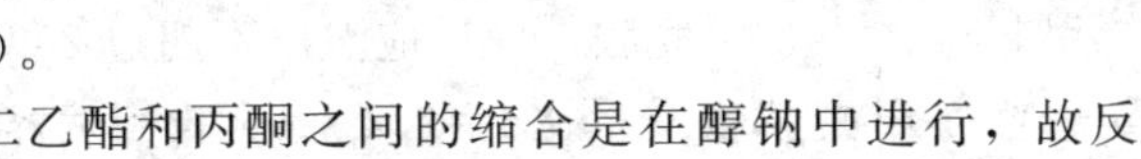

5-甲基异噁唑-3-甲酰胺

提高反应液中氨的浓度可促进反应的进行，当两种原料的分子比为 1.0∶4.8 时，5-甲基异噁唑-3-甲酰胺的收率一般在 92%左右。

② 合成操作　加入盐酸羟胺（草酸二乙酯∶盐酸羟胺＝1∶0.95），于（50±5）℃保温反应 8h，冷却至 25℃后通入氨气，中和至 pH＝7.0～7.5，然后于 65℃以下减压蒸除甲醇、乙醇混合物，蒸馏完毕，加入氨水于 30～35℃进行 4h 氨解，然后向反应液中加入约 3 倍量的水，于 65～70℃加热 1.5h，将以上两次中和生成的大量无机盐全部溶解，再冷却至 30～35℃，搅拌 2h，然后出料、离心脱水，用水洗涤 2～3 次，得白色或类白色鳞片状的 5-甲基异噁唑-3-甲酰胺结晶性粉末，熔点 166～169℃，收率一般为 55%（以草酸二乙酯计算）。

③ 反应条件及控制

a. 酸性：在强酸存在的条件下加快环合。

b. 温度：温度影响闭环速度和产品质量。

c. 溶剂：常用甲醇、乙醇为溶剂，其他溶剂均使反应速度减慢，副产物增多。

（3）3-氨基-5-甲基异噁唑的合成

① 化学反应

3-氨基-5-甲基异噁唑

从 5-甲基异噁唑-3-甲酰胺制备 3-氨基-5-甲基异噁唑是利用霍夫曼降解反应，即将 5-甲基异噁唑-3-甲酰胺与次氯酸钠在过量的氢氧化钠溶液中反应，然后升温，消除该酰胺中的羰基，转化为相应的氨基化合物。

② 合成操作。向含次氯酸钠 10%±0.2%（质量分数）、氢氧化钠 5%左右的水溶液中，于 10℃左右分次投入 5-甲基异噁唑-3-甲酰胺，使反应温度不超过 25℃；其中，次氯酸钠-氢氧化钠水溶液-5-甲基异噁唑-3-甲酰胺（质量比）＝6.4∶1。投料完毕，于 23～25℃保温搅拌 4h，放置 8h，然后补加上面反应液总量一半的碱液和水，并使整个反应液内含氢氧化钠5.6%，再把反应液通入内径 2cm、长 21m 的钢管式反应器中，反应器于 170～180℃油浴内加热，在内压为 0.78MPa（8kg/cm²）的情况下，以每分钟 1L 的速度流过反应器。反应液冷却后，用氯仿逆流提取，回收氯仿，得到 3-氨基-5-甲基异噁唑。收率为 91%～97%。

③ 反应条件及控制。在此反应中，温度是重要影响因素。5-甲基异噁唑-3-甲酰胺与次氯酸钠和氢氧化钠反应，生成 5-甲基异噁唑-3-氯代酰胺钠盐的反应在 15～20℃下可顺利且迅速地进行。当 5-甲基异噁唑-3-甲酰胺在反应液中完全溶解时，几乎形成定量的 5-甲基异噁唑-3-氯代酰胺钠盐，同时还生成极少量的副产物 5-甲基异噁唑-3-羧酸钠盐，其可以忽略。但从 5-甲基异噁唑-3-甲酰胺通过加热转变为 3-氨基-5-甲基异噁唑，以及 5-甲基异噁唑-3-甲酰胺被水解生成副产物时，受反应时间和温度的影响都很大。当反应温度固定时，5-甲基异噁唑-3-甲酰胺的转化率以及 3-氨基-5-甲基异噁唑的生成率随时间的延长都快速上升，而副产物的形成只是稍微增加，所以在一定温度下延长反应时间有利于反应的完成。

3. 磺胺甲噁唑的合成

（1）3-（对乙酰氨基苯磺酰胺）-5-甲基异噁唑的生成

① 化学反应

$$CH_3CONH-\!\!\!\bigcirc\!\!\!-SO_2Cl + \underset{N-O}{H_2N-\!\!\!\bigcirc\!\!\!-CH_3} \longrightarrow CH_3CONH-\!\!\!\bigcirc\!\!\!-SO_2-HN-\!\!\!\bigcirc\!\!\!-CH_3 + HCl$$

3-(对乙酰氨基苯磺酰胺)-5-甲基异噁唑

对乙酰氨基苯磺酰氯和 3-氨基-5-甲基异噁唑缩合，生成 3-(对乙酰氨基苯磺酰胺)-5-甲基异噁唑，并释放出氯化氢。

② 合成操作。原料配比为 3-氨基-5-甲基异噁唑：水：氯化钠＝1：1.8：1.53（质量比）。

将 3-氨基-5-甲基异噁唑、水和氯化钠于 40℃搅拌溶解，然后升温至 20～25℃。投入半量碳酸氢钠，再投入半量对乙酰氨基苯磺酰氯，然后再先后投入剩余量的碳酸氢钠和对乙酰氨基苯磺酰氯，此时 3-氨基-5-甲基异噁唑：碳酸氢钠：对乙酰氨基苯磺酰氯（含水 10%以下）＝1：1.17：3.6（质量比）。加料过程应保持在 25～30℃，然后于 30～40℃保温 5h，冷至室温放置 8h，即完成反应。

③ 反应条件及控制。反应中生成的氯化氢可加速对乙酰氨基苯磺酰氯水解的副反应，因此常需在缩合反应液中加入有机或无机弱碱性物质，以及时除去氯化氢。常用无水吡啶，它可与氯化氢生成吡啶盐酸盐，又可作为反应物的溶剂。此时缩合反应的收率可达 90%以上，产品质量好。但是吡啶毒性较大，价格较贵。为了减少反应中对乙酰氨基苯磺酰氯的水解，需用干燥的对乙酰氨基苯磺酰氯，还必须有一套回收、处理吡啶的设备，这些都给生产带来许多不便。近年来，采用在少量水中进行缩合反应，用碳酸氢钠中和反应中生成的氯化氢。同时为了防止碳酸氢钠的碱性加速对乙酰氨基苯磺酰氯的水解，在缩合反应中还加入较多的氯化钠，以同离子效应抑制碳酸氢钠在水中的溶解度和解离度。这种缩合方法比上述在无水吡啶中缩合的收率约低 8%左右，但因在少量水中进行缩合，对乙酰氨基苯磺酰氯不需干燥，操作方便，成本低，在生产上常采用此法。

（2）磺胺甲噁唑的合成

① 化学反应

$$CH_3CONH-\!\!\!\bigcirc\!\!\!-SO_2-HN-\!\!\!\bigcirc\!\!\!-CH_3 \xrightarrow{NaOH} H_2N-\!\!\!\bigcirc\!\!\!-SO_2-\underset{Na}{N}-\!\!\!\bigcirc\!\!\!-CH_3$$

$$\xrightarrow{HCl} H_2N-\!\!\!\bigcirc\!\!\!-SO_2-HN-\!\!\!\bigcirc\!\!\!-CH_3$$

磺胺甲噁唑

将 3-(对乙酰氨基苯磺酰胺)-5-甲基异噁唑在强酸或强碱中回流时，均可发生水解脱去乙酰基而制得磺胺甲噁唑。为了避免酸对设备的腐蚀，一般采用 10%氢氧化钠溶液进行水解，得磺胺甲噁唑粗品。

根据磺胺甲噁唑分子中芳氨基呈弱碱性，而磺酰氨基氮上的氢又具有弱酸性，因此该化合物既可与强酸形成盐又可与强碱形成盐。成盐后的化合物在水中溶解度很大，当将其成盐后的水溶液中和至该分子的等电点（pH＝5.5）时，即可析出水中溶解度很小的磺胺甲噁唑，因此，可以利用这个性质对其粗品进行精制。

② 合成操作。将缩合反应物加入到 12 倍量的 10%氢氧化钠水溶液（以 3-氨基-5-甲基异噁唑的质量计算）中，反应液的 pH 应在 14，然后加热，于 104℃保温 2h，冷却至 70～80℃后，用浓盐酸中和至 pH＝9～10，趁热离心分离除去不溶性杂质后，继续用浓盐酸中和至 pH＝5.5，冷却至 25℃以下，离心脱水，得到土黄色结晶磺胺甲噁唑粗品，收率一般为 82%左右。

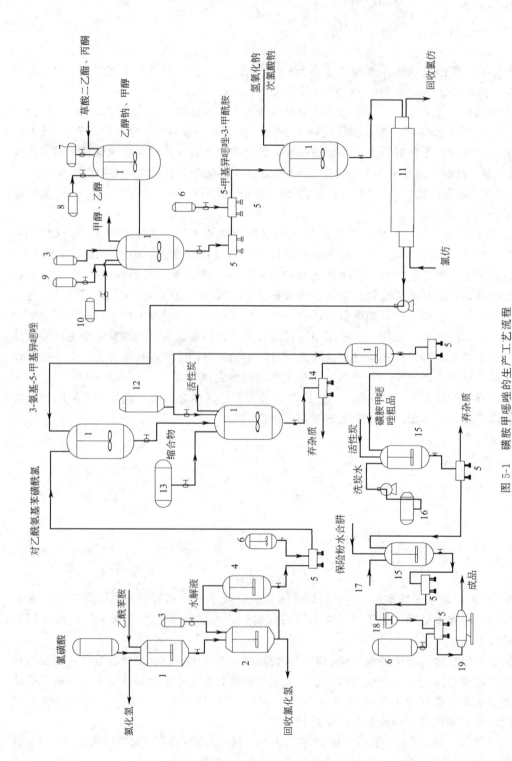

图 5-1　磺胺甲噁唑的生产工艺流程

1—反应釜；2—氯磺化反应器；3—水计量罐；4—稀释罐；5—氢氧化钠计量罐；6—洗水罐；7—甲醇罐；8—硫酸计量罐；9—盐酸羟胺计量罐；10—氨水计量罐；11—氯化反应釜；12—管式反应器；13—盐酸计量罐；14—压滤机；15—精制釜；16—精制母液；17—醋酸计量罐；18—结晶缸；19—干燥机

精制是将磺胺甲噁唑粗品溶解在约 12 倍质量的石灰乳和洗炭水（上批活性炭的洗涤水）中，升温至 70℃，并使其 pH 稳定在 10～11，然后加入活性炭于 85～90℃保温 50min，过滤，滤液升温至（72±2）℃，加入少量保险粉，以 25%～30%醋酸中和至 pH＝5.5，缓慢降温至 25℃，离心脱水，结晶以去离子水洗涤至无 Cl^-、Ca^{2+} 时为止，出料，干燥，得磺胺甲噁唑白色结晶性粉末。熔点为 168～172℃，精制率在 90%左右。

③ 反应条件及控制

a. 磺胺甲噁唑在强酸、强碱中加热时总会有少量分解，致使成品微带黄色，故目前一般均将其粗品溶解在过量的氢氧化钙水溶液中，使其成为钙盐，加热、用活性炭脱色后以醋酸进行中和，因中和时生成的醋酸钙溶解度极大，易于从析出的磺胺甲噁唑中用水洗除尽。

b. 精制过程中除应严格控制中和终点的 pH 外，温度的控制也很重要。一般在稍高温度下将磺胺甲噁唑钙盐进行脱色，并在稍高温度进行中和，然后通过缓慢降温至 20℃以下，使其晶体颗粒粗大，可提高产品的收率和质量。

磺胺甲噁唑的生产工艺流程如图 5-1 所示。

相转移催化技术

当两种反应物分别处于不同的相时，例如有机合成反应中的有机相和水相，反应物之间的反应速度很慢，甚至不能进行反应，通过加入少量的第三种物质，可以使反应速度加快，这种物质被称为相转移催化剂（phase transfer catalyst，简称 PTC），这种现象即为相转移催化，反应称为相转移催化反应。有机相常采用有机氯化物，如氯仿、二氯甲烷、二氯乙烷等；烃类，如甲苯、苯等；有时也采用有机物本身。水相常采用的物质主要有两种，一种是采用中性或酸性的盐溶液，另一种采用浓碱溶液。常用的相转移催化剂有季铵盐类、锍盐类和聚醚类，聚醚中主要是链状聚乙二醇及其二烷基醚和环状冠醚。

相转移催化剂不仅可以将水相中的离子对转移到有机相，而且可以在无水状态或者微量水存在下将固态的离子对转移到有机相，缩短反应时间，降低反应温度，使某些原来不能进行的反应能够进行，反应的后处理简单。

相转移催化技术主要用于烷基化反应，例如 C-烷基化反应在抗癫痫药中间体合成中的应用：

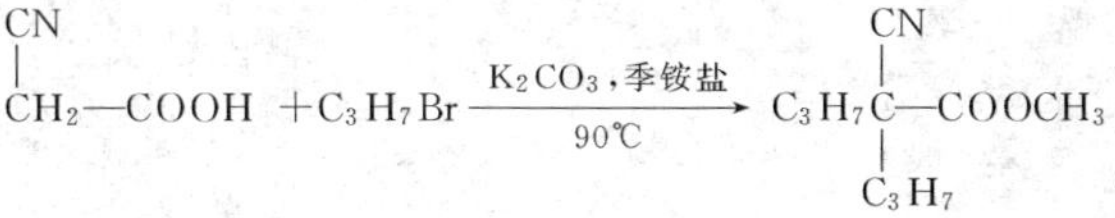

$$\underset{\substack{|\\CH_2—COOH}}{\overset{CN}{}} +C_3H_7Br \xrightarrow[90℃]{K_2CO_3,季铵盐} \underset{\substack{|\\C_3H_7}}{\overset{CN}{C_3H_7C—COOCH_3}}$$

O-烷基化反应在邻位香兰醛甲醚化中的应用，是以三乙基苄铵盐（TEBA）为相转移催化剂：

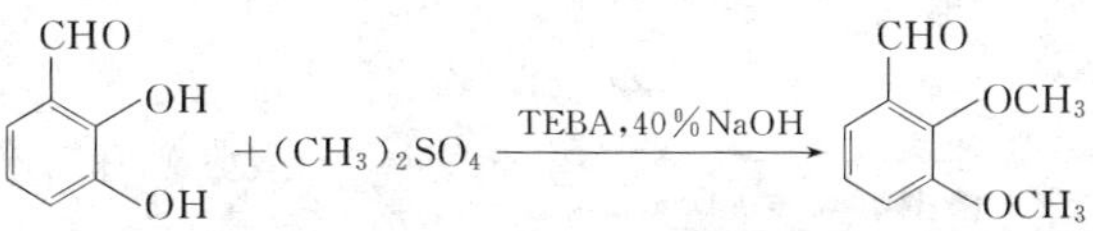

（结构式：邻位香兰醛）+$(CH_3)_2SO_4$ $\xrightarrow{TEBA,40\%NaOH}$（产物结构式）

N-烷基化反应在血管扩张剂 1-(5-氧代己基)-可可碱合成中的应用：

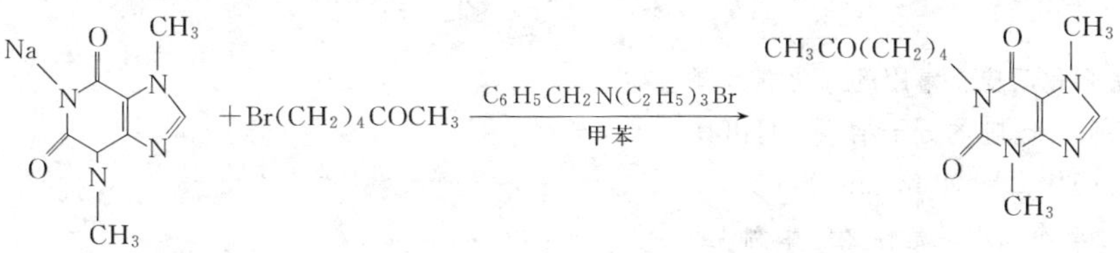

（可可碱钠盐结构式）+$Br(CH_2)_4COCH_3$ $\xrightarrow[甲苯]{C_6H_5CH_2N(C_2H_5)_3Br}$（产物结构式 $CH_3CO(CH_2)_4$）

其他应用相转移催化技术的反应有：二氯卡宾的生成及其反应、氧化反应和还原反应等。

本 章 小 结

烃化反应技术
├─ 烃化反应
│ ├─ 卤代烃类烃化剂
│ │ ├─ 氧原子上的烃化反应
│ │ ├─ 氮原子的烃化反应
│ │ └─ 碳原子的烃化反应
│ ├─ 硫酸酯和芳磺酸酯类烃化剂：硫酸二甲酯和硫酸二乙酯、芳磺酸酯
│ ├─ 环氧烷类烃化剂：环氧乙烷（羟乙基化反应）
│ └─ 其他类型烃化剂：甲醛-还原烃化、有机金属烃化、重氮甲烷烃化
└─ 生产实例——磺胺甲噁唑的合成技术
   ├─ 合成路线
   │ ├─ 1. 对氨基苯磺酰胺部分：乙酰苯胺和氯磺酸反应
   │ ├─ 2. 5-甲基异噁唑部分：草酸为原料，经酯化、缩合再与盐酸羟胺环合、氨解、降解，得3-氨基-5-甲基异噁唑
   │ └─ 3. 磺胺甲噁唑的合成：对乙酰氨基苯磺酰氯和3-氨基-5-甲基异噁唑缩合，生成3-（对乙酰氨基苯磺酰胺）-5-甲基异噁唑，然后水解脱乙酰基
   └─ 合成技术
      ├─ 1. 对氨基苯磺酰胺部分：乙酰苯胺和氯磺酸反应，一次水解，二次水解，得对乙酰氨基苯磺酰氯
      ├─ 2. 5-甲基异噁唑部分
      │ ├─ 1. 乙酰丙酮酸甲酯的合成：草酸二乙酯、丙酮、甲醇钠、甲醇反应
      │ ├─ 2. 5-甲基异噁唑-3-甲酰胺的合成：乙酰丙酮酸酯、盐酸羟胺、氨气反应
      │ └─ 3. 3-氨基-5-甲基异噁唑的合成：5-甲基异噁唑-3-甲酰胺、次氯酸钠、氢氧化钠反应
      └─ 3. 磺胺甲噁唑的合成
         ├─ 1. 3-(对乙酰氨基苯磺酰胺)-5-甲基异噁唑的合成：对乙酰氨基苯磺酰氯和3-氨基-5-甲基异噁唑缩合
         └─ 2. 磺胺甲噁唑的合成：3-(对乙酰氨基苯磺酰胺)-5-甲基异噁唑在强酸或强碱中水解脱去乙酰基

复 习 题

1. 什么是烃化反应？常用的烃化剂有哪些？
2. 分析磺胺甲噁唑的分子结构，写出其合成原理。
3. 举例说明什么是 Hofmann 降解反应。
4. Gabriel 反应的用途是什么？举例说明。

5. 什么是 Delepine 和 Ulmann 反应？

6. Friedel-Crafts 反应的实质是什么？

7. Williamson 反应的特征是什么？此反应在药物合成中的主要应用有哪些？

有机合成工职业技能考核习题（5）

一、选择题

1. 下列不是 O-烷基化的常用试剂是（　　）。

    A. 卤烷　　　　　　　B. 硫酸酯　　　　　　　C. 环氧乙烷　　　　　　D. 烯烃

2. 硫酸二甲酯可用作（　　）。

    A. 烷基化剂　　　　　B. 酰基化剂　　　　　　C. 还原剂　　　　　　　D. 氧化剂

3. 不能用作烷基化试剂是（　　）。

    A. 氯乙烷　　　　　　B. 溴甲烷　　　　　　　C. 氯苯　　　　　　　　D. 乙醇

4. 当向活泼亚甲基位引入两个烷基时，则下列描述正确的是（　　）。

    A. 应先引入较大的伯烷基，再引入较小的伯烷基

    B. 应引入较小的伯烷基，再引入较大的伯烷基

    C. 应先引入仲烷基，再引入伯烷基

    D. 烷基引入的先后次序没有关系

5. 下列化合物与苯发生烷基化反应时，会产生异构现象的是（　　）。

    A. 1-溴丙烷　　　　　B. 2-溴丙烷　　　　　　C. 溴乙烷　　　　　　　D. 2-甲基-2-溴丙烷

6. 不能发生烷基化反应的物质是（　　）。

    A. 苯　　　　　　　　B. 甲苯　　　　　　　　C. 硝基苯　　　　　　　D. 苯胺

7. 以苯为原料要制备纯的 （邻氯甲苯），最佳合成路线是（　　）。

    A. 苯→烷基化→磺化→氯代→水解　　　　　B. 苯→烷基化→氯代

    C. 苯→氯代→烷基化　　　　　　　　　　　D. 苯→磺化→氯代→烷基化→水解

8. 下列具体的烷基化反应中，能够生成醚类化合物的是（　　）。

    A. C-烷基化　　　　　B. N-烷基化　　　　　　C. O-烷基化　　　　　　D. 都能

9. 常用的烷基化剂有（　　）。

    A. 烯烃　　　　　　　B. 卤代烷　　　　　　　C. 酯　　　　　　　　　D. 羧酸

10. 下列化合物和苯发生傅-克烷基化反应时，会发生碳链异构的是（　　）。

    A. 溴乙烷　　　　　　B. 1-溴丙烷　　　　　　C. 2-溴丙烷　　　　　　D. 2-甲基-1-溴丙烷

11. 下列烷基苯中，不宜由苯通过烷基化反应直接制取的是（　　）。

    A. 丙苯　　　　　　　B. 异丙苯　　　　　　　C. 叔丁苯　　　　　　　D. 正丁苯

12. 如果苯环上连有（　　）等强吸电子基，则不能完成烷基化反应。

    A. 甲基　　　　　　　B. 乙基　　　　　　　　C. 硝基　　　　　　　　D. 酰基

13. 采用无水 $AlCl_3$ 作烷基化反应的催化剂时，其贮存时须注意（　　）。

    A. 忌水　　　　　　　B. 防止受潮　　　　　　C. 过筛　　　　　　　　D. 采用惰性气体保护

14. 把（　　）基团引入有机化合物分子中的碳、氮、氧等原子上的反应称为烷基化反应。

    A. —CH_3　　　　　　B. —C_2H_5　　　　　　C. —CH_2COOH　　　　D. —$COOH$

15. C-烷基化剂主要有（　　）。

    A. 卤烷　　　　　　　B. 烯烃　　　　　　　　C. 醇　　　　　　　　　D. 醛、酮

16. 芳环上 C-烷基化具有（　　）特点。

    A. 连串反应　　　　　B. 平行反应　　　　　　C. 可逆反应　　　　　　D. 烷基正离子能发生重排

17. N-烷基化反应根据所使用的烷基化剂种类不同，可分为（　　）。

A. 置换型　　　　　　　B. 取代型　　　　　　　C. 加成型　　　　　　　D. 缩合-还原型

18. （　　）是活性很强的烷基化剂，其沸点较高，反应可在常压下进行。

　　　A. 硫酸酯　　　　　　B. 磷酸酯　　　　　　　C. 芳磺酸酯　　　　　　D. 乙酸酯

19. 在卤化反应中，常用的乙基化试剂有（　　）。

　　　A. 硫酸二乙酯　　　B. 对甲苯磺酸乙酯　　　C. 溴乙烷　　　　　　　D. 碘乙烷

20. 常用的相转移催化剂有（　　）。

　　　A. 季铵盐类　　　　　B. 锍盐类　　　　　　　C. 聚醚类　　　　　　　D. 环状冠醚

21. 常见的具有活性亚甲基的化合物有（　　）。

　　　A. 丙二酸酯　　　　　B. 氰乙酸酯　　　　　　C. 丙二腈　　　　　　　D. 苄腈

22. 一定条件下可以和烯烃发生加成反应的是（　　）。

　　　A. 水　　　　　　　　B. 硫酸　　　　　　　　C. 溴水　　　　　　　　D. 氢

23. 丁二烯既能进行1,2加成，也能进行1,4加成，至于哪一种反应占优势，则取决于（　　）。

　　　A. 试剂的性质　　　B. 溶剂的性质　　　　　C. 反应条件　　　　　　D. 无法确定

24. 下列属于炔烃的加成反应的是（　　）。

　　　A. 催化加氢　　　　　B. 加卤素　　　　　　　C. 加水　　　　　　　　D. 氧化

25. 下列物质属于脂肪醚的是（　　）。

　　　A. 甲乙醚　　　　　　B. 苯甲醚　　　　　　　C. 甲乙烯醚　　　　　　D. 二苯醚

26. 下列物质既是饱和一元醇，又属脂肪醇的是（　　）。

　　　A. $CH_2=CH-OH$　　　　　　　　　　　　B. C_3H_7OH

　　　C. $HO-CH_2-CH_2-OH$　　　　　　　　D. C_4H_9OH

二、判断题（√或×）

1. N-烷基化及O-烷基化多采用相转移催化方法。

2. 苯与乙烯在催化剂的作用下生成乙苯的反应属于烷基化反应。

3. 苯酚与环己醇相比，较易发生O-烷基化反应的是苯酚。

4. 所有的酰基化反应的机理都是相似的。

5. 目前国内生产均用溴乙烷作乙基化试剂。

6. 相转移催化剂可以将水相中的离子对转移到有机相。

7. 相转移催化反应有机相常采用有机氯化物，如氯仿、二氯甲烷、二氯乙烷等。

8. 相转移催化反应水相主要有两种，一种是采用中性或酸性的盐溶液，另一种采用浓碱溶液。

9. 相转移催化剂可以在无水状态或者在微量水存在下将固态的离子对转移到有机相。

10. 相转移催化剂能够缩短反应时间，降低反应温度，使某些原来不能进行的反应能够进行。

11. 六亚甲基四胺是氨与甲醛反应制得的产物，氮上已没有氢，不能发生多取代反应。

12. 苯酚与环己醇相比，较易发生O-烷基化反应的是苯酚。

13. 乙酰乙酸乙酯是酮酸的酯，具有酮和酯的基本性质，也具有烯酮的性质。

14. 醇或酚羟基氢原子被烃基取代而生成的化合物，称为醚。

第六章 缩合反应技术

第一节 缩合反应技术理论

凡两个或两个以上有机化合物分子之间相互反应形成一个新键，同时放出简单分子；或两个有机化合物分子通过作用形成较大分子的反应均称为缩合反应。

一、醛酮化合物之间的缩合

1. 自身缩合

（1）羟醛缩合 含 α-活泼氢的醛或酮在酸或碱的催化下生成 β-羟基醛或酮，或经脱水生成 α,β-不饱和醛或酮的反应，称为羟醛缩合反应。

① 含一个 α-活泼氢的醛自身缩合，得到单一的 β-羟基醛。

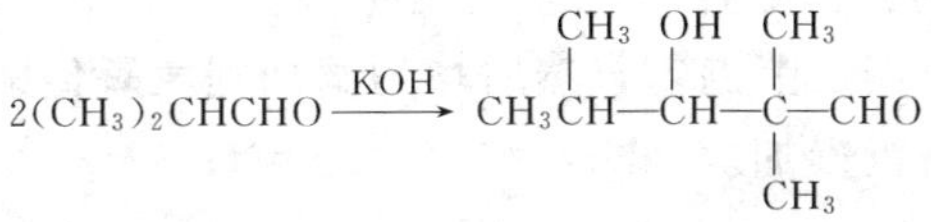

$$2(CH_3)_2CHCHO \xrightarrow{KOH} CH_3CH-CH-\underset{\underset{CH_3}{|}}{\overset{\overset{CH_3}{|}}{C}}-CHO$$

（此处结构式含 CH_3、OH、CH_3 取代基）

② 含两个或两个以上 α-活泼氢的醛自身缩合，若在稀碱溶液或较低温度下反应得到 β-羟基醛，而温度较高或用酸催化反应，均得到 α,β-不饱和醛。

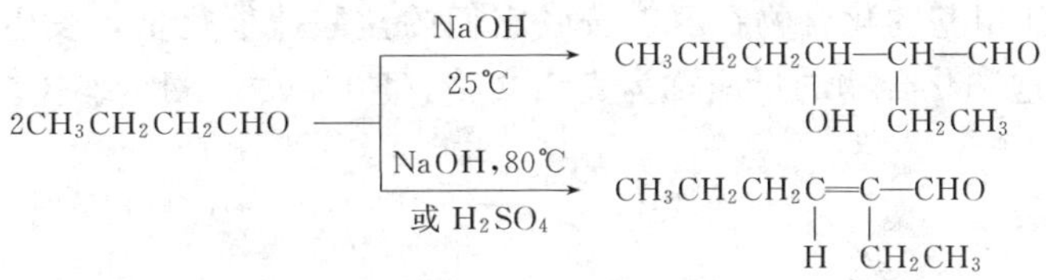

$$2CH_3CH_2CH_2CHO \begin{cases} \xrightarrow[25℃]{NaOH} CH_3CH_2CH_2CH-\underset{\underset{OH}{|}}{CH}-\underset{\underset{CH_2CH_3}{|}}{CH}-CHO \\ \xrightarrow[\text{或 }H_2SO_4]{NaOH,80℃} CH_3CH_2CH_2C=\underset{\underset{H}{|}}{\overset{\overset{}{}}{C}}-CHO \end{cases}$$

（下方结构式含 H、CH_2CH_3 取代基）

③ 含 α-活泼氢的脂肪酮自身缩合比较慢。

(2) 芳醛的自身缩合　芳醛在含水乙醇中，以氰化钠或氰化钾为催化剂，加热后发生自身缩合，生成 α-羟酮的反应称为安息香缩合。

$$2C_6H_5CHO \xrightarrow[\text{回流},1.5h]{NaCN,C_2H_5OH} C_6H_5-\overset{O}{\overset{\|}{C}}-\overset{OH}{\overset{|}{C}}H-C_6H_5$$

由于氰化物是剧毒物质，在实验室制作极为不便。改用维生素 B_1 作催化剂，此方法操作安全、效果良好。维生素 B_1 作为一种生物辅酶，在生化反应过程中主要是对 α-酮酸的脱羧酶促反应发挥辅酶的作用。维生素 B_1 噻唑环上的氮原子和硫原子之间的氢有较大的酸性，在碱性条件下易被除去形成碳负离子，从而催化安息香的形成。

2. 交错缩合

(1) 甲醛与含 α-活泼氢的醛、酮的缩合　甲醛与其他含 α-活泼氢的醛、酮在碱的催化下，于醛、酮 α-碳上引入羟甲基的反应称为多伦斯（Tollens）反应，又称为羟甲基化反应。

$$HCHO + O_2N-\!\!\!\!\left\langle\;\right\rangle\!\!\!\!-COCH_2-NHAc \xrightarrow[\substack{pH\,7.2\sim7.5 \\ 35\sim40℃}]{NaHCO_3,C_2H_5OH} O_2N-\!\!\!\!\left\langle\;\right\rangle\!\!\!\!-CO\overset{}{\underset{\overset{|}{CH_2OH}}{CH}}-NHAc$$

多伦斯缩合中若碱的浓度过大，会发生康尼查罗副反应。有时可利用这一点，使缩合反应和康尼查罗反应相继发生，以制备多羟基化合物。

$$3HCHO+CH_3CHO \xrightarrow{25\%,Ca(OH)_2} HOCH_2-\overset{CH_2OH}{\underset{\overset{|}{CH_2OH}}{\overset{|}{C}}}-CHO \xrightarrow{HCHO,Ca(OH)_2} HOCH_2-\overset{CH_2OH}{\underset{\overset{|}{CH_2OH}}{\overset{|}{C}}}-CH_2OH$$

知识回顾
什么是康尼查罗反应？有哪些应用？

(2) 芳醛与含 α-活泼氢的醛、酮的缩合　芳醛与含 α-活泼氢的醛、酮在少量氢氧化钠等碱性催化剂存在的条件下进行羟醛缩合，脱去一分子水，最后生成 α,β-不饱和醛或酮。该反应称克莱森-施米特（Claisen-Schmidt）缩合。

$$\left\langle\;\right\rangle\!\!-CHO + CH_3CHO \xrightleftharpoons{NaOH} \left\langle\;\right\rangle\!\!-\overset{OH}{\underset{\overset{|}{}}{CH}}-CH_2CHO \xrightarrow{-H_2O} \left\langle\;\right\rangle\!\!-CH\!\!=\!\!CHCHO$$

$$CH_3\overset{}{\underset{\overset{|}{OH}}{CH}}CH_2CHO \text{（副反应）}$$

含 α-活泼氢的醛、酮的自身缩合副反应速度很慢。为使副反应减少到最低，常采取的措施有：将等摩尔的苯甲醛与乙醛混匀，然后均匀滴加到氢氧化钠水溶液中，或将苯甲醛与氢氧化钠水溶液混合后，再慢慢加入乙醛，并控制在低温（0~6℃）反应。

二、酮与羧酸或其衍生物之间的缩合

1. 克诺文格缩合

醛或酮与含有亚甲基的化合物在氨、胺或它们的盐酸盐催化下，发生类似的羟醛缩合，脱水而形成 α,β-不饱和化合物的反应称为克诺文格（Knoevenagel）缩合。

$$\overset{R}{\underset{R'}{\bigg\rangle}}C\!=\!O + CH_2\overset{Y}{\underset{Z}{\bigg\langle}} \xrightarrow{\text{催化剂}} \overset{R}{\underset{R'}{\bigg\rangle}}C\!=\!C\overset{Y}{\underset{Z}{\bigg\langle}} + H_2O$$

其中，R、R′可以是烃基或氢；Y、Z 为硝基、氰基、酯基、酮基等。

克诺文格缩合在药物及其中间体合成中应用广泛。主要用于制备 α,β-不饱和羧酸及其衍生物、α,β-不饱和氰和硝基化合物等。其构型一般为 E 型。例如：

$$\begin{array}{c} C_2H_5 \\ CH_3 \end{array}C=O + \begin{array}{c} CN \\ CH_2 \\ COOC_2H_5 \end{array} \xrightarrow[\text{苯回流带水}]{NH_4OAc,HOAc} \begin{array}{c} C_2H_5 \\ CH_3 \end{array}C=C\begin{array}{c} CN \\ COOC_2H_5 \end{array}$$

2. 柏琴反应

芳香醛与脂肪酸酐在相应羧酸盐或叔胺催化下缩合，生成 β-芳丙酸类化合物的反应称为柏琴（Perkin）反应。此反应需在无水条件下进行，主要用于制备 β-芳丙酸类化合物。

$$ArCHO + (RCH_2CO)_2O \xrightarrow[\text{2. } H_3O^+]{\text{1. } RCH_2COOK} ArCH=\underset{R}{C}-COOH + RCH_2COOH$$

3. 达参反应

醛或酮与 α-卤代酸酯在碱催化下缩合，生成 α,β-环氧酸酯的反应称为缩水甘油酸酯缩合反应，又称达参（Darzens）反应。

$$\begin{array}{c} R' \\ R' \end{array}C=O + \begin{array}{c} R''' \\ CH-COOR \\ X \end{array} \xrightarrow{RONa} \begin{array}{c} R' \\ R'' \end{array}C\underset{O}{\overset{R'''}{\diagup\diagdown}}C-COOR + NaX + ROH$$

参加达参反应的 α-卤代酸酯中，一般以 α-氯代酸酯最合适。α-溴代酸酯和 α-碘代酸酯虽然活性较大，但易发生烃化副反应而很少采用。由于 α-卤代酸酯和催化剂均易水解，达参反应需要在无水条件下完成，反应温度也不宜很高。

通过达参反应可得到 α,β-环氧酸酯，但其意义主要在于其缩合产物经水解、脱羧等反应可以转化成比原反应物醛或酮至少多一个碳原子的醛或酮。如维生素 A 中间体十四碳醛的制备。

4. 雷福马茨基反应

醛或酮与 α-卤代酸酯在金属锌的催化下，于惰性溶剂中缩合，得 β-羟基酸酯或脱水得 α,β-不饱和酸酯的反应称为雷福马茨基（Reformatsky）反应。

$$\begin{array}{c} R^1 \\ R^2 \end{array}C=O + XCH_2COOR \xrightarrow[\text{2. }H_3O^+]{\text{1. Zn}} \begin{array}{c} R^1 \\ R^2 \end{array}\underset{OH}{C}-CH_2COOR \xrightarrow{-H_2O} \begin{array}{c} R^1 \\ R^2 \end{array}C=CHCOOR$$

① 反应物羰基化合物可以是各种醛或酮，醛的活性一般比酮大，但活性大的脂肪醛在反应条件下易发生自身缩合。

② α-卤代酸酯中，以 α-溴代酸酯最常用。

③ 催化剂锌粉使用前必须活化。活化的方法是用 20％的盐酸处理，再用丙酮、乙醚洗涤及真空干燥即可。用金属钾与无水氯化锌在四氢呋喃（THF）中直接反应生成锌粉。

$$ZnCl_2 + 2K \xrightarrow[\triangle]{THF,N_2} Zn + 2KCl$$

④ 本反应在中性条件下进行，以减少醛或酮的自身缩合。反应中生成的碱性氢氧化锌卤化物用硼酸三甲酯中和，以使反应保持在中性。

⑤ 本反应最适温度为90～105℃；无水操作。

三、酯缩合反应

酯与具有活性亚甲基的化合物在适宜碱的催化下脱醇缩合，生成β-羰基类化合物的反应称为酯缩合反应，又称为克莱森（Claisen）缩合。具有活性亚甲基的化合物可以是酯、酮、氰，其中以酯类与酯类的缩合较为重要，应用也比较广泛。

1. 酯-酯缩合

（1）同酯缩合

$$2CH_3COOC_2H_5 \xrightarrow{C_2H_5ONa} CH_3COCH_2COOC_2H_5 + C_2H_5OH$$

常采用蒸馏或分馏的方法除去生成的低沸点醇，以提高收率。

（2）异酯缩合　若参加反应的两种酯中均含有α-活泼氢且活性差别较小，除发生异酯缩合外，还可发生同酯缩合，产物复杂，无使用价值。如果两种含有α-活泼氢的酯活性差别较大，生产上可先将这两种酯混合均匀后，迅速投入碱性溶剂中，立即使之发生异酯缩合，减少同酯缩合的可能性，提高主反应的收率。异酯缩合中最常用的是含α-活泼氢的酯与不含有α-活泼氢的酯在碱性条件下缩合，生成β-酮酸酯，收率较高。

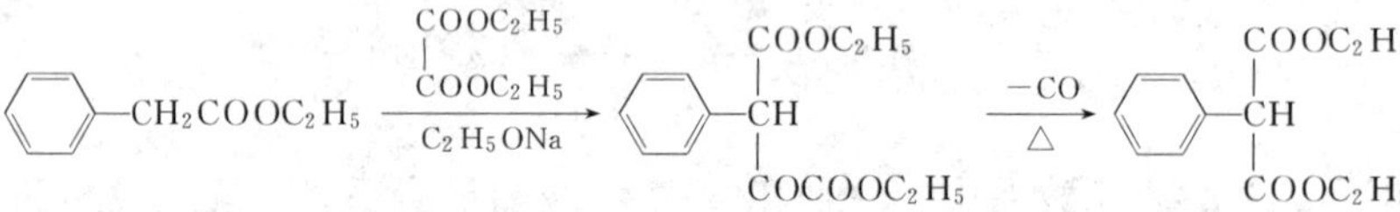

在上述反应中，含α-活泼氢的酯也会发生同酯缩合副反应。若将含α-活泼氢的酯滴加到碱和不含α-活泼氢的酯的混合物中，或采用碱与α-活泼氢的酯交替加料方式，可以降低该副反应的发生。

（3）分子内的酯缩合　当同一分子中含两个酯基时，在碱催化剂存在的条件下，其分子内发生克莱森缩合反应，环化而成β-酯酮酸酯类缩合物，该反应称为狄克曼（Diekmann）反应。

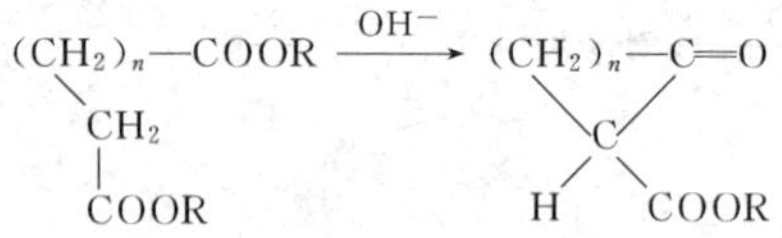

当$n=3\sim5$时，反应效果最好；$n>7$时，产率低，甚至不发生反应。狄克曼反应主要用于合成五元、六元、七元β-酮酯类化合物；后者再经水解及加热脱羧反应生成五元、六元或七元环酮。

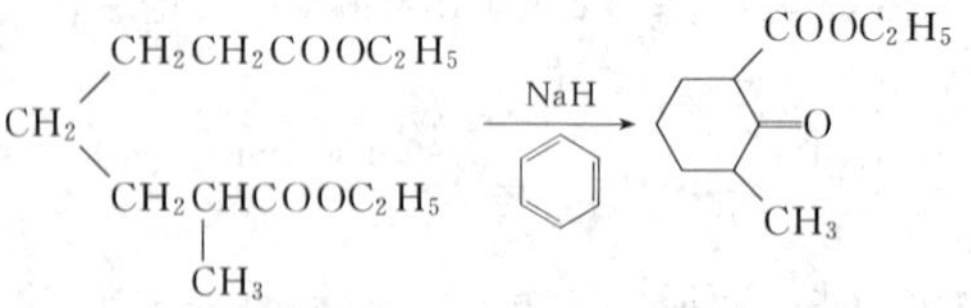

2. 酯-酮缩合

酯-酮缩合与酯-酯缩合相似，但由于酮的α-氢活性比酯大，在碱性条件下，酮比酯更易脱去质子。

$$CH_3CH_2\overset{\overset{O}{\|}}{C}-OC_2H_5 + CH_3COCH_2CH_3 \xrightarrow[2.\ H^+]{1.\ NaH} CH_3CH_2\overset{\overset{O}{\|}}{C}-CH_2COCH_2CH_3$$

3. 酯-腈缩合

酯-腈缩合与酯-酯缩合也相似。在碱催化下，腈形成的碳负离子对酯羰基进行亲核加成。如抗疟药乙胺嘧啶中间体的制备。

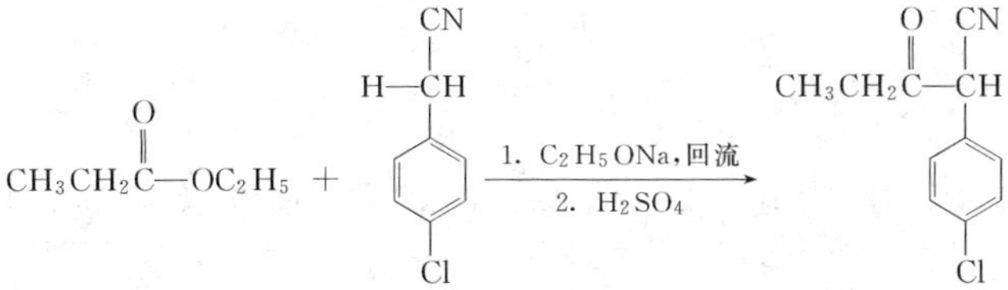

四、其他类型的缩合

1. 曼尼希反应

（1）反应式及反应条件　在酸性条件下，含活泼氢原子的化合物与甲醛（或其他醛）和具有氢原子的伯胺、仲胺或铵盐脱水缩合，含活泼氢原子的化合物中的氢原子被氨甲基所取代，该反应称为氨甲基化反应，又称曼尼希（Mannich）反应，其产物称为曼尼希碱或盐。

$$R'H + HCHO + R_2NH \xrightarrow{H^+} R'CH_2NR_2 + H_2O$$

① 含活泼氢原子的化合物可以是醛、酮、羧酸及其酯类、腈、硝基烷、炔、酚及其某些杂环类化合物，其中以酮类应用最多。

② 胺的碱性、种类和用量对反应均有影响。胺的亲核能力一定要大于含活泼氢原子的化合物的亲核能力。以仲胺最常用，因其碱性强，且仅有一个氢原子，产物单纯。

③ 曼尼希反应需在弱酸性（pH＝3～7）条件下进行。常用的酸为盐酸。酸的作用有三个方面：a. 催化作用。反应液的 pH 一般不小于 3，否则对反应有抑制作用。b. 解聚作用。使用三聚甲醛和多聚甲醛时，在酸性条件下加热解聚生成甲醛，使反应正常进行。c. 稳定作用。在酸性条件下生成的曼尼希碱成盐，稳定性增加。

（2）应用　曼尼希反应在药物及其中间体合成中应用非常广泛。曼尼希产物大部分本身就是药物或中间体，还可进行消除、氢解、置换等反应，制得许多有价值的混合物。例如局麻药盐酸达可罗宁的合成：

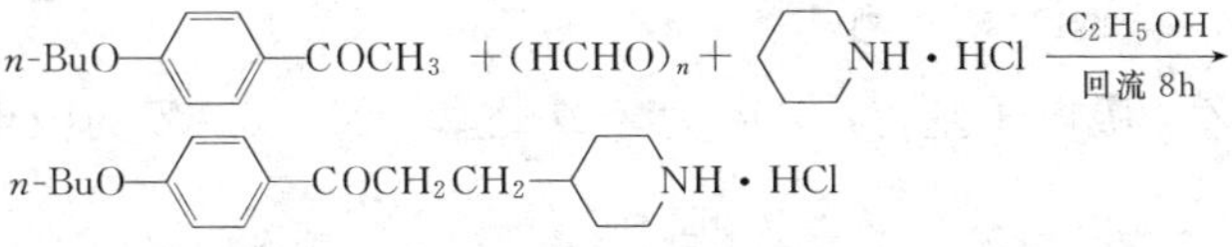

① 曼尼希碱或其盐酸盐不太稳定，加热可消除氨分子形成烯键。

② 曼尼希碱或其盐酸盐在活性镍催化下可以进行氢解，从而制得比原反应物多一个碳原子的同系物。例如维生素 K_3 中间体的制备：

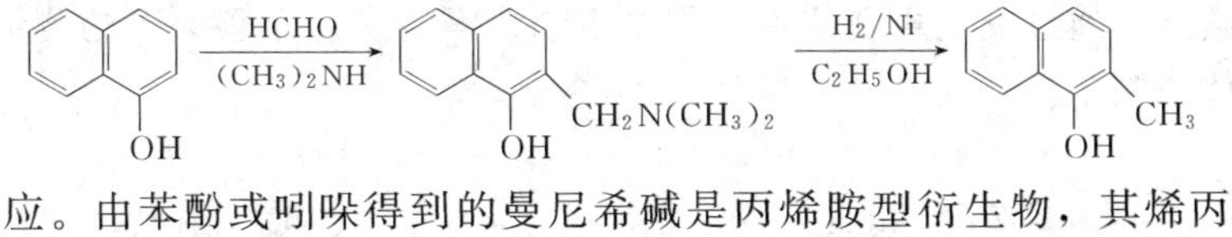

③ 置换反应。由苯酚或吲哚得到的曼尼希碱是丙烯胺型衍生物，其烯丙位的氨基特别容易被其他亲核性基团置换，从而合成不同类型的化合物。例如植物生长素 β-吲哚乙酸就是由氰基置换后再水解制得的。

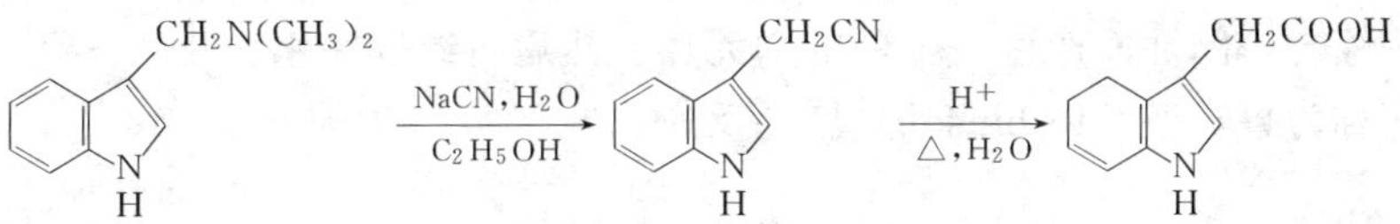

2. 维蒂希反应

羰基化合物与烃代亚甲基三苯基膦反应，生成烯类化合物以及氧化三苯基膦的反应称为维蒂希（Witting）反应，又称为羰基烯化反应。

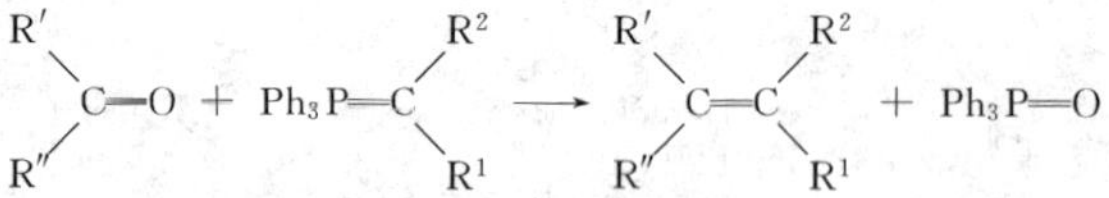

$$R'' \atop R' \!\!\diagdown\!\! C=O + Ph_3P=C \!\!\diagup\!\! {R^2 \atop R^1} \longrightarrow {R'' \atop R'}\!\!\diagdown\!\! C=C \!\!\diagup\!\! {R^2 \atop R^1} + Ph_3P=O$$

其中，R^1、R^2、R'、R''为氢、脂肪烃基、烷氧基、卤素以及有各种取代基的脂肪烃基和芳烃基等。

（1）维蒂希反应特点　与一般合成法比较，此反应具有以下特点。

① 反应条件一般比较温和，收率较高。若控制反应条件，可合成立体选择性产物。

② 改变维蒂希试剂中的取代基，可制得通常方法很难合成的烯类混合物。

③ 对某些 α,β-不饱和羰基化合物，一般不发生 1,4-加成反应。

④ 能确切知道合成的烯键在产物中的位置。即使烯键处于能量不利的位置也能用此法合成，不产生几何异构体。

⑤ 维蒂希试剂的制备一般比较复杂，操作费用高；反应后处理麻烦，这是由于产物烯烃常和反应伴生的氧化三苯基膦混杂，分离困难。

（2）应用　维蒂希反应在药物合成中应用广泛。在萜类、甾类、维生素 A 和维生素 D、前列腺素、昆虫信息素、新杭生素等天然产物的合成中，维蒂希反应有其独特的作用。例如维生素 A 中间体的合成：

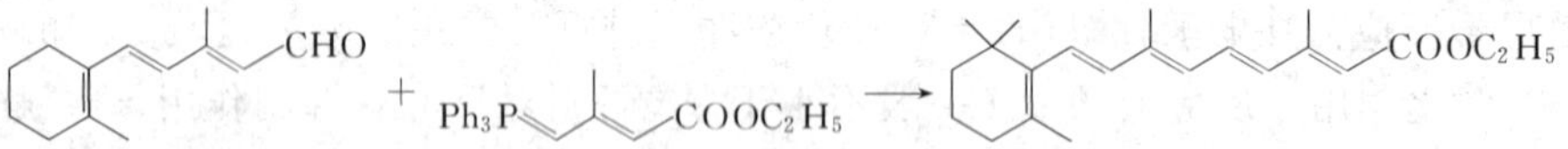

3. 麦克尔加成

活性亚甲基化合物与 α,β-不饱和化合物在碱性催化剂存在下发生加成反应，称为麦克尔（Micheal）加成反应。

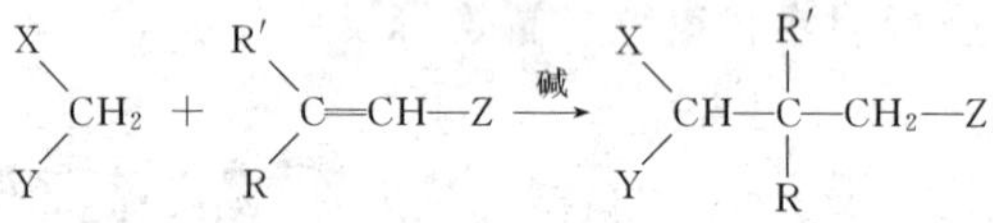

其中，X、Y、Z 为吸电子基，R、R' 为氢或烃基。X、Y、Z 的吸电子能力越大，其化合物的活性越强。

麦克尔加成反应是可逆的，而且大多数为放热反应。所以一般在较低的温度下进行，温度升高，收率下降。若用较弱的碱催化，反应温度可适当提高。麦克尔加成反应的应用广泛，在药物合成中的应用主要体现在以下两个方面。

（1）增长碳链　通过反应可在活性亚甲基上引入至少含三个碳原子的侧链。例如催眠药格鲁米特中间体的制备：

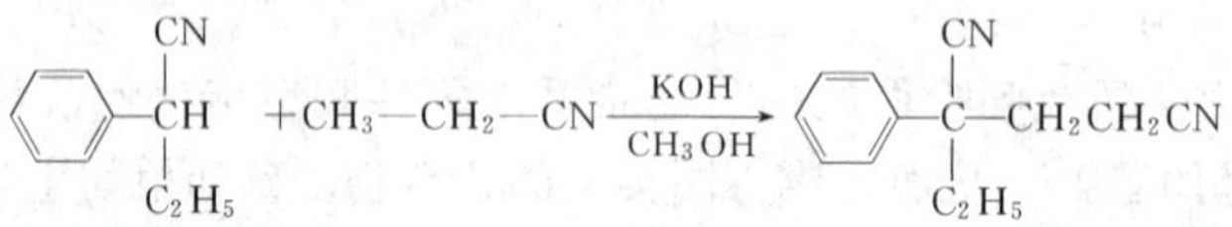

（2）鲁宾逊增环反应　环酮与 α,β-不饱和酮在碱催化下发生麦克尔加成，紧接着再发生分子内羟醛缩合，闭环而产生一个新的六元环；然后再继续脱水，生成二环（或多环）不饱和酮的反应称为鲁宾逊（Robinson）增环反应。

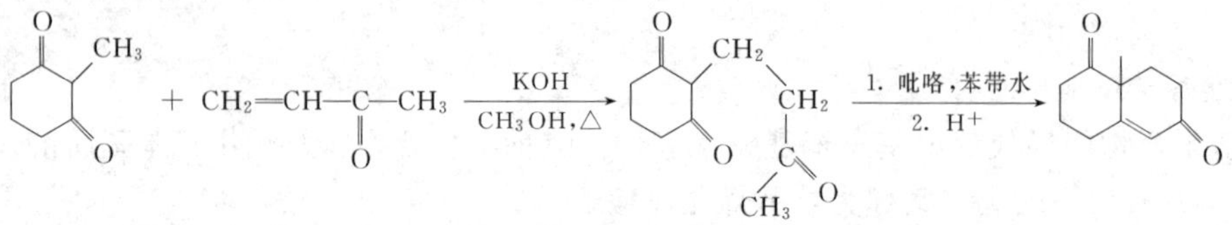

五、环合反应

环合反应是使链状化合物生成环状化合物的缩合反应。

环合产物可以是碳环化合物，也可以是杂环化合物，是通过形成新的碳-碳、碳-杂原子或杂原子-杂原子共价键来实现的。

环合反应一般分成两种类型。一种是分子内部进行的环合，称为单分子环合反应。另一种是两个（或多个）不同分子之间进行的环合，称为双（或多）分子环合。

根据反应时所放出的简单分子的不同，可以有脱水环合、脱醇环合以及脱卤化氢环合等，也有不放出简单分子的环合反应，例如双烯1,4-加成反应。

1. 吡唑衍生物的合成

在含有吡唑环的药物中，常以吡唑烷酮与吡唑啉酮的形式出现，也有以吡唑啉的形式出现的。吡唑的化学结构为：

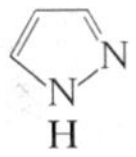

（1）5-吡唑啉酮类的合成　工业上合成5-吡唑啉酮类的方法常采用 β-酮酸酯、酰胺等与肼类作用。

（2）3,5-吡唑烷二酮的合成　可采用丙二酸二乙酯的衍生物与相应的肼类化合物缩合制得。

（3）氨基氰化物内分子的环合　例如1-苯基-5-氨基-吡唑啉盐酸盐的制备。

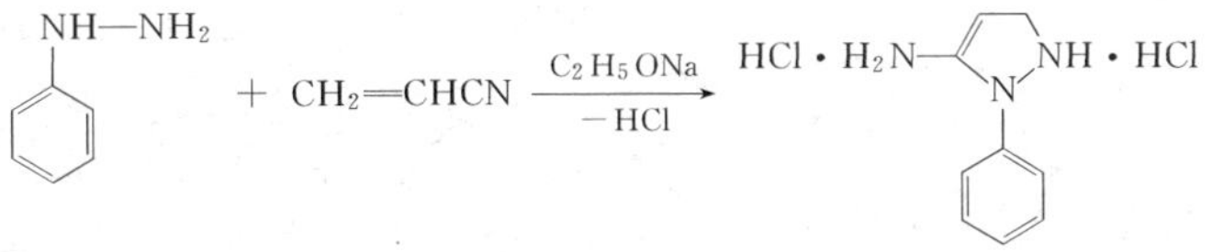

2. 吡啶衍生物的合成

吡啶的化学结构为：

（1）以1,5-二羰基化合物为原料　氨与1,5-二羰基化合物作用，得到不稳定的二氢吡啶，后者易脱氢生成吡啶类化合物。如果氨与不饱和的1,5-二羰基化合物作用则直接制得吡啶衍生物。

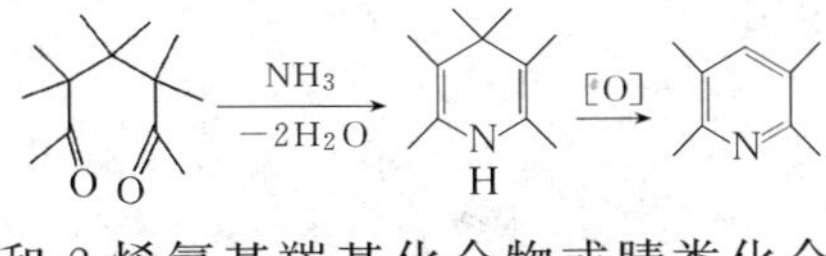

（2）以 β-二羰基化合物和 β-烯氨基羰基化合物或腈类化合物为原料　最简单的 β-二羰基化合物是丙二醛，但其极不稳定，无法应用，需要制成丙二醛的缩醛烯醚衍生物，再与丙烯胺类作用得吡啶的衍生物。

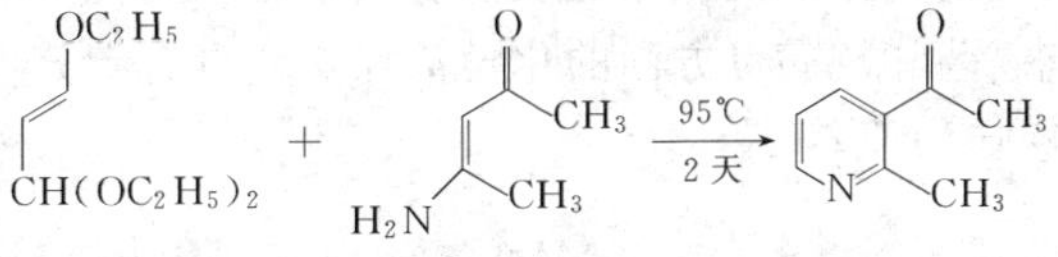

本法可制备取代基位置不对称的二氢吡啶与吡啶类衍生物，应用范围广泛。例如心血管系统疾病治疗药物钙离子通道拮抗剂中的1,4-二氢吡啶类药物的合成：

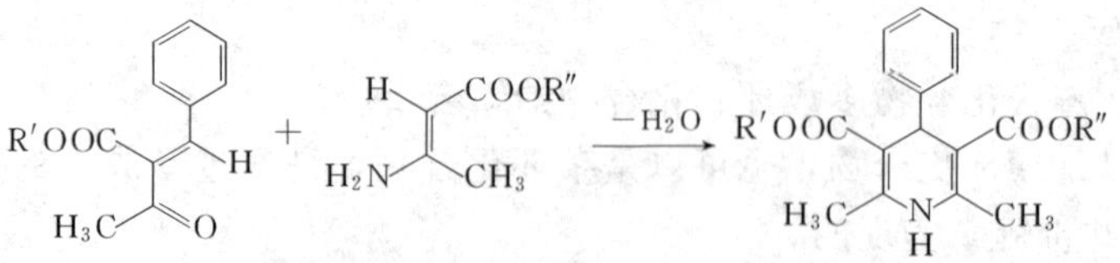

（3）以 β-二羰基化合物和氰乙胺为原料　以乙酰丙酮酸酯与氰乙酰胺的作用为例，环合得 α-羟基吡啶，α-羟基吡啶含有氰基和羟基，可通过水解脱羧除去 3-氰基，并通过卤素置换和还原除去 2-位羟基。

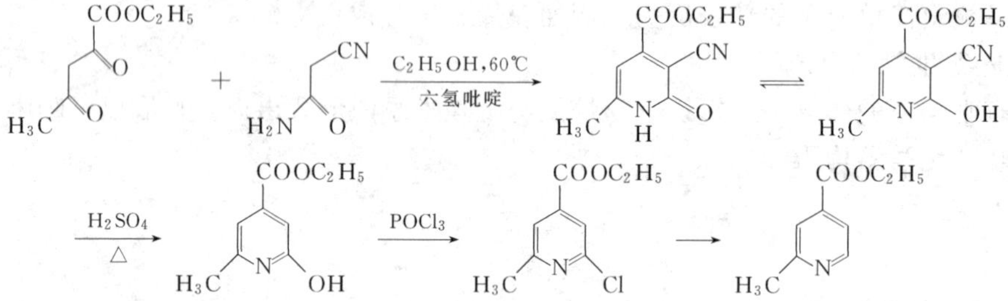

3．嘧啶衍生物的合成及应用

嘧啶的化学结构为：

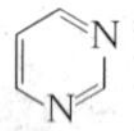

（1）尿素（硫脲、胍脒）与 1,3-二羰基化合物的反应

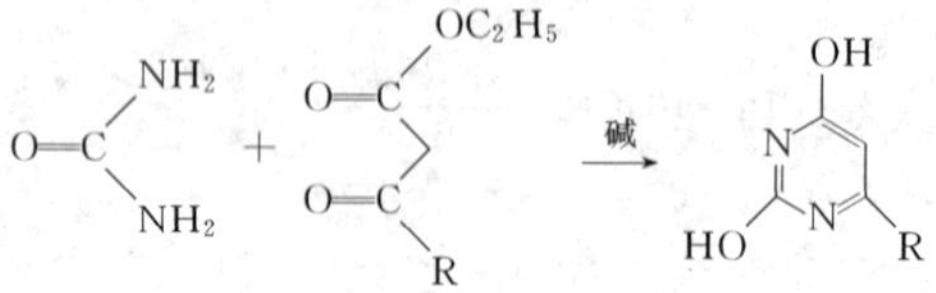

（2）以具有—N—C—C—C—N—基本结构的化合物（例如丙二酰胺、丙二脒）和具有 H—CO—基本结构的化合物（例如甲酰胺、甲酸乙酯）反应

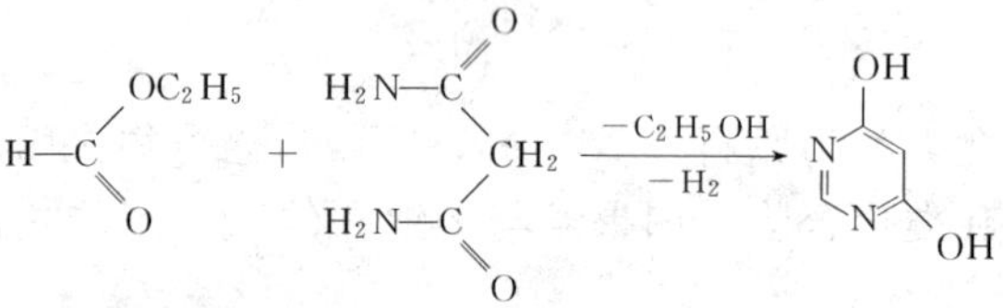

4．嘌呤衍生物的合成及应用

嘌呤的化学结构为：

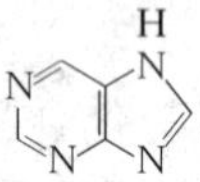

嘌呤类化合物对研究核酸、核苷酸和核苷的结构、组成、性质及合成，对于分子生物学、分子药理学以及合成其类似物，作为抗代谢物质抑制癌细胞和病毒中的酶系统活性以及其核酸的生物合成，对于发展抗癌药和抗病毒方面的化学治疗，均具有十分重要的意义。

（1）以 4,5-二氨基嘧啶为原料

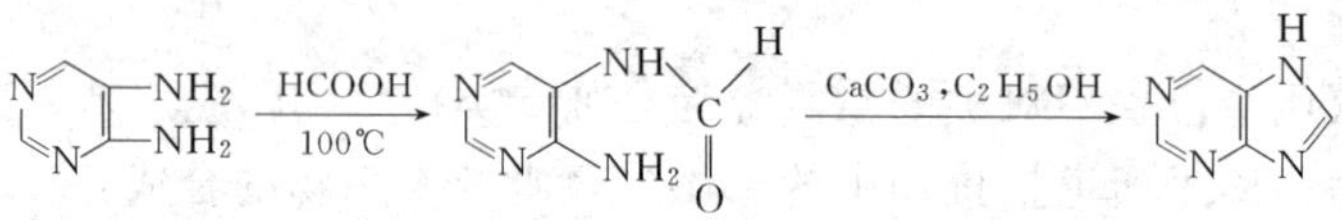

许多重要的嘌呤类化合物如咖啡因等均采用此法合成。

（2）以 4,5-二羟基嘧啶或 5-氨基-4-羟基嘧啶为原料

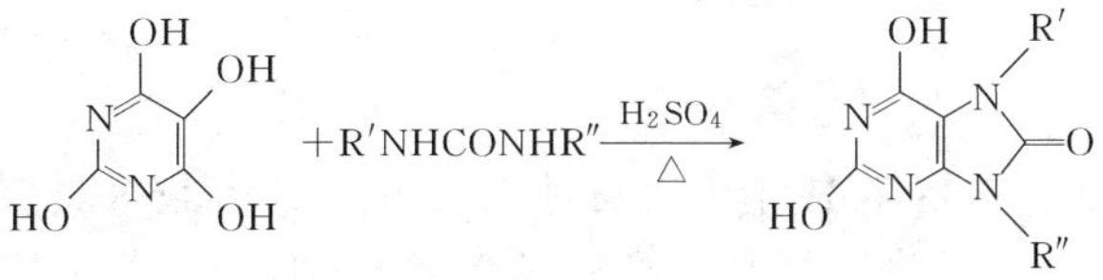

$$+ R'NHCONHR'' \xrightarrow[\triangle]{H_2SO_4}$$

（3）以咪唑类衍生物为原料

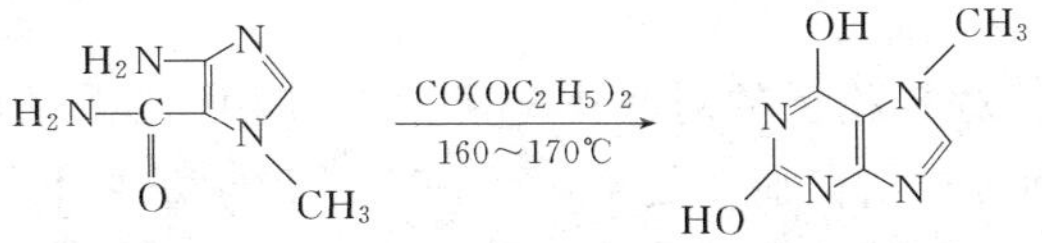

$$\xrightarrow[160\sim170℃]{CO(OC_2H_5)_2}$$

第二节　光学异构药物拆分的技术理论

在药物合成中，若在完全没有手征性因素存在的分子中进行引入手征性中心的反应，所得产物是由等量的左旋体与右旋体组成的外消旋体（简称消旋体）。一般需要将消旋体进行光学拆分，以得到所需立体构型的旋光体（左旋体或右旋体）。因为分子中具有手征性中心的药物，其立体构型往往具有专一性，若构型不符合要求，则其生物活性便显著减弱甚至失效。一般有四种情况如表 6-1 所示。

表 6-1　光学异构药物生物活性情况

光学异构体活性	实　例	说　明
异构体具有相同的活性	抗炎药布洛芬	这种情况比较少
	β-内酰胺类抗生素和喹诺酮类抗菌药的光学异构体都有不同程度的抗菌活性	这种情况比较多，异构体虽具有相同活性，但其活性程度有差异
异构体各有不同的生物活性	镇痛药右丙氧芬，其对映体诺夫特（Novrad）则为镇咳药	这种情况比较少
一异构体有药效，另一异构体无药效	氯霉素	比较常见。四个异构体中仅 D(－)苏阿糖型有抗菌活性
一异构体有效，另一异构体可致不良反应	治疗帕金森症药左旋多巴（Levodopa）；广谱驱肠虫药左旋咪唑（levamisole）	比较常见。左旋多巴 D-异构体与粒细胞减少症有关；左旋咪唑 D-异构体与呕吐副反应有关

在这类药物的合成中，必须考虑立体化学控制和拆分问题；选择极易得的起始原料，原料分子中应尽可能多地含有目标化合物所要求的手征性，以减少和防止生成不需要的立体异构体，提高所需异构体的生成率，达到工艺简便、经济合理的目的。

一、光学异构药物的分类

若手征性分子为药物合成的中间体，则光学拆分后，使用所需构型的旋光体进行下步合成反应，不仅可提高所需产物的收率，降低原料消耗，而且对拆分出来的不需要的对映体进行消旋化，再拆分加以反复利用。若手征性分子为药物时，则通过拆分除去无效的旋光体后，可提高药物治疗功效，降低毒性和副作用。

在药物合成中，经常得到的都是外消旋体。由于组成外消旋体的对映异构体除了对偏振光显示有左右旋的不同外，其他理化性质几乎完全相同。因此不能用分馏等方法将外消旋体分离成左旋体和右旋体，必须使用特殊的方法。将外消旋体分开的过程称为对映体的拆分。

然而，因为消旋体的构成与性质也不尽相同，又分为外消旋混合物、外消旋化合物和外消旋固体溶液三种。

1. 外消旋混合物

当各个对映体的分子在晶体中对其相同种类的分子具有较大的亲和力时，如（＋）-分子，那么只有一个（＋）-分子进行结晶，则将只有（＋）-分子在其上增长。（－）-分子的情况与此类同。于是将分别结晶成为（＋）-对映体或（－）-对映体的晶体，即外消旋混合物。

2. 外消旋化合物

当一个对映体的分子对其相反的对映体分子比对其相同质量的分子具有较大的亲和力时，相反的对映体即会在晶体的晶胞中配对，形成在计量学意义上的真正的化合物，这种化合物称为外消旋化合物，外消旋化合物只存在于晶体中。它们作为真正的化合物，其大部分物理性质都不同于其纯的对映体。

3. 外消旋固体溶液

在某些情况下，当一个外消旋体的相同构型的分子之间和相反构型分子之间的亲和力相差甚少时，则此外消旋体所形成的固体，其分子的排列是混乱的，于是得到的是"外消旋固体溶液"。外消旋固体溶液与其两个对映体在许多方面的性质都是相同的，甚至熔点和溶解度也相同或相差极少。

二、光学异构药物的拆分方法

光学异构药物的拆分是利用物理、化学、生物等方法将一外消旋体拆分为纯的左旋体和右旋体的过程。拆分的方法有下列几种。

1. 手工或机械拆分法

手工或机械拆分法是最早拆分外消旋体的方法。如果对映体为呈明显的物体与镜像关系的半面体结晶时，根据晶体的不同，可用手工方法在显微镜下将这两种晶体分开，但是此法不能用于液态的化合物。

2. 播种结晶法

播种结晶法又称诱导结晶拆分法，仅适用于外消旋混合物的拆分。此法是在外消旋体的过饱和溶液中，播入其中一个纯的对映体晶种，利用溶液中对映异构体之间的晶间力不同，使这一对映体结晶析出，在母液中留下另一对映体而达到拆分的目的；或者是当一个溶液含有稍微过量的一对对映体之一，它就先结晶出来。过滤后，滤液就含有过量的另一个对映体，升温加入外消旋体，冷却时，另一对映体就会结晶出来。如此反复操作，便可连续拆分交叉获得（＋）或（－）纯的对映体，即单旋体。通过这种方法，只是第一次加入一个光活性对映体，就能交替地把外消旋体分为左、右旋体。此拆分过程示意如下：

$$（\pm）过饱和溶液 \xrightarrow{（＋）晶种} \begin{cases} （＋）化合物析出 \\ 滤液 \xrightarrow[加热]{浓缩} \begin{cases} \xrightarrow{冷却} （－）化合物析出 \\ 加入（－）晶种 \to （－）化合物析出 \end{cases} \end{cases}$$

该法的优点是不需要拆分剂，操作简便，生产周期短，母液可套用多次，收率较高，成本较低，能用于几克到几吨外消旋混合物的拆分。缺点是拆分条件控制要求严格，拆分所得光学异构体的纯度不够高；仅适用于两种对映晶体独立存在的外消旋混合物的光学拆分。当消旋体的两个单旋体在溶液中以某种形式结合时，便不能拆分；而且消旋体的溶解度应大于其中任一单旋体的溶解度，在单旋体结晶析出时，消旋体不析出，仍保留在溶液中，使两个单旋体得到拆分。拆分中所用的溶剂有水、水-盐酸、水-甲醇、水-异丙醇等。

> **小提示**
>
> 当消旋体的两个单旋体在溶液中以某种形式结合时，便不能拆分；而且消旋体的溶解度应大于其中任一单旋体的溶解度，在单旋体结晶析出时，消旋体不析出，仍保留在溶液中，使两个单旋体得到拆分。

3. 微生物或酶作用下的拆分法

用生物化学的方法可以拆分外消旋体，此法是利用微生物或酶对光学异构体具有选择性的酶解作用，使外消旋体中的一个光学异构体优先酶解，另一个因难以酶解而被保留，从而达到分离的目的。某些微生物能有选择性地将一对对映体中的一个加以破坏或消化掉，从而剩下另一异构体。这也是工业生产中常用的方法，产物的旋光纯度很高。

有机体的酶对它的底物具有严格的立体专一反应性能。例如合成的 DL-丙氨酸经乙酰化后，通过由猪肾内取得的一种酶，水解 L-型的乙酰丙氨酸。这种酶可以把 DL-乙酰化物变为 L-(＋)-丙氨酸和 D-(－)-乙酰丙氨酸，由于这二者在乙醇中的溶解度区别很大，可以很容易分开。

4. 色谱分离法

色谱分离法也称为选择吸附法，是利用对映异构体吸附能力的不同而进行分离的方法。选择某些光学活性物质作吸附剂（Ads），能吸附外消旋体中的一个对映体，从而达到拆分的目的。用非对称化合物，如淀粉、蔗糖粉、乳糖粉和（＋)-石英粉与（－)-石英粉等作为柱色谱的吸附剂；有时用柱色谱的方法有可能使得一个外消旋体被拆分成单一的旋光体。因为非对称的吸附剂，如（－)-Ads，与一个被拆分的外消旋体（±)-X 中的（＋)-X 分子和（－)-X 分子，将分别形成两个非对映的（－)-Ads·(＋)-X 和（－)-Ads·(－)-X 两种吸附物。它们具有非对映立体异构的相互关系，所以稳定性有差别，即它们被吸附剂吸附的强弱不同，其中之一被吸附得比较牢固，而另一个比较松弛，在洗脱中，后者比较容易洗脱，从而可以分别地将它们冲洗出来，达到拆分的目的，如以光活性的 D-乳糖作为吸附剂拆分特勒格碱。

5. 化学拆分法

消旋化合物和消旋固体溶液是完全相同的一种晶体，因此对这两类消旋体可采取形成非对映体以扩大其矛盾性而进行光学拆分。

化学拆分法是最重要也是最常用的拆分法，也称为非对映异构体结晶拆分法。它是把外消旋体用旋光性试剂（即光学拆分剂）转变成可分离的非对映体混合物。将一对对映体转变为非对映异构体，即在一对对映体分子中引入同一的手征性基团，从而生成一对非对映异构体，由于非对映体的物理性质不同，特别是在沸点、溶解度和旋光度上存在差异，可以用一般方法将两个非对映异构体分开（通过分馏或分步结晶），分开后再把所引入的手征性因素除去（除去拆分剂），即可得到纯的左旋或右旋体。这种方法的特点是拆分出来的异构体的光学纯度高，而且操作方便，易于控制；缺点是生产成本较高。

例如一个外消旋酸（±)-A 与旋光性碱（＋)-B 生成一对非对映异构体的（＋)-A·

（＋）-B 和（－）-A·（＋）-B 盐，将二者分开后再除去碱（＋）-B，即得到纯的（＋）-A 和（－）-A，如下式：

$$\underset{\substack{外消旋体}}{（\pm）\text{-A}+（+）\text{-B}}\xrightarrow[\substack{有旋光性\\的拆分剂}]{成非对映异构体}\begin{cases}（+）\text{-A}·（+）\text{-B}\\（-）\text{-A}·（+）\text{-B}\end{cases}\xrightarrow[（分馏或分出结晶）]{分离}\begin{cases}（+）\text{-A}·（+）\text{-B}\xrightarrow{去（+）\text{-B}}（+）\text{-A}\\（-）\text{-A}·（+）\text{-B}\xrightarrow{去（+）\text{-B}}（-）\text{-A}\end{cases}$$

上述是化学拆分最常见的流程。非对映体的盐可通过重结晶分开，最后用盐酸酸化，就得到拆分了旋光性的有机酸。如果外消旋体是碱，则可用旋光性酸［如（＋）-酒石酸、樟脑磺酸等］使它变成盐，然后用分步结晶法将它们分开。本法对外消旋混合物、外消旋化合物及外消旋固体溶液均可适用，例如外消旋体酸、碱、醇、酚、醛、酮、酯、酰胺以及氨基酸等。有时也用此法制备旋光异构体的光学纯品。此法所用的溶剂有水、低级的醇、酮、醚和酯等。例如，氯霉素合成中间体 DL-"氨基醇"是消旋体，将其与等摩尔比的（＋）-酒石酸形成非对映的酸性酒石酸盐，并利用它们在甲醇溶剂中溶解度的差异加以分离，然后再分别脱去拆分剂（＋）-酒石酸，便可得到 D-异构体和 L-异构体。

其他的化学方法虽然不一定成盐，但是都遵循一个原理。

光学拆分剂的种类很多，由于外消旋体的种类和化学性质不同，所选用的光学拆分剂也不同。常用的酸类光学活性试剂有麻黄碱、番姆别碱、马钱子碱、奎宁、辛可尼定、去氢枞胺等旋光性生物碱，以及合成的 α-苯基乙胺-1-苯基-2-氨基丙烷、薄荷胺、L-（＋）-α-氨基-1-（对硝基）-1,3-丙二醇、苯基烷胺类等。常用的碱类光学活性试剂有樟脑-10-磺酸、酒石酸、苹果酸、扁桃酸、吡咯酮-5-羧酸、对甲苯磺酰谷氨酸等。

光学拆分剂的条件有以下几点。

① 拆分剂必须是易与消旋体形成非对映体，同时又易于被除去。

② 拆分剂与消旋体形成的两种非对映体之间的溶解度性质差别越大则越容易拆分。

③ 拆分剂必须是来源方便，价格低廉，在拆分后又能接近定量地回收，反复使用。

④ 拆分剂的光学纯度要高，才能得到光学纯度高的旋光体。

6. 其他的拆分法

其他的拆分法有光学活性膜拆分法、膜电极拆分法、大环多聚醚拆分法，以及利用光学活性溶剂进行萃取或重结晶的方法等。此外，还有某些特殊的方法，如螺［3,3］-1,5-庚二烯与氯化铂和光学活性的 α-甲基苄胺形成的非对映异构体络合物能在二氯甲烷中被拆分。尿素与外消旋 2-氯辛烷能形成两种不同的笼状半面晶非对映异构体而被拆分。

7. 某些物理方法

某些物理方法例如用一定波长的偏振光照射某些外消旋体时，能将其中一个对映体破坏而得到另一对映异构体。

8. 消旋归还拆分法

一些外消旋化合物在某些手性试剂的作用下，能使对映体之间经中间平衡而发生转化，将不需要的一个异构体转变为需要的对映体。

第三节　生产实例——氯霉素的合成技术

一、概述

氯霉素（Chloramphenicol）的化学名为 1R,2R-（－）-1-对硝基苯基-2-二氯乙酰氨基-

1,3-丙二醇，英文为（1R，2R)-(—)-p-nitrophenyl-2-dichloroacetamido-1,3-propanediol，即D-苏式-1-对硝基苯基-2-二氯乙酰氨基-1,3-丙二醇，别名：氯氨苯醇、左霉素，分子式为：

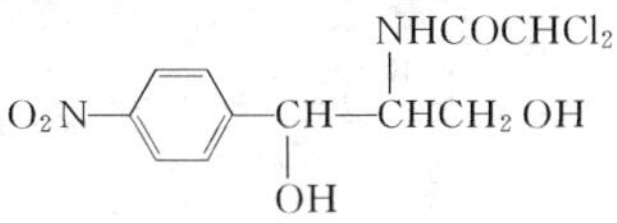

$$O_2N—\!\!\!\!\!\bigcirc\!\!\!\!\!—\underset{OH}{CH}—\underset{}{\overset{NHCOCHCl_2}{CH}}CH_2OH$$

氯霉素的化学结构中含有对硝基苯基、丙二醇与二氯乙酰胺三部分，其抗菌活性主要与丙二醇有关，且其分子中含有两个手征性碳原子（分子中C1和C2是两个手性中心），它们有四个旋光异构体，化学结构式分别为：

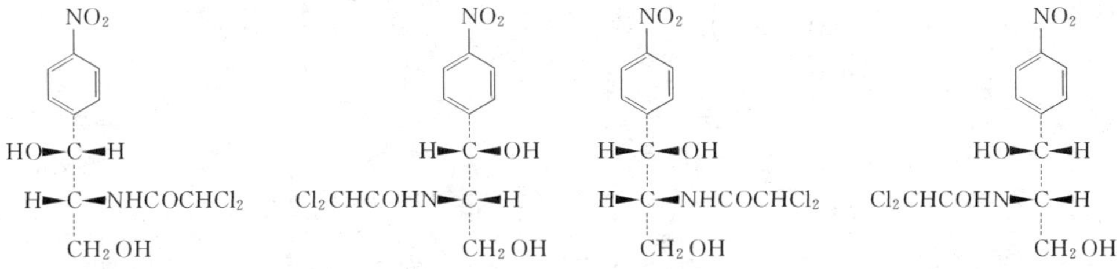

| 1R,2R(—) | 1S,2S(+) | 1S,2R(—) | 1R,2S(+) |

这4种光学异构体为两对对映异构体，其中一对的构型为D-苏型（或称1R，2R型）和L-苏型（或称1S，2S型）；另一对为D-赤型（或称1R，2S型）和L-赤型（或称1S，2R型）。未经拆分的苏型消旋体即为合霉素（Syntomycin），其抗菌活性为氯霉素的一半。上面四个异构体中仅1R，2R(—)［或D(—)苏阿糖型］有抗菌活性，为临床上使用的氯霉素，其他三种立体异构体均无疗效。

氯霉素为白色或微黄色的针状、长片状结晶或结晶性粉末，味苦，熔点149~153℃。易溶于甲醇、乙醇、丙酮、丙二醇中，微溶于水。干燥时稳定，在弱酸性和中性溶液中也较稳定，煮沸也不分解，遇碱类易失效。比旋度 $[\alpha]^{25}-25.5°$（乙酸乙酯）；$[\alpha]_D^{25}+18.5°$~21.5°（无水乙醇）。

氯霉素是世界上第一个用化学方法全合成的广谱抗生素，通过抑制细菌蛋白质合成而产生抑菌作用。对大多数革兰阴性和阳性细菌有效，对革兰阴性菌作用较强，特别是对伤寒、副伤寒杆菌作用最强。临床上主要用于治疗伤寒、副伤寒，对流感杆菌、百日咳杆菌、痢疾杆菌的作用亦强，对大肠杆菌、肺炎杆菌、变形杆菌、铜绿假单胞菌亦有抑制作用。对立克次体以及衣原体等微生物也均有抑制作用，对革兰阳性细菌的作用不及青霉素和四环素。因有严重的毒副作用，氯霉素一般不用于轻度感染，主要用于伤寒、副伤寒和其他沙门菌属感染。与氨苄西林合用于流感嗜血杆菌性脑膜炎；与青霉素合用可用于需氧菌与厌氧菌混合感染。

氯霉素在临床治疗中有骨髓毒性，但只要合理使用仍是一种很有价值的抗生素，对伤寒等疾病仍是目前临床上首选药物，是一个不可替代的抗生素品种，产量仍然稳定在一定的水平上。只要在应用中严格掌握适应证，使用合理剂量，严密监测毒性，仍然能够达到安全有效用药的目的。

二、氯霉素的合成路线

工业上生产氯霉素的方法很多，我国以乙苯为原料合成，路线如下：

$$\text{C}_6\text{H}_5\text{—CH}_2\text{CH}_3 \xrightarrow{\text{HNO}_3,\text{H}_2\text{SO}_4} \text{O}_2\text{N—C}_6\text{H}_4\text{—CH}_2\text{CH}_3 \xrightarrow{\text{O}_2} \text{O}_2\text{N—C}_6\text{H}_4\text{—COCH}_3$$

$$\xrightarrow{\text{Br}_2,\text{C}_6\text{H}_5\text{Cl}} \text{O}_2\text{N—C}_6\text{H}_4\text{—COCH}_2\text{Br} \xrightarrow{(\text{CH}_2)_6\text{N}_4,\text{C}_6\text{H}_5\text{Cl}} \text{O}_2\text{N—C}_6\text{H}_4\text{—COCH}_2\text{Br}(\text{CH}_2)_6\text{N}_4$$

$$\xrightarrow[\text{HCl},\text{H}_2\text{O}]{\text{C}_2\text{H}_5\text{OH}} \text{O}_2\text{N—C}_6\text{H}_4\text{—COCH}_2\text{NH}_2 \cdot \text{HCl} \xrightarrow[\text{CH}_3\text{COONa}]{(\text{CH}_3\text{CO})_2\text{O}} \text{O}_2\text{N—C}_6\text{H}_4\text{—COCH}_2\text{NHCOCH}_3$$

$$\xrightarrow[\text{C}_2\text{H}_5\text{OH}]{\text{HCHO}} \text{O}_2\text{N—C}_6\text{H}_4\text{—COCH(NHCOCH}_3)\text{—CH}_2\text{OH} \xrightarrow[\text{CH}_3\text{CH(OH)CH}_3]{\text{Al}[\text{OCH(CH}_3)_2]_3} \text{O}_2\text{N—C}_6\text{H}_4\text{—CH(OH)—CH(NHCOCH}_3)\text{—CH}_2\text{OH}$$

$$\xrightarrow{\text{HCl},\text{H}_2\text{O}} \text{O}_2\text{N—C}_6\text{H}_4\text{—CH(OH)—CH(NH}_2\cdot\text{HCl)—CH}_2\text{OH} \xrightarrow{\text{NaOH}} \underset{\text{DL}}{\text{O}_2\text{N—C}_6\text{H}_4\text{—CH(OH)—CH(NH}_2)\text{—CH}_2\text{OH}} \longrightarrow$$

$$\underset{\text{D-型}}{\text{O}_2\text{N—C}_6\text{H}_4\text{—CH(OH)—CH(NH}_2)\text{—CH}_2\text{OH}} + \underset{\text{L 型}}{\text{O}_2\text{N—C}_6\text{H}_4\text{—CH(OH)—CH(NH}_2)\text{—CH}_2\text{OH}} \xrightarrow[\text{CH}_3\text{OH}]{\text{CHCl}_2\text{COOCH}_3} \underset{\text{氯霉素}}{\text{O}_2\text{N—C}_6\text{H}_4\text{—CH(OH)—CH(NHCOCHCl}_2)\text{—CH}_2\text{OH}}$$

这条路线的优点是起始原料价廉易得，各步反应收率较高，技术条件要求不高。虽然合成步骤较多，但中间有 5 步反应（溴化、成盐、水解、乙酰化、羟甲基化）可连续进行，不需要分离中间体，大大简化了操作。缺点是硝化、氧化两步反应安全操作要求较高，而且乙苯硝化产生大量的邻硝基乙苯，如果无妥善的综合利用途径，必将给生产造成困难。另外，硝基化合物一般毒性较大，氯霉素生产时从第一步就引入了硝基，所以此路线对操作者的毒害较大，要注意劳动保护及"三废"治理。

制备氯霉素的合成路线除了以乙苯为原料的合成路线外，还有成肟法、苯乙烯法、肉桂醇法、溴苯乙烯法以及苯丝氨酸法等，本章重点介绍以乙苯为原料的生产工艺。

三、合成原理及其过程

1. 对硝基乙苯的合成

（1）化学反应

$$\text{C}_6\text{H}_5\text{—C}_2\text{H}_5 \xrightarrow{\text{HNO}_3,\text{H}_2\text{SO}_4} \underset{\substack{46\%\sim48\%\\ \text{对硝基乙苯}}}{\text{对-O}_2\text{N—C}_6\text{H}_4\text{—C}_2\text{H}_5} + \underset{44\%\sim46\%}{\text{邻-NO}_2\text{—C}_6\text{H}_4\text{—C}_2\text{H}_5} + \underset{6\%\sim8\%}{\text{间-NO}_2\text{—C}_6\text{H}_4\text{—C}_2\text{H}_5}$$

乙苯经混酸硝化制得硝基乙苯，后者再经分馏得到对硝基乙苯。

乙苯分子中的乙基为供电子基团，它使邻位及对位的电子密度显著增加，故反应产物以邻位和对位的硝基乙苯为主，同时仍有少量的间硝基乙苯产生。

在硝化过程中，当局部的酸浓度偏低而有过量水存在时，则硝基化合物生成后即刻能转变成其异构体亚硝酸酯，亚硝酸酯在反应温度升高时遇水分解成酚类。

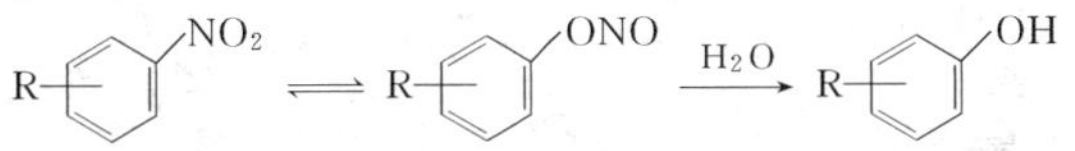

$$R\!\!-\!\!\phe{NO_2} \rightleftharpoons R\!\!-\!\!\phe{ONO} \xrightarrow{H_2O} R\!\!-\!\!\phe{OH}$$

> **知识窗**
>
> 　　在生产上，乙苯的硝化采用浓硫酸与硝酸配成的混酸作硝化剂。混酸中硫酸的作用为：①使硝酸产生硝基正离子 NO_2^+，后者与乙苯发生亲电取代反应；②使硝酸的用量减少至近于理论量；③浓硫酸与硝酸混合后，对铁的腐蚀性很小，故硝化反应可以在铁制反应器中进行。

　　(2) 硝化岗位操作

　　① 混酸配制。在装有推进式搅拌的不锈钢（或搪玻璃）混酸罐内，先加入 92％以上的硫酸，在搅拌及冷却下，以细流加入水，控制温度在 40～45℃。加毕，降温至 35℃，继续加入 96％的硝酸，温度不超过 40℃。加毕，冷至 20℃。取样化验，要求配制的混酸中，硝酸含量约 32％，硫酸含量约 56％。

　　② 硝化反应。在装有旋桨式搅拌的铸铁硝化罐中，先加入乙苯。开动搅拌，调至 28℃，滴加混酸，控制温度在 30～35℃。加毕，升温至 40～45℃，继续搅拌保温 1h，使反应完全。然后冷却至 20℃，静置分层。分去下层废酸后，用水洗去硝化产物中的残留酸，再用碱液洗去酚类，最后用水洗去残留碱液，送往蒸馏岗位。

　　③ 硝基乙苯的分离。首先将未反应的乙苯及水减压蒸出，然后将余下的部分送往高效率分馏塔，进行连续减压分馏，压力为 $5.3×10^3\,Pa$ 以下，在塔顶馏出邻硝基乙苯。从塔底馏出的高沸物再经一次减压蒸馏，得到精制对硝基乙苯，由于间硝基乙苯的沸点与对位体相近，故精馏得到的对硝基乙苯尚含有 6％左右的间位体。

　　(3) 反应条件及控制

　　① 温度。一般情况下，温度升高，反应速度加快。但在乙苯硝化反应中，若温度过高会有大量副产物生成，严重时有发生爆炸的可能。乙苯的硝化反应为强烈的放热反应，温度控制不当，会产生二硝基化合物，并有利于酚类物质的生成。所以在硝化过程中，要有良好的搅拌和有效的冷却，及时把反应热除去，以控制温度。

　　② 配料比。为避免产生二硝基乙苯，硝酸的用量不能过多，可接近理论量，乙苯与硝酸的摩尔比为 1：1.05，硫酸的脱水值也不能过高，控制在 2.56。

　　③ 乙苯的质量。乙苯的含量应高于 95％，其外观、水分等各项指标应符合质量标准。乙苯中若水分含量过高，色泽不佳，会使硝化反应速度变慢，而且产品中对位体含量降低，致使硝化收率下降。

　　对硝基乙苯生产工艺流程如图 6-1 所示。

　　2. 对硝基苯乙酮的合成

　　(1) 化学反应

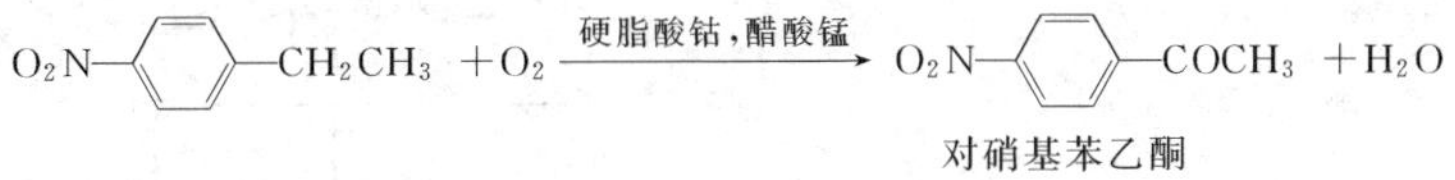

$$O_2N\!\!-\!\!\phe{}\!\!-\!\!CH_2CH_3 + O_2 \xrightarrow{硬脂酸钴,醋酸锰} O_2N\!\!-\!\!\phe{}\!\!-\!\!COCH_3 + H_2O$$

对硝基苯乙酮

　　反应原理为对硝基乙苯的氧化，由于次甲基比甲基易被氧化，对硝基乙苯分子中的乙基在较缓和的条件下进行氧化时，次甲基转变为羰基而生成对硝基苯乙酮。如果在激烈的条件下进行氧化，则生成对硝基苯甲酸，所以要控制条件，以尽量减少对硝基苯甲酸的生成。

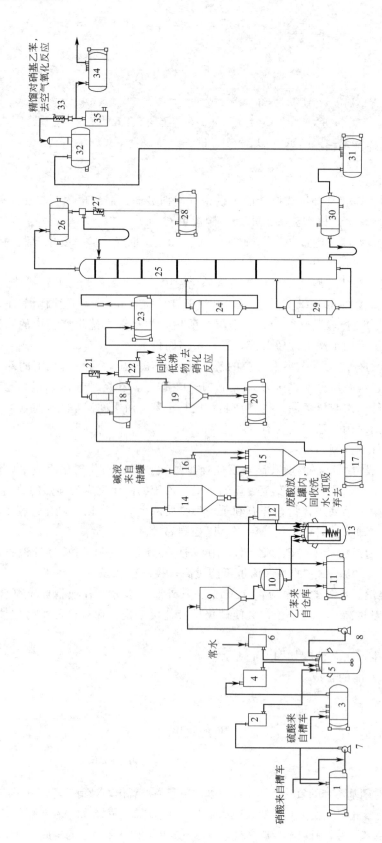

图 6-1 对硝基乙苯生产工艺流程

1—硝酸储罐；2—硝酸计量槽；3—硝酸储槽；4—硫酸计量槽；5—硝化反应罐；6—水计量槽；7—硝酸泵；8—混酸泵；9—混酸储槽；10—混酸计量槽；11—乙苯储槽；
12—乙苯计量槽；13—硝化反应罐；14—静置罐；15—洗涤罐；16—苛性钠储槽；17—混合体储罐；18—初馏釜；19—高沸物储罐；20—高沸物储罐；21—冷却器；
22—低沸物储罐；23—高沸物储槽；24—混合体储槽；25—分馏塔；26—冷凝器；27—冷却器；28—邻位储罐；29—加热储槽；30—加热储罐；31—对位体储罐；
32—精馏釜；33—冷却器；34—对位体储槽；35—高沸物受槽

（2）氧化岗位操作

① 氧化反应。将对硝基乙苯自计量槽中加入氧化反应塔，同时加入硬脂酸钴和醋酸锰催化剂（内含载体碳酸钙90%，其量各为对硝基乙苯质量的十万分之五）。用空压机压入空气使塔内压强为0.5MPa，开动搅拌，逐渐升温至150℃以激发反应。反应开始后，随即发生连锁反应并放热。这时适当地往反应塔夹层通水使反应温度平稳下降，维持在135℃左右进行反应。收集反应生成的水，并根据汽水分离器分出的冷却水量判断和控制反应进行的程度。当反应产生热量逐渐减少，生成水的速率和数量降到一定程度时停止反应，稍冷，将物料放出。

② 产物的分离。反应物中含有对硝基苯乙酮、对硝基苯甲酸、未反应的对硝基乙苯、微量过氧化物以及其他副产物等。在对硝基苯乙酮未析出之前，根据反应物的含酸量加入碳酸钠溶液，使对硝基苯甲酸转变为钠盐。然后充分冷却，使对硝基苯乙酮尽量析出。过滤，洗去对硝基苯甲酸钠盐后，干燥，得到对硝基苯乙酮。对硝基苯甲酸的钠盐溶液经酸化处理后，可得副产物对硝基苯甲酸。

分出对硝基苯乙酮后，所得到的油状液体仍含有未反应的对硝基乙苯，用亚硫酸氢钠溶液分解除去过氧化物后，进行水蒸气蒸馏，回收的对硝基乙苯可再用于氧化。

（3）反应条件及控制

① 催化剂。大多数变价金属的盐类及其氧化物均有催化作用，铜盐和铁盐对反应的催化作用过于猛烈，故不宜采用，且反应中应注意防止微量 Fe^{3+} 和 Cu^{2+} 的混入。醋酸锰的催化作用较为缓和，能提高氧化收率。碳酸钙作载体，可使反应平稳进行。催化剂硬脂酸钴的作用是降低反应的活化能。硬脂酸钴可使反应温度比单纯醋酸锰降低约10℃，故采用硬脂酸钴和醋酸锰-碳酸钙混合催化剂。

② 反应温度。对硝基乙苯的催化氧化反应是强烈的放热反应，是游离基反应，反应开始阶段生成游离基需要能量，因此在反应初期需要加热。当反应激发后便能激烈地进行连锁反应而放出大量的热，此时若不及时将产生的热量移去，则产生的游离基越来越多，温度急剧上升，就会发生爆炸事故。但如果冷却过度，又会使连锁反应中断，过早停止反应。因此，当反应激发后，必须适当降低温度，使反应维持在既不过分激烈又能均匀出水的程度。

③ 反应压力。用空气作氧化剂比用氧气安全，所以生产上采用空气氧化法，而且根据反应方程式，此氧化反应是使气体分子数减少的反应，所以加压对反应有利。但实践证明反应压力超过0.49MPa（5kg/cm²）时，对硝基苯乙酮的含量增加不显著，故生产上采用5kg/cm²压力的空气氧化。

④ 对硝基乙苯质量。对硝基乙苯是乙苯硝化反应的产物，如果有硝化反应的副产物，对硝基苯乙酮的产率会降低，影响生产。所以对硝基乙苯质量要符合标准。

若有苯胺、酚类和铁盐等物质存在时，会使对硝基乙苯的催化氧化反应受到强烈抑制，所以应防止此类物质混入。

对硝基苯乙酮的生产工艺流程如图6-2所示。

小资料

硬脂酸钴的制备方法是将澄明的硬脂酸钠稀醇溶液（pH为8～8.5）加到硝酸钴溶液中，使硬脂酸钴析出，过滤，洗涤至无硝酸根离子，经干燥后制得。醋酸锰催化剂是将10%醋酸锰溶液与沉淀碳酸钙（醋酸锰与碳酸钙的质量比为1:9）混合均匀，干燥即得。醋酸锰的催化作用较为缓和，氧化收率较高，碳酸钙作醋酸锰的载体，可以保护过氧化物不致分解过速，从而使反应平稳进行。

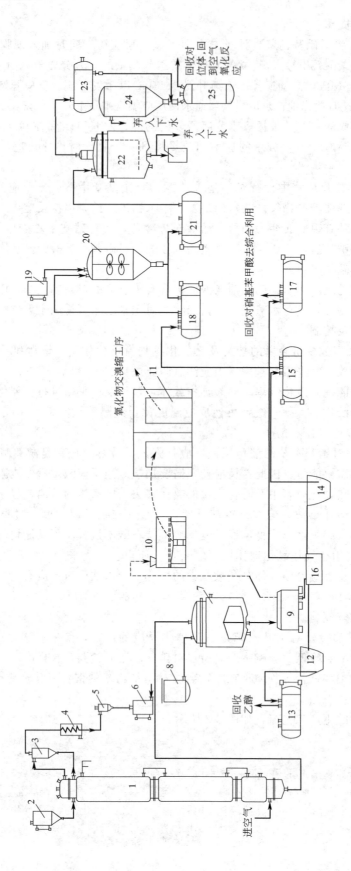

图 6-2 对硝基苯乙酮的生产工艺流程

1—氧化反应塔；2—对位体计量槽；3—汽水分离器；4—冷却器；5—分水油回收器；6—分水器；7—中和罐；8—碳酸钠溶解罐；9—离心机；10—过筛机；11—干燥箱；12—醇洗液受器；13—醇液储槽；14—回收油储槽；15—回收油受器；16—洗液油受器；17—回收油储槽；18—计量罐；19—亚硫酸氢钠液罐；20—洗涤罐；21—回收油储槽；22—水蒸气蒸馏釜；23—馏液受器；24—残渣受器；25—回收对位体储槽

3. 对硝基-α-溴代苯乙酮的合成

（1）化学反应

$$O_2N-\!\!\bigcirc\!\!-COCH_3 \xrightarrow{Br_2,C_6H_5Cl} O_2N-\!\!\bigcirc\!\!-COCH_2Br + HBr$$
对硝基-α-溴代苯乙酮

对硝基苯乙酮与溴作用生成对硝基-α-溴代苯乙酮的反应属于离子型反应。溴对对硝基苯乙酮烯醇式的双键进行加成，再脱去 1mol 溴化氢而得到所需产物。

（2）溴化反应岗位操作 将对硝基苯乙酮及氯苯（溶剂，含水量低于 0.2%，可反复套用）加到溴代罐中，在搅拌下先加入少量的溴（约占全量的 2%～3%）。当有大量溴化氢产生且红棕色的溴消失时，表示反应开始。保持反应温度在 26～28℃，逐渐将其余的溴加入。溴的用量略大于理论量。反应产生的溴化氢用真空抽出，用水吸收制成氢溴酸进行回收。真空度不宜过大，只要使溴化氢不从它处溢出即可。溴滴加完毕后，继续反应 1h，然后升温至 35～37℃，通压缩空气以尽量排走反应液中的溴化氢，否则影响下一步成盐反应。静置 0.5h 后，将澄清的反应液送至下一步成盐反应。罐底的残液可用氯苯洗涤，洗液可套用。

（3）反应条件及控制

① 溴与溴化氢。由于此反应是在烯醇化的形式下进行的，所以需要酮式结构不断地向烯醇型结构转变，溴化反应的速度取决于烯醇化的速度。溴代反应产生的溴化氢是烯醇化的催化剂。但由于开始反应时其量较少，只有经过一段时间产生了足够的溴化氢后，反应才能以稳定的速度进行，这就是本反应有一段所谓的"诱导期"的原因。

若局部溴素过多，则能产生二溴化物，它不能与六亚甲基四胺成盐。故在下一步成盐反应后二溴化物仍留于溶剂氯苯中。在生产上可反复套用氯苯。经研究发现二溴化物在溴化氢的催化下能与对硝基苯乙酮进行反应，生成 2mol 的对硝基-α-溴代苯乙酮。所以溴化氢是反应的催化剂，反应中要保证反应物中有一定浓度的溴化氢，不要全部抽走。

② 水分。水分的存在对反应不利，要严格控制原料及溶剂的水分。

③ 金属离子。有金属离子存在时会引起苯环上的取代反应，要避免金属或金属离子存在。

④ 对硝基苯乙酮的质量。对硝基苯乙酮的质量要达到标准，否则会导致溴化物残渣过多，对硝基-α-溴代苯乙酮的收率低，或者影响下一步反应。

4. 对硝基-α-溴代苯乙酮六亚甲基四胺盐的合成（成盐）

（1）化学反应

$$O_2N-\!\!\bigcirc\!\!-COCH_2Br \xrightarrow{(CH_2)_6N_4,C_6H_5Cl} O_2N-\!\!\bigcirc\!\!-COCH_2Br(CH_2)_6N_4$$
对硝基-α-溴代苯乙酮六亚甲基四胺盐

对硝基-α-溴代苯乙酮与六亚甲基四胺（乌洛托品）进行成盐反应生成对硝基-α-溴代苯乙酮六亚甲基四胺盐（简称成盐物），这一反应是定量进行的。

（2）成盐岗位操作 将经脱水的氯苯或成盐反应的母液加入到干燥的反应罐内，在搅拌下加入干燥的六亚甲基四胺（比理论量稍过量），用冰盐水冷至 5～15℃，将除净残渣的溴化液抽入，33～38℃反应 1h，然后测定反应终点。成盐物无需过滤，冷却后即可直接用于下一步水解反应。

(3) 反应条件及控制

① 水和酸。加入的溶剂氯苯应严格控制水分，六亚甲基四胺也必须事先干燥。

a. 水和酸能使成盐反应中的六亚甲基四胺分解生成甲醛。反应如下：

$$(CH_2)_6N_4 + 4HBr + 6H_2O \longrightarrow 6HCHO + 4NH_4Br$$

b. 成盐物与水反应，生成对硝基苯乙酮醛，对硝基苯乙酮醛很容易聚变合成胶状物。反应如下：

$$O_2N—\!\!\!\!\bigcirc\!\!\!\!—COCH_2Br(CH_2)_6N_4 + 6H_2O \longrightarrow O_2N—\!\!\!\!\bigcirc\!\!\!\!—COCHO$$

因此，溴化反应完毕后必须尽量排走反应液中的溴化氢，放置一定时间后，使氯苯中所含水分（已被溴化氢饱和）沉于灌底，并分去这部分溴化氢，然后才能进行成盐反应。

② 温度。最高温度不得超过40℃。

③ 成盐反应终点控制。根据两种原料（对硝基-α-溴代苯乙酮、六亚甲基四胺）和产物（成盐物）在氯仿和氯苯中溶解度的不同，确定成盐反应终点。它们的溶解度情况如表6-2。

表6-2　成盐反应的原料与产物在氯仿、氯苯中的溶解度

物　料	氯　仿	氯　苯
对硝基-α-溴代苯乙酮	溶解	溶解
六亚甲基四胺	溶解	不溶(溶解度小)
成盐物	不溶(溶解度小)	不溶(溶解度小)

取反应液适量，过滤（若未反应完，滤液中有对硝基-α-溴代苯乙酮），向一份滤液中加入2份六亚甲基四胺氯仿饱和溶液，温热片刻，再降温至室温，如不呈浑浊，表示反应已经完全。如溶液浑浊，表示反应未达到终点，应适当补加六亚甲基四胺。

5. 对硝基-α-氨基苯乙酮盐酸盐的合成（"成盐物"水解）

(1) 化学反应　以盐酸水解对硝基-α-溴代苯乙酮六亚甲基四胺盐，得到了伯胺的盐酸盐，即对硝基-α-氨基苯乙酮盐酸盐。

$$O_2N—\!\!\!\!\bigcirc\!\!\!\!—COCH_2Br(CH_2)_6N_4 \xrightarrow[HCl, H_2O]{C_2H_5OH} O_2N—\!\!\!\!\bigcirc\!\!\!\!—COCH_2NH_2 \cdot HCl$$

对硝基-α-氨基苯乙酮伯胺盐酸盐

(2) 水解岗位操作　将盐酸加入搪玻璃罐内，降温至7～9℃，搅拌下加入成盐物。继续搅拌至成盐物转变为颗粒状后，停止搅拌，静置，分出氯苯。然后加入甲醇和乙醇，搅拌升温，在32～34℃反应4h。3h后开始测定酸的含量，并使其保持在2.5%左右（确保反应在强酸性下进行）。反应完毕，降温，分去酸水，加入常水洗去酸后，加入温水分出二乙醇缩甲醛。再加入适量水搅拌，冷至−3℃，离心分离，得到对硝基-α-氨基苯乙酮伯胺盐酸盐。

分出的氯苯用水洗去酸，经干燥后，循环用于溴化及成盐反应。

(3) 反应条件及控制　"成盐物"必须在强酸下才能转化为伯胺，并且水解产物在强酸性下稳定。

6. 对硝基-α-乙酰氨基苯乙酮(乙酰化物)的合成(乙酰化)

(1)化学反应

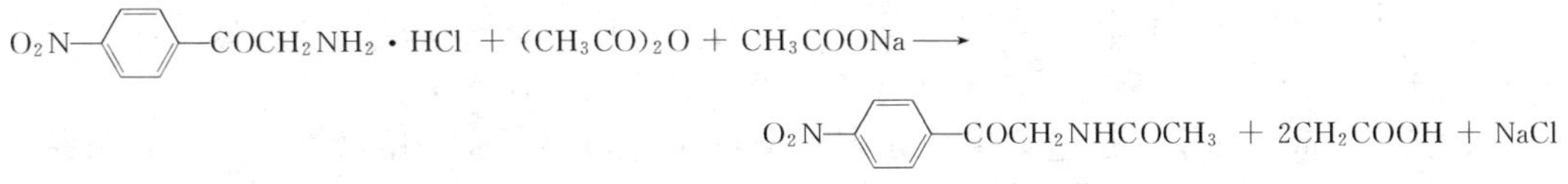

$$O_2N\!-\!\!\langle\ \rangle\!-\!COCH_2NH_2 \cdot HCl + (CH_3CO)_2O + CH_3COONa \longrightarrow$$

$$O_2N\!-\!\!\langle\ \rangle\!-\!COCH_2NHCOCH_3 + 2CH_2COOH + NaCl$$

对硝基-α-乙酰氨基苯乙酮

用乙酸酐作为酰化剂对氨基进行乙酰化反应。

(2)酰化岗位操作 向反应罐中加入母液,冷至 0~3℃,加入"水解物",开动搅拌,将结晶打碎成浆状,加入乙酸酐,搅拌均匀后,先慢后快地加入 38%~40% 的乙酸钠溶液。这时温度逐渐上升,加完乙酸钠时温度不要超过 22℃,在 18~22℃反应 1h,测定反应终点(取少量反应液过滤,往滤液加入碳酸钠中和至呈碱性应不显红色)。反应液冷至 10~13℃即析出结晶,过滤,先用常水洗涤结晶,再以 1%~1.5%碳酸氢钠溶液洗至 pH=7,结晶,用作下一个缩合岗位。滤液回收乙酸钠。

(3)反应条件及控制

① pH。反应物的 pH 控制在 3.5~4.5 最好。

② 加料方式。本反应必须严格遵守先加乙酸酐后加乙酸钠的顺序,绝对不能颠倒。在整个反应过程中必须始终保证有过量的乙酸酐存在。

乙酰化反应产生的乙酸与加入的乙酸钠形成了缓冲溶液,也使反应液的 pH 保持稳定,有利于反应的进行。

7. 对硝基-α-乙酰氨基-β-羟基苯丙酮(缩合物)的合成(缩合)

(1)化学反应

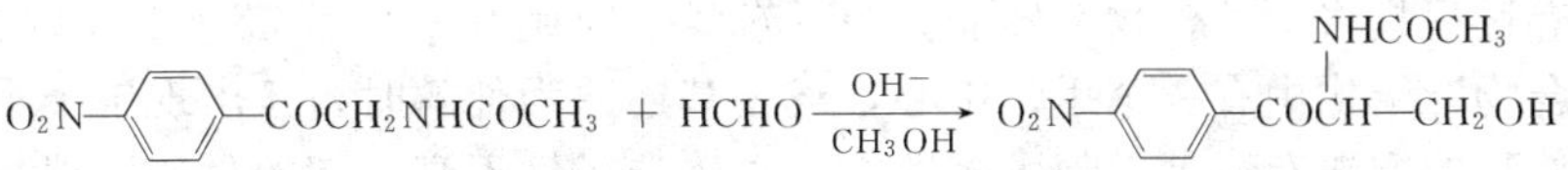

$$O_2N\!-\!\!\langle\ \rangle\!-\!COCH_2NHCOCH_3 + HCHO \xrightarrow[CH_3OH]{OH^-} O_2N\!-\!\!\langle\ \rangle\!-\!COCH\!-\!CH_2OH$$

对硝基-α-乙酰氨基-β-羟基苯丙酮

在碱催化下,"乙酰化物"羰基 α-碳上的氢原子以质子的形式脱去,生成碳负离子。后者是强的亲核试剂,它向甲醛部分带正电的羰基碳原子进攻发生羟醛缩合反应,生成对硝基-α-乙酰氨基-β-羟基苯丙酮。

本反应的溶剂是醇-水混合溶剂,醇浓度维持在 60%~65% 为好。在这一步反应中形成了第一个手性中心，产物是外消旋混合物。

（2）缩合岗位操作　将"乙酰化物"加水调成糊状，测 pH 应为 7。将甲醇加入反应罐内，升温至 28～33℃，加入甲醛溶液，随后加入"乙酰化物"及碳酸氢钠，测 pH 应为7.5。反应放热，温度逐渐上升。此时可不断地取反应液置于玻璃片上，用显微镜观察，可以看到"乙酰化物"的针状结晶不断减少，而缩合物的长方柱状结晶不断增多。经数次观察，确认针状结晶全部消失，即为反应终点。

反应完毕，降温至 0～5℃，离心过滤，滤液可回收醇，产物经洗涤、干燥至含水量在0.2% 以下，可送至下一步还原反应岗位。

（3）反应条件及控制

① 酸碱度。反应必须保持在弱碱性条件下进行，pH＝7.5～8.0，pH 过低反应不易进行，pH 大于 7.8 时，反应物有可能与两分子甲醛形成双缩合物。

② 甲醛的用量。如甲醛过量太多，亦有利于双缩合物的形成；用量过少，可导致一分子甲醛与两分子乙酰化物缩合，反应如下：

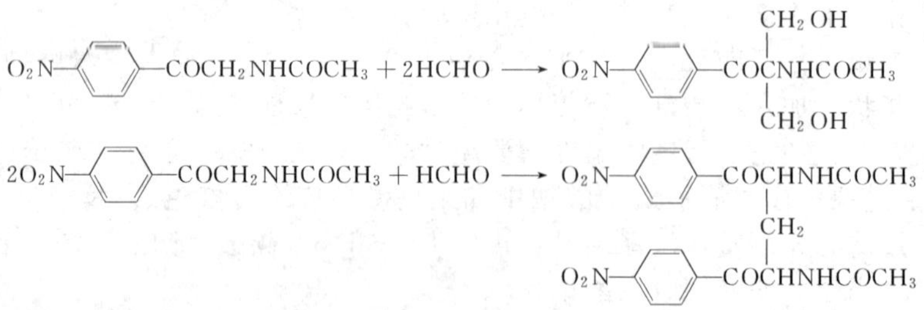

$$O_2N-\langle C_6H_4\rangle-COCH_2NHCOCH_3 + 2HCHO \longrightarrow O_2N-\langle C_6H_4\rangle-\underset{\underset{CH_2OH}{|}}{\overset{\overset{CH_2OH}{|}}{C}}OCNHCOCH_3$$

$$2O_2N-\langle C_6H_4\rangle-COCH_2NHCOCH_3 + HCHO \longrightarrow O_2N-\langle C_6H_4\rangle-\underset{\underset{O_2N-\langle C_6H_4\rangle-COCHNHCOCH_3}{|}}{\overset{\overset{COCHNHCOCH_3}{|}}{CH_2}}$$

为了减少上述副反应，甲醛用量控制在过量 40% 左右（摩尔比约为 1∶1.4）为宜。

③ 反应温度。温度过高也有双缩合物生成，甚至导致产物脱水形成烯烃。

对硝基-α-乙酰氨基-β-羟基苯丙酮生产工艺流程如图 6-3 所示。

8. DL-苏阿糖型-1-对硝基苯基-2-氨基-1,3-丙二醇（简称 DL-氨基醇）的合成（还原）

（1）化学反应

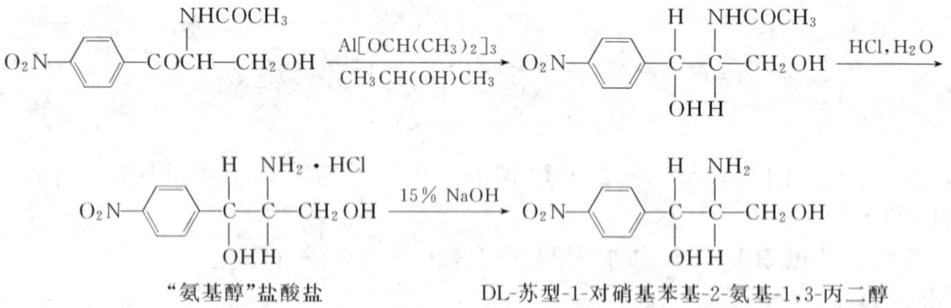

$$O_2N-\langle C_6H_4\rangle-\underset{\underset{NHCOCH_3}{|}}{C}OCH-CH_2OH \xrightarrow[CH_3CH(OH)CH_3]{Al[OCH(CH_3)_2]_3} O_2N-\langle C_6H_4\rangle-\underset{\underset{OH\ H}{|}}{\overset{\overset{H\ NHCOCH_3}{|}}{C}}-\underset{}{C}-CH_2OH \xrightarrow{HCl, H_2O}$$

$$O_2N-\langle C_6H_4\rangle-\underset{\underset{OH\ H}{|}}{\overset{\overset{H\ NH_2\cdot HCl}{|}}{C}}-C-CH_2OH \xrightarrow{15\% NaOH} O_2N-\langle C_6H_4\rangle-\underset{\underset{OH\ H}{|}}{\overset{\overset{H\ NH_2}{|}}{C}}-C-CH_2OH$$

"氨基醇"盐酸盐　　　　　　　　　DL-苏型-1-对硝基苯基-2-氨基-1,3-丙二醇

这一反应过程是将"缩合物"转变为 DL-苏型-1-对硝基苯基-2-氨基-1,3-丙二醇（"氨基醇"）。"缩合物"结构中有一个手性中心，当羰基还原为仲醇时，又出现 1 个手性中心。将羰基还原成仲醇的方法有多种，但大多数方法立体选择性不高，有的在还原羰基的同时，其分子中的硝基亦被还原。异丙醇铝-异丙醇还原法（Meerwein-Ponndorf-Verley reduction）有较高的立体选择性，其反应产物是占优势的一对苏型立体异构体，分子中的硝基不受影响。用其他的还原方法可能得到 4 种立体异构体。

（2）还原岗位操作

① 异丙醇铝-异丙醇的制备。将洁净干燥的铝片加入干燥的反应罐内，再加入少许无水

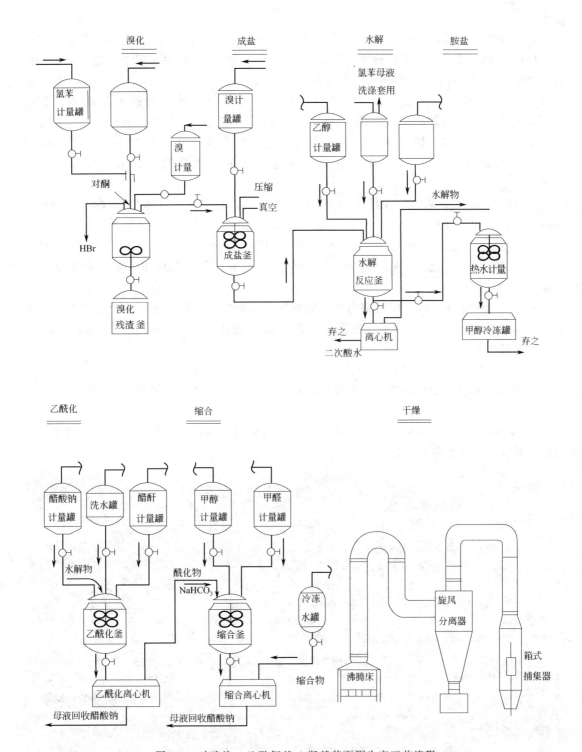

图 6-3 对硝基-α-乙酰氨基-β-羟基苯丙酮生产工艺流程

三氯化铝及无水异丙醇，升温使反应液回流。此时放出大量的热和氢气，温度可达 110℃ 左右。当回流稍缓和后，在保持不断回流的情况下，缓缓加入其余的异丙醇。加毕，加热回流至铝片全部溶解不再放出氢气为止。冷却后，将制得的异丙醇铝-异丙醇溶液压至还原反应罐中。

② 还原反应。将异丙醇铝-异丙醇溶液冷至 35～37℃，加入无水三氯化铝，升温至 45℃ 左右反应 0.5h，使部分异丙醇转变为氯代异丙醇铝。然后，向异丙醇铝与氯代异丙醇铝的混合物中加入"缩合物"，于 60～62℃ 反应 4h。

③ 水解。还原反应完毕后，将反应物压至盛有水及少量盐酸的水解罐中，在搅拌下蒸出异丙醇。蒸完后，稍冷，加入上批的"亚胺物"及浓盐酸，升温至 76～80℃，反应 1h 左右，同时减压回收异丙醇。然后，将反应物冷至 3℃，使"氨基醇"盐酸盐结晶析出，过滤，得"氨基醇"盐酸盐。滤液含大量铝盐，可回收用于制备氢氧化铝。

④ 中和。将"氨基醇"盐酸盐加少量母液溶解，此时有红棕色油状物（即"红油"）浮在上层，分离除去后，加碱中和至 pH＝7～7.8，使铝盐变成氢氧化铝析出。加入活性炭于 50℃ 脱色，过滤，滤液用 15% NaOH 中和至 pH＝9.5～10，混旋 DL-氨基醇析出。冷至接近 0℃ 过滤，产物（湿品）直接送下步拆分，母液套用于溶解"氨基醇"盐酸盐。

每批母液除部分供套用外还有剩余。向剩余的母液中加入苯甲醛，使母液中的"氨基醇"与苯甲醛反应生成 Schiff 碱（或称"亚胺物"），过滤，在下批反应物加盐酸水解前并入，可提高收率。

（3）反应条件及控制

① 水分。异丙醇铝的制备及还原反应必须在无水条件下进行，异丙醇铝的水分含量应在 0.2% 以下。

② 异丙醇的用量。该还原反应为可逆反应，为使反应向还原方向进行，异丙醇应大大过量，同时，异丙醇在本反应中还兼作溶剂。

小资料

异丙醇铝-异丙醇的制备反应为：

$$6(CH_3)_2CHOH + 2Al \longrightarrow 2[(CH_3)_2CHO]_3Al + 3H_2\uparrow$$

在制备异丙醇铝时，加入少量氯化高汞作催化剂，氯化高汞与铝作用生成铝汞齐以利于迅速开始反应，否则反应开始缓慢。由于氯化高汞毒性较大，现改用三氯化铝代替氯化高汞催化反应，也取得了同样的效果。

在制备异丙醇铝时，由于金属铝中含有其他杂质，所以反应物呈灰色浑浊液。异丙醇铝纯品可经减压蒸馏得到（冷却后为白色固体）。实践证明，含微量杂质的异丙醇铝-异丙醇溶液的还原效果反而比纯品为佳，故生产上使用新鲜制备的异丙醇铝-异丙醇溶液，省去了精制的步骤。

研究发现，在已制备好的异丙醇铝中加入一定量的三氯化铝时，三氯化铝能与异丙醇铝作用生成氯代异丙醇铝。由于氯原子的电负性较强，使氯代异丙醇铝分子中的铝原子的正电性增强，故使还原反应能更有效地进行。实践证明，采用异丙醇铝与氯代异丙醇铝的混合物比单独使用异丙醇铝时的收率有较显著的提高。

最初采用本反应制备氯霉素时，反应完毕，加水使反应产物水解，生成 DL-苏型-1-对硝基苯基-2-乙酰氨基-1,3-丙二醇及氢氧化铝。用乙酸乙酯提取产物，然后再用盐酸将乙酰基水解脱去。从氢氧化铝凝胶中提取产物是很麻烦的操作。后经研究，可以在铝盐加水分解后，再加入盐酸直接将还原产物的乙酰基脱去，使之变成"氨基醇"；同时氢氧化铝与盐酸作用，生成可溶性复合物（$HAlCl_4$）。水解后，利用"氨基醇"盐酸盐在冷时溶解度小的性质与可溶性无机盐分离。

9. D-(一)-1-对硝基苯基-α-氨基-1,3-丙二醇的合成（拆分）

（1）化学反应

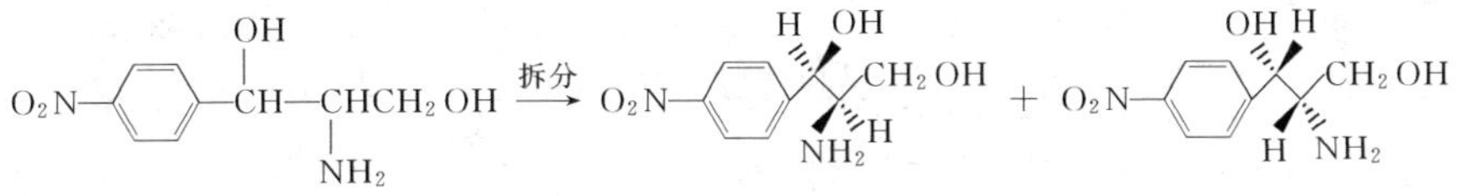

DL-苏型"氨基醇"　　　　　1R,2R　　　　　1S,2S

（2）拆分方法　DL-"氨基醇"的拆分有以下两种方法，这两种方法在生产上均有应用。

第一种是形成非对映异构体拆分，混旋体 DL-"氨基醇"与等摩尔比的（＋)-酒石酸形成非对映的酸性酒石酸盐，并利用它们在甲醇溶剂中溶解度的差异而加以分离，然后再分别脱去拆分剂，便可得到 D-异构体和 L-异构体。

第二种是诱导结晶法拆分，即在混旋体 DL-"氨基醇"的饱和水溶液中加入其中任何一种较纯的单一异构体结晶作为晶种，则结晶生长并析出单一异构体的结晶，迅速过滤，得到单一异构体。再往溶液中加入混旋体形成适当的过饱和溶液，则另一种单一异构体结晶析出，过滤后得到与第一次相反的单一异构体。再向溶液中加入混旋体，又可析出与第一次拆分相同构型的单一异构体，如此循环拆分多次。

> **想一想**
> 这两种拆分方法的优缺点是什么？

> **知识窗**
> 为解决 DL-"氨基醇"游离体在水中溶解度较小、生产体积过大的问题，可加入一定量的盐酸，使大部分 DL-"氨基醇"成为盐酸盐，以增大其溶解度，缩小体积，并利于操作。即盐酸存在下拆分的原理与上述原理一样，但"氨基醇"的溶解度大大增加。
>
> DL-氨基醇易被氧化而变色，温度越高，则氧化变色越严重。因此，采用减压拆分的方法以避免氧化。这样做不但经济，而且由于合并洗涤液（洗涤前一批产品的洗涤液）而增大的体积可通过减压蒸去以保持拆分溶液体积的恒定。

（3）拆分岗位操作　用诱导结晶法拆分。在含有稀盐酸的拆分罐内加入一定比例的 DL-氨基醇及 L-氨基醇，升温至 60℃ 左右，使全溶。加入活性炭脱色，过滤，滤液降温至 35℃，析出 L-氨基醇，滤出。母液变为左旋。将合并洗液的母液加入拆分罐内，加入一定量的盐酸，再次投入 DL-氨基醇消旋体，操作同上。因母液为左旋，因此这次拆分出的"氨基醇"单旋体为左旋。过滤出左旋体后，母液又变为右旋。每次均投入外消旋"氨基醇"，而得到的单旋体第一次为右旋，第二次是左旋，第三次是右旋，第四次是左旋……即是母液循环套用。粗制 D-氨基醇经酸碱处理、脱色精制，于 pH 为 9.5～10.0 析出精制品，甩滤、洗涤、干燥后储存。

（4）反应条件及控制

① 拆分母液配制。拆分母液配制一定要选用含量高、结晶好、色泽好的"氨基醇"盐酸盐或混旋氨基醇、右旋氨基醇。

② 连续拆分次数。当拆分重复 60～80 次后，母液颜色变深，需进行脱色。脱色后，需分析母液组成并进行调整，然后继续拆分。

10. 氯霉素的合成

(1) 化学反应

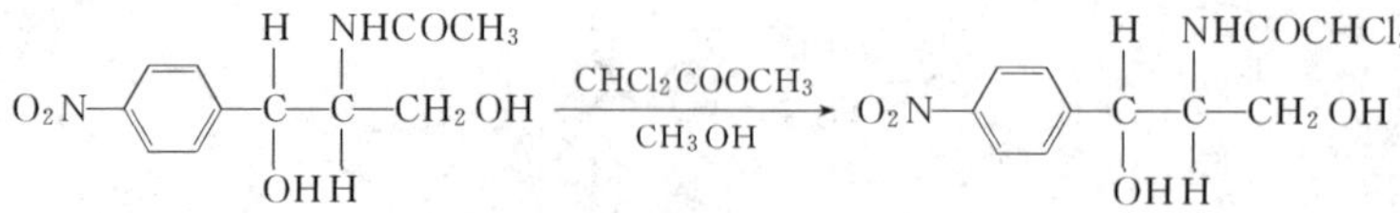

$$O_2N- \overset{H\ NHCOCH_3}{\underset{OH\ H}{\overset{|\ \ \ |}{C-C}}} -CH_2OH \xrightarrow[CH_3OH]{CHCl_2COOCH_3} O_2N- \overset{H\ NHCOCHCl_2}{\underset{OH\ H}{\overset{|\ \ \ |}{C-C}}} -CH_2OH$$

本反应是 D-"氨基醇"的二氯乙酰化反应，也可视为二氯乙酸甲酯的氨解反应。

酰化反应速率与胺及酰化剂的结构有关，D-"氨基醇"结构较大，有一定的空间位阻，而使其活性受到一定的影响。在二氯乙酸甲酯的结构中，由于 α-碳原子上有 2 个电负性强的氯原子存在，增强了羰基碳的正电性，提高了反应活性，故本反应能很快完成。

(2) 酰化反应岗位操作 将甲醇（含水在 0.5% 以下）置于干燥的反应罐内，加入二氯乙酸甲酯，在搅拌下加入 D-"氨基醇"（含水在 0.3% 以下），于 65℃ 左右反应 1h。加入活性炭脱色，过滤，在搅拌下往滤液中加入蒸馏水，使氯霉素析出。冷至 15℃ 过滤，洗涤干燥，便得到氯霉素成品。

(3) 反应条件及控制

① 水分。本反应必须无水操作。有水存在时，二氯乙酸甲酯水解生成的二氯乙酸会与"氨基醇"成盐，影响反应的正常进行。

② 配料比。二氯乙酸甲酯的用量应比理论量稍多一些，以弥补因少量水分水解的损失，保证反应完全。溶剂甲醇的用量也应适量，过少影响产品质量，过多则影响反应收率。

③ 二氯乙酸甲酯。二氯乙酰化除用二氯乙酸甲酯作为酰化剂外，二氯乙酸酐、二氯乙酰胺、二氯乙酰氯均可作酰化剂，但用二氯乙酸甲酯成本低，酰化收率高。

二氯乙酸甲酯的质量直接影响产品的质量，如有一氯乙酸甲酯或三氯乙酸甲酯存在，同样能与氨基物发生酰化反应，形成的副产物带入产品，致使熔点偏低。

第四节　氯霉素生产中的综合利用与"三废"处理

用对硝基苯乙酮法生产氯霉素，由于合成步骤长、原辅材料多，在生产过程中产生较多的副产物和"三废"，需对它们进行综合利用和"三废"治理。

一、邻硝基乙苯的利用

邻硝基乙苯是氯霉素第一步反应的副产物。由于氯霉素的工艺较长，产量较大，而且邻硝基乙苯的产量与主产物对硝基乙苯的产量几乎相等，因此，邻硝基乙苯要综合利用。邻硝基乙苯作为起始原料，可用于生产除草剂——杀草安。邻硝基乙苯还可作为露天采矿用炸药等。

二、L-(＋)-1-对硝基苯基-2-氨基-1,3-丙二醇(L-氨基醇)的利用

混旋"氨基醇"经拆分后，D-氨基醇用于氯霉素的制备，L-氨基醇成为副产物。可将此副产物氧化成对硝基苯甲酸；还可将其经酰化、氧化、水解处理，再经消旋化处理得"缩

合物"，用于氯霉素的生产过程。

三、氯霉素生产废水的处理和氯苯的回收

各种有机污染的废水一般采用生化处理法即二级处理。生化处理法包括好氧法和厌氧法。经生化处理法处理后，废水中可被微生物分解的有机物一般可去除 90%，固体悬浮物可去除 90%～95%，处理后的污水一般能达到排放标准。其基本原理是在废水处理过程中，废水中可溶性有机物质透过微生物细胞壁和细胞质膜被菌体吸收；固体和胶体等不溶性有机物先附着在菌体外，由菌体细胞分泌的外酶分解为可溶物，再渗入细胞内。通过微生物体内的氧化、还原、分解、合成等生化代谢过程，把部分被吸收的有机物转化为微生物体所需的营养物质，使微生物生长繁殖；另一部分有机物质则被分解为 CO_2、H_2O 等简单无机物质（如果是厌氧性处理，则分解不完全，有还原性物质如 H_2S、CH_4、NH_3 等产生），同时释放出微生物生长与活动所需的能量。

氯霉素生产废水中含有多种中间体及残留的成品，成分复杂，直接排放对环境污染十分严重。采用生物氧化处理后，结合物理化学方法，采用新型吸附材料处理，可提高出水水质，使出水水质达到排放标准。

查一查

废水的生化处理法具体有哪些？它们的具体操作方法是怎样的？

四、乙酰化反应中母液套用

将母液按含量代替乙酸钠直接用于下一批反应，去除了蒸发、结晶、过滤等工序；此外，由于母液中含有一些反应产物（乙酰化物），套用后提高了收率，减少了废水量。

除母液套用外，溶剂、催化剂、活性炭等经过适当处理，也可以反复套用。

任务实施——氯霉素的实验室合成

1. 对硝基-α-溴代苯乙酮的合成

(1) 原料规格及配比、仪器设备 见表 6-3。

表 6-3 对硝基 α-溴代苯乙酮合成的原料规格及配比、仪器设备

原料名称	规格	用量	仪器设备
对硝基苯乙酮	CP	10 g	普通玻璃仪器
溴	AP	9.7 g	加热、搅拌、回流装置
氯苯	CP	75mL(95%以上)	四颈瓶、滴液漏斗、油、水浴锅等

(2) 操作 在装有搅拌器、温度计、冷凝管、滴液漏斗的 250mL 四颈瓶中，加入对硝基苯乙酮 10g、氯苯 75mL，于 25～28℃搅拌使溶解。从滴液漏斗中滴加溴 9.7g。首先滴加溴 2～3 滴，反应液即呈棕红色，10min 内褪成橙色表示反应开始；继续滴加剩余的溴，约 1～1.5h 加完，继续搅拌 1.5h，反应温度保持在 25～28℃。反应完毕，水泵减压抽去溴化氢约 30min，得对硝基-α-溴代苯乙酮氯苯溶液，备用。

小提示

① 冷凝管口上端装有气体吸收装置，以吸收反应中生成的溴化氢。

② 所用仪器应干燥，试剂均需无水。少量水分将使反应诱导期延长，较多水分甚至导致反应不能进行。

③ 若滴加溴后较长时间不发生反应，可适当提高温度，但不能超过50℃，当反应开始后要立即降低到规定温度。

④ 滴加溴的速度不宜太快，滴加速度太快及反应温度过高，不仅使溴积聚易逸出，而且还导致二溴化合物的生成。

2. 成盐物的合成

(1) 原料规格及配比、仪器设备　见表6-4。

表6-4　成盐物合成的原料规格及配比、仪器设备

原料名称	规格	用量	摩尔比	仪器设备
对硝基-α-溴代苯乙酮	上一步制得	上一步制得	1	普通玻璃仪器
六亚甲基四胺	CP	8.5 g	1	加热、搅拌、回流装置
氯苯	CP	20mL(95%以上)		三颈瓶，水浴锅等

(2) 操作　在装有搅拌器、温度计的250mL三颈瓶中，依次加入上步制备好的对硝基-α-溴代苯乙酮和氯苯20mL，冷却至15℃以下，在搅拌下加入六亚甲基四胺粉末8.5g，温度控制在28℃以下，加毕，加热至35~36℃，保温反应1h，测定终点。如反应已到终点，继续在35~36℃反应20min，即得对硝基-α-溴代苯乙酮六亚甲基四胺盐，然后冷至16~18℃，备用。

反应终点测定：取反应液少许，过滤，取滤液1mL，加入等量4%六亚甲基四胺氯仿溶液，温热片刻，如不呈浑浊，表示反应已经完全。

小提示

① 此反应需无水条件，所用仪器及原料需经干燥，若有水分带入，易导致产物分解，生成胶状物。

② 对硝基-α-溴代苯乙酮六亚甲基四胺盐在空气中及干燥时极易分解，因此制成的复盐应立即进行下步反应，不宜超过12h。

③ 复盐成品：m. p. 118~120℃（分解）。

3. 对硝基-α-氨基苯乙酮盐酸盐的合成

(1) 原料规格及配比、仪器设备　见表6-5。

表6-5　对硝基-α-氨基苯乙酮盐酸盐的合成原料规格及配比、仪器设备

原料名称	规格	用量	仪器设备
成盐物	上步制备	上步制备	普通玻璃仪器
浓盐酸	CP	17.2mL	加热、搅拌、回流装置
乙醇	CP	37.7mL	三颈瓶，水浴锅等
精制食盐		3g	

(2) 操作　在上步制备的成盐物的氯苯溶液中加入精制食盐3g、浓盐酸17.2mL，冷至6~12℃，搅拌3~5min，使成盐物呈颗粒状，待氯苯溶液澄清分层，分出氯苯。立即加入乙醇37.7mL，搅拌，加热，0.5h后升温到32~35℃，保温反应5h。冷至5℃以下，过滤，滤饼转移到烧杯中加水19mL，在32~36℃搅拌30min，再冷至-2℃，过滤，用预冷到2~

3℃的 6mL 乙醇洗涤，抽干，得对硝基-α-氨基苯乙酮盐酸盐（简称水解物），m.p.250℃（分解），备用。

小提示

① 加入精盐在于减小对硝基-α-氨基苯乙酮伯胺盐酸盐的溶解度。

② 成盐物水解要保持足够的酸度，所以与盐酸的摩尔比应在 3 以上。用量不仅导致生成醛等副反应，而且对硝基-α-氨基苯乙酮游离碱本身亦不稳定，可发生双分子缩合，然后在空气中氧化成紫红色吡嗪化合物。此外，为保持水解液有足够酸度，应先加盐酸后加乙醇，以免生成醛等副反应。

③ 温度过高也易发生副反应，增加醛等副产物的生成。

想一想

① 本实验中 Delepine 反应水解时为什么一定要先加盐酸后加乙醇，如果次序颠倒，结果会怎样？

② 对硝基-α-氨基苯乙酮盐酸盐是强酸弱碱生成的盐，反应需保持足够的酸度，如果酸度不足对反应有何影响？

4. 对硝基-α-乙酰氨基苯乙酮的合成

（1）原料规格及配比、仪器设备 见表 6-6。

表 6-6 对硝基-α-乙酰氨基苯乙酮的合成原料规格及配比、仪器设备

原料名称	规格	用量	仪器设备
水解物	上步制备	上步制备	普通玻璃仪器
醋酐	CP	10mL	加热、搅拌、回流装置
醋酸钠溶液	CP(40%)	29mL	四颈瓶，水浴锅等
饱和碳酸氢钠溶液	CP(饱和)	5mL	滴液漏斗

（2）操作 在装有搅拌器、回流冷凝器、温度计和滴液漏斗的 250mL 四颈瓶中，放入上一步制得的水解物及水 20mL，搅拌均匀后冷至 0～5℃。在搅拌下加入醋酐 9mL。另取 40%的醋酸钠溶液 29mL，用滴液漏斗在 30min 内滴入反应液中，滴加时反应温度不超过 15℃。滴毕，升温到 14～15℃，搅拌 1h（反应液始终保持在 pH＝3.5～4.5），再补加醋酐 1mL，搅拌 10min，测定终点。如反应已完全，立即过滤，滤饼用冰水搅成糊状，过滤，用饱和碳酸氢钠溶液中和至 pH＝7.2～7.5，抽滤，再用冰水洗至中性，抽干，得淡黄色结晶（简称乙酰化物），m.p.161～163℃。

反应终点测定：取反应液少许，加入 $NaHCO_3$ 中和至碱性，于 40～45℃温热 30min，不应呈红色。若反应未达终点，可补加适量的醋酐和醋酸钠继续酰化。

小提示

① 该反应需在酸性条件下（pH＝3.5～4.5）进行，因此必须先加醋酐，后加醋酸钠溶液，次序不能颠倒。

② 乙酰化物遇光易变红色，应避光保存。

想一想

① 乙酰化反应为什么要先加醋酐后加醋酸钠溶液，次序不能颠倒？

② 乙酰化反应终点如何控制，根据是什么？

5. 对硝基-α-乙酰氨基-β-羟基苯丙酮的合成

(1) 原料规格及配比、仪器设备　见表 6-7。

表 6-7　对硝基-α-乙酰氨基-β-羟基苯丙酮的合成原料规格及配比、仪器设备

原料名称	规格	用量	仪器设备
乙酰化物	上步制备	上步制备	普通玻璃仪器
甲醛	CP(36%以上)	4.3mL	加热、搅拌、回流装置
乙醇	CP(95%)	15mL	三颈瓶,水浴锅等
饱和碳酸氢钠溶液	CP(饱和)	适量	显微镜等

(2) 操作　在装有搅拌器、回流冷凝管、温度计的 250mL 三颈瓶中，投入乙酰化物及乙醇 15mL、甲醛 4.3mL，搅拌均匀后用少量碳酸氢钠（$NaHCO_3$）饱和溶液调 pH=7.2～7.5。搅拌下缓慢升温，大约 40min 达到 32～35℃，再继续升温至 36～37℃，直到反应完全。迅速冷却至 0℃，过滤，用 25mL 冰水分次洗涤，抽滤，干燥，得对硝基-α-乙酰胺基-β-羟基苯丙酮（简称缩合物），m. p. 166～167℃。

反应终点测定：用玻璃棒蘸取少许反应液于载玻片上，加水 1 滴稀释后，置显微镜下观察，如仅有羟甲基化合物的方晶而找不到乙酰化物的针晶，即为反应终点（约需 3h）。

想一想
① 影响羟甲基化反应的因素有哪些？如何控制？
② 羟甲基化反应为何选用 $NaHCO_3$ 作为碱催化剂？能否用 NaOH，为什么？
③ 羟甲基化反应终点如何控制？

6. DL-苏阿糖型-1-对硝基苯基-2-氨基-1,3-丙二醇（DL-氨基醇）的合成

(1) 异丙醇铝的制备

① 原料规格及配比、仪器设备　见表 6-8。

表 6-8　异丙醇铝的制备原料规格及配比、仪器设备

原料名称	规格	用量	仪器设备
无水异丙醇	CP	63mL	普通玻璃仪器
铝片	CP	2.7g	加热、搅拌、回流装置
无水三氯化铝	CP	0.3g	三颈瓶,水浴锅等

② 操作　在装有搅拌器、回流冷凝管、温度计的三颈瓶中依次投入剪碎的铝片 2.7g、无水异丙醇 63mL 和无水三氯化铝 0.3g。在油浴上回流加热至铝片全部溶解，冷却到室温，备用。

(2) DL-氨基醇的合成

① 原料规格及配比、仪器设备　见表 6-9。

表 6-9　DL-氨基醇的合成原料规格及配比、仪器设备

原料名称	规格	用量	仪器设备
缩合物	上一步制备	10 g	普通玻璃仪器
异丙醇铝-异丙醇液	自制		加热、搅拌、回流装置
无水三氯化铝	CP	1.35 g	三颈瓶,水浴锅等
浓盐酸	CP	70 mL	减压过滤装置

② 操作 在上步制备异丙醇铝的三颈瓶中加入无水三氯化铝 1.35g，加热到 44~46℃，搅拌 30min。降温到 30℃，加入缩合物 10g。然后缓慢加热，约 30min 内升温到 58~60℃，继续反应 4h。冷却到 10℃ 以下，滴加浓盐酸 70mL。滴毕，加热到 70~75℃，水解 2h（最后 0.5h 加入活性炭脱色），趁热过滤，滤液冷至 5℃ 以下，放置 1h。过滤析出的固体，用少量 20% 盐酸（预冷至 5℃ 以下）8mL 洗涤。然后将固体溶于 12mL 水中，加热到 45℃，滴加 15% NaOH 溶液到 pH=6.5~7.6。过滤，滤液再用 15% NaOH 调节到 pH=8.4~9.3，冷却至 5℃ 以下，放置 1h。抽滤，用少量冰水洗涤，干燥，得 DL-苏阿糖型-1-对硝基苯基-2-氨基-1,3-丙二醇（DL-氨基醇），m. p. 143~145℃。

小提示

① 所用仪器、试剂均应干燥无水。

② 回流开始要密切注意反应情况，如反应太剧烈，需撤去油浴，必要时采取适当降温措施。

③ 如果无水异丙醇、无水三氯化铝质量好，铝片剪得较细，反应则很快进行，约需 1~2h，即可完成。

④ 滴加浓盐酸时温度迅速上升，控制温度不超过 50℃。滴加浓盐酸促使乙酰化物水解，脱乙酰基，生成 DL-氨基物盐酸盐，反应液中盐酸浓度大约在 20% 以上，此时 $Al(OH)_3$ 形成了可溶性的 $AlCl_3$-HCl 复合物，而 DL-氨基物盐酸盐在 50℃ 以下溶解度小，过滤除去铝盐。用 20% 盐酸洗涤的目的是除去附着在沉淀上的铝盐。

⑤ 用 15% NaOH 溶液调节反应液到 pH=6.5~7.6，可以使残留的铝盐转变成 $Al(OH)_3$ 絮状沉淀而过滤除去。

⑥ 还原后所得产物除 DL-苏阿糖型异构体外，尚有少量 DL-赤藓糖型异构体存在。由于后者的碱性较前者强，且含量少，在 pH=8.4~9.3 时，DL-苏阿糖型异构体游离析出，而 DL-赤藓糖型异构体仍留在母液中从而分离。

想一想

① 制备异丙醇铝的关键点有哪些？

② Meerwein-Ponndorf-Verley 还原反应中加入少量 $AlCl_3$ 有何作用？

---

7. D-(－)-1-对硝基苯基-α-氨基-1,3-丙二醇拆分操作

（1）拆分

① 原料规格及配比、仪器设备 见表 6-10。

表 6-10 D-(－)-1-对硝基苯基-α-氨基-1,3-丙二醇拆分原料规格及配比、仪器设备

原料名称	规格	用量	仪器设备
DL-氨基物	上一步制备	9.5g	普通玻璃仪器
L-氨基物	工业级	2.1g	加热、搅拌装置
DL-氨基物盐酸盐	自制	16.5g	三颈瓶，水浴锅等
蒸馏水		78mL	减压过滤装置

② 操作 在装有搅拌器、温度计的 250mL 三颈瓶中投入 DL-氨基物 5.3g、L-氨基物 2.1g、DL-氨基物盐酸盐 16.5g 和蒸馏水 78mL。搅拌，水浴加热，保持温度在 61~63℃ 反应约 20min，使固体全部溶解。然后缓慢自然冷却至 45℃，开始析出结晶。再在 70min 内缓慢冷却至 29~30℃，迅速抽滤，用热蒸馏水 3mL（70℃）洗涤，抽干，干燥，得微黄色结晶（粗 L-氨基物），m. p. 157~159℃。滤液中再加入 DL-氨基物 4.2g，按上法重复操作，得粗 D-氨基物。

小提示

① 固体必须全溶，否则结晶会提前析出。

② 严格控制降温速度，仔细观察初析点和全析点，正常情况下初析点为45～47℃。

（2）精制

① 原料规格及配比、仪器设备　见表6-11。

表6-11　精制所用原料规格及配比、仪器设备

原料名称	规格	用量	仪器设备
D-或L-氨基物	上一步制备	4.5g	普通玻璃仪器
稀盐酸	CP	25 mL	加热、搅拌装置
活性炭	CP	适量	三颈瓶，水浴锅等
15% NaOH溶液	CP	适量	减压过滤装置

② 操作　在100mL烧杯中加入D-氨基物或L-氨基物4.5g以及1mol/L稀盐酸25mL。加热到30～35℃使之溶解，加活性炭脱色，趁热过滤。滤液用15% NaOH溶液调至pH=9.3，析出结晶。在30～35℃保温10min，抽滤，用蒸馏水洗涤至中性，抽干，干燥后得白色结晶，m.p.160～162℃。

（3）旋光测定　取精制后的产品2.4g，精密称量，置100mL容器中加1mol/L盐酸（不需标定）至刻度，按照旋光度测定法测定（《中国药典》），应为（+）/（−）1.36°～（+）/（−）1.40°。

根据旋光度计算：

$$含量(\%)=(100\times\alpha)/(2\times2.4\times29.5)\times100\% \quad (6\text{-}1)$$

式中，α代表旋光度；29.5代表换算系数；2表示管长为2dm；2.4为样品的百分浓度。

小提示

DL-氨基物盐酸盐的制备：在250mL烧杯中放置DL-氨基物30g，搅拌下加入20%盐酸39mL（浓盐酸22mL，水17mL）。加毕，置水浴中加热至完全溶解，放置，自然冷却，当有固体析出时不断缓慢搅拌，以免结块。最后冷至5℃，放置1h，过滤，滤饼用95%乙醇洗涤，干燥，即得DL-氨基物盐酸盐。

8. 氯霉素的合成

（1）原料规格及配比、仪器设备　见表6-12。

表6-12　氯霉素合成原料规格及配比、仪器设备

原料名称	规格	用量	仪器设备
D-氨基物	上一步制备	4.5g	普通玻璃仪器
二氯乙酸甲酯	工业级	3mL	加热、搅拌、回流装置
甲醇	CP	10mL	三颈瓶，水浴锅等
活性炭			减压过滤装置

（2）操作　在装有搅拌器、回流冷凝器、温度计的100mL三颈瓶中，加入D-氨基醇4.5g、甲醇10mL和二氯乙酸甲酯3mL。在60～65℃搅拌反应1h，随后加入活性炭0.2g，保温脱色3min，趁热过滤，向滤液中滴加蒸馏水（以每分钟约1mL的速度滴加）至有少量结晶析出时停止加水，稍停片刻，继续加入剩余蒸馏水（共33mL）。冷至室温，放置30min，抽滤，滤饼用4mL蒸馏水洗涤，抽干，105℃干燥，即得氯霉素，m.p.149.5～153℃。

查一查
GMP 对药品的要求是什么？

抗生素概述

从 20 世纪 40 年代起，抗生素作为新型的抗菌药物相继问世，并以其强烈的杀菌能力而备受关注。它对于防止细菌性感染，保障人类的身体健康起了相当重要的作用。但由于几十年来长期大量使用，使一些细菌对某些抗生素产生了耐药性，降低了临床效果，同时也因为一些抗生素抗菌谱窄或毒副作用大等缺点，使其临床使用受到一定限制。因此，必须对原有抗生素的化学结构进行改造，以增加疗效，减少毒副作用。

所谓半合成抗生素是指用化学或生物化学等方法改变已知抗生素的化学结构或引入特定功能团所获得的具有各种优越性能的新抗生素品种或其衍生物。

对抗生素的化学结构改造主要致力于以下几个方面：增加抗菌力，扩大抗菌谱，对耐药菌有效，便于吸收或口服，降低毒性和副作用，改善药理性质，提高生物有效度。其中前三点最重要，尤其是第三点。寻找对耐药菌有效的化合物是今后的主要改造方向。

我国自建立了自己的抗生素工业以来，已取得很大的成就。特别是抗生素的产量已进入了世界前列。从 20 世纪 60 年代初开始研制 6-氨基青霉素烷酸（6-APA）及半合成青霉素；70 年代开始研究 7-氨基头孢烷酸（7-ACA）及半合成头孢菌素。到目前为止，凡是国外投产和用于临床的半合成抗生素，我国都已试制或投产。例如苯唑青霉素、氨苄青霉素、羧苄青霉素、噻孢霉素、强力霉素、利福平、丁胺卡那霉素等。在品种结构上，以四环素类抗生素占统治地位（占总产量的 65% 左右）；而国外则是以 β-内酰胺抗生素和其他半合成抗生素为最多，平均 66%，最高达到 80% 以上。

抗生素学作为一门综合性科学，在科学研究、生产和应用等方面的发展极其迅速。随着生物学、生物化学、分析化学、有机化学、化学工程、医学、药理学、生物工程以及其他学科的发展，今后抗生素的发展前景更为广阔，主要体现在以下几个方面。

① 抗生素的广义化。抗生素是生物在其生命活动过程中产生的（或用化学、生物或生化方法所衍生的）、在低微浓度下能选择性地抑制他种生物机能的化学物质。因此，一些发达国家预测，今后抗生素的最大应用领域和广销市场将是农业和畜牧业，抗菌素将向农业倾斜。

② 新抗生素的筛选。随着新科学、新技术的发展，使新抗生素筛选方法逐渐从"机遇"的传统方法过渡到更为理想化的"定性"筛选，而且从菌种分离、鉴定到所产生的抗生素理化特性和药理特性的阐明及确定周期大为缩短。

③ 商品抗生素的改造。由于基因工程等生物技术的发展，半合成抗生素将进一步为科学家和工业界所重视。许多研究者加强了对耐药机制、抗生素分子结构与生物活性间关系以及生物合成途径和转化理论等方面的研究。

④ 传统工艺改造。包括抗生素的定向合成、固定化酶技术、抗生素发酵的计算机控制、抗生素提炼分离纯化技术等。

⑤ 酶抑制剂的突起。酶抑制剂是一种没有抗菌作用，但具有生物活性的微生物代谢产物，它的出现虽然只有十多年历史，但从酶抑制剂与抗生素的协同作用能力看，代表了新的发展方向。

本 章 小 结

缩合反应
1. 醛酮化合物之间的缩合：自身缩合，交错缩合
2. 酮与羧酸或其衍生物之间的缩合：克诺文格缩合，柏琴反应，达参反应，雷福马茨基反应
3. 酯缩合反应：酯-酯缩合，酯-酮缩合，酯-腈缩合
4. 其他类型的缩合：曼尼希反应，维蒂希反应，麦克尔加成

环合反应
1. 吡唑衍生物合成：吡唑烷酮，吡唑啉酮，5-吡唑啉酮，3,5-吡唑烷二酮
2. 吡啶衍生物的合成：分别以1,5-二羰基化合物、β-二羰基化合物和β-烯氨基羰基化合物或腈类化合物、β-二羰基化合物和氰乙胺为原料
3. 嘧啶衍生物的合成及应用
4. 嘌呤衍生物的合成及应用

光学异构药物的拆分
1. 光学异构药物的分类 {①外消旋混合物 ②外消旋化合物 ③外消旋固体溶液}
2. 光学异构药物的拆分方法：手工或机械拆分法，播种结晶法，微生物或酶作用下的拆分法，色谱分离法，化学拆分法，物理方法，消旋归还拆分法

聚合反应技术

生产实例——氯霉素的合成技术
1. 对硝基乙苯的合成：乙苯和混酸反应
2. 对硝基苯乙酮的合成：对硝基乙苯在硬脂酸钴和醋酸锰催化下进行氧化反应
3. 对硝基α-溴代苯乙酮的合成：对硝基苯乙酮与溴反应
4. 对硝基α-溴化苯乙酮六亚甲基四胺盐的合成：对硝基α-溴代苯乙酮与六亚甲基四胺反应
5. 对硝基-α-氨基苯乙酮盐酸盐的合成：对硝基α-溴化苯乙酮六亚甲基四胺盐在酸性下水解
6. 对硝基-α-乙酰氨基苯乙酮的合成：对硝基-α-氨基苯乙酮盐酸盐与乙酸酐反应
7. 对硝基-α-乙酰氨基-β-羟基苯丙酮的合成：对硝基-α-乙酰氨基苯乙酮与甲醛反应
8. DL-苏型-1-对硝基苯基-2-氨基-1,3-丙二醇的合成：对硝基-α-乙酰氨基-β-羟基苯丙酮与异丙醇铝-异丙醇反应
9. D-(—)-1-对硝基苯基-α-氨基-1,3-丙二醇的合成：DL物的拆分
10. 氯霉素的合成：D-"氨基醇"与二氯乙酸甲酯反应

综合利用与"三废"处理
邻硝基乙苯的利用
L-(＋)-1-对硝基苯基-2-氨基-1,3-丙二醇利用
氯霉素生产废水的处理和氯苯的回收
乙酰化反应中母液套用

任务实施——氯霉素的实验室合成

复 习 题

1. 试对我国生产氯霉素的合成路线和其他合成路线作一评价。

2. 乙苯硝化时主要的副产物是什么？在生产中硫酸的配制方法和实验室有何不同？为什么？

3. 在对硝基苯乙酮溴化反应中不能遇铁，铁的存在对反应有何影响？

4. 在对硝基-α-乙酰氨基苯乙酮生产过程中，乙酸酐和乙酸钠的加料顺序能否颠倒？

5. 解释异丙醇铝-异丙醇还原 DL-对硝基-α-乙酰氨基-β-羟基苯丙酮主要生成 DL-苏阿糖型氨基物的原因。

6. 还原产物 1-对硝基苯基-2-乙酰氨基-1,3-丙二醇水解脱乙酰基，为什么用 HCl 而不用 NaOH 水解？水解后产物为什么用 20％盐酸洗涤？

7. "氨基醇"盐酸盐碱化时为什么要二次碱化？

8. 反应终点如何控制？根据是什么？

9. 二氯乙酰化除用二氯乙酸甲酯作为酰化剂外，还可以用哪些试剂？生产上为何采用二氯乙酸甲酯？

10. 氯霉素可以用对硝基苯乙酮为原料，首先制备对硝基乙苯，乙苯的硝化采用浓硫酸与硝酸配成的混酸为硝化剂，混酸中硫酸的作用是什么？

有机合成工职业技能考核习题（6）

一、选择题

1. 醛酮缩合中常用的酸催化剂是（   ）。
   A. 硫酸　　　　　B. 硝酸　　　　　C. 磷酸　　　　　D. 亚硝酸

2. 在工业生产中，芳伯胺的水解可看做是羟基氨解反应的逆过程，方法有（   ）。
   A. 酸性水解法　　B. 碱性水解法　　C. 亚硫酸氢钠水解法　　D. 以上都对

3. 不能发生羟醛缩合反应的是（   ）。
   A. 甲醛与乙醛　　B. 乙醛和丙酮　　C. 甲醛和苯甲醛　　D. 乙醛和丙醛

4. 由单体合成为相对分子质量较大的化合物的反应是（   ）。
   A. 加成反应　　　B. 聚合反应　　　C. 氧化反应　　　D. 卤化反应

5. 许多分子的 1,3-丁二烯以 1,4 加成的方式聚合，生成的产物简称为（   ）。
   A. 丁腈橡胶　　　B. 丁苯橡胶　　　C. 顺丁橡胶　　　D. 氯丁橡胶

6. 下列物质中既能被氧化，又能被还原，还能发生缩聚反应的是（   ）。
   A. 甲醇　　　　　B. 甲醛　　　　　C. 甲酸　　　　　D. 苯酚

7. 芳香醛与（   ）在碱性催化剂作用下缩合，生成 β-芳基丙烯酸类化合物的反应称为珀金反应。
   A. 脂肪酸　　　　B. 脂肪酸酐　　　C. 羧酸衍生物　　　D. 羰基化合物

8. 醛酮与羧酸及其衍生物的缩合包括（   ）。
   A. 铂金反应　　B. 诺文葛尔-多布纳缩合 C. 达曾斯缩合　　D. 克莱森缩合

9. 缩合反应会形成（   ）。
   A. 碳-碳键　　　B. 碳-杂键　　　C. 碳-氧键　　　D. 碳-氢键

10. （   ）和萘称为"三苯一萘"，是合成塑料、合成纤维等工业的基本原料。
    A. 苯　　　　　B. 甲苯　　　　　C. 乙苯　　　　　D. 二甲苯

11. 尼龙-66 是由（   ）反应得到的。
    A. 己内酰胺　　B. 己二酸　　　C. 1,3-丁二烯　　　D. 己二胺

12. 为防止有害物质对人体的危害，应采取（   ）。
    A. 改进生产工艺，以无毒，低毒的原料代替有毒、高毒原料
    B. 改进生产设备，实现生产过程的密闭化
    C. 搞好通风排毒
    D. 隔离操作

13. 以下危害因素（　　）是化学性危险和有害因素。

    A. 压缩气体和液化气体

    B. 有毒品

    C. 易燃固体、自燃物品和遇湿易燃物品

    D. 粉尘与气溶胶

    E. 致病微生物

14. 压力表量程最好选用为容器工作压力的 2 倍，最小不能小于（　　）倍，最大不能超过（　　）倍。

    A. 1.5   B. 2   C. 2.5   D. 3

15. 危险化学品的分类包括（　　），爆炸品，易燃固体、自燃物品和遇湿易燃物品，氧化剂和有机过氧化物，有毒品，腐蚀品。

    A. 压缩气体和液化气体   B. 易燃气体

    C. 易燃液体   D. 放射性物品

二、判断题（√或×）

1. 丁苯橡胶的单体是丁烯和苯乙烯。

2. 醛酮缩合只包括醛酮缩合、醛酮交叉缩合两种反应类型。

3. 芳香醛与脂肪酸酐在碱性催化剂作用下生成 β-芳丙烯酸类的反应称为珀金反应。

4. 不含活泼 α 氢的醛，不能发生同分子醛的自身缩合反应。

5. 缩合反应在生成较大分子的反应时，都会伴随简单分子（可以是水、醇、卤化氢、氨等）的生成。

6. 苯酚跟甲醛发生缩合反应时，如果苯酚苯环上的邻位和对位上都能跟甲醛起反应，则得到体型的酚醛树脂。

7. 采取适当的措施，使燃烧因缺乏或断绝氧气而熄灭，这种方法称作隔离灭火法。

8. 配置在生产设备上，起保障人员和设备的安全作用的所有装置（如安全阀、防护罩、灭火器、报警器等）总称安全防护设施。

9. 天然气的爆炸极限是 5.0%～15.0%，也就是说，天然气在空气中的浓度小于 5.0% 时，遇明火时，这种混合物也不会爆炸。

10. 醛和醇作用生成缩醛的反应称为醇醛缩合反应。

11. 火灾、爆炸产生的主要原因是明火和静电摩擦。

12. 加聚反应只生成一种高聚物。

13. 缩聚反应除生成高聚物外，同时还生成小分子物质。

14. 缩聚反应一定要通过两种不同的单体才能发生。

第七章 氧化反应技术

知识目标

◇ 了解氧化反应原理和过程。
◇ 掌握常用氧化剂的应用。
◇ 了解氢化可的松的生产工艺改进方法。
◇ 掌握氧化反应在氢化可的松生产中的应用。

能力目标

◇ 了解微生物发酵技术并掌握其在氢化可的松生产中的应用。
◇ 掌握利用离子交换树脂处理含铬废水的技术。
◇ 了解消除反应的应用技术。

重点与难点

◇ 萃取分离的原理。
◇ 几种常用的化学氧化剂的应用技术。

工作任务

根据有机化工产品的合成方法和生产条件，选择适宜的氧化反应，并能完成常用氧化剂的氧化反应操作和控制，应用氧化反应完成实验合成苯妥英锌。

第一节 氧化反应技术理论及常用氧化剂

有机化合物分子中，凡失去电子或电子偏移，使碳原子上电子密度降低的反应称为氧化反应。狭义地说，是指化合物分子增加氧或失去氢的反应，或两者兼而有之。在有机化工生产中，氧化反应是一类常见的重要化学反应，有机物的燃烧就是常见的氧化反应。很多药物的合成也是通过氧化反应完成的，如抗癫痫药苯妥英锌的中间体联苯甲酰合成反应：

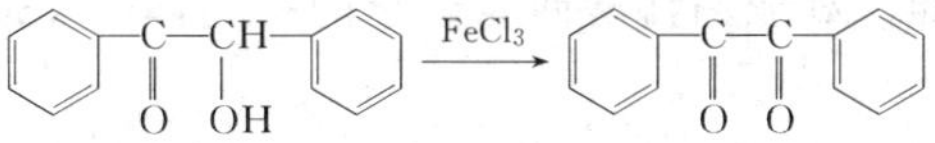

氧化反应在药物合成中应用得非常广泛。借助氧化反应可以得到种类繁多的化合物，如醇、醛、酮、羧酸、酚、醌、环氧化合物等含氧化合物，以及脱氢的不饱和烃类、芳香化合物等，这些化合物都是药物合成的重要中间体，有些本身就是药物。

氧化反应是通过氧化剂实现的，由于氧化剂和氧化反应的多样性，氧化反应的类型也有很多，按照所用氧化剂以及反应特点，氧化反应分为化学氧化反应、催化氧化反应和生物氧化反应。

一、化学氧化反应

化学氧化反应是在化学氧化剂的直接作用下完成的氧化反应。化学氧化剂的种类很多，按其结构分为无机氧化剂和有机氧化剂。常用化学氧化剂介绍如下。

1. 高锰酸钾

高锰酸盐为强氧化剂，在酸性、中性及碱性条件下均能起氧化作用。常在中性或碱性溶液中使用，操作非常简便，只要在 40～100℃ 将稍过量的固体高锰酸钾慢慢加入到含被氧化物的水溶液或水悬浮液中，氧化反应即可以顺利进行，过量的高锰酸钾可以用亚硫酸钠等还原剂将其分解掉。过滤，除去不溶性的二氧化锰后，将羧酸盐的水溶液用无机酸酸化，即可得到较纯净的产物。其应用范围如下所述。

（1）烯烃的氧化　高锰酸钾将烯烃氧化成顺式二醇或进一步氧化成两分子酸。

$$CH_3(CH_2)_7CH=CH(CH_2)_7COOH \xrightarrow[OH^-]{KMnO_4} CH_3(CH_2)_7CH-CH(CH_2)_7COOH \xrightarrow{加热}$$
$$\underset{OH\ \ OH}{}$$

$$CH_3(CH_2)_7COOH + HOOC(CH_2)_7COOH$$

（2）醇的氧化　高锰酸钾氧化伯醇生成酸；仲醇生成酮，酮经烯醇化后可进一步氧化生成羧酸的混合物。

$$\underset{CH_3}{\overset{CH_3}{\underset{|}{CH}}}-CH_2OH \xrightarrow[OH^-]{KMnO_4} \underset{CH_3}{\overset{CH_3}{\underset{|}{CH}}}-COOH$$

（3）芳烯侧链、杂环侧链的氧化　无论碳链多长，氧化反应均发生在与芳环相连的碳原子上。

$$\bigcirc\!\!-CH_2CH_2CH_3 \xrightarrow[OH^-]{KMnO_4} \bigcirc\!\!-COOH \qquad \underset{N}{\bigcirc}\!\!-CH_3 \xrightarrow[OH^-]{KMnO_4} \underset{N}{\bigcirc}\!\!-COOH$$

（4）稠环化合物的氧化　当萘环上有给电子基团时，氧化反应发生在有给电子基团的环上；当萘环上有吸电子基团时，氧化反应发生在无吸电子基团的环上。

$$\bigcirc\!\!\bigcirc\!\!-CH_3 \xrightarrow[OH^-]{KMnO_4} \bigcirc\!\!\overset{COOH}{\underset{COOH}{}}$$

$$\underset{NO_2}{\overset{NO_2}{\bigcirc\!\!\bigcirc}} \xrightarrow[OH^-]{KMnO_4} \underset{NO_2}{\overset{NO_2}{\bigcirc}}\!\!\overset{COOH}{\underset{COOH}{}}$$

2. 二氧化锰

活性二氧化锰以及二氧化锰和硫酸的混合物都具有氧化性。

（1）活性二氧化锰　活性二氧化锰含水量在 5% 以下，颗粒大小可通过 100～200 号筛孔。溶于石油醚、环己烷、四氯化碳等有机溶剂。活性二氧化锰最大优点是选择性好、反应条件温和、叔胺等不会被氧化，故被广泛地用于甾体化合物、生物碱、维生素 A 等天然产物的合成或结构确定。例如，利尿药盐酸西氯他宁的中间体 $4\alpha,3$-O-亚异丙基吡哆醛的制备等。其应用如下。

① α,β-不饱和醇的氧化。生成相应的醛和酮，而双键不受影响。

$$\bigcirc\!\!-CH=CH-CH_2OH \xrightarrow{活性\ MnO_2} \bigcirc\!\!-CH=CH-CHO$$

② 苄醇的氧化。生成相应的醛。

$$\bigcirc\!\!-CH_2OH \xrightarrow{活性\ MnO_2} \bigcirc\!\!-CHO$$

（2）二氧化锰和硫酸的混合物　此混合物氧化性温和，可用水作溶剂。

① 芳烃侧链。氧化生成醛。

$$\underset{\bigcirc}{\overset{CH_3}{|}} \xrightarrow{MnO_2+H_2SO_4} \underset{\bigcirc}{\overset{CHO}{|}}$$

② 芳胺。氧化成醌。

$$\underset{\text{NH}_2}{\text{CH}_3} \xrightarrow{\text{MnO}_2+\text{H}_2\text{SO}_4} \underset{\text{O}}{\overset{\text{O}}{\text{CH}_3}}$$

3. 铬酸及盐

重铬酸钠容易潮解，但是比重铬酸钾的价格便宜得多，在水中的溶解度大，故在工业上应用广泛。目前，由于重铬酸盐价格较贵，含铬废液的处理费用较高，因此已逐渐被其他氧化法所代替。

（1）铬酸　铬酸是强氧化剂，与高锰酸钾相似。常用的铬酸氧化剂有 $Na_2Cr_2O_7+H_2SO_4+H_2O$ 和 $CrO_3+H_2O+H_2SO_4$。

① 醇的氧化。伯醇生成酸，仲醇生成酮。

$$R\text{—}CH_2OH \xrightarrow[H_2O]{Na_2Cr_2O_7,\ H_2SO_4} R\text{—}COOH$$

② 芳烃侧链氧化。不论芳核侧链有多长，氧化都发生在苄位碳氢键上。

$$\text{—CH}_2\text{CH}_2\text{CH}_2\text{CH}_3 \xrightarrow[H_2O]{Na_2Cr_2O_7,H_2SO_4} \text{—COOH}$$

③ 稠环化合物的氧化。生成醌。

$$\xrightarrow[H_2O]{Na_2Cr_2O_7,\ H_2SO_4}$$

$$\xrightarrow[H_2O]{Na_2Cr_2O_7,\ H_2SO_4}$$

（2）重铬酸钠水溶液　重铬酸钠水溶液可以将芳烃侧链末端碳原子氧化成羧基。

$$\text{—CH}_2\text{CH}_2\text{CH}_2\text{CH}_3 \xrightarrow[H_2O]{Na_2Cr_2O_7} \text{—CH}_2\text{CH}_2\text{CH}_2\text{COOH}$$

（3）三氧化铬-吡啶络合物　三氧化铬-吡啶络合物又称为 Collins 试剂，它于无水条件下氧化醇，可得收率较高的醛或酮。

① 苄醇氧化生成醛。

$$\text{—CH}_2\text{OH} \xrightarrow{CrO_3\cdot\text{吡啶}} \text{—CHO}$$

② α,β-不饱和醇及烯丙位亚甲基氧化生成相应的醛或酮，双键不受影响。

$$\text{—CH=CH—CH}_2\text{OH} \xrightarrow{CrO_3\cdot\text{吡啶}} \text{—CH=CH—CHO}$$

$$\xrightarrow{CrO_3\cdot\text{吡啶}}$$

小知识

Collins 试剂的制备方法是将一份三氧化铬缓慢分次加入 10 份吡啶中（注意加料次序不能颠倒，否则将会引起燃烧），逐渐提高温度至 30℃，最后得到黄色络合物，将三氧化铬-吡啶络合物从吡啶中分离出来，干燥后再溶于二氯甲烷中组成溶液。

4. 过氧化氢

过氧化氢俗称双氧水，是一种缓和氧化剂，其最大特点是反应后不残留杂质，因而产品纯度高。市售的过氧化氢试剂通常浓度为 30%，它的氧化反应可在中性、酸性和碱性或催化剂存在下进行。过氧化氢最大优点是在反应完成后本身变成水，无有害残留物。但是过氧化氢不够稳定，只能在低温下使用，这就限制了它的使用范围。在工业上主要用于制备有机过氧化物和环氧化物。反应实例如下。

① 烯烃的氧化。过氧化氢在碱性条件下选择性氧化 α,β-不饱和醛和酮的双键生成环氧化合物。

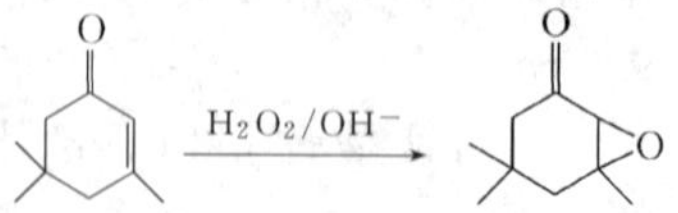

过氧化氢在酸性条件下氧化烯烃成反式二醇。

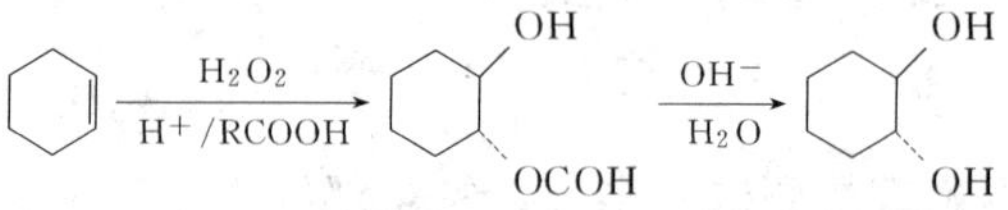

② 醛、酮的氧化。邻位或对位有羟基的芳醛或芳酮，在碱性条件下用过氧化氢氧化生成多羟基化合物，此反应又称为达参反应。

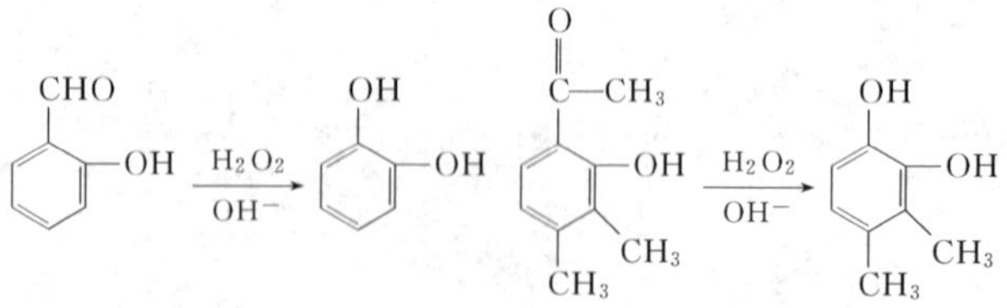

5. 沃氏氧化反应

仲醇或伯醇在异丙醇铝催化下，用过量酮（丙酮或环己酮等）作为电子受体，可被氧化成相应的羰基化合物，该反应称为沃氏氧化反应。本法是一种适宜于仲醇氧化成酮的有效方法，酮的收率较高。若用于伯醇氧化，由于生成的醛在碱性条件下易发生羟醛缩合副反应，所以应用较少。

利用该法将烯丙位的仲醇氧化成 α,β-不饱和酮，对其他基团无影响，但在甾醇氧化反应中，常有双键位移，以生成 α,β-位的不饱和共轭酮，此性质在甾体药物的合成中得到了广泛应用，例如，氢化可的松中间体 16α-17α-环氧黄体酮的合成。

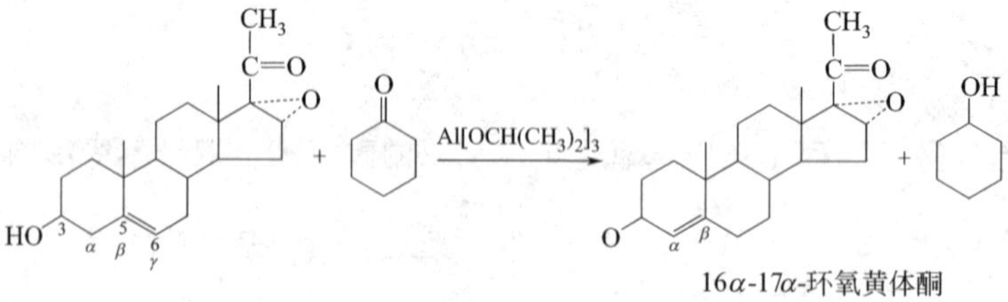

16α-17α-环氧黄体酮

小提示

① 在操作时，通常将原料醇和氧化剂在异丙醇铝的存在下一起回流，常用甲苯和二甲苯等高沸点溶剂，氧化剂以丙酮或环己酮最常用，并过量。反应过程中将所生成的异丙醇或环己醇与高沸点溶剂一起连续地蒸出，以促进原料醇的氧化。

② 为避免异丙醇铝等的水解，该反应必须在无水条件下进行。

二、空气用作氧化剂的催化氧化

空气用作氧化剂的氧化是有机物在催化剂的作用下通入空气进行的氧化反应。例如，氯霉素中间体对硝基苯乙酮的合成，是采用硬脂酸钴和醋酸锰混合催化剂。醋酸锰的催化作用较为缓和，能提高氧化收率。催化剂硬脂酸钴的作用是降低反应的活化能。

$$O_2N\text{—}\underset{}{\bigcirc}\text{—}CH_2CH_3 + O_2 \xrightarrow{\text{硬脂酸钴,醋酸锰}} O_2N\text{—}\underset{}{\bigcirc}\text{—}COCH_3 + H_2O$$

再如，邻苯二甲酸酐是以邻二甲苯为原料，以空气为氧化剂，在五氧化二钒的催化下合成的。

$$\underset{}{\bigcirc}\overset{CH_3}{\underset{CH_3}{}} + 3O_2 \xrightarrow{V_2O_5} \text{邻苯二甲酸酐} + 3H_2O$$

第二节 消除反应技术理论

从一个有机化合物分子中同时除去两个基团（或原子）而形成一个新的分子的反应称为消除反应。典型的消除反应是卤代烃脱卤化氢的反应和醇脱水的反应，许多药物和药物合成中间体都是由消除反应形成的。

1. 醇的消除反应

在酸的催化下，醇发生消除反应生成烯烃，其活性取决于碳正离子的稳定性，活性顺序为：伯醇＜仲醇＜叔醇，催化剂可以是浓硫酸、醋酸酐、草酸等。

$$CH_3CH_2OH \xrightarrow[170℃]{H_2SO_4(90\%)} CH_2=CH_2$$

$$CH_3CH_2\text{—}\underset{OH}{CHCH_3} \xrightarrow[87℃]{H_2SO_4(62\%)} CH_3CH=CHCH_3$$

$$CH_3CH_2\text{—}\underset{OH}{\overset{CH_3}{C}}\text{—}CH_3 \xrightarrow[87℃]{H_2SO_4(46\%)} CH_3CH=\underset{CH_3}{\overset{CH_3}{C}}$$

2. 卤化氢的消除反应

在碱催化下，发生卤化氢消除反应生成烯烃。位于苄位、烯丙位和羧基 α-位卤原子的活性较大，β-位氢原子由于吸电子基的存在，其活性也较大。卤化氢的消除反应常用的催化剂为 K_2CO_3、KOH、吡啶等，常用的溶剂为醇类、非质子极性溶剂和有机碱等。

$$\underset{}{\bigcirc}CH_3 \xrightarrow[110℃]{t\text{-BuOK}} \underset{}{\bigcirc}$$

$$\underset{}{\bigcirc}\text{—}\underset{Cl}{CH}\text{—}\underset{COC_6H_5}{CH}\text{—}CH=C\text{—}\underset{}{\bigcirc} \xrightarrow[\triangle]{CH_3COOK,CH_3OH} \underset{}{\bigcirc}\text{—}CH=\underset{COC_6H_5}{C}\text{—}CH=\underset{Cl}{C}\text{—}\underset{}{\bigcirc}$$

$$\underset{}{\bigcirc}\text{—}\overset{O}{C}\text{—}\underset{Br}{\overset{H}{C}}\text{—}\underset{Br}{\overset{H}{C}}\text{—}\overset{O}{C}\text{—}\underset{}{\bigcirc} \xrightarrow{(CH_3CH_2)_2NH} \underset{}{\bigcirc}\text{—}\overset{O}{C}\text{—}C=C\text{—}\overset{O}{C}\text{—}\underset{}{\bigcirc}$$

3. 酯的消除反应

酯类化合物通过消除酸（羧酸、磺酸、黄原酸）形成烯烃，常见的酯类化合物有醋酸酯、磺酸酯等。

醋酸酯的消除一般采用高温热解，也可用少量酸或碱催化，在液相中除去羧酸而得到相应的烯烃。

4. 季铵碱的消除反应

季铵碱消除生成烯烃的反应又称为霍夫曼降解。主要用于测定生物碱的结构，优点是双键的定位趋向取代基最少的 β-碳原子，并可制得较纯的端基双键产物。

第三节　生产实例——氢化可的松的合成技术

一、概述

氢化可的松（Hydrocortisone）又称为皮质醇（Cortisol）。化学名称为 11β，17α，21-羟基孕甾-4-烯-3，20-二酮。其结构式及碳原子的标记号如图 7-1(a) 和（b）所示。

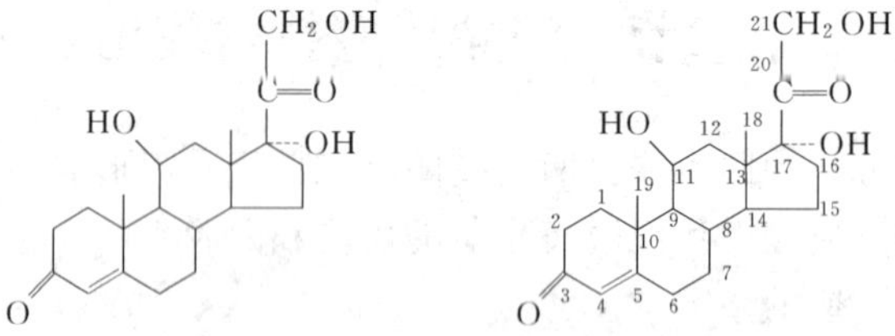

图 7-1　氢化可的松结构式（a）及碳原子的标记号（b）

氢化可的松为白色或类白色结晶性粉末；无臭，无味，在乙醇及丙醇中略溶，在水中不溶，在乙醚中几乎不溶，熔点为 212～222℃，比旋度为＋162°～＋169°（1％乙醇）。

氢化可的松是一种常用的皮质激素类药物，临床用途很广泛，主要用于治疗肾上腺功能不足、自身免疫性疾病、变态反应性疾病以及急性白血病、眼炎及何杰金氏病，也用于某些严重感染所致的高热综合治疗等，抗炎作用为可的松的 1.25 倍，还具有免疫抑制作用、抗毒作用，以及抗休克等。

目前虽有许多疗效更高、副作用较小的甾体药物应用于临床，但由于氢化可的松疗效确切，仍然是重要的甾体激素药物之一，在国内生产的激素品种中其产量最大。

氢化可的松现行的生产工艺有合成和发酵两种，我国采用的是传统的发酵工艺，并用溶剂萃取法来提取发酵后生成的氢化可的松，所用的萃取剂是醋酸丁酯或醋酸异丁酯。

长期以来，我国皮质激素都是建立在以薯蓣皂素为半合成起始原料，经过多步化学合成，加上最后一步的霉菌氧化，即对甾体底物的 11β-羟基化发酵，制得氢化可的松。按照薯蓣皂素计算，目前国内生产氢化可的松的总收率为 19％左右；菌种为犁头霉（Absidia orchidis）AS 3.69，对化合物 S 羟基化物的收率约 70％，产物中氢化可的松的质量收率为 45％～46％。这一现状一直延续了 30 多年，直接导致了我国宝贵的薯蓣皂素资源利用率低下。

成都生物所科研人员在甾体微生物转化生产氢化可的松工艺研究方面取得了突破，在 2L 玻璃发酵罐中选择合适的菌种，经由二级发酵培养程序，在优化参数和介质体系中，成功地进行了氢化可的松的制备实验对化合物 S 的产率达 60％。该研究的技术指标已达国际先进水平。

二、合成路线

国内合成氢化可的松是以薯蓣皂素为起始原料，经过我国首创的"七步合成法"合成化合物 S，再以犁头霉菌氧化，生成产物。具体反应过程如下：

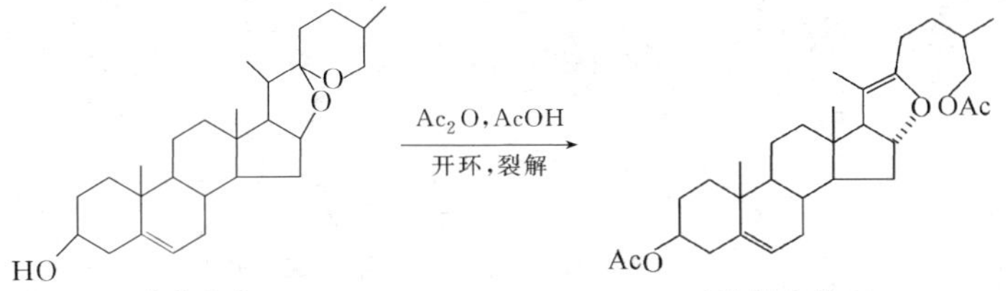

薯蓣皂素(a) → (Ac₂O,AcOH 开环,裂解) → 乙酰假皂素(b)

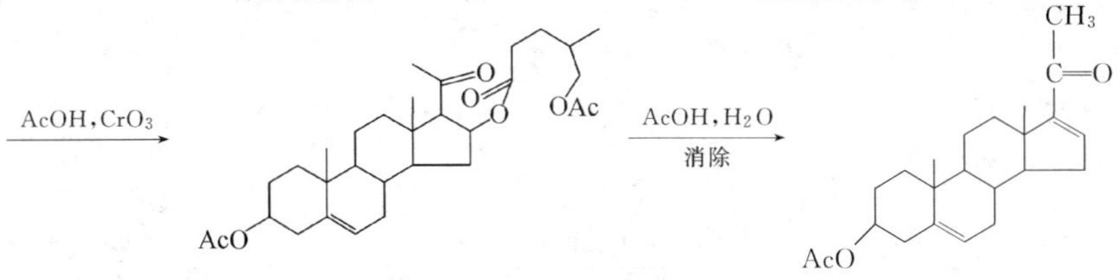

(AcOH,CrO₃) → (c)醋酸酯-20-酮 → (AcOH,H₂O 消除) → 双烯醇酮醋酸酯(d)

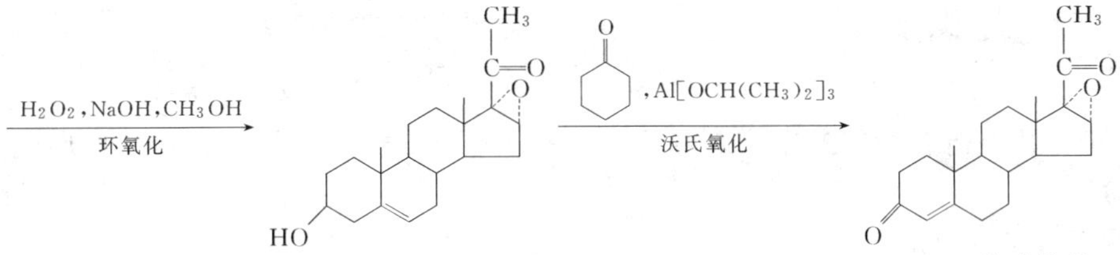

(H₂O₂,NaOH,CH₃OH 环氧化) → (氧桥)16α,17α-环氧-3β-羟基孕甾-5-烯-20-酮(e) → (Al[OCH(CH₃)₂]₃ 沃氏氧化) → 16α,17α-环氧黄体酮(f)

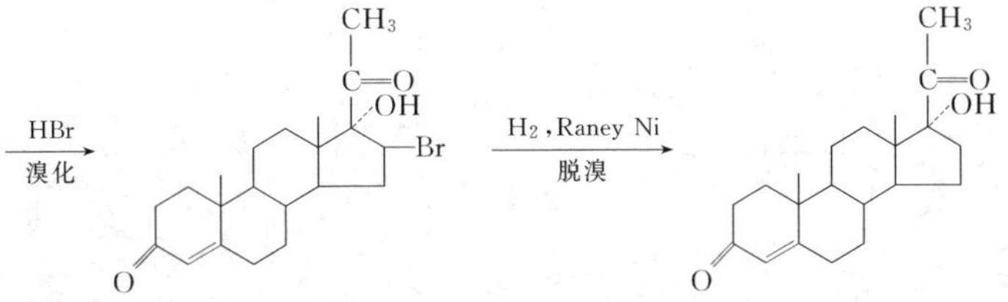

(HBr 溴化) → 16β-溴-17α-羟基黄体酮(g) → (H₂,Raney Ni 脱溴) → 17α-羟基黄体酮(h)

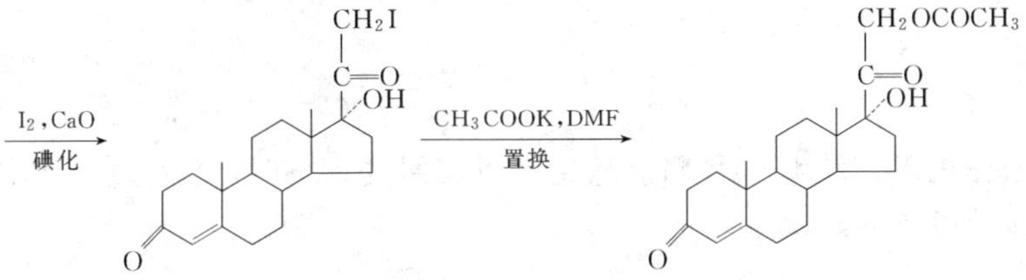

(I₂,CaO 碘化) → 17α-羟基-21-碘黄体酮(i) → (CH₃COOK,DMF 置换) → 醋酸化合物 S

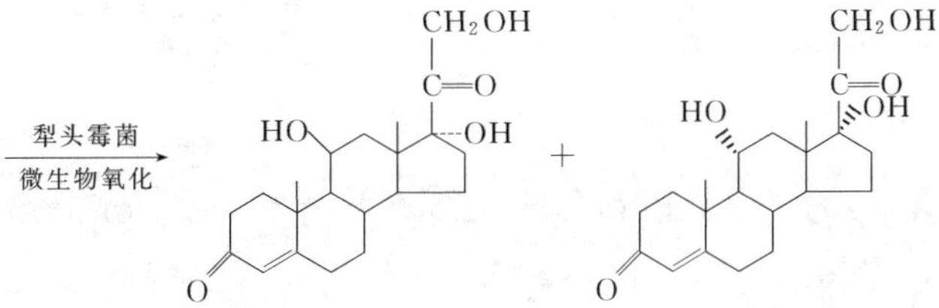

(犁头霉菌 微生物氧化) → 氢化可的松 ＋ 表氢化可的松

三、氢化可的松的合成技术

1. 双烯醇酮醋酸酯的合成

双烯醇酮醋酸酯简称双烯，以符号 d 表示。

（1）化学反应

① 开环反应

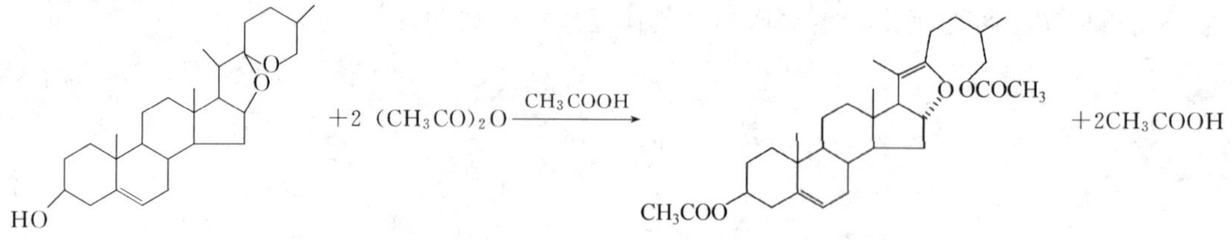

薯蓣皂素（a）　　　　　　　　　乙酰假皂素（b）

醋酸酐在冰醋酸存在下，形成乙酰正离子（CH_3CO^+）酸催化剂，在高温下与薯蓣皂素（a）反应，生成化合物乙酰假皂素（b）。

② 氧化开环反应

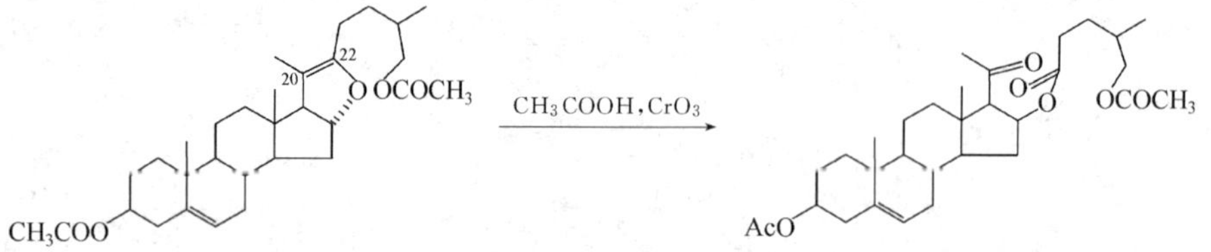

醋酸酯-20-酮（c）

氧化剂采用铬酐在稀醋酸中形成的铬酸溶液。C20-C21 双键被氧化断裂，形成醋酸酯-20-酮（c）。

③ 水解、消除反应

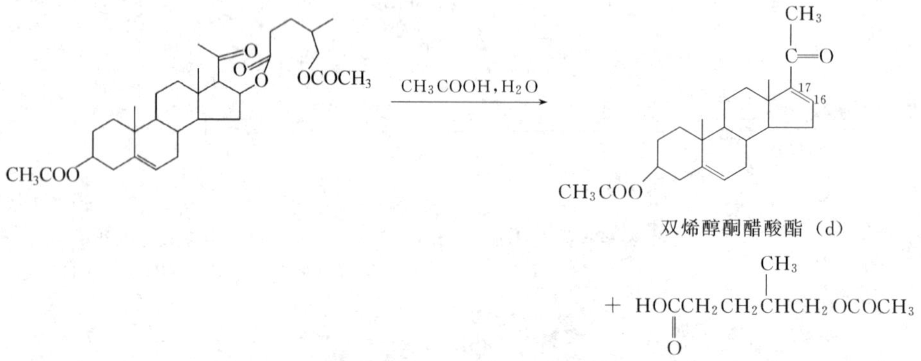

双烯醇酮醋酸酯（d）

$+ HOCCH_2CH_2CHCH_2OCOCH_3$

在酸性质子作用下，发生 C20 酮烯醇化；当其回复为酮时，发生 1,4-消除，形成 C16-C17 双键。具体过程如下：

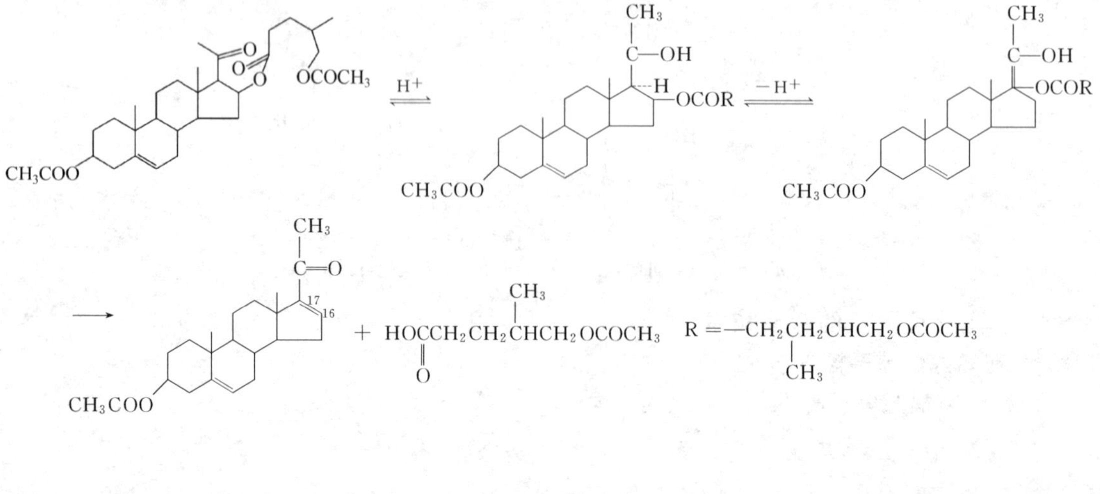

（2）生产岗位操作

配料比为薯蓣皂素∶冰醋酸∶醋酐∶重铬酸钠∶环己烷∶乙醇＝1.0∶2.7∶1.25∶0.81∶8.0∶2.25（质量比）。

将薯蓣皂素、醋酐、冰醋酸按比例投入反应罐中，然后抽真空以排除空气。当加热到125℃时，开启压缩空气，使罐内压力为 0.39～0.49MPa（4～5kg/cm²），温度为195～200℃，关掉压力阀，反应50min，反应毕，冷却，加入冰醋酸，用冰盐水冷却至5℃以下，投入预先配制的氧化剂（由铬酐、醋酸钠和水组成），反应罐内急剧升温，在60～70℃保温反应20min，加热到90～95℃常压蒸馏回收醋酸，再改减压继续回收醋酸到一定体积，冷却后，加水稀释，用环己烷提取，分出水层；有机萃取液减压浓缩至近干，加适量乙醇，再减压蒸馏环己烷，将环己烷蒸馏干净，再加乙醇重结晶，甩滤，用乙醇洗涤，干燥，得双烯醇酮醋酸酯精品，熔点在165℃以上，收率为55%～57%。

（3）反应条件及控制

① 控制原辅材料的水分，促进乙酰正离子形成，加速开环。

② 加压能提高反应温度，有利于开环和消除。

③ 氧化反应是放热反应，控制反应温度，防止溢漏。

④ 反应罐夹层必须有冰盐水冷却。

⑤ 反应开始时必须开启安全阀。

⑥ 氧化罐最高装料量不得超过其容量的60%。

⑦ 当反应温度超过100℃时，必须立即停止搅拌。

小资料

薯蓣皂素的制备：黄山药、黄姜、穿地龙等含有薯蓣皂苷的薯蓣科植物经稀 H_2SO_4 水解再用石油醚或汽油提取可制得薯蓣皂素。具体步骤如下所述。

① 将穿地龙切碎，先用水浸泡数小时，放掉浸液，加入2.5倍量3%稀硫酸，在0.3MPa压强下加热水解4～6h，稍冷，放掉酸液，出料，经粉碎后用水洗至 pH＝6～7，晒干。

② 将干燥物投入提取罐内，以7倍量的汽油（沸程80～120℃）反复抽提，提取温度控制在（60±2)℃，将提取液浓缩至一定体积，冷却、结晶、过滤即得薯蓣皂素，熔点为195～205℃。

---

2. 16α,17α-环氧黄体酮（沃氏氧化）的合成

（1）化学反应

① 环氧化反应

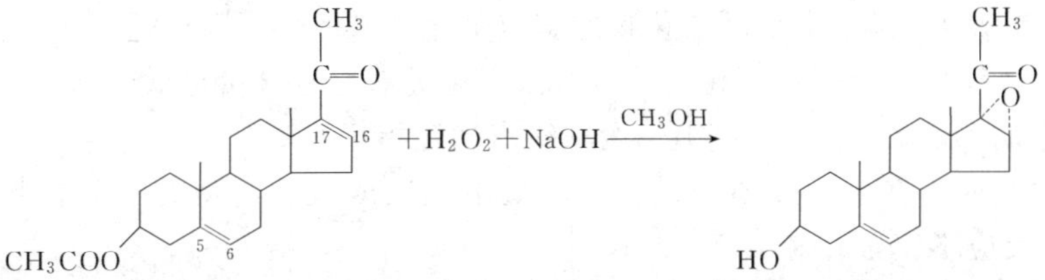

双烯醇酮醋酸酯(d)　　　　（氧桥)16α,17α-环氧-3β-羟基孕甾-5-烯-20-酮(e)

过氧化氢在碱性条件下，氧化 α-碳上有吸电子基的共轭双键生成环氧化合物。C16-C17 间的双键上有羰基，而 C5-C6 间双键为孤立双键。前者进行氧化反应形成氧桥，后者无影响。C17 上的乙酰基（CH₃CO⁻）位于甾环平面之上，是 β-位，有空间阻碍作用，故氧化时过氧羟基负离子（HOO⁻）从空间位阻小的背面即 α-面进攻，所以所得化合物是 α-位。

② 沃氏氧化反应

(氧桥)16α,17α-环氧-3β-羟基
孕甾-5-烯-20-酮(e)

16α,17α-环氧黄体酮(f)

环己酮为氧化剂，异丙醇铝为催化剂，将 C3 上的仲醇氧化成酮，C5（β 位）-C6（γ 位）的双键即发生重排转移到 α-β 位上，形成 α,β-不饱和酮的共轭体系。环己酮是伯醇、仲醇的专属氧化剂，氧桥、羰基和双键等都不受影响。

（2）氧化岗位操作

原料比为双烯：甲醇：氢氧化钠：过氧化氢（27%）：甲苯：环己酮：异丙醇铝＝1：7.5：0.2：0.6：20：2.7：0.15（质量比）。

将双烯醇酮醋酸酯和甲醇抽入反应罐内，通入氮气，在搅拌下滴加 20% 的氢氧化钠溶液，温度不超过 30℃，加毕，降温到（22+2）℃，逐渐加入过氧化氢，控制温度在 30℃ 以下，加毕，保温反应 8h，抽样测定过氧化氢含量在 0.5% 以下。环氧化物熔点在 184℃ 以上，即为反应终点。静置，析出，测得熔点 184～190℃。用焦亚硫酸中和反应液到 pH＝7～8，加热至沸，减压回收甲醇，用甲苯萃取，热水洗涤甲苯萃取液至中性，甲苯层用常压蒸馏带水，直到馏出液澄清为止；加入环己酮，再蒸馏带水到馏出液澄清。加入预先配制的异丙醇铝，再加热回流 1.5h，冷却到 100℃ 以下，加入氢氧化钠溶液，通入蒸汽进行水蒸气蒸馏带出甲苯，趁热滤出粗品，用热水洗涤滤饼到洗液呈中性。干燥滤饼，用乙醇精制，甩滤，滤饼经颗粒机过筛、粉碎、干燥，得环氧黄体酮，熔点 207～210℃，收率 75%。

（3）反应条件及控制

① 温度。严格控制反应温度，温度高于 30℃ 会导致过氧化氢分解，引起副反应，生成 C16-C17 双键与甲醇的加成产物。温度过高，还可使 C17、C20 的构型异构化（转位），从而使产物中出现油状物，影响收率及质量。

另外，在高温和碱存在下，过氧化氢易生成过氧化钠，过氧化钠接触空气（O_2）、摩擦、过热或与易氧化物质接触，均可引起爆炸。故环氧化反应应在氮气流下进行，以保证安全。

② 用测定反应液中过氧化氢的含量和环氧化物的熔点为依据来控制环氧化反应的终点。当过氧化氢含量大于 0.5%，而环氧化物的熔点低于 184℃ 时，则可适当提高反应温度（但不超过 30℃）继续反应，当环氧化物熔点偏低，而过氧化氢含量也低于 0.5% 时，则应适当补加过氧化氢继续反应。最终达到上述两项终点测定指标。

③ 环氧化反应是在碱性介质中进行的，如果碱浓度太大，易使环氧化物破坏，而 pH 在 8 以下时，反应不完全。

反应液中有金属离子尤其是铁离子存在时，可使过氧化氢分解，并使甲醇氧化生成甲酸，从而使 pH 下降。当配制氢氧化钠溶液时，如果出现红色，说明含铁量大，此时，可加入少量硅酸钠类混合物，使金属离子生成硅酸盐沉淀，以免金属离子影响环氧化反应。

④ 沃氏氧化反应为可逆反应。反应方向与异丙醇铝和环己酮的用量有关。环己酮的用量超过理论量的 4 倍。沃氏氧化应无水操作，因为催化剂异丙醇铝遇水分解，导致反应失败。

⑤ 反应结束后，应用氢氧化钠溶液破坏异丙醇铝以除去铝盐，氢氧化钠使铝盐生成水

溶性偏铝酸钠［NaAl(OH)₄］，易于分离除去。

3. 17α-羟基黄体酮的合成

（1）化学反应

① 加溴开环反应

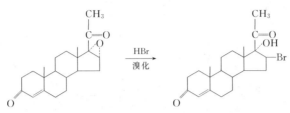

16α,17α-环氧黄体酮(f)　　　　16β-溴-17α-羟基黄体酮(g)

环氧黄体酮在酸性条件下极不稳定，首先是环氧基氧原子在酸性条件下质子化，然后溴负离子从环氧环的背面（β-面）进攻 C16 位（因为 C17 位上有乙酰基的位阻影响）使环氧破裂，生成 16β-溴-17α-羟基黄体酮（g）的反式加成产物。

② 脱溴反应

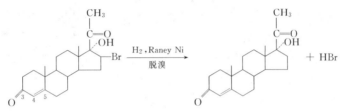

16β-溴-17α-羟基黄体酮(g)　　　　17α-羟基黄体酮(h)

脱溴反应是卤代烃类的氢解脱卤反应。氢气被催化剂 Raney 镍吸附后，形成很活泼的原子态氢（H），使 C-Br 键断裂，形成 C-H 键和 HBr。生成 HBr 被加入的醋酸铵除去，加入吡啶以保护不饱和键，以免被氢化。

（2）还原岗位操作

配料比为环氧黄体酮∶溴化氢∶乙醇∶醋酸∶醋酸铵∶吡啶∶Raney 镍＝1∶3.1∶18∶0.25∶0.36∶0.2∶0.4（质量比）。

将含量为 56％的氢溴酸预冷到 15℃，加入环氧黄体酮，保持温度在 24～26℃，反应1.5h，将反应物加到水中，静置、过滤、用水洗涤至中性和无溴离子，得 16β-溴-17α-羟基黄体酮。使其溶于乙醇中，加入冰醋酸及 Raney 镍，排出罐内空气，封闭反应罐，然后在1.96×10⁴Pa（0.2kg/cm²）的压力下通入氢气，于 34～36℃滴加醋酸铵-吡啶溶液，继续反应直到除尽溴。停止通氢气，加热到 65～68℃保温 15min，过滤，滤液减压浓缩回收乙醇，冷却，加水稀释。析出沉淀，过滤，用水洗涤滤饼至中性，干燥得 17α-羟基黄体酮（h），熔点 184℃，收率 95％。

（3）反应条件及控制

① 氢溴酸中游离溴含量不得超过 0.5％，否则 C4-C5 上发生加成反应。

② 反应中加入吡啶，因吡啶分子中氮原子上具有未共用电子对，它极易被催化剂 Raney 镍吸附，从而保护双键和 C3 酮基不被氢化。

③ 生产中采用中等活性强度的 W-2 型 Raney 镍为催化剂。

④ 反应中生成 HBr 对 Raney 镍是一种毒剂，会使 Raney 镍中毒，阻碍反应的进行。加入醋酸铵可以中和反应生成的溴化氢，另一方面也可以与醋酸组成缓冲溶液，调节反应液的pH，维持反应顺利进行。

⑤ 脱溴反应是一个气-固-液三相反应，需要良好地搅拌。

⑥ 干燥的 Raney 镍遇空气中的氧燃烧，应保存在水中备用。

4. 醋酸化合物 S 的合成

(1) 化学反应

① 碘化反应

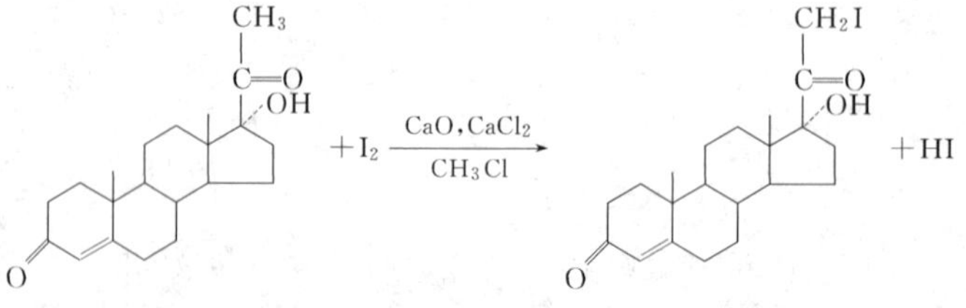

17α-羟基黄体酮(h)　　　　17α-羟基-21-碘黄体酮(i)

碘化反应是在碱催化下，羰基 α-碳上氢被卤素取代的反应。在 OH^- 作用下，α-碳上的氢脱去形成碳负离子，被极化的碘正离子（I^+）向碳负离子进攻而完成取代反应。

② 置换反应

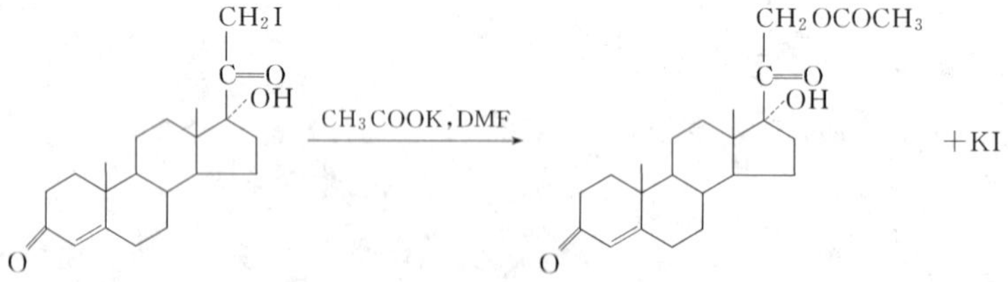

17α-羟基-21-碘黄体酮(i)　　　　醋酸化合物 S

此置换反应是亲核取代反应，醋酸钾中的醋酸根离子（CH_3COO^-）进攻带正电荷的 C21，置换出碘负离子，生成碘化钾。

(2) 碘化与置换反应岗位操作

配料比为脱溴物：碘：氯化钙：氯仿：甲醇：DMF：碳酸钾：醋酸：酸酐＝1：0.85：0.52：4：4：3.5：0.7：1：0.09（质量比）。

在反应罐中投入氯仿及氯化钙-甲醇溶液的 1/3 量，搅拌下投入 17α-羟基黄体酮（h），待全溶后加入氯化钙，搅拌冷至 0℃，将碘溶于总量 2/3 的氯化钙-甲醇溶液中，并将其慢慢滴入反应罐中，保持温度（0±2）℃，滴毕，继续保温搅拌反应 1.5h，加入预先冷至 −10℃的氯化铵溶液，静置分层，分出氯仿层，减压回收氯仿到结晶析出。加入甲醇，搅拌，减压浓缩至干，即为 17α-羟基-21-碘黄体酮（i）。加入二甲基甲酰胺（DMF）总量的 3/4 使溶解，降温到 10℃ 左右，加入新配制的醋酸钾溶液（将碳酸钾溶于余下的 1/4 的 DMF 中，搅拌下加入醋酸和醋酐，升温到 90℃，反应 0.5h，再冷却备用）。逐步升温反应到 90℃，再保温反应 0.5h，冷却到 −10℃，过滤，用水洗涤，干燥得醋酸化合物 S，熔点 226℃，收率 95%。

(3) 反应条件及控制

① 原料中含有微量水分，反应中又生成水，使生产中加入的氯化钙生成氢氧化钙，它是碘代反应的催化剂。

② 氢氧化钙呈黏稠状，加入氯化铵溶液后，生成可溶性的钙盐（氯化钙），这样可除去过量的氢氧化钙，使反应体系容易过滤，减少产品流失。

③ 碘化物很不稳定，遇光、遇热都能分解，在置换反应中温度应逐步升高，一般在 1h 内升至 20℃，然后 1h 升至 30℃，再 1h 升至 50℃，于 5h 内升至 90℃。

④ 极性的氯化钙-甲醇溶液加速碘分子极化，促进碘化反应。

⑤ 要用非质子极性溶剂。

醋酸化合物 S 的合成工艺流程如图 7-2 所示。

5. 氢化可的松的合成

（1）化学反应

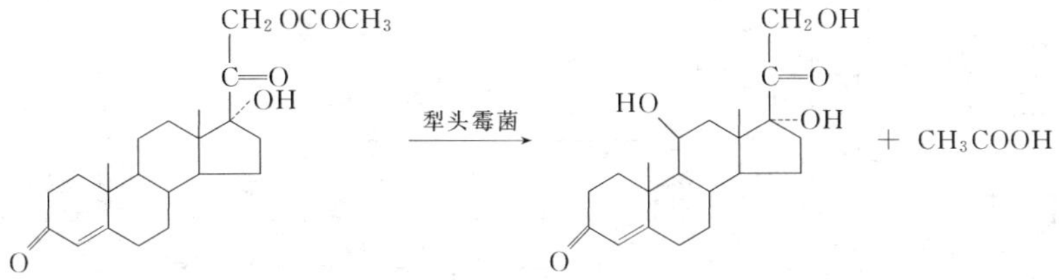

醋酸化合物 S   犁头霉菌   氢化可的松   + CH₃COOH

采用犁头霉菌对醋酸化合物 S 进行微生物氧化，在 C11 位引入 β-羟基，得到氢化可的松。

（2）发酵岗位操作 将犁头霉菌在无菌操作下于培养基上培养 7～9d，在 26～28℃温度下待菌丝生长丰满、孢子均匀，且无杂菌生长，即可储存备用。

将玉米浆、酵母膏、硫酸铵、葡萄糖及常水加入发酵罐中，搅拌，用氢氧化钠溶液调节 pH 到 5.7～6.3，加入 0.3％豆油，在 120℃灭菌，通入无菌空气，降温至 27～28℃，接入犁头孢子悬浮液，维持罐压 $5.88×10^4$Pa，通气搅拌 28～32h，镜检菌丝生长、无杂菌，用氢氧化钠溶液调 pH 到 5.5～6.0，投入发酵液体积 0.15％的醋酸化合物 S 乙醇液，氧化 8～14h，再投入发酵液体积 0.15％的醋酸化合物 S 乙醇液，氧化 40h，取样作比色试验检查反应终点，达到终点后，滤除菌丝，发酵液用醋酸丁酯多次提取，合并提取液，减压浓缩至适量，冷却至 0～10℃，过滤、干燥，得氢化可的松粗品，主要为 β-体，熔点 195℃。

将粗品（主要为 β-体，并混有部分 α-体）加入 16～18 倍 8％甲醇-二氯乙烷溶液中，加热回流至全溶，趁热过滤，滤液冷至 0～5℃，析出结晶，过滤、干燥得氢化可的松，熔点 212～222℃，收率 44％～45％，氢化可的松的总收率约 19％（以双烯醇酮醋酸酯质量计）。

（3）反应条件及控制 犁头霉菌氧化是生产氢化可的松的关键，该反应转化率较低，影响转化率的因素有 pH 控制、培养基组成、通气量、杂菌等。国际上转化率已达到 90％，而我国转化率较低。

四、氢化可的松生产中含铬废水的处理

在氢化可的松生产中，主要的"三废"是含铬废水。铬盐有毒，污染水质，含铬废水对人体和生物都有剧毒，会致癌、致畸和致突变，对农作物、微生物都有很大毒害作用，在排放的无机废水中，重要的检测项目是测定铬的含量。

目前，国内外治理含铬废水的方法有许多种，如化学还原法、活性炭吸附法和离子交换法等。

（1）化学还原法 用硫酸亚铁作还原剂，将酸性含铬废水中的 Cr^{6+} 还原为低毒的 Cr^{3+}，然后再向此溶液中加入 NaOH 溶液，使废液 pH 调至 6～8，加热至 80℃左右，并通入适量空气，则将生成氢氧化铬沉淀而分离出去。经处理后的废水含铬量可符合国家排放标准。

（2）活性炭吸附法 对含有有机物的含铬废水，利用有机物可以成为连接金属离子和炭的共吸附物的原理，用活性炭吸附的方法除去 Cr^{6+}。

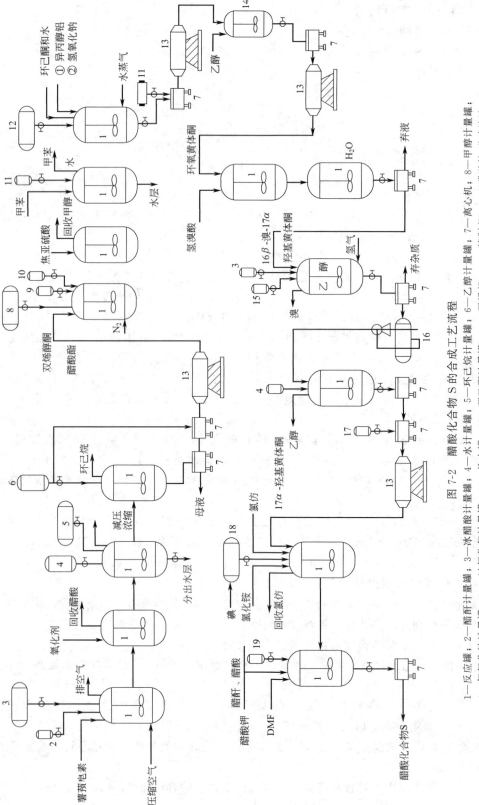

图 7-2 醋酸化合物 S 的合成工艺流程

1—反应罐；2—醋酐计量罐；3—冰醋酸计量罐；4—水计量罐；5—环己烷计量罐；6—乙醇计量罐；7—离心机；8—甲醇计量罐；9—氢氧化钠计量罐；10—过氧化氢计量罐；11—甲苯计量罐；12—环己酮计量罐；13—干燥罐；14—精制釜；15—醋酸铵-吡啶溶液；16—滤液储罐；17—洗水罐；18—氯化钙-甲醇计量罐；19—甲醇计量罐

（3）离子交换法 常用弱碱性阴离子交换树脂处理含铬废水。

离子交换法的主要过程和反应式如下所述。

离子交换、铬被吸附：

$$R\text{—}SO_4 + CrO_4^{2-} \rightleftharpoons R\text{—}CrO_4 + SO_4^{2-}$$

树脂再生、铬被回收：

$$R\text{—}CrO_4 + NaOH \rightleftharpoons ROH + NaCrO_4^-$$

树脂转型：

$$ROH + H_2SO_4 \rightleftharpoons R\text{—}SO_4 + H_2O$$

离子交换法处理含铬废水具有效果好、占地面积小、可回收铬酸和实行水的循环利用等优点。

查一查

GMP 对原料药生产中试剂和对照品的管理要求有哪些？

废水治理的基本方法

制药厂"三废"中，废水的数量最大、种类最多、危害也最严重，是"三废"无害化处理的主要对象。废水治理的基本方法有物理法、化学法、生化法和物理化学法。

1. 物理法

又称机械处理法，主要是分离或回收废水中的悬浮物等有害物质，常用的方法有沉降、气浮、过滤、蒸发、浓缩等。机械处理法常用于废水的一级处理（预处理），即采用机械方法或简单方法使废水中的悬浮物、泥沙、油类或胶态物质沉淀下来，以及调整废水的酸碱度。对于悬浮物质一般可用沉淀、上浮或过滤等方法去除；对于相对密度小于1或疏水性悬浮物的分离，可采用气浮法向水中通入空气，使污染物黏附于气泡上面而浮于水面进行分离；或用直接蒸汽加热，加入无机盐等，使悬浮物聚集沉淀或上浮分离；对于极小的悬浮物或胶体，可用混凝法或吸附法处理。

2. 化学法

一般用于有毒、有害单一废水的处理，使废水达到不影响生化处理的条件，常用的方法有凝聚法、中和法、氧化还原法等。例如，高浓度含氰废水可用高压水解法处理；氟轻松生产中的含氟废水可用中和法处理。中和法几乎可以处理除汞以外的所有常见的重金属废水。

3. 生化法

利用微生物对有机物的氧化分解能力处理废水的方法称为生物处理法，也叫生化法，是常用的二级处理法，能够除去大部分有机污染物，是目前废水处理的常用方法。一级处理后的废水一般需要经过二级处理后才能符合排放要求。

活性污泥法在国内外污水处理技术中占据重要地位，不仅用于处理化学制药工业废水，而且可以处理石油化工、农药、造纸等工业以及生活废水。

4. 物理化学法

物理化学法主要用来分离废水中的溶解物质，回收有用成分，使废水进一步得到处理，常用的物理化学法有吸附法、离子交换法、电渗析法、反渗透法等。

由于药厂的"三废"成分复杂，所以用一种处理方法不能解决全厂的废水治理问题，常是几种方法结合使用。例如物理法处理废水成本较低，但处理效果一般较差，通常还需要使用生化法进一步处理。

本 章 小 结

氧化反应技术
- 氧化反应及常用氧化剂
  - 高锰酸钾：强氧化剂，氧化烯烃、醇、芳烃侧链、杂环侧链、稠环化合物
  - 二氧化锰：氧化 α，β-不饱和醇、苄醇、芳烃侧链、芳胺
  - 铬酸及盐：氧化醇、芳烃侧链、稠环化合物
  - 过氧化氢：氧化烯烃、醛、酮
  - 沃氏氧化反应：仲醇氧化成酮
- 消除反应
  - 醇的消除反应：生成烯烃
  - 脱卤化氢的消除反应：生成烯烃
  - 酯的消除反应：消除酸形成烯烃
  - 季铵碱的消除反应：霍夫曼降解
- 生产实例——氢化可的松的合成技术
  - 合成路线：薯蓣皂素开环裂解生成乙酰假皂素（b），（b）经过氧化和消除反应生成双烯醇酮醋酸酯（d），（d）经过环氧化后生成（氧桥）16α，17α-环氧-3β-羟基孕甾-5-烯-20-酮（e），（e）经过沃氏氧化，生成 16α，17α-环氧黄体酮（f），（f）经溴化生成 16β-溴-17α-羟基黄体酮（g），（g）经氢化、脱溴生成 17α-羟基黄体酮（h），（h）经碘化生成 17α-羟基-21-碘黄体酮（i），（i）经置换反应生成醋酸化合物 S，最后用犁头霉菌氧化得产品
  - 合成技术
    1. 双烯醇酮醋酸酯的合成：薯蓣皂素与醋酸酐反应生成乙酰假皂素（b），用铬酸溶液氧化（b），经水解、消除反应
    2. 16α，17α-环氧黄体酮的合成：双烯醇酮醋酸酯在碱性条件下用过氧化氢氧化和沃氏氧化反应
    3. 17α-羟基黄体酮的合成：16α，17α-环氧黄体酮经过加溴开环反应、氢解脱溴反应 17α-羟基黄体酮
    4. 醋酸化合物 S 的合成：碱催化下发生碘化反应、与醋酸钾进行置换反应
    5. 氢化可的松的合成：醋酸化合物 S 经过犁头霉菌发酵，醋酸丁酯多次提取，得产品
  - 氢化可的松生产中含铬废水处理
    - 化学还原法
    - 活性炭吸附法
    - 离子交换法

复 习 题

1. 选用高锰酸钾作氧化剂时，常在什么条件下进行反应？为什么？
2. 写出以薯蓣皂素为起始原料合成氢化可的松的路线。
3. 试说明在环氧化一步，为什么温度不宜过高、碱浓度不能太大、pH 不能低于 8？
4. 什么是沃氏氧化？该反应为什么要在无水条件下进行？
5. 氢化可的松的加溴、脱溴反应中，加入吡啶、醋酸铵的目的各是什么？
6. 氢化可的松的加碘、脱碘反应中，加入氯化钙-甲醇溶液、氧化钙、氯化铵各起什么作用？在脱碘

时为什么要逐渐升温至 $90℃$？

7. 影响氢化可的松收率最关键的一步是什么？有哪些改进的方法？

8. 氢化可的松的制备过程中，主要"三废"是什么？应如何进行无害化处理？

9. 废水治理的基本方法有哪几种？

有机合成工职业技能考核习题（7）

一、选择题

1. 化学氧化法的优点是（　　）。

　　A. 反应条件温和　　　　B. 反应易控制　　　　C. 操作简便，工艺成熟　D. 以上都对

2. 下列化学试剂不属于氧化剂的是（　　）。

　　A. Na/C_2H_5OH　　　　B. HNO_3　　　　　　C. $Na_2Cr_2O_7/H^+$　　　　D. H_2O_2

3. 下列对于脱氢反应的描述不正确的是（　　）。

　　A. 脱氢反应一般在较低的温度下进行

　　B. 脱氢催化剂与加氢催化剂相同

　　C. 环状化合物不饱和度越高，脱氢芳构化反应越容易进行

　　D. 可用硫、硒等非金属作脱氢催化剂

4. 下列四种物质中能发生氧化反应、还原反应和加成反应的是（　　）。

　　A. 氯乙烷　　　　　　B. 甲醛　　　　　　　C. 氯甲烷　　　　　　D. 氨基乙酸

5. 利用氧化反应，工业上主要用于生产（　　）产品。

　　A. 异丙苯过氧化氢　B. 对硝基苯甲酸　　　C. 苯甲醛　　　　　　D. 有机过氧化物

6. 空气液相氧化中，可使用乙酸钴作催化剂制备的化合物是（　　）。

　　A. 醛　　　　　　　　B. 羧酸　　　　　　　C. 酮　　　　　　　　D. 过氧化羧酸

7. 浓硫酸洒在皮肤上，应该采用（　　）。

　　A. 马上用水冲洗　　　B. 去医院

　　C. 用干净布或卫生纸将硫酸粘下，并迅速用大量凉水冲洗皮肤

8. 二氧化碳灭火器不能用于捕灭（　　）火灾。

　　A. 电器　　　　　　　B. 精密仪器　　　　　C. 氢化物　　　　　　D. 活泼金属

9. 易燃液体储罐若从顶部进料，应将进料管从灌顶引至距罐底（　　）厘米处。

　　A. 20　　　　　　　　B. 30　　　　　　　　C. 40　　　　　　　　D. 100

10. 处理废弃危险化学品，往往采用爆炸法、（　　）。

　　A. 填埋法　　　　　　B. 燃烧法　　　　　　C. 水溶解法　　　　　D. 化学分解法

11. 压力容器有（　　）情况之一的采取紧急停止运行措施。

　　A. 裂缝　　　　　　　B. 鼓包　　　　　　　C. 变形　　　　　　　D. 泄漏

12. 在生产现场，设备、设施的转动部件必须安装（　　），否则不准使用。

　　A. 探测装置　　　　　B. 停车装置　　　　　C. 牢固的防护罩　　　D. 散热装置

13. 在压力容器中并联组合使用安全阀和爆破片时，安全阀的开启压力应（　　）爆破片的标定爆破压力。

　　A. 略低于　　　　　　B. 等于　　　　　　　C. 略高于　　　　　　D. 高于

14. 易燃易爆化学物品储存、经营场所必须动火时，应按动火审批手续办理动火证。动火证应当注意（　　）等内容。

　　A. 动火地点　　　　　B. 动火时间　　　　　C. 动火人

　　D. 现场监护人和批准人　　　　　　　　　　E. 防火措施

15. 使用灭火器扑灭初起火灾时要对准火焰的（　　）扫射。

　　A. 上部　　　　　　　B. 中部　　　　　　　C. 根部

16. 下列物质中，能使酸性高锰酸钾褪色的是（　　　　）。

　　A. 苯　　　　　　　　B. 甲苯　　　　　　　　C. 乙烯　　　　　　　　D. 乙烷

二、判断题（√或×）

1. 由于 $KMnO_4$ 具有很强的氧化性，所以 $KMnO_4$ 法只能用于测定还原性物质。

2. 氧化反应包括空气催化氧化、化学氧化及电解氧化三种类型。

3. 费林溶液能使脂肪醛发生氧化，同时生成红色的氧化亚铜沉淀。

4. 烃类物质在空气中的催化氧化在反应机理上是属于亲电加成反应。

5. 重铬酸钠在中性或碱性介质中可以将芳香环侧链上末端甲基氧化成羧基。

6. 伯醇氧化可以得到醛。

7. 在钯盐催化下，乙烯液相氧化法制备乙醛过程中，氧不直接与乙烯氧化。

8. 通常金属氧化物比金属具有更高的热稳定性，脱氢反应中大多数都选用金属氧化物为催化剂。

9. 从理论上讲，乙烯氧化塔顶部装有防爆膜，当压力超过一定值时，膜即破裂，以保持塔主体的安全。

10. 过氧酸与酮的反应（即羰基酯化）比烯的环氧化慢得多，可以在酮羰基存在下进行烯的环氧化。

第八章　发酵制药技术

知识目标

◇ 掌握两步发酵法生产维生素C的生产工艺原理和过程。

◇ 了解维生素C的其他生产工艺原理和方法。

◇ 进一步了解氧化反应原理。

◇ 掌握莱氏法生产维生素C工艺原理和过程。

能力目标

◇ 了解微生物发酵技术生产药物的常用技术。

◇ 掌握微生物发酵技术生产维生素C的操作过程。

◇ 掌握利用离子交换树脂分离药物的方法。

重点与难点

◇ 影响发酵过程的因素。

◇ 发酵过程控制操作。

工作任务

根据发酵制药技术特点和生产条件，选择适宜的发酵方法和技术，并能熟悉典型药物的发酵生产过程操作和控制。

第一节　微生物发酵制药技术理论

一、概述

1. 发酵制药种类

发酵是通过微生物的培养而获得产物的过程。发酵制药技术是指利用微生物代谢过程生产药物的技术。此类药物有抗生素、氨基酸、核酸有关物质、有机酸、辅酶、酶抑制剂、激素、免疫调节物质及其他生理活性物质。发酵工程按需氧分为好氧发酵和厌氧发酵。

（1）微生物菌体发酵　微生物菌体发酵是以获得具有多种用途的微生物菌体细胞为目的产品的发酵。比较传统的菌体发酵工业主要包括用于面包业的酵母发酵及用于人类或动物食品的微生物菌体蛋白（单细胞蛋白）发酵。另外，还有一些新的菌体发酵产物，如香菇类、依赖虫蛹生存的冬虫夏草以及从多孔菌科的茯苓菌获得的茯苓、担子菌的灵芝；微生物杀虫剂的发酵，如苏云金杆菌、蜡样芽孢杆菌和侧孢芽孢杆菌，其细胞中的伴孢晶体可以毒杀鳞翅目、双翅目害虫。

（2）微生物酶发酵　微生物酶发酵是以获得酶为目的的发酵，如青霉素酰化酶，用于半合成青霉素时，制备中间体6-氨基青霉烷酸。

（3）微生物代谢产物发酵

① 初级代谢产物：氨基酸、核苷酸、维生素、有机酸。

② 次级代谢产物：最主要的是抗生素。

（4）微生物转化发酵　微生物转化发酵是指利用微生物的一种或多种酶，把一种化合物转变为与其结构相关的更有价值的产物的生化反应。

2. 制药微生物的种类

生产药物的天然微生物主要包括细菌、放线菌和丝状真菌三大类。细菌主要生产环状或链状多肽类抗生素，如芽孢杆菌产生杆菌肽、多黏芽孢杆菌产生黏菌肽和多黏菌素等。细菌还可以产生氨基酸和维生素，如黄色短杆菌产生谷氨酸、氧化葡萄糖酸杆菌（*Gluconobacter oxydans*，小菌）和巨大芽孢杆菌（*Bacillus megaterium*，大菌）或假单胞杆菌生产维生素 C 等。

放线菌主要产生各类抗生素，以链霉菌属最多，诺卡菌属较少，还有小单孢菌属等。生产的抗生素主要有氨基糖苷类（链霉素、新霉素、卡那霉素等）、四环类（四环素、金霉素、土霉素等）、放线菌素类（放线菌素 D）、大环内酯类（红霉素、螺旋霉素、柱晶白霉素）和多烯大环内酯类（制霉菌素、抗滴虫霉素等）等。

真菌的曲霉菌属产生橘霉素，青霉素菌属产生青霉素和灰黄霉素等，头孢菌属产生头孢霉素等；在制药工业上还利用真菌代谢的维生素（核黄素）、酶制剂、各种有机酸、葡萄糖酸、麦角碱等；有的直接利用真菌菌体作为药物，如神曲、虫草、僵蚕、茯苓和灵芝等。

3. 发酵制药的基本过程

发酵制药就是利用制药微生物，通过发酵培养，在一定条件下生长繁殖，同时在代谢过程中产生药物，然后从发酵液中提取分离、纯化精制，获得药品。菌株选育、发酵和提炼是发酵制药的三个主要工段。工艺过程包括发酵和分离纯化两个阶段。

（1）菌株选育　生产菌种选育与保存：优良菌种应该高产、性能稳定、容易培养。例如菌种选育使青霉素的产量由最初 20 单位提高到 80000 单位以上。

（2）发酵阶段　包括生产菌、孢子制备、种子制备、发酵培养，属于生物加工工程。

① 孢子制备。即保存的菌株在固体培养基上复苏并生长产生孢子。

② 种子制备。即将制备的孢子接到摇瓶或小发酵罐内培养，使孢子发芽繁殖。对于大型发酵，普遍采用 2 次扩大培养制备种子，最后接入发酵罐。

③ 发酵。将种子以一定的比例接入发酵罐培养，是生产药物的关键阶段和工序。需要通气、搅拌，以及维持适宜的温度和罐压。发酵具有一定的周期，在此期间，取样分析，无菌检查，产量测定。加入消泡剂、酸碱控制 pH，补充碳源、氮源和前体，以促进产量。

（3）分离纯化阶段　分离纯化阶段包括发酵液预处理与过滤、分离提取、精制、成品检验、包装、出厂检验，是化学分离工程过程。

① 发酵液的预处理与过滤。即使得发酵液中的蛋白质和杂质沉淀，增加过滤流速，使菌丝体从发酵液中分离出来。如制霉菌素、灰黄霉素、曲古霉素、球红霉素药物存在于菌丝中，要从菌体中提取。如果存在于滤液中，需澄清滤液，再进一步提取。

② 提取与精制。采取吸附、沉淀、溶剂萃取、离子交换等方法从滤液中提取药物。精制是浓缩或粗制品进一步提纯并制成产品。可重复或交叉使用以上四种基本方法。

③ 成品检验。包括性状及鉴别试验、安全试验、降压试验、热源试验、无菌试验、酸碱度试验、效价测定及水分测定等。

二、制药微生物发酵的基本过程

根据菌体生长与产物生成特征，把发酵过程分为菌体生长期、产物合成期和菌体自溶期三个阶段。

1. 菌体生长期

菌体生长期也称为发酵前期，是指从接种至菌体达到一定临界浓度的时间，包括延滞期、对数生长期和减速期。

① 延滞期。延滞期是指接种后，菌体的生物量没有明显增加的一段时间。此期是菌体适应环境的过程，其时间长短不一，与遗传和环境因素、不同接种量、不同菌种和菌龄等有关。

② 对数生长期。对数生长期是菌体快速繁殖，其生物量的增加呈现以对数速度增长的过程。特点是生长速率达到最大值，并保持不变；细胞的化学组成与生理学性质稳定；菌体生长不受限制，细胞分裂繁殖和代谢极其旺盛。可以认为此期细胞组分恒定。

③ 减速期。减速期是指菌体生长速率下降的一段时间。此期是由培养基中基质浓度下降、有害物质积累等不利因素引起。一般生物的减速期较短。

小知识

① 工业上延滞期越短越好，常采用种子罐与发酵罐培养基尽量接近、对数期的菌体作为种子以及加大接种量等方法进行放大培养和发酵生产。

② 菌体的主要代谢是进行碳源、氮源等分解代谢，培养基质不断被消耗，菌体不断地生长和繁殖。菌体的生理状况发生改变，初级代谢转向次级代谢，由菌体生长阶段过渡到产物合成阶段。

---

2. 产物合成期

产物合成期也称为产物分泌期或发酵中期，主要进行次级代谢产物或目标产物的生物合成。产物量逐渐增加，生产速率加快，直至最大高峰，随后合成能力衰退。呼吸强度无明显变化，菌体增重，但不增加数目，即菌体生长恒定（DNA 含量达到定值）就进入产物合成阶段。以菌体干重作标准则有交叉，因为菌体数量虽无增加但多元醇、酯类等细胞内含物仍在积累，菌体干重增加。以碳源和氮源的分解代谢和产物的合成代谢为主，二者并重。外界变化容易影响代谢过程，从而影响整个发酵进程。碳、氮、磷酸盐等物质必须控制在一定的有效浓度范围内，否则培养基质过剩造成菌体生长繁殖，抑制产物合成；而培养基质不足，菌体生长量少，易衰老，合成能力下降。发酵条件如 pH、温度、溶解氧等参数也要严格控制等。

为了延长产物合成期以增加次级代谢产物的合成，生产上常在此期进行补料培养，增加营养物质，提高产物量，如青霉素发酵时流加葡萄糖等。

3. 菌体自溶期

菌体自溶期也称为发酵后期，菌体衰老，细胞开始自溶、死亡加速，氨基氮含量增加，pH 上升，合成产物能力衰退，生产速率减慢。发酵必须结束，否则产物会被破坏，菌体自溶也给过滤和提取等带来困难。对于分批发酵培养，大多数在衰亡期到来前结束发酵，进行放罐。

4. 代谢产物的生物合成

代谢是生物体内进行的生理生化反应的统称。初级代谢是营养物质转变为细胞结构物质和对细胞具有生理活性作用的物质，为细胞提供能量、合成中间体及其生物大分子。初级代谢产物有各种小分子前体、单体以及多糖、蛋白质、脂肪和核酸等。

次级代谢对正常的生长可能不必要，但对抵抗逆境、分解毒素、生殖等具有重要意义。次级代谢产物种类繁多，结构特殊，含有不常见的化合物和化学键，如氨基糖、苯醌、香豆素、环氧化合物、生物碱、内酯、核苷、杂环等基团，聚乙烯不饱和键、大环、环肽等键。分类学上相同的菌种能产生不同结构的抗生素，如灰色链霉菌既可以产生氨基环醇类抗生素，又可以产生大环内酯类抗生素。分类学上不同的菌种能产生相同结构的抗生素，如霉菌和链霉菌均可产生头孢菌素 C。一种微生物的不同菌株产生结构不同的多种次级代谢物，而同一菌株会产生一组结构类似的化合物。

三、培养基

培养基是供微生物生长繁殖和合成各种代谢产物所需的按一定比例配制的多种营养物质的混合物。培养基的组成和比例是否恰当,直接影响微生物的生长、生产和工艺选择以及产品质量和产量等。

1. 培养基的成分

(1) 碳源 凡是构成微生物细胞和代谢产物中碳素的营养物质均称为碳源。包括糖类、醇类、脂肪、有机酸等。糖类有单糖、双糖、多糖,常用葡萄糖、淀粉、糊精和糖蜜。糖蜜主要成分为蔗糖,是价廉物美的碳源。脂肪有豆油、棉籽油和猪油,醇类有甘油、乙醇、甘露醇、山梨醇、肌醇,长链碳氢化合物有石油产品的正烷烃、14~18 碳的烷烃混合物。以脂肪作为碳源时,必须提供足够的氧气,否则会引起有机酸积累。

(2) 氮源 凡是构成微生物细胞和代谢产物中氮素的营养物质均称为氮源。可分为有机氮源和无机氮源两类。

常用有机氮源有黄豆饼粉(最常用)、花生饼粉、棉籽饼粉、玉米浆、玉米蛋白粉、蛋白胨、酵母粉、鱼粉以及尿素等。有机氮源含有丰富的蛋白质、多肽和氨基酸,水解后提供了主要的氨基酸来源。同时含有少量的糖类、脂肪、无机盐、维生素、某些生长因子等,微生物生长更好。此外,含有代谢的前体,有利于产物的生成。

常用无机氮源有铵盐、氨水和硝酸盐等。铵盐中的氮可被菌体直接利用,硝酸盐中的氮必须还原为氨才可被利用,铵盐比硝酸盐可更快被利用。生产中常常加入无机氮源来调节 pH。

> **小知识**
>
> 根据铵盐利用后残留物质的性质,把无机氮源分为生理酸性物质和生理碱性物质。生理酸性物质是代谢后能产生酸性物质,如 $(NH_4)_2SO_4$ 利用后,产生硫酸;生理碱性物质是代谢后能产生碱性物质,如硝酸钠利用后,产生氢氧化钠。

(3) 无机盐和微量元素 无机盐和微量元素是生理活性物质的组成成分或具有生理调节作用,有磷(核酸)、硫、铁(细胞色素)、镁、钙(调节细胞膜通透性)、锰、铜、锌(辅酶或激活剂)、钴、钾、钠(调节渗透压)、氯等。一般低浓度起促进作用,高浓度起抑制作用。

生物对磷酸盐的需要量较大,但在不同生长阶段需要量又不同。微生物生长的磷酸盐对次级代谢产物合成有重要影响。对抗生素发酵,采用生产亚适量(对菌体生长不是最适合但又不影响其生长的量)的磷酸盐浓度。

对于特殊的菌株和产物,不同的元素具有独特作用,铜能促进谷氨酸发酵,锰能促进芽孢杆菌合成杆菌肽,氯离子促进金霉素链霉菌合成四环素。钴是维生素 B_{12} 的组成元素,加入微量钴,可促进维生素 B_{12} 产量,也能增加链霉素、庆大霉素的产量。

(4) 水 水是菌体细胞的主要成分,起传递营养、调节细胞生长环境温度的作用。

(5) 生长因子 生长因子是指微生物生长不可缺少的微量有机物,包括氨基酸、维生素、核苷酸、脂肪酸等。一般天然成分中含有,无需添加;但对于营养缺陷型(氨基酸、核苷酸)菌株,必须添加。

(6) 前体、促进剂与促进剂 前体是加入到发酵培养基中的某些化合物,能直接参与产物的生物合成、组成产物分子的一部分而自身的结构没有发生多大的变化。前体可明显提高产品的产量和质量,一定条件下还能控制菌体合成代谢产物的方向。前体不仅有毒性,而且可被菌体分解，应采用多次、少量的流加工艺。促进剂是指那些既不是营养物又不是前体，但能提高产物产量的添加剂。在抗生素等次级代谢产物的发酵过程中，经常添加前体和促进剂，以提高产量。前体可以是产物的中间体，也可以是其中的一部分。抑制剂可抑制发酵过程中某些代谢途径的进行，同时会使另一代谢途径活跃，从而获得人们所需要的某种产物或使正常代谢的某一代谢中间物积累起来。

（7）消沫剂　消沫剂可消除泡沫，防止逃液和染菌。一般为动植物油脂和高分子化合物。

小知识

药物生产所使用的培养基大多来源于实验研究和生产实践所取的结果。目前还不能完全从生化反应的基本原理来推断和计算出某一菌种的培养基配方。在考虑培养基总体要求时，首先要注意快速利用的碳（氮）源和慢速利用的碳（氮）源的相互配合，发挥各自的优势，避其所短。其次选用适当的碳氮比，培养基中的碳氮比的影响十分明显。

2. 培养基的种类

（1）培养基种类繁多，可按组成、状态及用途分类

按组成分为：①合成培养基，成分明确；②天然培养基，成分不完全明确，有一些天然物质；③半合成培养基。

按用途分为：①选择性培养基；②鉴别性培养基；③富营养培养基等。

按物理性质分为：①固体培养基；②半固体培养基；③液体培养基。

（2）按发酵过程中所处阶段和作用分为以下几类

① 斜面或平板固体培养基。包括细菌和酵母的固体斜面或平板培养基、链霉菌和丝状真菌的孢子培养基。在液体培养基中添加1.0%～2.0%的琼脂粉制成固体培养基。固体培养基的作用是提供菌体生长繁殖的营养物质，从而使之形成孢子。特点是菌体生长迅速，产生优质大量的孢子，但不能引起变异，其营养丰富。

② 种子培养基。供孢子发芽和菌体生长繁殖，包括摇瓶和一、二级种子罐培养基，为液体培养基。作用是使种子扩大培养，增加细胞数目，生长形成强壮、健康和高活性的种子。其培养基成分必须完全，营养丰富，且含有容易利用的碳源、氮源和无机盐等，但总体浓度不宜高。为了缩短发酵的停滞期，种子培养基要与发酵培养基相适应，成分应与发酵培养基的主要成分接近，不能差异太大。

③ 发酵培养基。其可提供微生物进行目标产物的发酵生产的营养物质，不仅要满足菌体的生长和繁殖，还要满足菌体合成目标产物，是发酵生产中最关键和最重要的培养基。要求是接种后，菌体能迅速生长到一定密度或浓度，又能合成目标产物。营养物质浓度高，不仅要有满足菌体生长所需的物质，还要有特定的元素、前体、诱导物和促进剂等对产物合成有利的物质。

④ 补料培养基。补料培养基是发酵过程中添加的培养基。为了使得工艺条件稳定，延长发酵周期，提高目标产物产量，经常采用前期培养基稀薄一些，从一定时间开始，再间歇或连续地补加各种必要的营养物质，如碳源、氮源、前体等。补料培养基一般按单一成分配制，在发酵过程中各自独立控制加入，或按一定比例制成复合补料培养基再加入。

还有一些特殊用途的培养基，如分离纯化培养基、原生质体再生培养基、鉴别培养基及生物检测培养基（测定抗生素生物效价）等。

3. 培养基的灭菌

灭菌是指用化学的或物理学的方法杀灭或除掉物料或设备中所有有生命的有机体的技术

工艺过程。工业生产中常用的灭菌方法有化学物质灭菌、辐射灭菌、过滤介质除菌和热灭菌（包括干热灭菌和湿热灭菌）等。

湿热灭菌是指直接用蒸汽灭菌，特点是经济和快速，在灭菌时选择较高的温度，采用较短的时间，以减少培养基的破坏，因此被广泛应用于工业生产中。

培养基和发酵设备的灭菌方法有实罐灭菌（实消）、空罐灭菌（空消）、连续灭菌（连消）和过滤器及管道灭菌等。

四、微生物发酵培养技术

发酵工艺过程包括种子扩大培养和发酵培养。微生物发酵的生产水平不仅取决于生产菌种的性能，而且要在合适的环境条件下才能使它的生产能力充分表达出来，如培养基、培养温度、pH、氧的需求等。

1. 种子制备

包括孢子制备和发酵种子制备，是种子的逐级扩大培养过程，也是将保存在砂土管、冷凉干燥管中的生产菌种接入试管斜面活化后，再经过扁瓶或摇瓶及种子罐逐级扩大培养而获得一定数量和质量的纯种过程。

（1）孢子制备　孢子制备过程是实验室种子制备阶段，包括琼脂斜面、固体培养基上活化、培养。菌种的活化是将休眠状态的保藏菌种接到固体培养基上，在适宜条件下培养，使其恢复生长能力的过程。

（2）生产种子制备

① 摇瓶种子制备。孢子发芽和菌丝发芽速度慢的菌种要将孢子经摇瓶培养成菌丝后转入种子罐，一般分为母瓶、子瓶。

② 种子罐种子制备。一般可分为一级种子、二级种子、三级种子。种子罐的作用在于使孢子瓶中有限数量的孢子发芽、生长并繁殖成大量菌体，接入发酵罐培养基后能迅速生长，达到一定菌体量，以利于产物的合成。

小知识

种子罐级数是指制备种子需逐级扩大培养的次数，一般根据菌种生长特性、菌体繁殖速度和所采用发酵罐的容积而定。对于生长快的细菌，种子用量少，种子罐也少。种子罐的级数越少，越有利于简化工艺和控制，减少由于移种带来的染菌机会。级数决定于菌种的性质和菌体生长速度及发酵设备的合理利用，目的是形成一定数量和质量的菌丝。

查一查

① 什么是一级种子、二级种子、三级种子？
② 种子级数与发酵罐级数的关系是怎样的？

2. 发酵培养技术

发酵过程中的主要培养方法包括传统的固体表面培养、液体深层培养和现在正在发展中的固定化培养、高密度培养等，对不同菌株选择不同的培养方法，以实现最佳生产过程。

（1）种龄与接种量　种龄是指种子罐中培养的菌体开始移入下一级种子罐和发酵罐时的培养时间，即种子培养时间。发酵生产一般选择生命力旺盛的对数生长期，菌体量未达到最高峰时接种较为合适。

接种量是指移入的种子液体积占接种后培养液体积的比例，其多少决定于生产菌种在发酵罐中的生长繁殖速度，一般为 5%～20%。生产中常用的措施是加大接种量和采用丰富培养基获得高产。主要有双种法（两只种子罐接种一只发酵罐）和倒种法（从发酵罐中取出一定量发酵液，接种到另一个发酵罐）。

（2）培养技术

① 固体表面培养。其是用接种针或环、涂布器等将菌种点种、划线或涂布在固体培养基的表面进行培养，常用于菌种的分离、纯化、筛选和鉴定等。培养容器可以是试管或培养皿，用琼脂粉作为支持介质，把培养基制成斜面或平板，用棉塞封闭管口或用 Parafilm 封口膜封闭培养皿，倒置平板，在适宜温度下生长。

② 液体深层培养。其是把菌种接种到发酵罐中，使菌体细胞游离悬浮在液体培养基中生长的培养方法，一般需要通入空气并进行搅拌。

③ 固定化培养。这是把固体培养和液体深层培养特点相结合的、最具潜力的制药微生物的培养方法，是把菌体细胞固定在固体支持介质上进行发酵培养。常用的固定化方法包括包埋、吸附、共价键交联等，载体介质有卡拉胶、聚丙烯酰胺、海藻酸钠、纤维素、葡聚糖等。其培养优点是：实现高密度培养，不需要多次培养和扩大，缩短发酵周期；细胞可较长期、反复、连续使用，稳定性好，有利于提高产量；发酵液中菌体少，有利于产物的分离纯化。

④ 高密度培养。高密度培养是指菌体浓度（干重）至少达到 50g/L 以上的一种理想培养，是发酵工艺的目标和方向。高密度培养没有绝对的界限，大肠杆菌菌体密度可达 160～200g/L。高密度培养的优点是缩小发酵培养体积，增加蛋白质表达量，形成的包含体更加紧密，蛋白质较纯，有利于下游纯化操作，生产成本低，产率高。

（3）发酵培养的操作方式　按操作方式和工艺流程可把发酵培养分为分批式操作、流加式操作、半连续式操作和连续式操作等。

① 分批式操作。分批式操作又称间歇式操作或不连续操作，是指将菌体和培养液一次性装入发酵罐进行发酵，经过一段时间完成菌体的生长和产物的合成与积累后，将全部培养物取出，结束发酵培养。然后清洗发酵罐，装料、灭菌后再进行下一轮分批操作。其操作简单，周期短，污染机会少，产品质量容易控制，在发酵工业中占有重要地位。

② 流加式操作。流加式操作又称补料-分批操作，是在分批式操作基础上，连续不断补充新培养基，但不取出培养液。由于不断补充新培养基，发酵体积不断增加。最常见的流加物质是葡萄糖等碳源物质及氨水等，流加氨水还可以控制发酵液的 pH。优点是随着菌体生长，营养物质会不断消耗，加入新培养基，满足菌体适宜生长的营养要求。既避免了高浓度底物的抑制作用，也防止了后期养分不足而限制菌体的生长和供氧不足，解除了底物抑制、产物的反馈抑制和葡萄糖效应，不产生微生物的老化变异，产物浓度高，有利于分离，使用范围广。

小知识

　　控制流加操作有反馈控制和无反馈控制两种形式。无反馈控制包括定流量和定时间流加，反馈控制根据反应系中限制性物质的浓度来调节流加速率。

---

③ 半连续式操作。半连续式操作又称反复分批式或换液培养，是指将菌体和培养液一起装入发酵罐，在菌体生长过程中，每隔一定时间，取出部分发酵培养物，同时在一定时间内补充同等数量的新培养基；如此反复进行，放料 4～5 次，直至发酵结束，取出全部发酵液。与流加式操作相比，半连续式操作的发酵罐内的培养液总体积保持不变，但同样可起到解除高浓度基质和产物对发酵的抑制作用。延长了药物合成期，最大限度利用了设备，是抗

生素生产的主要方式。缺点是失去了部分生长旺盛的菌体，一些前体丢失。

④ 连续式操作。连续式操作是指菌体与培养液一起装入发酵罐，在菌体培养过程中，不断补充新培养基，同时取出包括培养液和菌体在内的发酵液，发酵体积和菌体浓度等不变，使菌体处于恒定状态的发酵条件，从而促进菌体的生长和产物的积累。优点是设备和投资较少，可自动化控制，提高产率和效率，可以不断收获产物，能提高菌体密度。缺点是由于连续操作过程时间长，管线、罐级数等设备增加，杂菌污染机会增多，细胞易发生变异和退化，以及产生有毒代谢产物积累等。

3. 发酵工艺过程控制

(1) 主要控制参数　微生物发酵是在一定条件下进行的，其内在代谢变化是通过各种检测装置测出的参数反映出来的。主要的物理参数、化学参数和生物参数分布如表8-1～表8-3所示。

表 8-1　发酵工艺过程控制主要的物理参数

参数名称	意　义
温度/℃	发酵中所维持的温度,是重要参数。其高低直接关系到细胞的酶活性和反应速度、培养基中溶解氧浓度和传递速度、菌体的生长和产物合成速度等
罐压/Pa	罐体内维持正常的压力。发酵罐维持正压防止杂菌侵入,罐压影响 CO_2 和 O_2 的溶解度,对细胞本身有影响
搅拌速度/(r/min)	每分钟搅拌器的转动次数,影响氧等气体在发酵液中的传递速度和发酵液的均匀程度。搅拌功率(kW)影响液相体积氧传递系数
空气流量/[m³/(m³·min)]	每分钟单位体积发酵液内通入的空气体积,影响供氧及其他传递。由流量计直接读出
黏度/(Pa·s)	反映细胞生长或形态,用表观黏度表示。黏度高时,对氧传递阻力大
相对菌丝浓度/%	浊度(%),反映菌体生长状况
料液流量/(L/min)	控制流体进料的参数,用每分钟进入的体积表示

温度计、压力计、通气量、搅拌转速（测速电机）等均是原位传感器，安装在发酵罐内，直接与发酵液接触，给出连续响应信号。

表 8-2　发酵工艺过程控制主要的化学参数

参数名称	意　义
pH	产酸和产碱的生化反应的综合结果,与菌体生长和产物合成有关
基质浓度/(g/L)	发酵液中糖、氮、磷等营养物质的浓度,它们影响细胞生长和代谢过程,是提高产物产量的重要调控手段
溶解氧浓度/(mg/kg)	氧是细胞呼吸的底物,氧浓度的变化对细胞影响很大,也反映了设备的性能。常用绝对含量表示,也可用饱和氧浓度的百分数表示
氧化还原电位/mV	培养基的氧化还原电位是各种因素的综合影响的表现,它要与细胞本身的电位相一致,是重要的控制参数之一,影响微生物生长及其生化活性
废气中 O_2 和 CO_2 浓度/%	废气中的氧含量和细胞的摄氧率有关,CO_2 是细胞呼吸释放的,测定废气中的氧和 CO_2 含量可以计算出细胞的摄氧率、呼吸率和发酵罐的供氧能力
产物浓度/(g/L)	发酵液中所含目标产物的量,用质量表示,也可用标准单位表示,如 $\mu g/mL$、U/mL 等。产物量的高低反映了发酵是否正常,用以判断发酵周期

pH 计、溶氧电极等是原位传感测定仪器。基质浓度、代谢产物等常需要人工取样，离线仪器分析。如果连接流动注射分析（FIA）系统和高效液相色谱（HPLC）系统，则可实

现发酵液成分的在线测定。FIA 可分析葡萄糖、氨离子和硫酸盐浓度；HPLC 可分析有机酸、酚类、红霉素及其他副产物。气相色谱可分析乙酸、乙醇、甘油、酮类等。

表 8-3 发酵工艺过程控制主要的生物参数

参数名称	意义
菌丝形态	可以衡量种子质量、区分发酵阶段、控制发酵过程的代谢变化。菌体的形态需要离线在显微镜下观察
菌体浓度 /(g/L)	是指单位体积培养液内菌体细胞的含量，可用质量或细胞数目表示。对于微生物简称菌浓。菌体浓度也需要离线测定。

根据发酵液的菌体量、溶解氧浓度、底物浓度、产物浓度等计算菌体比生长速率、氧比消耗速率、底物比消耗速率和产物比生产速率，这些参数是控制菌体代谢、决定补料和供氧等工艺条件的主要依据。

(2) 工艺过程控制

① 菌体浓度。菌体浓度的大小反映了菌体细胞的多少以及菌体不同的分化阶段。在适宜生长速率下，发酵产物产率与菌体浓度成正比，菌体浓度越高，氨基酸、维生素等初级代谢产物产量越高。而次级代谢产物，在比生长速率等于或大于临界生长速率时也是如此。发酵过程中要把菌体浓度控制在适宜范围内，主要靠调节基质浓度，采用中间补料、控制 CO_2 和 O_2 量等措施。

> **小知识**
>
> 噬菌体对发酵工业危害极大，噬菌体感染后，菌体生长缓慢，短时间内大量自溶，基质消耗减少，产物合成停止，溶解氧浓度回升，pH 上升，产生大量泡沫。污染噬菌体的发酵液必须彻底高压灭菌后再放弃。控制噬菌体污染要定期对生产区环境进行化学消毒处理，保持生产区的洁净度。对废气、逃液、剩余样品等存在活菌体的物料进行灭菌处理。培养基中添加化学品如柠檬酸钠、草酸盐、三聚磷酸盐及抗生素等可抑制噬菌体生长繁殖。

> **小资料**
>
> 对噬菌体的确认检测需采用双平板法。先制备 2% 琼脂糖培养基，作为底层。然后，将被检测的样品、正常的无污染的工程菌以及 1% 琼脂糖培养基（冷却至 45℃ 以下）混合均匀，涂布在底层培养基上。于一定温度下培养过夜。如果被噬菌体感染，就会出现透明的噬菌斑。发酵液离心后，取上清液，电子显微镜检测会发现有噬菌体颗粒存在。

② 温度。发酵温度对菌体生长存在最适温度范围和最佳温度点，偏离一定范围，生长受到抑制。温度影响各种酶的催化反应速率以及蛋白质性质、产物稳定性，在发酵后期，蛋白质水解酶积累较多，水解情况严重，降低温度是经常采用的可行措施。

大型发酵罐因发酵中产生大量的热，经常需要降温冷却以控制温度。在夏季，外界气温较高，冷却水效果可能很差，需要用冷冻盐水进行循环式降温。用冷却水降温，往往存在滞后现象，需要一定的经验和技巧。

③ pH。pH 控制不当，将严重影响菌体生长和产物合成。不同生物的最适生长 pH 和最适生产 pH 不同。大多数产抗生素的微生物生长的 pH 为 3～6。pH 对生长代谢和产物生成的影响在于：改变细胞膜的通透性，影响物质的吸收和产物的分泌；微生物对 pH 有一定的忍耐性。

一般情况下，生长范围与忍耐限度如表 8-4 所示，不同生产阶段，产物不同，pH 也不同，不同生产阶段产物及相应的 pH 如表 8-5 所示。

<table>
<tr><td colspan="2" align="center">表 8-4　不同菌体生长范围与忍耐限度</td></tr>
<tr><td align="center">菌体</td><td align="center">pH</td></tr>
<tr><td align="center">放线菌</td><td align="center">6.5～7.5</td></tr>
<tr><td align="center">细菌</td><td align="center">5～8.5</td></tr>
<tr><td align="center">酵母</td><td align="center">3.5～7.5</td></tr>
<tr><td align="center">霉菌</td><td align="center">3～8.5</td></tr>
</table>

表 8-4　不同菌体生长范围与忍耐限度		表 8-5　不同生产阶段产物及相应的 pH	
菌体	pH	生产阶段产物	pH
放线菌	6.5～7.5	链霉素	6.8～7.3
细菌	5～8.5	红霉素	6.8～7.3
酵母	3.5～7.5	金霉素和四环素	5.9～6.3
霉菌	3～8.5	青霉素	6.5～6.8

菌种本身对 pH 有一定的自我调节能力，培养基成分被利用后，产生有机酸如丙酮酸、乳酸、乙酸等，使 pH 下降。培养基中加入缓冲剂如碳酸钙和磷酸盐缓冲液等，有时达不到要求，常用生理酸性物质如硫酸铵和生理碱性物质如氨水控制，不仅调节 pH 还补充氮源。当 pH 和氮含量低时，补充氨水；pH 较高和氮含量低时，补充硫酸铵。一般用压缩氨气或工业氨水（浓度 20% 左右），采用少量间歇或少量自动流加，避免一次加入过量造成局部偏碱。补料如在氨基酸和抗生素发酵中补加尿素，在青霉素发酵中，通过控制加糖率调节 pH 产量可提高 25%。提高通气量，加速脂肪酸代谢也可以补偿 pH 变化。

④ 溶解氧。不同菌种对溶解氧量的需求不同，一般为 $25～100mmol/(L \cdot h)$。在发酵的不同阶段，菌种摄氧速率也不同。发酵前期，菌体生长繁殖旺盛，呼吸强度大，摄氧多。发酵中期，摄氧速率最大。发酵后期，菌体衰老自溶，溶解氧浓度上升。通常把不影响菌体呼吸或产物合成的最低溶解氧浓度称为临界氧浓度。如果用空气，氧饱和浓度是：细菌和酵母的临界氧值为 3%～10%、放线菌为 5%～30%、霉菌为 10%～15%。

⑤ CO_2。CO_2 对微生物生长或发酵具有刺激或抑制作用，还影响培养基的酸碱平衡。采用通气搅拌，既可保持溶解氧，又可随废气排出所产生的 CO_2，从而控制 CO_2 浓度。补料也会引起 CO_2 浓度变化，例如青霉素发酵时，补糖会增加排气中 CO_2 浓度和降低培养基的 pH。

⑥ 泡沫。发酵中的泡沫有两种，一种是液面上的泡沫，即气泡（bubble），与液体有明显界限。另一种是流态泡沫（fluid foam），分散于发酵液内部，稳定，与液体间无明显界限。有机氮源如黄豆饼粉是起泡的主要因素，菌体的代谢过程也会产生一些物质引起发泡，快速搅拌会引起很多泡沫，灭菌体积太大或不彻底也易引起发泡。

发泡对发酵过程有害：减少装料量，降低氧传递，过多泡沫造成大量逃液，增加污染概率，甚至使搅拌无法进行，使菌体呼吸受阻、代谢异常或自溶。一般情况下，发酵罐的装料系数（料液体积占发酵罐总体积）约为 0.7，泡沫所占体积约为培养基的 10%、发酵罐体积的 0.07。少加或缓慢加入易起泡的原料、改变某些物理化学参数如 pH、升高温度、减少通气和降低搅拌速率、改变工艺如采用分次投料、使用不产生流态泡沫的菌种、混合不同菌种培养，都能减少泡沫的形成。对已经形成的泡沫，利用机械强烈振动或压力变化使泡沫破裂，或加消沫剂、通过喷嘴加速力或离心力消除泡沫。

（3）发酵终点的判断　发酵类型不同，判断终点的标准也不同。一般判断原则是高产量、低成本。主要是提高药品产率 [单位体积、单位时间内的产量，$kg/(h \cdot m^3)$]、得率（转化率即单位原料生产的产物量，kg 产物/kg 原料）、发酵系数 [单位发酵周期内的发酵体积生成的产物，kg 产物/$(m^3 \cdot h)$]，在最大产率时终止发酵。特殊因素如染菌、代谢异常等，则终止发酵。

五、发酵罐操作技术

目前，常用的通风发酵罐有机械搅拌式、气升环流式、鼓泡式和自吸式等，其中机械搅拌通风发酵罐仍占据着主导地位。

1. 灭菌操作

① 检查相关的设备，如空气压缩机、蒸汽发生器等，检查水压是否正常，一般气压为 0.2MPa。

② 开机，进行 pH 电极的标定。

③ 打开蒸汽发生器和空气压缩机电源，启动转速，控制在 200r/min；灭菌时间一般为 30min，灭菌温度在 120℃以上。

2. 发酵罐操作

① 灭菌结束冷却降温后，将显示画面切换至温度控制画面，进行自动温度控制，设定搅拌速度。

② 接种后，开始发酵，上位机记录数据。

3. 操作过程中易出现的问题及处理

① 罐压控制：由于罐压是手动控制的，调节阀门后，在正常情况下，进口空气压力比较稳定。但有时由于电压不稳或压缩机出问题而影响进口压力，则罐压波动较大。需经常留意罐压。

② 突然停电：如果遇到突然停电，应立即关闭阀门，然后解决供电。

③ 过滤器放水阀门应经常开启一点，放掉其中的积水。如果发酵周期较长时，更要注意排水。

第二节　维生素 C 概述

维生素 C（Vitamin C）又名 L-抗坏血酸（L-ascorbic acid），化学名称为 3-氧代-L-古龙糖酸呋喃内酯（3-oxo-L-gulofluranolactone），是己糖衍生物，其化学结构是一个三元醇酮酸的内酯化合物，但 C2 酮基异构化为烯醇式，是具有一个特殊烯二醇结构的化合物。因存在 C4 和 C5 两个不对称碳原子，所以还存在三个异构体。其中，D-异抗坏血酸的活性仅为 L-抗坏血酸的 1/10，而 D-抗坏血酸、L-异抗坏血酸无 L-抗坏血酸的生物活性。结构式为：

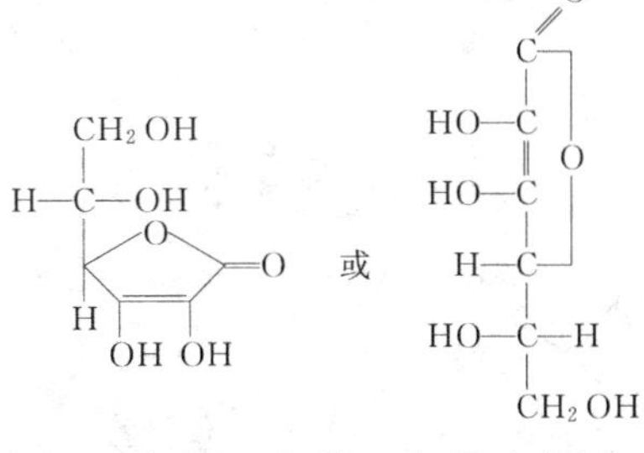

维生素 C 是白色结晶性粉末，无臭、味酸；久置色渐变黄；水溶液呈酸性反应，在空气中很快变质，尤其在碱性溶液中遇光或热更易变质，通常由无色到浅黄色—黄色—棕色。片剂在放置过程中遇光、热也易变色而失去疗效，熔点为 190～192℃（同时分解），有旋光性，在水溶液中 $[\alpha]_D^{20}=+23°$，易溶于水及甲醛，微溶于乙醇及丙酮，不溶于醚、苯等非极性溶剂。维生素 C 没有游离羧基（成为内酯型），但由于内酯的比邻有烯二醇结构的存在，因而呈酸性，2% 溶液的 pH 为 2.4～2.8。它具有很强的还原性，容易被氧化成具有双酮结构的去氢抗坏血酸。如有微量的重金属离子（如铜、锌、锰、铁等）存在，会使氧化反应加速。干燥的维生素 C 在空气中相当稳定，遇水则易受空气氧化，所以应在避光、避热、干燥及不接触金属离子的情况下保存，或于充满惰性气体的容器中保藏。

查一查

① 维生素 C 的用途。

② 国内外维生素 C 的生产状况。

维生素 C 的生产可采用莱氏法（Reichstein）和两步发酵法。

第三节 生产实例——莱氏法生产维生素 C 工艺原理和过程

莱氏法（又称双酮糖法）生产维生素 C 是德国的 Reichstein 等人于 1935 年以山梨醇为原料，经醋酸菌一步发酵得到 L-山梨糖，再经丙酮酮醇缩合，得双丙酮-2-酮基-L-古龙酸，水解后得 2-酮基-L-古龙酸，再以酸或碱转化，共 5 步化学合成反应得到维生素 C。本路线工艺成熟，产品质量好，生产周期短，总效率高，可达 66%左右（以山梨醇计）。在很长一段时间内国内外都采用此法进行维生素 C 的生产。此法工序多，耗用原料多，其中易燃、易爆有机溶剂（丙酮、苯等）对劳动保护、安全生产的要求高，是目前世界各国生产维生素 C 普遍采用的路线。

一、合成路线

以 D-葡萄糖为原料，经催化氢化得 D-山梨醇，再经醋酸菌发酵氧化得到 L-山梨糖；然后以丙酮酮化制得 2,3,4,6-双丙酮基-L-山梨糖；随后经化学氧化法制得 2,3,4,6-双丙酮基-L-古龙酸；水解后得 2-酮基-L-古龙酸，再以酸或碱转化，得到 L-维生素 C。

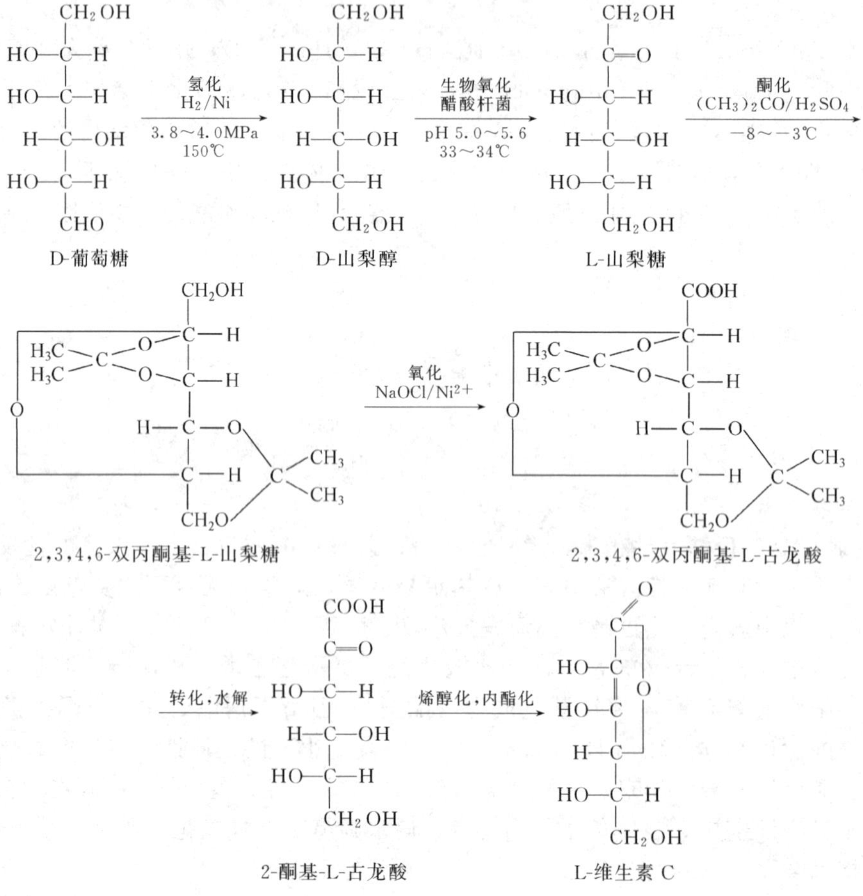

二、生产工艺过程

1. D-山梨醇的合成

(1) 反应原理　工业上将 D-葡萄糖经过催化氢化还原得到 D-山梨醇。该反应是在控制压力、氢气作还原剂、镍作催化剂的条件下，将醛基还原成醇羟基。

D-山梨醇是己六醇化合物，含有 4 个手性碳原子，具有 D-葡萄糖构型，是将 D-葡萄糖 C1 上的醛基还原成醇羟基而制得。

(2) 氢化岗位操作　将水加热至 70～75℃，在不断搅拌下，逐渐加入葡萄糖至全溶，制成 50% 葡萄糖水溶液，再加入活性炭于 75℃ 搅拌 10min，滤去炭渣，然后用石灰乳液调节滤液 pH 至 8.4。釜内氢气纯度 ≥99.3%、压力 <0.04MPa 时可加入葡萄糖，加入活性镍催化剂（为葡萄糖量的 2%），通入氢气，然后通蒸汽搅拌。当温度达到 120～135℃ 时关蒸汽，并控制釜温在 150～155℃、压力在 3.8～4.0MPa 下，反应至不吸收氢气为反应终点。取样化验合格后，在 0.2～0.3MPa 压力下压料至沉淀缸，过滤，滤液经离子交换树脂、活性炭处理后，减压浓缩得到浓度为 60%～70% 的无色或淡黄色透明的黏稠液体即 D-山梨醇。收率为 95%。

(3) 反应条件及控制

① 催化加氢前，葡萄糖水溶液 pH 应严格控制在 8.0～8.5，否则，将会使副产物甘露醇含量增加。

② 山梨醇是多元醇，在高温下具有溶解多种金属的性能，在生产中应避免使用铁、铝或铜制设备，尤其在料液经过离子交换树脂处理后，应全部使用不锈钢设备。

③ 比旋度是山梨醇的重要质量指标，为控制副产物甘露醇的含量，比旋度控制在 ±5.50。氢化速度快、反应时间短，可以减少甘露醇的生产量。

甘露醇是由于 D-葡萄糖在受热或与碱、吡啶作用后，端基 C2 手性碳原子的构型可以发生差向异构化作用而形成 D-甘露糖，再还原成 D-甘露醇。反应为：

$$
\begin{array}{ccc}
\mathrm{CH_2OH} & \mathrm{CH_2OH} & \mathrm{CH_2OH}\\
\mathrm{HO-C-H} & \mathrm{HO-C-H} & \mathrm{HO-C-H}\\
\mathrm{HO-C-H} & \mathrm{HO-C-H} & \mathrm{HO-C-H}\\
\mathrm{H-C-OH} & \mathrm{H-C-OH} & \mathrm{H-C-OH}\\
\mathrm{HO-C-H} & \mathrm{H-C-OH} & \mathrm{H-C-OH}\\
\mathrm{CHO} & \mathrm{CHO} & \mathrm{CH_2OH}\\
\text{D-葡萄糖} & \text{D-甘露糖} & \text{D-甘露醇}
\end{array}
$$

（差向异构化　　还原）

④ 残糖含量是氢化反应的终点指标。葡萄糖的存在对比旋度的影响比甘露醇大 2 倍，因此氢化反应必须完全，尽可能减少残糖量。

(4) 三废处理　废镍催化剂可压制成块，再冶炼回收；再生废液中的镍经沉淀后可回收。废酸、废碱液经中和后放入下水道。

2. L-山梨糖的合成

以 D-山梨醇为原料，经醋酸菌发酵氧化得到 L-山梨糖。

(1) 反应原理　由 D-山梨醇氧化得到 L-山梨糖，需选择性地使 C2 位的羟基氧化成羰基，而不使其余羟基受影响。采用化学氧化法，反应不易控制，收率很低。所以工业上采用微生物进行氧化。经实验证明，黑醋酸菌是 D-山梨醇最有效的生化氧化剂。

(2) 发酵岗位操作

① 菌种制备。将试管斜面的菌种进行活化传代 24h 后，产糖量达到 100mg/mL，即可

划试管斜面，在30℃培养48h并做无菌试验，放冰箱保存备用，保存期不超过1个月。

② 发酵过程。分为一级、二级种子培养。

在种子罐内，投入投料浓度为16%～20%的山梨醇，以酵母膏、碳酸钙、琼脂、复合维生素B、磷酸盐、硫酸盐等为培养基，控制pH为5.4～5.6，先于120℃灭菌0.5h，待罐冷却到33～35℃接入菌种，然后在罐温30～32℃、罐压0.03～0.05MPa下通入无菌空气进行培养。一级种子罐发酵率达40%以上，二级种子罐发酵率达50%以上，菌体正常生长即可供发酵罐作种液使用。

发酵培养的山梨醇投料浓度为25%左右，其余培养基成分及培养条件与种子罐相同。进行发酵10h，发酵率在95%以上，温度略高（31～33℃）、pH在7.2左右，即为发酵终点。然后控制真空度在0.05MPa以上、温度在60℃以下，减压浓缩结晶即得L-山梨醇。

(3) 反应条件及控制

① 山梨醇的纯度。使用粗品山梨醇发酵时间17h，收率为35%；使用精制山梨醇则收率为90%。葡萄糖能与山梨醇竞争，而使山梨醇收率下降，如果15%的山梨醇溶液中含有3%的葡萄糖，收率仅为25%。

② 氧化速率。氧化速率与山梨醇浓度有关，浓度超过40%，通入空气的速率低，细菌几乎无作用；但是浓度过低，则需庞大的发酵罐及浓缩设备，设备利用率低。山梨醇选用浓度一般不宜大于25%。

③ 金属离子。发酵液中金属离子的存在抑制细菌的脱氢活性。因此发酵过程中须控制D-山梨醇中$w(Ni)\leqslant 5mg/L$，$w(Fe)\leqslant 70mg/L$，因此发酵罐材质选用也需慎重。

④ 生物催化剂。发酵液中生物催化剂如复合维生素B、玉米提取物、酵母等，能促使细菌生长，提高发酵率。

⑤ 空气流量。空气流量（vvm，即每分钟、每立方米发酵液中空气体积）对于深层发酵是一个重要因素。因本过程是强氧化过程，一般vvm越大越好，但过大，动力消耗太大，因此在生产上一般采用0.7～1vvm。

⑥ 细菌接种量。细菌接种量对氧化速率有显著影响。接种量较大时，可显著提高发酵率。

⑦ 注意事项。在发酵过程中，若出现含糖高、周期长、酸含量低、pH不降的现象，说明发生染菌。染菌会大大影响发酵收率，所以要尽量减少染菌途径。常见的染菌途径有种子罐或发酵罐带菌、接种时罐压低于大气压、培养基消毒不彻底、操作中染菌、阀门泄漏等。

3. 2,3,4,6-双丙酮基-L-山梨糖（双丙酮糖）的合成

(1) 反应原理　此反应是缩酮化反应，即是一个保护羰基的脱水反应，以浓硫酸（或发烟硫酸）作为脱水剂，也可以用五氧化二磷和无水氯化锌。反应如下：

L-山梨糖（酮式）　　L-山梨糖（环式）　　　　　2,3,4,6-双丙酮基-L-山梨糖

从山梨糖用化学氧化剂直接氧化C1位的伯醇基为羧基以制备2-酮基-L-古龙酸，曾进行了许多研究，但收率低，产品不纯。因而采用在浓硫酸存在下，使山梨糖与丙酮作用制成2,3,4,6-双丙酮基山梨糖（双丙酮糖），其目的在于保护C2位羰基和其他羟基，以

免氧化 C1 羟基时受影响。保护剂除丙酮外，亦可用甲醛、甲基乙基酮、苯甲醛等，但效果均不如丙酮。

（2）酮化岗位操作

原料比为山梨糖：丙酮：发烟硫酸：氢氧化钠（18%～22%）＝1：9：0.4：0.6（质量比）。

将丙酮、发烟硫酸在 5℃以下压至溶糖罐内，加入山梨糖，于 15～20℃溶糖 6h 后，再降温至－8℃，保持 6～7h 得酮化液。然后在温度不超过 25℃时把酮化液加入 18%～22%的氢氧化钠溶液中，中和至 pH 为 8.0～8.5。下层硫酸钠用丙酮洗涤，回收单丙酮糖；上层清液常压蒸馏至 100℃后，减压蒸馏至约 90℃为终点，再用苯提取蒸馏后剩余溶液，然后减压蒸馏苯液得双丙酮糖白色结晶（m. p. 77～78℃）。收率为 88%。

（3）反应条件及控制

① 副产物。缩酮化反应中除双酮糖外，还有单酮糖等多种副产物生成。这些副产物与温度、水分、反应时间、硫酸用量等有关。温度高、水分多、反应时间长、硫酸用量过多则副产物增多，双酮糖收率降低。

② 温度。酮化反应温度必须低于 20℃，这有利于双酮糖的生成。若高于 20℃，将有利于单酮糖的生成，使收率降低。

③ 双酮糖液在酸性溶液中不稳定，在碱性溶液中稳定，因此在中和时必须保持碱性条件和较低温度。

4. 2,3,4,6-双丙酮基-L-古龙酸（双酮古龙酸）的合成

（1）反应原理　以丙酮酮化制得 2,3,4,6-双丙酮基-L-山梨糖，使双酮糖 C1 位上的羟基氧化成羧基而制得双酮古龙酸。氧化剂可以用次氯酸钠，原料成本较低，但是反应收率稍低，反应体积大，需加硫酸镍作催化剂。镍盐先经次氯酸钠氧化生成黑色过氧化物，后者将双酮糖氧化成双酮古龙酸。

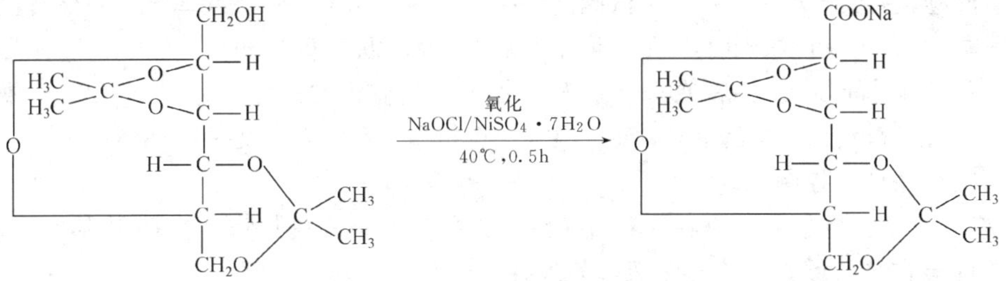

2,3,4,6-双丙酮基-L-山梨糖　　　　　　　2,3,4,6-双丙酮基-L-古龙酸钠

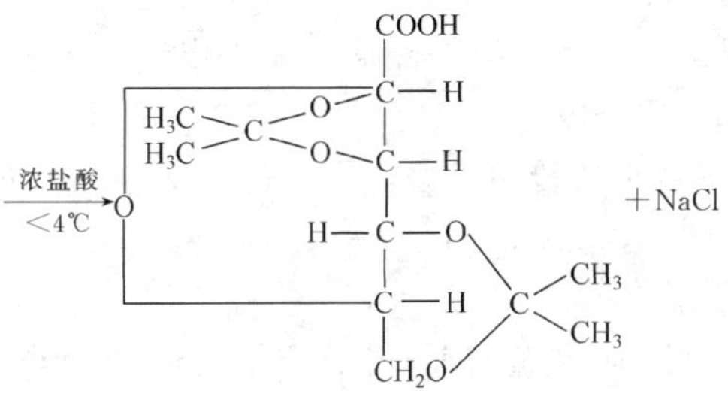

2,3,4,6-双丙酮基-L-古龙酸

也可用高锰酸钾作氧化剂，反应收率较高，但原料成本也较高，后处理繁琐。也可以用催化空气氧化法，该法收率较高，不需化学氧化剂，但是需要铂、钯等贵重金属作为催化剂，所通入的空气要预先净化。另外，电解氧化法也可以使用，其经济简便，但电耗大。

（2）氧化岗位操作

① 次氯酸钠的生产。由于次氯酸钠久置易分解失去氧化性，所以需新鲜制备。于 35℃ 下将 14.5%～15.5% 的氢氧化钠溶液搅拌通入液氯，以有效氯浓度为 9.5%～9.7%、余碱 浓度 2.8%～3.2% 为终点。

② 双丙酮糖的氧化。原料比为双丙酮糖：次氯酸钠：硫酸镍＝1：10：0.04（质量比）。

将次氯酸钠、双丙酮糖及硫酸镍在 40℃ 保温搅拌 30min，然后静置片刻，抽滤。滤液 冷至 0～5℃ 时用盐酸中和，分三段进行：pH 为 7、pH 为 3、pH 为 1.5。过滤，冷水洗涤， 再过滤，即得 2,3,4,6-双丙酮基-L-古龙酸结晶，收率为 86%。

5. 粗品维生素 C 的制备

（1）反应原理　粗品维生素 C 的制备包括三步反应：先将 2,3,4,6-双丙酮基-L-古龙酸 水解脱去保护基丙酮，再进行内酯化，最后进行烯醇化即得粗品维生素 C。由于这三步反应 进行得很快，不能分别得到相应的中间体。反应如下：

2,3,4,6-双丙酮基-L-古龙酸　　　　2-酮基-L-古龙酸　　　　L-维生素 C

（2）转化岗位操作

配料比为双丙酮古龙酸：精制盐酸（38%）：乙醇＝1.0：0.27：0.31（质量比）。

先将部分双丙酮古龙酸加入转化罐，搅拌下加入盐酸，再加入余下的双丙酮古龙酸，盖好 罐盖。待反应罐夹层满水后，打开蒸汽阀门，缓慢升温至 37℃ 左右关闭蒸汽，自然升温至 52～ 54℃，保温 5～7h。反应激烈时，结晶析出，要严格控制温度低于 59℃，反应缓和后维持 50～ 52℃，至总保温时间 20h。接着通水降温 1h，加入适当体积的乙醇，冷却至 −2℃，放料，甩 滤 0.5h，再用乙醇洗涤，甩滤 3～3.5h，经干燥得粗品维生素 C，收率为 88%。

（3）反应条件及控制

① 加料的先后顺序。先加双丙酮古龙酸与盐酸，易结成块状物，搅拌困难；先加丙酮， 丙酮与双丙酮古龙酸形成一种悬浮液，易搅拌。

② 盐酸浓度不能过低，要大于 38%，否则对转化反应的催化作用减小，使收率降低。

③ 析出温度。析出期是转化反应的剧烈期，如析出期的温差（指析出结晶前后的温度 差）太小，为 1℃，说明反应不剧烈，放热少，不完全；而温差太大，如 5℃，则反应放热 太多，反应太剧烈，热量不能很快传递出去，会加速副反应，严重时引起烧料。故析出温差 最好为 2.5℃ 左右，析出温度不能高于 59℃。

6. 粗品维生素 C 的精制

原料比为粗品维生素 C（折纯）：蒸馏水：活性炭：乙醇＝1.0：1.1：0.06：0.6（质量比）。

将粗品维生素 C（含量约 85%）真空干燥（50～55℃，20～30min），除去挥发性杂 质盐酸和丙酮等，投入热水（68～70℃）中溶解，待粗品维生素 C 溶解后，加入活性炭， 搅拌 5～10min，保温压滤，滤液通入结晶罐，降温至 45～50℃ 后加入晶种，缓慢冷却至 −2℃ 结晶。将结晶离心甩滤，再加入冰乙醇洗涤，甩滤，将甩干品低温干燥（43～

45℃，1.5h）即得精制维生素 C（m. p. 190～192℃）。精制收率为 91%，总收率为 60%（以山梨醇计）。

第四节 生产实例——两步发酵法生产维生素 C 工艺过程

两步发酵法是 1975 年由中国科学院上海生物技术研究所研究出来的，属我国首创，可以分为发酵、提取和转化三大步骤。即先从 D-山梨醇发酵，提取出维生素 C 前体 2-酮基-L-古龙酸，再用化学法转化为维生素 C。

两步发酵法实际上是简化和缩短了的莱氏法，是用生物氧化法将 L-山梨糖直接氧化成 2-酮-L-古龙酸以代替莱氏法中的化学氧化法。在这条生产路线中的两步反应均用发酵方法，故简称两步发酵法。

生物技术的迅速发展为改造和选育优良菌种提供了新的手段，可以采用诱变方法选育能耐高浓度基质的产酸菌株，也可以采用细胞融合和重组 DNA 技术来选育具有工业应用价值的菌株，以大大简化维生素 C 的生产工艺。在这方面，世界各国均开展了广泛深入的研究，尤其是采用基因重组技术，使由此得到的微生物菌株可以一步将葡萄糖转化为 2-酮基-L-古龙糖，使维生素 C 的生产成本有可能大幅度降低。另外，细胞固定化不仅可使生产能自动化、连续化地进行，还可以避免发酵液中的游离菌体，有利于产物的分离和提取。可以预计，随着生物技术的发展，维生素 C 的生产技术将会发生巨大变革。

一、合成路线

两步发酵法主要有 2-酮基-L-古龙酸的分离提纯和 2-酮基-L-古龙酸的化学转化，经过氢型离子交换树脂酸化，得到维生素 C。粗品经结晶精制得维生素 C 成品。合成路线如下：

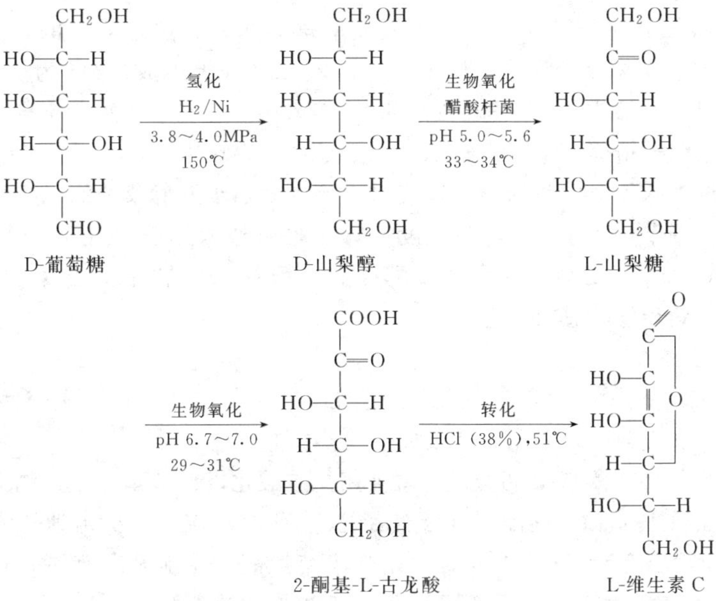

二、工艺过程

1. 2,3,4,6-双丙酮基-L-山梨糖的合成

与莱氏法生产维生素 C 工艺原理及过程相同。

2. L-山梨糖的合成（第一步发酵）

第一步发酵与莱氏法生产维生素 C 工艺原理和过程相同。

黑醋酸菌（*Acetobacter suboxydans*）经种子扩大培养，接入发酵罐，种子和发酵培养基主要包括山梨醇、玉米浆、酵母膏、碳酸钙等成分，pH=5.0～5.2。山梨醇浓度控制在 24%～27%，培养温度 29～30℃，发酵结束后，发酵液经低温灭菌，移入第二步发酵罐做原料。D-山梨醇转化为 L-山梨糖的生物转化率达 98% 以上。

3. 2-酮（羰）基-L-古龙酸的合成（第二步发酵）

第二步发酵采用氧化葡萄糖酸杆菌（*Gluconobacter oxydans*，小菌）和巨大芽孢杆菌（*Bacillus megaterium*，大菌）或假单胞杆菌混合培养。氧化葡萄糖酸杆菌为产酸菌株，巨大芽孢杆菌或假单胞杆菌为搭配菌株，只有两种菌株混合在一起培养，才能生产维生素 C。发酵罐均在 100m³ 以上，为瘦长形，无机械搅拌，采用气升式搅拌。

（1）反应原理

L-山梨糖 → 生物氧化 pH 6.7～7.0 29～31℃ → 2-酮基-L-古龙酸

（2）发酵岗位操作

① 菌种培养。保存在冷冻管的菌种经活化、分离及混合培养后转移入三角瓶种子液培养基中，在 29～33℃ 振荡培养 24h，产酸量在 6～9mg/mL，pH 降至 7 以下，菌种正常生长无杂菌，即可投入生产。

② 发酵培养。先在一级种子罐内加入发酵培养基。发酵培养基的成分与菌种的类似，主要由 L-山梨糖、玉米浆、尿素、碳酸钙、磷酸二氢钾等组成，pH 为 7.0。于 120℃ 左右保温 30min 灭菌，待罐温冷至（30±1）℃ 时，接入菌种，在通入灭菌空气（1vvm）条件下，进行一级、二级种子培养，直至产酸 4.5～6mg/L 为终点。

将灭菌的培养基加入山梨糖的发酵液内，接入第二步发酵菌种的二级种子培养液，并用灭菌碳酸钠溶液调节 pH 至 7.0，在温度（30±1）℃ 通入无菌空气至二次检验酸量不再增加，残糖小于 0.5mg/mL 以下时即达发酵终点（培养 72h 左右），结束发酵，得 2-酮基-L-古龙酸发酵液。两步发酵总收率 78.5%。

③ 提取岗位操作

2-酮基-L-古龙酸是由 2-酮基-L-古龙酸钠用离子交换方法经过两次交换去掉其中的 Na⁺ 而得。一次、二次交换中均采用 732 阳离子交换树脂。

a. 一次交换：将 2-酮基-L-古龙酸发酵液用盐酸酸化以调节菌体蛋白的等电点，冷却静置沉降 4h 以上，使菌体蛋白层逐渐下沉。然后上清液以 2～3m³/h 的流速压入阳离子交换树脂柱进行离子交换，当流到 pH 为 3.5 时开始收集交换液，控制流出液的 pH，以防树脂饱和，发酵液交换完后，用纯水洗柱，至流出液 2-酮基-L-古龙酸含量低于 1mg/mL 以下为止。

b. 加热过滤：将一次交换后的流出液和洗液合并，在加热罐内调 pH 至蛋白等当点，然后加热至 70℃，加入约 0.3% 活性炭，升温至 90～95℃，保温 10～15min，使菌体蛋白凝结。停止搅拌，快速冷却，高速离心过滤得上清液。

c. 二次交换：将酸性上清液打入二次离子交换柱，洗柱至流出液 pH＝1.5，开始收集交换液，控制流出液 pH＝1.5～1.7，交换完毕，洗柱到流出液 2-酮基-L-古龙酸含量为 1mg/mL。如果 pH＞1.7 时，需要换交换柱。

d. 减压浓缩：将二次交换液进行一级浓缩，控制真空度及内温，至浓缩液的相对密度达 1.2 左右即可出料，然后再在相同条件下进行二级浓缩，浓缩至尽量干，然后加入少量乙醇冷却结晶，甩滤并用冰乙醇洗涤，得 2-酮基-L-古龙酸（m.p. 158～162℃）。提取收率为 80%。

（3）反应条件及控制

① 山梨糖浓度。山梨糖浓度不宜过高，否则将抑制菌体生长，导致发酵率下降。一般情况下，山梨糖的初始浓度越高，收率应该越高，但是不宜过高。较适宜的山梨糖初始浓度在 80mg/mL，当菌体正常生长时，高浓度的山梨糖对发酵收率影响不十分严重，因而在发酵过程中，滴加山梨糖或一次性补加山梨糖均能提高发酵液中产物的浓度。

② 溶解氧浓度。由于使用的菌种是好氧菌，在发酵过程中溶解氧不仅是菌体生长的必要条件，而且也是反应物之一。因此要考虑溶解氧浓度对发酵过程的影响，产酸前期，应处于高溶解氧浓度状态；产酸中期，溶解氧浓度以 3.5～6.0mg/mL 为宜；产酸后期，耗氧量减少，大多数情况下会出现溶解氧浓度升高现象。在 pH＝6.8 时，溶解氧浓度在 3.5～6.0mg/mL 范围，发酵收率在 80% 以上。

③ pH。在规定了发酵温度、山梨糖初浓度、溶解氧浓度后，发酵过程中的 pH 要通过连续条件维持在 6.7～7.9，有利于发酵收率的提高。

④ 其他因素。调好等电点对凝聚菌体蛋白很重要。树脂再生的好坏直接影响 2-酮基-L-古龙酸的提取，标准为进出酸差在 1% 以下，无 Cl⁻。浓缩时温度控制在 45℃ 左右，以防止跑料和炭化。

（4）三废处理　母液可回收、再浓缩和结晶甩滤，以提高收率；废盐酸回收后可再用于第一次交换。

4. 粗品维生素 C 的制备

粗品维生素 C 的制备是由 2,3,4,6-双丙酮基-L-古龙酸进行内酯化、烯醇化而制得，内酯化、烯醇化必须在酸、碱催化下进行，因此转化的方法有酸转化、碱转化、酶转化等。

（1）酸转化

① 反应原理。与莱氏法生产粗品维生素 C 工艺原理和过程相同。

② 酸转化岗位操作

配料比为 2-酮基-L-古龙酸∶精制盐酸（38%）∶丙酮＝1.0∶0.4∶0.3（质量比）。

将 2-酮基-L-古龙酸、盐酸、丙酮及消沫剂加入转化罐，控制内温（51±1）℃，反应 6h。温度逐步升至（57±1）℃，此为反应剧烈阶段，然后保温（51±1）℃，反应 20h。反应结束后，冷却，过滤，用冰乙醇洗涤，甩滤，经干燥得粗品维生素 C，全部收率为 88%。

③ 反应条件及控制

a. 盐酸浓度：盐酸浓度不能过低，否则对转化不完全，收率降低；如盐酸浓度偏高，则分解成许多杂质，使反应物颜色较深。

b. 丙酮的影响：转化反应中必须加入适量丙酮。因在酸性条件下，产物维生素 C（L-抗坏血酸）仅是一系列反应中比较稳定的中间产物，其最后分解产物是糠醛，并且此时生成的糠醛相当活泼，可立即进行聚合反应。聚合糠醛随碳链的增长，最终生成不溶于水和醇的糠醛树脂，不仅影响收率，而且对产品质量极其有害，加入丙酮不仅可以溶解糠醛，而且能降低糠醛活性而阻止其聚合，使反应终止于大部分生成维生素 C（抗坏血酸）的阶段，然后再分离洗涤，除去产品中的糠醛。优点是设备简单，操作方便，中间过程少，有利于提高收率。缺点是设备易被腐蚀。

（2）碱转化

① 反应原理。先将2-酮基-L-古龙酸与甲醇进行酯化反应，再用碳酸氢钠将2-酮基-L-古龙酸甲酯转化成钠盐，最后用硫酸酸化得粗品维生素C。反应过程如下：

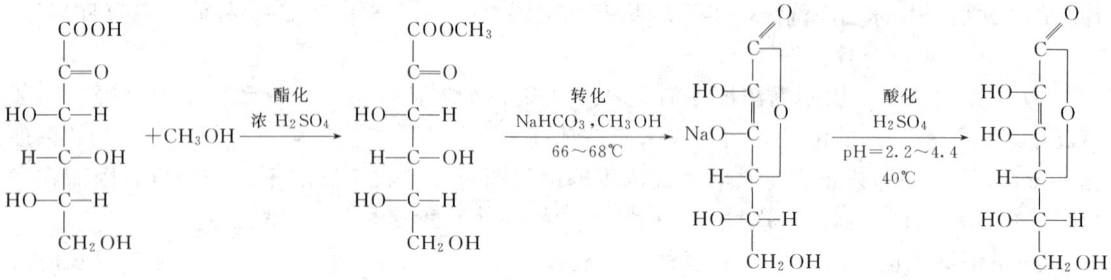

2-酮基-L-古龙酸　　　　　2-酮基-L-古龙酸甲酯　　　　　维生素C钠盐　　　　　维生素C

② 生产岗位操作

a. 酯化：将甲醇、浓硫酸和干燥的2-酮基-L-古龙酸加入罐内，搅拌并加热，使温度为66～68℃，反应4h左右即为酯化终点。然后冷却，加入碳酸氢钠，再升温至66℃左右，回流10h后即为转化终点，再冷却至0℃，离心分离，取出维生素C钠盐。母液回收。

b. 酸化：将维生素C钠盐和一母干品、甲醇加入罐内，搅拌，用硫酸调至反应液pH为2.2～2.4，并在40℃左右保温1.5h，然后冷却，离心分离，除去硫酸钠，滤液加少量活性炭，冷却压滤，然后真空减压浓缩，蒸除甲醇，浓缩液冷却结晶，离心分离，得粗维生素C，回收母液成干品，继续投料套用。

碱转化优点是产品质量好。缺点是设备多，操作过程长，不利于提高总收率，且转化过程中使用大量甲醇，要特别注意劳动保护。

5. 粗品维生素C的精制

（1）原理　粗品维生素C必须经过精制才能达到药用规格，一般在水溶液中加活性炭脱色、重结晶而得到精品，处理过程中维生素C易被破坏，即易被氧化，主要因素有温度、金属离子、空气接触等。在酸性介质中维生素C被缓慢氧化；在碱性介质或有微量金属离子（如铜、锌、锰、铁等）存在时，氧化较快。当pH在0.5～7.0时，维生素C可以分解为糠醛，pH越低，破坏越多。

（2）精制岗位操作

配料比为粗品维生素C（折纯）：蒸馏水：活性炭：晶种＝1.0：1.1：0.58：0.00023（质量比）。

将粗品维生素C（含量约85%）真空干燥（50～55℃，20～30min），除去挥发性杂质盐酸和丙酮等，加蒸馏水搅拌溶解，待粗品维生素C溶解后，加入活性炭，搅拌5～10min，压滤，滤液通入结晶罐，向罐中加50L左右的乙醇，搅拌后降温，加入晶种，缓慢冷却至－2℃结晶。结晶时，结晶罐最高温度不得高于45℃，最低不低于－4℃。将结晶离心甩滤，再加入冰乙醇洗涤，甩滤，将甩干品低温干燥（43～45℃，1.5h）即得精制维生素C（m. p. 190～192℃）。

从D-山梨醇发酵开始，至产生2-酮基-L-古龙酸并经化学转化和精制，制得维生素C的整个发酵过程，大约需要76～80h才能完成，总收率为42.7%～47.1%（以山梨醇计）。

维生素C精制工段工艺设备流程如图8-1所示。

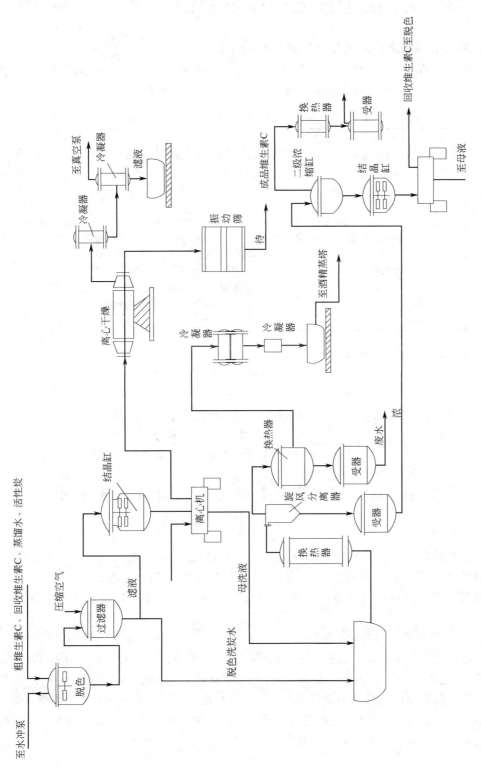

图 8-1 维生素 C 精制工段工艺设备流程图

第五节 莱氏法和两步发酵法的比较及维生素 C 收率的计算

一、莱氏法和两步发酵法生产维生素 C 的比较

莱氏法工艺和两步发酵法生产维生素 C 各有优点和缺点，我国已全部采用两步发酵法生产维生素 C，经济指标已达到国际先进水平。这两种方法的比较见表 8-6。

表 8-6 莱氏法和两步发酵法生产维生素 C 的比较

合成方法	原料	合成过程	优点	缺点
莱氏法	D-葡萄糖	经催化氢化，醋酸菌发酵氧化，丙酮酮化保护，化学氧化，水解后再以酸或碱转化	生产工艺成熟，各项技术指标先进，生产技术水平较高，总收率 65%，优级品率 100%	反应步骤增多，连续操作困难，丙酮用量大、苯毒性大，劳动保护强度大，污染环境
两步发酵法	D-葡萄糖	催化氢化，醋酸菌发酵氧化，氧化葡萄糖酸杆菌和巨大芽孢杆菌或假单胞杆菌混合菌株氧化，再以酸或碱转化	将莱氏法中的丙酮酮化保护、化学氧化和脱保护等三步改成一步混合菌株生物氧化，有机溶剂和动力搅拌减少，减少了"三废"。多数使用液体物料，易机械化和自动化生产。改善了劳动保护和环境污染，节约能源	总收率略低，设备体积大，能耗大

二、维生素 C 收率的计算

$$理论值(\%) = \frac{\text{D-山梨醇投料量}}{\text{理论维生素 C 生成量}} \times \frac{\text{D-山梨醇分子量}}{\text{维生素 C 分子量}} \times 100\%$$

$$实际值 = 发酵收率(\%) \times 提取收率(\%) \times 转化收率(\%) \times 精制收率(\%)$$

$$维生素 C 转化生成率(\%) = \frac{\text{维生素 C 收得量}}{\text{2-酮基-L-古龙酸投料量}} \times \frac{\text{2-酮基-L-古龙酸分子量}}{\text{维生素 C 分子量}} \times 100\%$$

第六节 维生素 C 生产中"三废"治理和综合利用

一、废气处理

药厂排出的废气，主要有含悬浮物废气（称粉尘）、含无机物废气和含有机物废气等三类。高浓度的废气，一般均应在本岗位设法回收或作无害化处理。对于低浓度废气，则可通过管道集中后进行洗涤处理或高空排放。洗涤产生的废水应按废水处理法进行无害化处理。

1. 含悬浮物废气（称粉尘）处理

对含悬浮物废气可以采用机械方法（利用机械力如重力、惯性力、离心力将悬浮物从气流中分离）、过滤除尘（是使含尘气体经过含过滤材料的袋式过滤器把尘粒阻留下来）、静电除尘（利用高压直流电使废气中尘粒带电，带电尘粒在电场作用下聚集到集尘电极，通过振荡装置清除）、洗涤除尘（用水洗涤废气）等方法，几种方法各有特点，常将两种或多种不同性质的除尘装置组合使用，效果更好。

2. 含无机物废气处理

无机物废气含有 HCl、HBr、SO_3、SO_2、NO、NO_2、Cl_2、NH_3、HCN 等。对于此类气体一般用水或适当的酸性或碱性液体进行吸收处理。NH_3 可用水或稀硫酸或废酸水吸

收，制成氨水或铵盐溶液，作为肥料。Cl_2可用碱液吸收成次氯酸钠而作为氧化剂使用。HCl、HBr等用水吸收成相应的酸进行回收利用。HCN可用水或碱吸收，然后用氧化剂（如次氯酸钠溶液）或还原剂（硫酸亚铁液）处理。SO_3、SO_2、NO、NO_2、H_2S等酸性废气一般可用氨水吸收。

3. 含有机物废气处理

含有机物废气处理主要有冷凝、吸收、吸附和燃烧等方法。

① 冷凝。用冷凝器冷却废气，使其中的有机蒸气凝结成液滴分离。本法适用于浓度大、沸点高的有机物蒸气。对低浓度的有机物废气，则必须冷却到较低的温度，因此需要制冷设备，经济效益低。

② 吸收。选用适当的吸收剂除去废气中有机物是有效的处理方法。适用于浓度较低的废气。此法还可回收利用被吸收的有机物质。

③ 吸附。将废气通过吸附剂，其中的有机物蒸气或气体即被吸附，再通过加热解析、冷凝，可回收有机物质。目前使用的吸附剂主要有活性炭、氧化铝等。活性炭吸附剂对醇、羧酸、苯、硫醇等类气体均有强吸附力。

④ 燃烧。若废气中易燃物质浓度较高，可通入燃烧炉中进行焚烧，燃烧产生的热量可利用。此法较简单，但腐蚀性气体不能在炉内燃烧，以免腐蚀高温炉。

二、废渣处理

药厂废渣污染与废气、废水相比，一般要小得多，废渣的种类与数量也比较少，常见的有蒸馏残渣、失活的催化剂、废活性炭、胶体废渣、反应残渣（如铁泥、锌泥等）、不合格的中间体和产品以及用沉淀、混凝、生物处理等方法产生的污泥残渣等，其中以污泥数量最多，也最难处理。

1. 一般处理法

废渣中如果含有贵重金属和其他有回收价值的物质要先回收，对有毒性的废渣要先除毒才能进行综合利用。

2. 焚烧法

焚烧法能大大减少废物体积，消除其中的许多有毒、有害物质，同时能回收热量。因此，对于无法回收利用的可燃性废渣，特别是含有毒性或有杀菌作用的废渣，无法用生化法处理时，采用焚烧法。

3. 填土法

先将废渣焚烧变成少量残渣，再埋入土中；有些污泥废渣发热量太低无法焚烧时，也需要先进行脱水，待其体积、数量大大减少后才进行填土处理，但填土的地方不能污染地下水。

三、维生素 C 生产中的"三废"处理

由两步发酵法经 D-山梨醇制备维生素 C，"三废"并不多。主要有下列三个方面。

1. 提取工序"三废"处理

（1）732 树脂再生的废碱液　用酸中和至中性后排放。

（2）732 树脂再生的废酸液　用碱中和至中性后排放。

（3）废活性炭（内含菌体蛋白）　焚烧或作燃料。

（4）2-酮基-L-古龙酸回收后母液　生化处理后排放。

2. 转化工序"三废"处理

（1）废气（盐酸气）　经水吸收成为盐酸。

（2）转化母液　回收粗品维生素 C，然后废母液先经过中和处理，再经生化处理后排放。

3. 精制工序"三废"处理

（1）废活性炭　焚烧或作燃料。

（2）维生素 C 母液　母液经多次回收维生素 C 后再经生化处理后排放。

一　废水处理技术

1. 生物流化床法处理废水

流化床工艺是借鉴化工原理中流态化技术的一种生物反应装置。它以小粒径载体为流化粒料，污水为流化介质，当污水上升通过床体时，与附有生物膜的载体不断接触反应，从而达到生物净化的目的。

小粒径载体的使用使反应装置中载体的比表面积有了大幅度地增加，载体提供了微生物生长的巨大表面积；又由于流化载体的表面不断更新，提高了传质系数，有利于生化反应的进行；而摩擦作用使载体表面形成均匀且很薄的高度活性的生物膜，所以生物流化床法可以保证较高的去除率。

2. 上流式厌氧污泥法

上流式厌氧污泥反应器是高效厌氧处理废水的装置，COD 负荷每日可达到 $45kg/m^3$ 以上，去除率可达到 80%～90%。沼气的产生量大幅度增加，改善了柱内气-液对流情况，从而不需要任何形式的机械搅拌。上流式厌氧污泥反应器如图 8-2 所示。

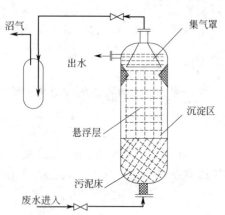

图 8-2　上流式厌氧污泥反应器示意图

3. 厌氧-好氧两级生物处理方法

由于药厂废水属于高浓度有机废水，COD、BOD 值很高，若用好氧生物处理方法，必须先稀释 8～10 倍（稀释到 COD 2000mg/L），这样就大大增加了废水的体积和治理工作量以及基建投资、动力消耗、运行费用、治理成本等。厌氧处理方法可以直接对高浓度废水进行消化，虽然去除率可达 80%～90%，但出水 COD 仍然远高于排放标准。

而将厌氧-好氧两种生物处理方法结合，首先进行高浓度有机废水厌氧消化，消化后的出水再采用好氧生物治理，可使最终出水的 COD 值符合或接近排放标准。所产生的沼气作能源，使整个处理过程的动力消耗自给有余，处理装置减少，治理成本下降。其流程如图 8-3 所示。

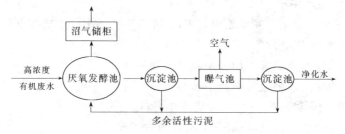

图 8-3　厌氧-好氧两级生物处理废水流程

二 离子交换树脂的应用

离子交换树脂在现代工业中起着很重要的作用。国内外生产的树脂品种达数百种，年产量数十万吨。其优点主要是处理能力大，能除去各种不同的离子，可反复再生使用，工作寿命长，运行费用低。以离子交换树脂为基础的多种新技术如色谱分离法、离子排斥法、电渗析法等各具独特的功能，可进行其他方法难以做到的特殊工作。

离子交换树脂是用苯乙烯或丙烯酸（酯）为原料，通过聚合反应生成具有三维网络结构的骨架，再在骨架上导入不同类型的化学活性基团（酸性或碱性基团）而制成。树脂中活性基团的种类决定树脂的主要性质和类别，分为阳离子树脂和阴离子树脂两大类，它们可分别与溶液中的阳离子和阴离子进行离子交换。阳离子树脂又分为强酸性和弱酸性两类，阴离子树脂又分为强碱性和弱碱性两类（或再分出中强酸和中强碱性类）。离子交换树脂根据其基体的种类分为苯乙烯系树脂和丙烯酸系树脂，以及根据树脂的物理结构分为凝胶型和大孔型。离子交换树脂的基本类型有以下几种。

1. 强酸性阳离子树脂

这类树脂含有大量的强酸性基团，如磺酸基（$—SO_3H$），容易在溶液中离解出 H^+，呈强酸性，树脂离解后，本体所含的负电基团如$—SO_3^-$，能吸附结合溶液中的其他阳离子，使树脂中的 H^+ 与溶液中的阳离子互相交换。强酸性树脂的离解能力很强，在酸性或碱性溶液中均能离解和产生离子交换作用。

树脂在使用一段时间后，要再生处理，即用化学药品使离子交换反应以相反方向进行，使树脂的官能基团回复原来状态，以供再次使用。如上述的阳离子树脂是用强酸进行再生处理，此时树脂放出被吸附的阳离子，再与 H^+ 结合而恢复原来的组成。

2. 弱酸性阳离子树脂

这类树脂含弱酸性基团如羧基（$—COOH$），能在水中离解出 H^+ 而呈酸性。树脂离解后余下的负电基团如 $R—COO^-$（R 为碳氢基团），能与溶液中的其他阳离子吸附结合，产生阳离子交换。这种树脂的酸性即离解性较弱，在低 pH 下难以离解和进行离子交换，只能在碱性、中性或微酸性溶液中（如 pH=5～14）起作用，也是用酸进行再生（比强酸性树脂较易再生）。

3. 强碱性阴离子树脂

这类树脂含有强碱性基团，如季铵基（亦称四级氨基）$—NR_3$，能在水中离解出 OH^- 而呈强碱性。这种树脂的正电基团能与溶液中的阴离子吸附结合，产生阴离子交换作用。其离解性很强，在不同 pH 下都能正常工作。它用强碱（如 $NaOH$）进行再生。

4. 弱碱性阴离子树脂

这类树脂含有弱碱性基团，如伯氨基（一级氨基）$—NH_2$、仲氨基（二级氨基）$—NHR$ 或叔氨基（三级氨基）$—NR_2$，在水中能离解出 OH^- 而呈弱碱性。这种树脂的正电基团能与溶液中的阴离子吸附结合而产生阴离子交换，在多数情况下是将溶液中的整个其他酸分子吸附，只能在中性或酸性条件（pH=1～9）下使用。它可用 Na_2CO_3、$NH_3 \cdot H_2O$ 再生。

5. 离子树脂的转型

在实际使用时，常将这些树脂转变为其他离子型式运行，以适应各种需要。例如常将强酸性阳离子树脂与 NaCl 作用，转变为钠型树脂再使用，钠型树脂能放出 Na^+ 与溶液中的 Ca^{2+}、Mg^{2+} 等阳离子交换吸附，从而除去这些离子，而没有放出 H^+，可避免溶液 pH 下降和由此产生的副作用如蔗糖转化和设备腐蚀等。树脂以钠型运行使用后，可用盐水再生（不用强酸）。又如阴离子树脂可转变为氯型再使用，放出 Cl^- 而吸附交换其他阴离子；它的再生只需用食盐水溶液。氯型树脂也可转变为碳酸氢型（HCO_3^-）运行。强酸性树脂及强碱性树脂在转变为钠型和氯型后，就不再具有强酸性及强碱性，但它们仍然有这些树脂的其他典型性能，如离解性强和使用的 pH 范围宽广等。

典型的固定离子交换树脂床交换设备见图 8-4。

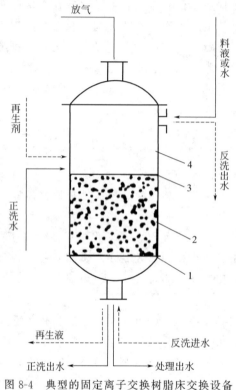

图 8-4　典型的固定离子交换树脂床交换设备

1—离子交换树脂支座；2—离子交换树脂床；3—上分布板；4—塔体

查一查

① 离子交换树脂的性质和使用方法。

②GMP 生产维生素 C 类药物的生产厂区、厂房和设施有哪些要求？

本 章 小 结

1. 总纲
发酵制药技术
- 微生物发酵制药技术
- 生产实例——莱氏法生产维生素 C 的工艺原理和过程
- 生产实例——两步发酵法生产维生素 C 工艺过程
- 莱氏法和两步发酵法的比较及维生素 C 收率的计算
- 维生素 C 生产中"三废"治理和综合利用

微生物发酵制药
- 1. 发酵制药种类：微生物菌体发酵、酶发酵、微生物代谢产物发酵、微生物转化发酵
- 2. 制药微生物种类：细菌、放线菌和丝状真菌
- 3. 发酵制药基本过程：菌株选育、发酵、发酵液处理与过滤、分离提取、纯化

基本过程特征
- 1. 菌体生长期：包括延滞期、对数生长期和减速期
- 2. 产物合成期：产物分泌期或发酵中期
- 3. 菌体自溶期：发酵后期、菌体衰老、结束发酵
- 4. 代谢产物的生物合成：初级代谢产物（前体、单体和多糖、蛋白质、脂肪等）；次级代谢产物（氨基糖、苯醌、香豆素、环氧化合物、生物碱、抗生素等）
- 5. 培养基
  - 成分：碳源、氮源、无机盐和微量元素、生长因子、前体与促进剂、消沫剂等
  - 按组成分为天然培养基、半合成培养基
  - 种类：按物性分为固体培养基、半固体培养基、液体培养基

微生物发酵培养技术
- 1. 种子制备：孢子制备和发酵种子制备
- 2. 发酵培养技术
  - 1. 培养技术：固体表面培养、液体深层培养、固定化培养、高密度培养
  - 2. 操作方式：分批式、流加式、半连续式和连续式操作
  - 3. 发酵工艺过程控制：温度、罐压、黏度、流量、pH、溶解氧浓度、废气中 O_2 和 CO_2 浓度、产物浓度、泡沫

2. 微生物发酵制药技术

3. 生产实例——莱氏法生产维生素 C 的工艺原理和过程

合成路线：将 D-葡萄糖催化氢化得 D-山梨醇，再经醋酸菌发酵氧化得到 L-山梨糖；再以丙酮酮化得双丙酮基-L-山梨糖；再经化学氧化得双丙酮基-L-古龙酸；水解得 2-酮基-L-古龙酸，酸或碱转化，得维生素 C。

工艺过程
- 1. D-山梨醇的合成：D-葡萄糖经过催化氢化还原（150～155℃、3.8～4.0MPa）得到 D-山梨醇
- 2. L-山梨糖的合成：D-山梨醇再经醋酸菌发酵（30～32℃、罐压 0.03～0.05MPa），pH7.2 发酵终止
- 3. 2，3，4，6-双丙酮基-L-山梨糖的合成：L-山梨糖在丙酮、发烟硫酸作用下，得酮化液，用氢氧化钠溶液中和至 pH 为 8.0～8.5，常压蒸馏后再用苯提取蒸馏后剩余溶液，减压蒸馏苯提取液
- 4. 双酮古龙酸的合成：双丙酮糖在次氯酸钠和硫酸镍、40℃反应，滤液（0～5℃）用盐酸中和，分三段进行（pH7、pH3、pH1.5）
- 5. 粗品维生素 C 制备：双丙酮古龙酸加盐酸（37℃，52～54℃保温 5～7h，50～52℃至总保温时间 20h），加入适当体积的乙醇
- 6. 粗品维生素 C 精制：加蒸馏水溶解，加入活性炭，压滤，滤液加乙醇重结晶

4. 生产实例——两步发酵法生产维生素C工艺过程	1. 2，3，4，6-双丙酮基-L-山梨糖的合成与莱氏法相同 2. 一步发酵：黑醋酸菌将 D-山梨醇转化 L-山梨糖，pH＝5.0～5.2，温度 29～30℃，得 L-山梨糖 3. 二步发酵：氧化葡萄糖酸杆菌（小菌）和巨大芽孢杆菌（大菌）或假单胞杆菌混合发酵 L-山梨糖，pH7.0，温度 30℃±1℃，残糖＜0.5mg/mL 时即发酵终点，采用 732 阳离子交换树脂二次提取 4. 粗品维生素C的制备：2-酮基-L-古龙酸、盐酸、丙酮及消沫剂转化反应（51℃6h，升至 57℃，然后保温 51℃，反应 20h） 5. 粗品维生素C的精制：粗品维生素C加入活性炭精制 6. 莱氏法和两步发酵法的比较及维生素C收率的计算

5. "三废"治理和综合利用

废气处理：含无机物废气，含有机物废气
废渣的处理：一般处理法，焚烧法，填土法
维生素C生产中"三废"处理
　　取工序：732 树脂废酸、碱液
　　转化工序：废气（盐酸气）、转化母液
　　精制工序：废活性炭，维生素C母液

复 习 题

1. 为什么维生素C呈酸性，且必须保存在棕色瓶中放置阴凉干燥处？
2. 维生素C久置为何易变黄色？
3. 两步发酵法生产维生素C的特点是什么？与莱氏法工艺比较有哪些优越性？

有机合成工职业技能考核习题（8）

一、选择题

1. 三级废水处理是清除难分解的有机物和溶液中的无机物，其方法为（　　）。
　　A. 混凝沉淀法　　　　B. 离子交换法　　　　C. 活性污泥法　　　　D. 离心分离法

2. 下列说法中正确的是（　　）。
　　A. 有机物与浓硝酸反应都是硝化反应　　　　B. 能水解的含氧有机物不一定是酯
　　C. 能发生银镜反应的有机物一定是醛　　　　D. 由小分子合成高分子化合物的反应都是加聚反应

3. 下列说法不正确的是（　　）。
　　A. 在一定的条件下，苯可以跟氢气起加成反应
　　B. 苯跟浓硫酸可以起磺化反应
　　C. 苯可以被浓硝酸和浓硫酸的混合物硝化
　　D. 芳香族化合物是分子组成符合 C_nH_{2n-6}（$n \geq 6$）的一类物质。

4. 下列化合物中，酸性最强的是（　　）。

　　A.　　　　　　　　　　B.　　　　　　　　　　C.　　　　　　　　　　D.

5. 关于离子交换，说法不正确的是（ ）。

  A. 离子交换处理的溶液一般为水溶液

  B. 离子交换可看作被分离组分与离子交换剂之间的离子置换反应，其选择性相当高

  C. 离子交换剂在使用后，其性能改变不大，一般不需要再生

  D. 离子交换技术最早应用于制备软水和无盐水

6. 在抗生素生物合成中，菌体用来构成抗生素分子而本身又没有显著改变的物质称为（ ）。

  A. 前体　　　　　B. 促进剂　　　　　C. 消沫剂　　　　　D. 抗体

7. 工业生产中种子罐和发酵罐每隔（ ）取样一次。

  A. 2h　　　　　　B. 3h　　　　　　C. 7h　　　　　　D. 8h

8. 工业上实罐灭菌的时间一般为（ ）。

  A. 20min　　　　B. 30min　　　　C. 35min　　　　D. 40min

9. 青霉素发酵选用（ ）。

  A. 变灰青霉　　　B. 蓝青霉　　　　C. 产黄青霉　　　D. 顶青霉

10. 发酵罐的径高比为（ ）。

  A.（2.5～5）∶1　　B.（3～6）∶1　　C.（4～7）∶1　　D.（3.5～8）∶1

二、判断题（√或×）

1. 化工管路中通常在管路的相对低点安装有排液阀。

2. 离心泵开车之前，必须打开进口阀和出口阀。

3. 吸收操作中，所选用的吸收剂的黏度要低。

4. 利用萃取操作可分离煤油和水的混合物。

5. 蒸馏是以液体混合物中各组分挥发能力不同为依据而进行分离的一种操作。

6. 萃取和精馏的分离对象相同，而分离的原理不同。

7. 吸收有机物的目的是减少有机废水排放，回收副产品，达到净化的目的。

8. 滴定管、移液管和容量瓶校准的方法有称量法和相对校准法。

9. 玻璃器皿不可盛放浓碱液，但可以盛酸性溶液。

10. 凡是羟基和羟基相连的化合物都是醇。

11. NO 是一种红棕色、有特殊臭味的气体。

12. 天然气的主要成分是 CO。

13. 大气压等于 760mmHg。

14. 氯化深度指氯与苯的物质的量之比。

15. 硝酸比指硝酸与被硝化物的物质的量比。

16. 卤化反应时自由基光照引发常用紫外光。

17. 控制氯化深度可通过测定出口处氯化液比重来实现。

18. 粉尘不具有发生爆炸的危险。

19. 一般来说，温度降低，互溶度变小，有利于萃取过程。

20. 干燥过程按操作压强可分为常压干燥和真空干燥。

21. 干燥过程按操作方式可分为连续操作和间歇操作。

22. 干燥过程按传热方式可分为传导干燥、对流干燥、辐射干燥。

23. 干燥过程是传热和传质同时进行的过程，但干燥速率是由传热速率控制的。

第九章　溶剂和催化剂应用技术

知识目标

◇ 了解溶剂和催化剂对反应的影响。

◇ 了解半合成青霉素和头孢菌素生产中“三废”的治理措施。

◇ 掌握半合成青霉素和头孢菌素的生产工艺原理及过程。

◇ 进一步熟悉卤代反应、缩合反应。

能力目标

◇ 进一步熟悉强酸性氢型离子交换树脂的使用。

◇ 掌握微生物发酵在半合成青霉素和头孢菌素生产中的应用。

重点与难点

◇ 溶剂对化学反应的影响。

◇ 催化剂对化学反应的影响。

工作任务

根据有机化工产品的合成方法和生产条件，选择适宜的催化剂，并能完成常用催化剂和催化反应操作和控制。

第一节　溶剂对化学反应的影响

绝大部分药物合成反应都是在溶剂中进行的。无论作为反应时的溶剂，或是作为重结晶精制时的溶剂，首先要求溶剂具有不活泼性，即溶剂应是惰性（稳定）的。溶剂还是一个稀释剂，可使反应物分子均匀分布，溶剂不仅可以改善反应物料的传质和传热，而且溶剂还直接影响反应速率、反应方向、反应深度及产物构型等，所以溶剂起着非常重要的作用。

一、溶剂的定义和分类

溶剂广义上是指在均匀的混合物中含有的一种过量存在的组分。工业上所说的溶剂一般是指能够溶解固体化合物（这一类物质多数在水中不溶解）而形成均匀溶液的单一化合物或两种以上组成的混合物。这类除水以外的溶剂称为非水溶剂或有机溶剂，水、液氨、液态金属等则称为无机溶剂。

溶剂有多种分类方法。按沸点高低分，溶剂可分为低沸点溶剂（沸点在100℃以下）、中沸点溶剂（沸点在100～150℃）和高沸点溶剂（沸点在150～200℃）。低沸点溶剂蒸发速度快，易干燥，黏度低，大多具有芳香气味，属于这类溶剂的一般是活性溶剂或稀释剂，如乙醇、二氯甲烷、氯仿、丙醇、乙酸乙酯、环己烷等。中沸点溶剂蒸发速度中等，如戊醇、乙酸丁酯、甲苯、二甲苯等。高沸点溶剂蒸发速度慢，溶解能力强，如丁酸丁酯、二甲基亚砜等。

按极性分，溶剂可分为极性溶剂和非极性溶剂，溶剂的极性对许多反应的影响很大。一般介电常数在15以上的溶剂称为极性溶剂，15以下的溶剂称为非极性溶剂或惰性溶剂。

一般情况下把溶剂分为质子性溶剂和非质子性溶剂两类。

质子性溶剂含有易被取代的氢原子。主要靠氢键或偶极矩而产生溶剂化作用。质子性溶剂有水、醇类、醋酸、硫酸、多聚磷酸、氢氟酸-三氟化锑（$HF-SbF_3$）、氟磺酸-三氟化锑（FSO_3H-SbF_3）、三氟醋酸（CF_3COOH）以及氨或胺类化合物等。

非质子性溶剂不含有易被取代的氢原子，主要靠偶极矩或范德华力而产生溶剂化作用。非质子性溶剂有醚类（乙醚、四氢呋喃、二氧六环等）、卤素混合物（氯甲烷、氯仿、二氯乙烷、四氯化碳等）、酮类（丙酮、甲乙酮等）、硝基烷类（硝基甲烷）、苯系（苯、甲苯、二甲苯、氯苯、硝基苯等）、吡啶、乙腈、喹啉、亚砜类［二甲基亚砜（DMSO）］和酰胺类［甲酰胺、二甲基甲酰胺（DMF）、*N*-甲基吡咯酮（NMP）、二甲基乙酰胺（DMAA）、六甲基磷酰胺（HMPA）］等。

惰性溶剂一般是指脂肪烃类化合物，常用的是正己烷、环己烷、庚烷及各种沸程的石油醚。

二、溶剂对均相化学反应的影响

溶剂的改变会显著改变均相化学反应的速度和级数。有机反应按机理可分为两大类，一类是游离基反应，另一类是离子型反应。在游离基反应中，溶剂对反应并无显著影响；然而在离子型反应中，溶剂对反应影响很大。这是由于离子或极性分子处于极性溶剂中时，在溶质和溶剂之间能发生溶剂化作用，形成过渡态，在溶剂化过程中，物质放出热量而位能降低。一般说来，如果反应过渡状态（活化络合物）比反应物更容易发生溶剂化，那么，溶剂的极性越大，对反应越有利，故反应加速。反之，如果反应物更易发生溶剂化，溶剂的极性越大，对反应越不利，反应速度下降。

许多实验数据表明，溶剂的极性越大，对解离反应（产生离子的反应）越有利，反应速度也越大；而对于游离基反应，则有相反的结果。

三、溶剂对反应方向的影响

溶剂对反应方向的影响可以下例说明。

① 甲苯与溴进行溴化时，取代反应发生在苯环上还是甲基侧链上，可用不同极性的溶剂控制。例如：

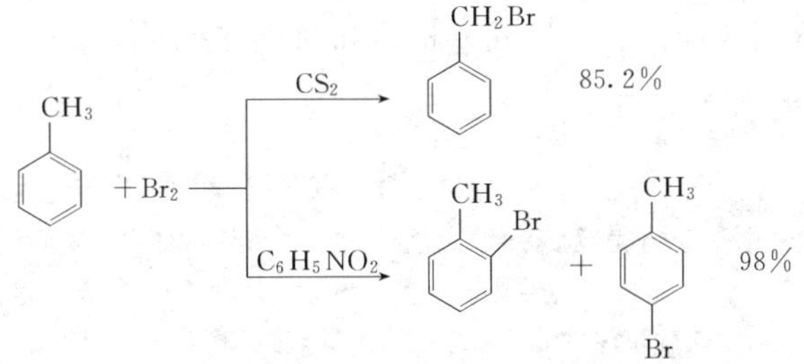

② 苯酚和乙酰氯进行傅-克反应，在硝基苯溶剂中，产物主要是对位取代物。若在二硫化碳中反应时，产物主要是邻位取代物。例如：

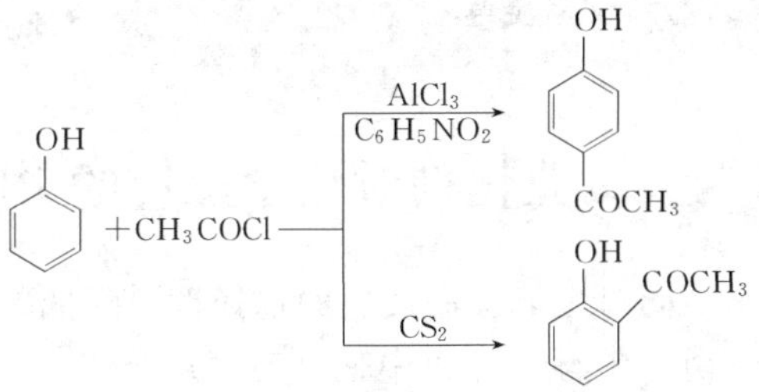

③ 溶剂对产品构型的影响。由于溶剂极性不同，有的反应产物中顺、反异构体的比例也不同。实验说明，当反应在非极性溶剂中进行时，有利于反式异构体的生成；在极性溶剂中进行时，则有利于顺式异构体的生成。例如下述反应以 DMF 为溶剂时，96%的产物是顺式，而苯为溶剂时，产物 100%是反式。

$$(C_6H_5)_3P\!=\!CHC_6H_5+CH_3CH_2CHO \longrightarrow \underset{H\quad H}{\overset{C_6H_5\quad C_2H_5}{C\!=\!C}} + \underset{H\quad C_2H_5}{\overset{C_6H_5\quad H}{C\!=\!C}}$$

四、溶剂极性对互变异构体平衡的影响

溶剂的极性不同也影响酮型-烯醇型互变异构中两种形式的含量。如乙酰乙酸乙酯的纯品中含有 7.5%的烯醇型和 92.5%的酮型，极性溶剂有利于酮型异构体的形成，非极性溶剂则有利于烯醇型异构体的形成。对于烯醇型含量，在水中为 0.4%，乙醇中为 10.52%，苯中为 16.2%，环己烷中为 46.4%。随着溶剂极性降低，烯醇型异构体含量越来越高。

再如，在氯霉素生产中的溴化反应中，对硝基苯乙酮只有转化成它的烯醇式才能迅速与溴素反应生成对硝基-α-溴代苯乙酮，故选用极性小的氯苯作溶剂，且要规定其含水量在 0.2%以下。

五、重结晶时溶剂的选择

除去产品中所含少量杂质的有效方法之一是重结晶。重结晶的一般过程是：使待结晶物质在较高的温度（接近溶剂沸点）下溶于合适的溶剂中；趁热过滤以除去不溶物质和有色杂质（可添加活性炭煮沸脱色）；将滤液冷却，使晶体从过饱和溶液中析出，而可溶性杂质仍保留在溶液中；然后过滤，将晶体和母液分开；用适量的冷溶剂洗涤晶体，以除去吸附在晶体表面上的母液。选择溶剂时有以下要求。

① 溶剂必须是惰性的，即不与被重结晶物质发生化学反应。

② 溶剂的沸点不能高于被重结晶物质的熔点。

③ 被重结晶的物质在溶剂中的溶解度在高温时较大，在低温时很小。

④ 杂质的溶解度或是很大（待重结晶物质析出时，杂质仍留在母液中）或是很小（待重结晶物质溶解在溶剂中，借过滤除去杂质）。

⑤ 容易和重结晶物质分离。

此外，也要考虑溶剂的毒性、易燃性、价格和回收难易等因素。

小资料

为了选择合适的重结晶溶剂，除了可参考类似文献报道外，有时还需要进行实验。其方法是：取几个小试管，各放入约 0.2g 的待重结晶物质，分别加入 0.5~1mL 不同种类的溶剂，加热至完全溶解。冷却后，以析出晶体量多的溶剂为好。如果固体物质在 3mL 溶剂中仍不能完全溶解，则该溶剂不适用于重结晶。如果固体在热溶剂中能溶解，而冷却后，即使用玻璃棒在液面下的试管内壁上摩擦，仍无结晶析出，则说明固体在该溶剂中的溶解度很大，这样的溶剂也不适用于重结晶。如果物质易溶于某一溶剂而难溶于另一溶剂，且该两溶剂能互溶，那么就可以用两者配成的混合物来进行试验。常用的混合溶剂有乙醇-水、甲醇-水、甲醇-乙醚、苯-乙醚等。

第二节 催化剂对化学反应的影响

催化剂能改变反应速率，同时也能提高反应的选择性，降低副反应的速率，减少副产物的生成，但不能改变化学平衡。在药物合成中估计有 80%~85%的化学反应需要应用催化

剂，如在氢化、脱氢、氧化、脱水、脱卤、缩合等反应中几乎都使用催化剂。酸碱催化反应、酶催化反应也都广泛应用于制药工业中。

一、催化剂的作用与基本特征

催化剂工业上又称为触媒，是一种能改变化学反应速率，而其自身的组成、质量和化学性质在反应前后保持不变的物质。催化剂使反应速度加快时，称为正催化作用；使反应速度减慢时，称为负催化作用。负催化作用的应用比较少，如有一些易分解或易氧化的中间体或药物，在后处理或储存过程中为防止其变质失效，可加入负催化剂以增加其稳定性。

有催化剂参与的化学反应称为催化反应。根据反应物和催化剂的聚集状态不同，可分为均相、非均相催化反应。反应物与催化剂处于同一相的，为均相催化反应。例如，乙醇与醋酸在硫酸存在下生成醋酸乙酯的液相反应。反应物与催化剂不在同一相的为非均相催化反应，例如，气相反应物乙炔和醋酸，在固体催化剂醋酸锌的作用下合成醋酸乙烯酯的气-固相催化反应；气相反应物乙醛与氧气，在醋酸锰-醋酸溶液的催化作用下合成醋酸的气-液相催化反应。

非均相催化反应一般需要较高的温度和压力，均相催化多具有腐蚀性。生物催化（或称为酶催化）不仅具有特异的选择性和较高的催化活性，而且反应条件温和、对环境污染较小。生物制药、制酒及食品工业中的发酵均属于酶催化。酶是一种具有特殊催化活性的蛋白质，酶催化属于另外一类的催化反应，兼有均相催化和非均相催化的某些特征。

催化作用的基本特征有以下几个方面。

① 催化剂能够改变化学反应速率，但它本身并不进入化学反应的计量。催化剂改变反应途经，降低反应的活化能以加快反应速率。例如，乙醛用碘蒸气作催化剂分解为甲烷和一氧化碳的均相催化反应，测得在 518℃时，不加催化剂，反应的活化能为 190kJ/mol；加入碘后，活化能降为 136kJ/mol，这相当于反应速率增加了上千倍。

② 催化剂对反应具有特殊的选择性。催化剂具有特殊的选择性包含两层意义，一是指不同类型的反应需要选择不同性质的催化剂；二是指对于同样的反应物选择不同的催化剂可以获得不同的产物。例如以合成气为原料，可用四种不同的催化剂完成四种不同的反应。

$$
CO + H_2 - \begin{cases} \xrightarrow{Cu\text{-}Zn\text{-}Cr\text{-}O} CH_3OH \\ \xrightarrow{Ni} CH_4 \\ \xrightarrow{Rh\,配合物} CH_2OHCH_2OH \\ \xrightarrow{Fe} 烃类混合物 \end{cases}
$$

③ 催化剂只能加速热力学上可能进行的化学反应，而不能加速热力学上无法进行的反应。如果某种化学反应在给定的条件下属于热力学上不可能进行的，就不要去寻找催化剂。因此，在开发一种新的化学反应催化时，首先要对该反应进行系统地热力学分析，看它在该条件下是否属于热力学上可行的反应。

④ 催化剂只能加速改变化学反应的速率，而不能改变化学平衡（平衡常数）。即在一定外在条件下某化学反应产物的最高平衡浓度受热力学变量的限制。也就是说，催化剂只能改变达到（或接近）这一极限值的时间，而不能改变这一极限值的大小。

催化剂不能改变化学平衡，意味着其既能加速正反应，也能同样加速逆反应，这样才能使其化学平衡常数保持不变。因此，某催化剂如果是某可逆反应正反应的催化剂，必然也是其逆反应的催化剂。

二、固体催化剂

固体催化剂在药物合成中应用也很广泛，这是因为除了某些物理性质有利于催化作用外，催化剂本身对热有一定的稳定性，反应后易与反应混合物分离，还能回收利用或循环套用等。

固体催化剂是具有不同形状（如球形、柱形或无定形等）的多孔性颗粒，在使用条件下不发生液化、汽化或升华。固体催化剂由主催化剂组分、助催化剂组分和载体等多种成分按一定的配方制得。

主催化剂是催化剂不可缺少的成分，其单独存在具有显著的催化活性，也称活性组分。例如，加氢催化剂的活性组分为金属镍；邻二甲苯氧化生产苯酐催化剂的活性组分是五氧化二钒。主催化剂常由一种或几种物质组成，如 Pd、Ni、V_2O_5、MoO_3、MoO_3-Bi_2O_3 等。

助催化剂是单独存在时不具有或无明显的催化作用，若以少量与活性组分相配合，则可显著提高催化剂的活性、选择性和稳定性的物质。助催化剂可以是单质，也可以是化合物。例如，在合成氨的催化剂中，加入 45% Al_2O_3、1%～2% K_2O 和 1% CuO 等作为助催化剂，虽然 Al_2O_3 等本身对氨合成无催化作用，但可使铁催化剂活性显著提高。

载体是催化剂组分的分散、承载、黏合和支持的物质，其种类很多，如硅藻土、硅胶、活性炭、氧化铝、石棉等具有高比表面积的固体物质。使用载体可以使催化剂分散，从而使其有效面积增大，既可提高活性，又可节约其用量；同时还可增加催化剂的机械强度，防止催化剂的活性组分在高温下发生熔结现象，影响其使用寿命。

主催化剂和助催化剂需经过特殊的理化加工而制成有效的催化剂组分，然后通过浸渍、沉淀、混捏等工艺制成固体催化剂。

三、工业生产对催化剂的要求

工业生产用催化剂的要求是要具有较高的活性、良好的选择性、抗毒害性、热稳定性和一定的机械强度。

（1）活性　活性是指催化剂改变化学反应速率的能力，是衡量催化剂作用大小的重要指标之一。工业上常用转化率、空时收率等表示催化剂的活性。

在一定的工艺条件（温度、压力、物料配比）下，催化反应的转化率高，说明催化剂的活性好。

在一定的反应条件下，单位体积或质量的催化剂在单位时间内生成目标产物的质量称作空时收率。

$$空时收率 = \frac{目标产物的质量}{催化剂体积（质量）\times 时间}$$

空时收率的单位是 $kg/(m^3 \cdot h)$ 或 $kg/(kg \cdot h)$。空时收率不仅表示了催化剂的活性，而且直接给出了催化反应设备的生产能力，在生产和工艺核算中应用很方便。

影响催化剂活性的因素主要有温度、助催化剂、载体和催化毒物。温度对催化剂活性的影响很大，绝大多数催化剂都有活性温度范围，温度太低，催化活性小；温度过高，催化剂易烧结而破坏活性。另外，有些物质对催化剂的活性有抑制作用，称其为催化毒物。有些催化剂对于毒物非常敏感，微量的催化毒物即可使催化剂的活性减少甚至消失。

（2）选择性　选择性是衡量催化剂优劣的另一个重要指标。选择性表示了催化剂加快主反应速率的能力，是主反应在主、副反应的总量中所占的比率。催化剂的选择性好，可以减少反应过程中的副反应，降低原材料的消耗，从而降低产品成本。

（3）寿命　催化剂从其开始使用起，直到经再生后也难以恢复活性为止的时间称为寿命。催化剂的活性随时间的变化分为成熟期、活性稳定期和衰老期三个时期。

催化剂的寿命越长，其使用的时间就越长，总收率也越高。

（4）稳定性 稳定性即催化剂在使用条件下的化学稳定性、对热的稳定性、耐压、耐磨和耐冲击等的稳定性。

总之，对催化剂来说，较高的催化活性，可提高反应物的转化率和设备的生产能力；良好的选择性，可提高目标产物的产率，减少副产物的生成，简化或减轻后处理工序的负荷，提高原料的利用率；耐热、对毒物具有足够的抵抗能力，即具有一定的化学稳定性，则可延长其使用寿命；足够的机械强度和适宜的颗粒形状，可以减少催化剂颗粒的破损，降低流体阻力。

查一查
① 工业上常用的催化剂类型及其应用。
② 什么是纳米催化剂？纳米催化剂如何制备？有何应用？
③ 什么是膜催化剂？工业上常用的膜催化剂有哪些？

第三节　半合成青霉素的合成技术（选学）

青霉素 G 为天然品，口服时在胃酸作用下易失活，且对金葡球菌易产生耐药性。半合成青霉素有耐酸和耐酶，或耐酸、广谱不耐酶两类。前者对耐药金黄色葡萄球菌有效，可以口服；后者具广谱，可以口服，但不耐酶，对耐药金葡球菌无效。半合成青霉素的问世改善了天然青霉素的缺点，所以被广泛地用于这种耐药菌感染的治疗。通过结构改造得到的新抗生素即为半合成抗生素，临床使用的半合成青霉素数目已远远超过天然抗生素，临床所用的抗生素 80% 是半合成抗生素。

半合成青霉素（semisynthetic penicillin）是由天然青霉素或其降解产物出发合成的青霉素，是通过使用侧链对青霉素的进一步合成衍生而来。天然青霉素 G 或 V 经酰胺酶裂解或经化学转变获得 6-氨基青霉烷酸（6-APA），再经酰化或其他化学反应制得。它们对酸稳定并具有广谱的抗菌作用。例如，阿莫西林、氨苄西林、邻氯青霉素等。以 6-APA 为中间体与多种化学合成有机酸进行酰化反应，可制得各种类型的半合成青霉素，其通式为：

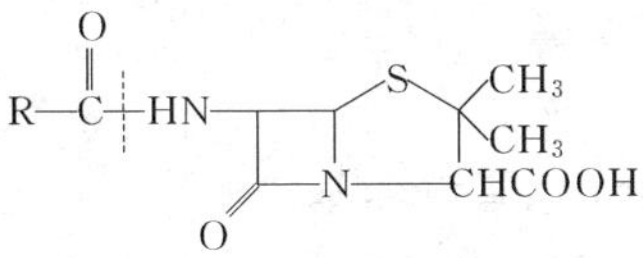

半合成青霉素是以青霉素发酵液中分离得到的 6-氨基青霉烷酸（6-APA）为基础，用化学或生物等方法将各种类型的侧链与 6-APA 缩合，制成的具有耐酸、耐酶或广谱性质的一类抗生素。

6-APA 是利用微生物产生的青霉素酰化酶裂解青霉素 G 或 V 而得到。酶反应一般在 40～50℃、pH8～10 的条件下进行；近年来，酶固相化技术已应用于 6-APA 生产，简化了裂解工艺过程。6-APA 也可从青霉素 G 以化学法裂解制得，但成本较高。侧链的引入是将相应的有机酸先用氯化剂制成酰氯，然后根据酰氯的稳定性，在水或有机溶剂中，以无机或有机碱为缩合剂，与 6-APA 进行酰化反应。缩合反应也可以在裂解液中直接进行而不需分离出 6-APA。

一、6-氨基青霉烷酸（6-APA）的制备

6-氨基青霉烷酸（6-aminopenicillanic acid，6-APA）的化学结构式为：

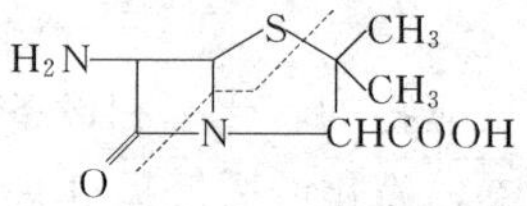

$C_8H_{12}O_3N_2S$ 相对分子质量为 216.17

6-APA 是在不加前体的青霉素发酵液中分离得到的，它是青霉素抗生素的母核，是用 L-半胱氨酸和缬氨酸形成的二肽（虚线表示），一般又称为无侧链青霉素。它本身并无抑制细菌的作用，但与各种侧链缩合可制得多种半合成抗生素。其制备方法有两种，即酶解法和化学裂解法。

6-APA 在水溶液中加 HCl 调 pH 至 3.7～4.0 即析出白色结晶，熔点 208～209℃，等电点为 4.3，微溶于水，难溶于有机溶剂，遇碱分解，对酸稳定。

1. 酶解法制备 6-APA

（1）生产原理　酶解法是制备 6-APA 的主要方法，其应用比较广泛。其过程是将大肠杆菌进行深层通气搅拌、二级培养，所得菌体中含有青霉素酰胺酶，在适当的条件下，酰胺酶能裂解青霉素分子中的侧链而获得 6-APA 和苯乙酸。再将水解液加明矾和乙醇以除去蛋白质，用醋酸丁酯分离出苯乙酸，然后用 HCl 调节 pH 为 3.7～4.0，即析出 6-APA。反应为：

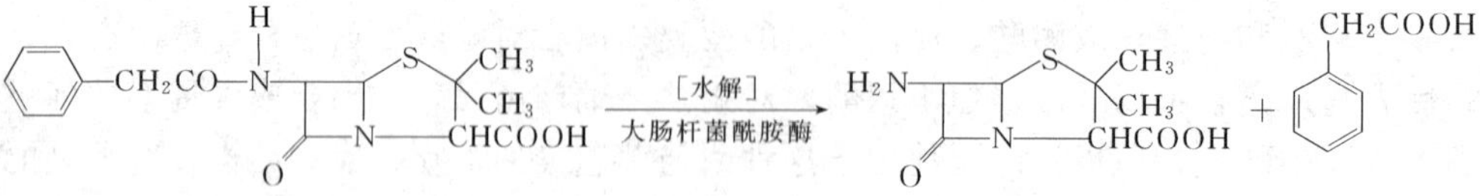

（2）生产工艺　按青霉素计算，6-APA 产率一般为 85%～90%。

① 工艺路线

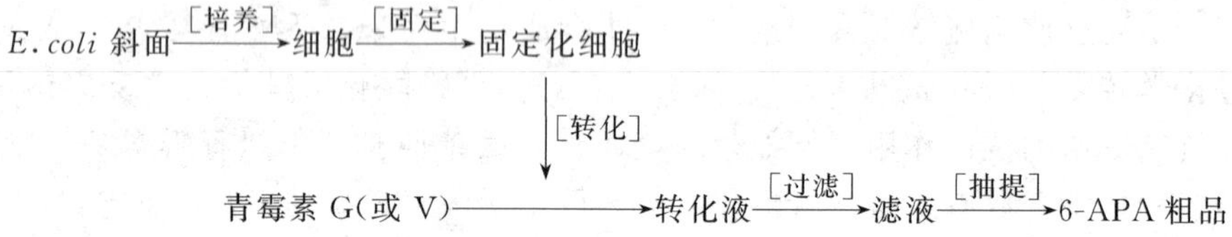

② 发酵岗位操作

a. 大肠杆菌培养

ⓐ 斜面培养基：采用普通肉汁琼脂培养基。

ⓑ 发酵培养基：蛋白胨 2%，NaCl 0.5%，苯乙酸 0.2%，自来水配制。

用 2mol/L NaOH 溶液调 pH＝7.0，高压灭菌，接种 E. coli（产青霉素酰化酶），斜面培养 18～30h，用无菌水制成菌细胞悬浮液，取 1mL 悬浮液接种至 30mL 发酵培养基中，摇床培养 15h，如此扩大培养，直至 1000～2000L 规模通气搅拌培养，离心，收集 E. coli 菌体。

b. E. coli 固定化：取 E. coli 湿菌体 100kg，置于 40℃ 反应罐中，搅拌下加入 50L 10% 明胶溶液，搅拌均匀后加入 25% 戊二醛 5L，再转移至搪瓷盘中，使之成为 3～5cm 厚的液层，室温放置 2h，再转移至 4℃ 冷库过夜，待形成固体凝胶块后，粉碎过筛，使其成为直径为 2mm 左右的颗粒状固定化 E. coli 细胞，用蒸馏水及 pH 7.5、0.3mol/L 磷酸盐缓冲液先后充分洗涤，抽干，备用。

c. 固定化 E. coli 反应堆制备：将固定化 E. coli 细胞（产青霉素酰化酶）装填于带保温夹套的填充床式反应器中，即成为固定化 E. coli 反应堆，反应器规格 $\phi70\text{cm} \times$

160cm。

d. 转化反应：取 20kg 青霉素 G（或 V）钾盐，加入到 100L 配料罐中，用 pH 7.5、0.03mol/L 磷酸盐缓冲液溶解并使青霉素钾盐浓度为 3%，用 2mol/L NaOH 溶液调 pH＝7.5～7.8，以 70L/min 流速使青霉素钾盐溶液通过固定化 *E.coli* 反应堆，直至转化液 pH 不变为止。循环时间一般为 3～4h，反应结束，放出转化液，再进入下一批反应。

e. 6-APA 提取：转化液经过滤澄清，减压浓缩至 100L，冷却至室温，于 250L 搅拌罐中加 50L 醋酸丁酯，充分搅拌提取 10～15min，取下层水相，加 1% 活性炭于 70℃ 搅拌脱色 30min，滤除活性炭，滤液用 6mol/L HCl 调 pH＝4.0，5℃ 放置结晶过夜，滤出结晶，用少量冷水洗涤，抽干，115℃ 烘 2～3h，得成品 6-APA。按青霉素计算，收率为 85%～90%。

③ 酶解法制备 6-APA 的控制条件。酰胺酶分解青霉素 G 为 6-APA 时，温度、pH、分解时间都非常重要，不同来源的酶所需的分解条件也不同。大肠杆菌酰胺酶分解青霉素 G 时，温度 38～43℃、pH 为 7.5～7.8 为宜，分解时间随设备和产量大小有所不同，一般为 3h 左右。此反应为可逆反应，如果条件控制不好，如 pH 为 5 时，酰胺酶也可使 6-APA 和侧链缩合产生青霉素 G。所以用酰胺酶分解青霉素 G 时，要注意反应条件的控制。

2. 化学裂解法制备 6-APA

（1）生产原理　化学裂解法制备 6-APA 收率可达 72%（以青霉素 G 钾盐计），反应分四步进行，分别为缩合、氯化、醚化和水解。

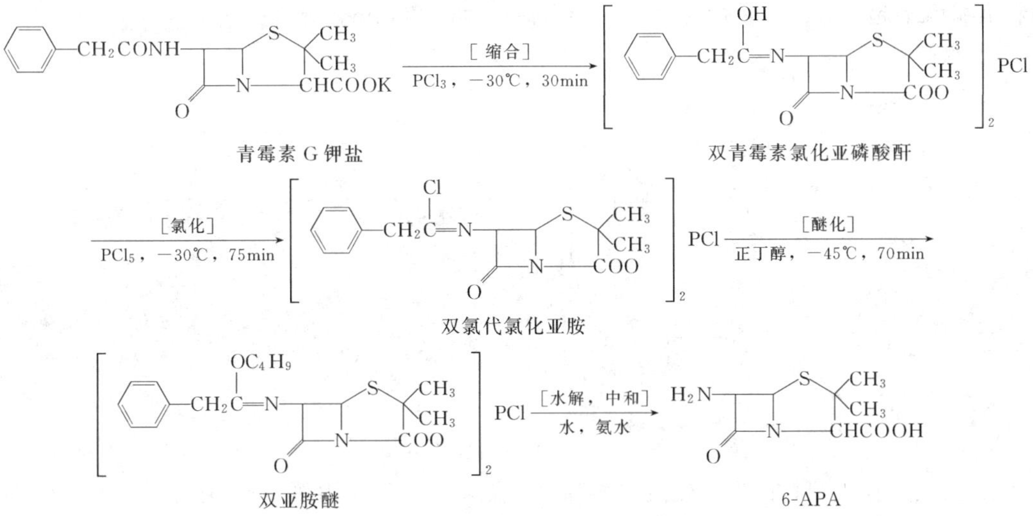

（2）生产工艺

① 缩合

a. 化学反应

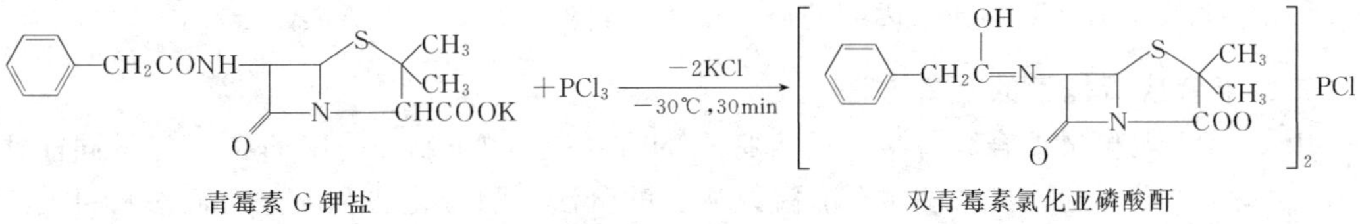

b. 工艺过程：配料比为青霉素 G 钾盐：乙酸乙酯：五氧化二磷：二甲苯胺：三氯化磷＝1:3.83:0.025:0.768:0.277（质量比）。

在反应罐中加入青霉素 G 钾盐和乙酸乙酯，冷至-5℃，加二甲苯胺和五氧化二磷，再降至－（40±1）℃，加入三氯化磷，冷至-30℃，保温 30min，得到缩合液。

② 氯化

a. 化学反应

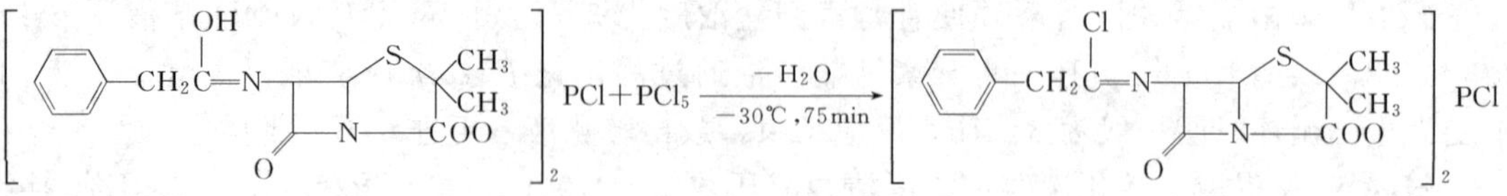

双青霉素氯化亚磷 + PCl + PCl$_5$ $\xrightarrow[-30℃,75min]{-H_2O}$ 双氯代氯化亚胺 · PCl

b. 工艺过程：配料比为缩合液：五氯化磷＝1（青霉素 G 钾盐）：0.7（质量比）。

将缩合液冷至 $-40℃$，一次加入五氯化磷，在 $-30℃$ 保温反应 75min，得到氯化液。

③ 醚化

a. 化学反应

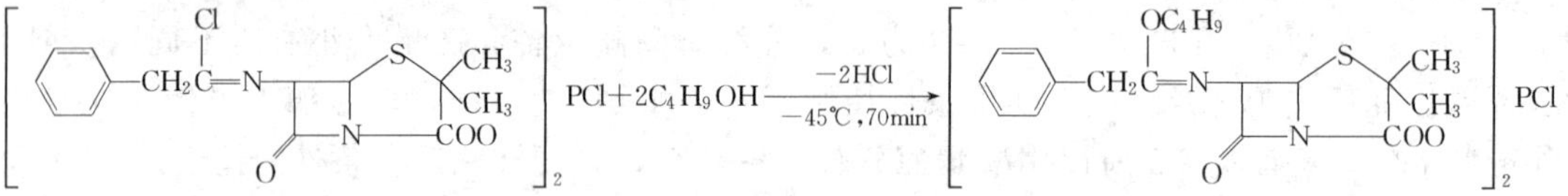

双氯代氯化亚胺 + PCl + 2C$_4$H$_9$OH $\xrightarrow[-45℃,70min]{-2HCl}$ 双亚胺醚 · PCl

b. 工艺过程：配料比为氯化液：二甲苯胺：正丁醇＝1（青霉素 G 钾盐）：0.192：3.4（质量比）。

将氯化液冷至 $-(40\pm1)℃$，加二甲苯胺，搅拌 5min，再加预冷至 $-60℃$ 的正丁醇，控制料液温度不超过 $-45℃$，加完后，$-45℃$ 保温反应 70min。

④ 水解、中和

a. 化学反应

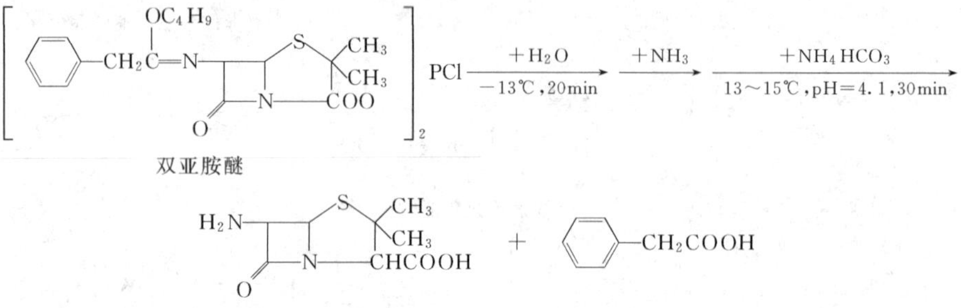

双亚胺醚 · PCl $\xrightarrow[-13℃,20min]{+H_2O}$ $\xrightarrow{+NH_3}$ $\xrightarrow[13\sim15℃,pH=4.1,30min]{+NH_4HCO_3}$

6-APA + $\bigcirc$—CH$_2$COOH

b. 工艺过程：配料比为醚化液：蒸馏水：氨水（15%）：丙酮＝1（青霉素 G 钾盐）：4：2：0.8（质量比）。

在冷冻醚化液中加入预冷至 $0℃$ 的蒸馏水，控制料液温度在 $-(13\pm1)℃$，水解 20min。加氨水（加入一半时加晶种）后，温度控制在 $13\sim15℃$ 加碳酸氢铵，调至 pH＝4.1，保温约 30min，过滤，用 $0℃$ 的无水丙酮洗涤，甩干，自然干燥，得 6-APA。

二、半合成青霉素的制备方法

用 6-APA 与侧链缩合制备半合成青霉素的方法是 6-APA 分子中的氨基与不同前体酸（侧链）发生酰化反应。其方法主要有酰氯法、酸酐法、酶催化法和酰基交换法。目前工业上以酰氯法和酸酐法为主。

1. 酰氯法

酰氯法即是将各种前体酸转变为酰氯，然后与 6-APA 缩合。一般都于低温下，以稀酸为缩合剂，在中性或接近中性（pH 为 6.5～7.0）的水溶液、含水有机溶剂中进行。反应完毕，用有机溶剂提取，再向提取液中加入适量的成盐试剂和晶种，使其成钾盐、钠盐或有机盐析出。如果酰氯在水溶液中不稳定，缩合反应应在无水介质中进行，以三乙胺为缩合剂。反应通式如下：

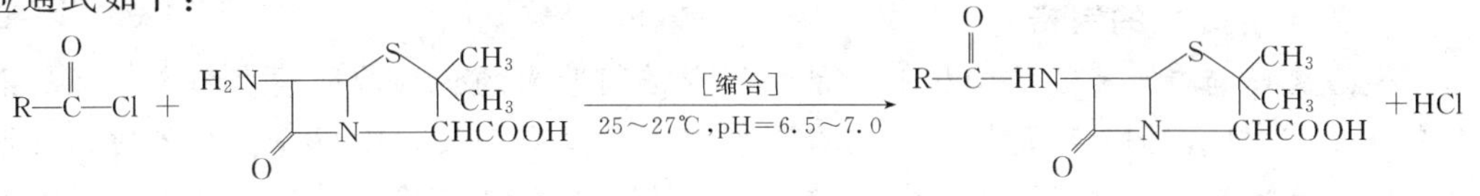

2. 酸酐法

将各种前体酸变成酸酐或混合酸酐，再与 6-APA 缩合。反应和成盐条件与酰氯法相似。反应通式如下：

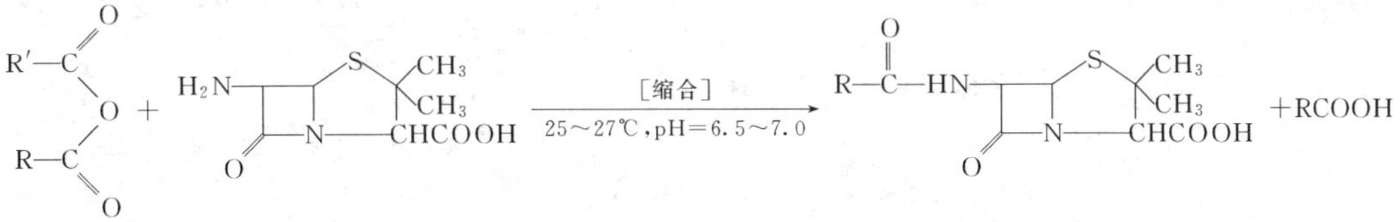

3. 酶催化法

酶催化法是利用酰胺酶裂解青霉素制备 6-APA 的可逆反应 [参见 6-氨基青霉烷酸（6-APA）的制备]，在 pH 为 5 和适宜的温度下，可使 6-APA 和侧链缩合，生成相应的新青霉素。但是此法提纯工艺较复杂，收率也较低。

4. 酰基交换法

酰基交换法主要是将青霉素酯化为易拆除的酯，以保护羧基，经氯化、醚化生成双亚胺醚衍生物，加入各种前体酸的酰氯进行交换，最后水解除去保护性酯基，即得相应的新青霉素（参见化学裂解法制备 6-APA）。

第四节　半合成头孢菌素的制备技术（选学）

半合成头孢菌素又称先锋霉素，是一类广谱半合成抗生素，第一个头孢菌素在 20 世纪 60 年代问世，目前上市品种已达 60 余种。其产量占世界上抗生素产量的 60% 以上。头孢菌素与青霉素相比，具有抗菌谱较广、耐青霉素酶、疗效高、毒性低、过敏反应少等优点，在抗感染治疗中占有十分重要的地位，临床上主要用于耐金黄色葡萄球菌和一些革兰阴性杆菌所引起的感染，例如肺部感染、尿路感染、呼吸道感染、软组织感染、败血症、心内膜炎、脑膜炎以及伤寒等。

头孢菌素已从第一代发展到第四代，其抗菌范围和抗菌活性也不断扩大和增强。根据产品问世年代的先后和药理性能的不同，分为一代、二代、三代、四代产品，它们各有不同用途。

头孢菌素基本结构均为 7-氨基头孢霉烷酸（7-ACA），具有 β-内酰胺特征。头孢类抗生素又可分为以 7-氨基去乙酰氧基头孢烷酸三氯乙酯（7-ADCA）为母核和以 7-ACA 为母核的两大系列。前一系列为青霉素的深加工产品，其生产流程为青霉素工业盐→7-ADCA→半合成头孢菌素，主要产品有头孢氨苄、头孢羟氨苄、头孢拉定、头孢克洛、头孢他美酯等十几个品种；后一系列为头孢菌素的系列产品，其生产流程为头孢菌素 C（锌盐或钠盐）→7-ACA→半合成头孢菌素，主要产品有头孢唑啉、头孢哌酮、头孢曲松、头孢他啶、头孢噻肟、头孢呋辛脂、头孢地嗪等几十个品种。7-ADCA 与 7-ACA 均被列入国家急需发展的重点医药中间体之中。

一、头孢菌素 C 的制备

头孢菌素 C 与青霉素的结构相似，是由与青霉菌近缘的头孢菌属的真菌产生。头孢菌素 C 的制霉效力低，但具有毒性小、与青霉素很少或没有交叉过敏反应、对稀酸和青霉素酶都较稳定等特点。通过其裂解产物 7-ACA，并借鉴 6-APA 半合成青霉素的方法，能够合成许多抗菌效力高和抗菌谱更广的头孢菌素类抗生素。

1. 头孢菌素 C 的结构

头孢菌素 C（Cephalosporin C）是天然的头孢菌素，其化学结构式为：

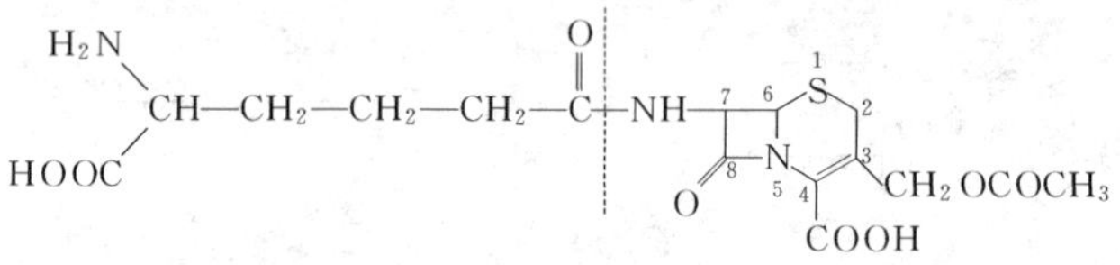

D-α-氨基己二酸　　　　　　7-氨基头孢霉烷酸（7-ACA）

由结构式可知，头孢菌素 C 可以由 D-α-氨基己二酸和 7-氨基头孢霉烷酸（7-ACA）缩合而成。

2. 头孢菌素 C 的制备工艺

头孢菌素 C 是头孢霉菌的代谢产物，工业生产采用深层通气搅拌发酵法制取，培养温度是（26 ± 2）℃，发酵周期为 5～6 天。头孢霉菌除产生头孢菌素 C 外，还产生相当量的头孢菌素 N。因此，头孢菌素 C 的提取分离是本品生产的重要环节之一。从发酵液提取头孢菌素 C 通常采用离子交换法。提取过程如下所述。

① 将头孢菌素 C 的发酵液用草酸酸化，使部分蛋白质沉淀。

② 加入醋酸钡，以除去过量的草酸根离子和一些干扰离子交换吸附的多价阴离子。

③ 板框过滤，滤液用强酸性氢型离子交换树脂使 pH 降为 2.8～3.2，放置 2～4h，以破坏其中的头孢菌素 N。

④ 再将头孢菌素 C 用弱碱性阴离子交换树脂吸附，用醋酸钾溶液洗脱。

⑤ 洗脱液经减压浓缩后，加入 NaOH 溶液调 pH 为 6.0～7.0，然后甩滤、洗涤、干燥，即得头孢菌素 C 钠盐。以发酵液为计算基准，提取总收率为 40%。

> **小资料**
>
> 最早发现的天然头孢菌素是头孢菌素 C，是由头孢菌属真菌所产生的天然头孢菌素之一。头孢菌素 C 的抗菌效力低，可能是由于亲水性的 α-氨基己二酰胺侧链所致。对酸比较稳定，可以口服，但口服吸收差，毒性比较小，与青霉素很少或无交叉过敏反应，又具有抗青霉素耐药金黄色葡萄球菌的作用。对革兰阴性菌具有活性，因此对头孢菌素 C 进行结构改造，旨在提高其抗菌能力，扩大抗菌谱。1961 年证实了头孢菌素是由 D-(—)-α-氨基己二酸和 7-氨基头孢烷酸（7-ACA）缩合而成的。半合成头孢菌素与半合成青霉素的制法相似，主要有微生物酰化法、化学酰化法和以工业生产的廉价青霉素为原料的青霉素扩环法三种。

二、7-氨基头孢霉烷酸（7-ACA）的制备

1. 7-氨基头孢霉烷酸的结构

7-氨基头孢霉烷酸（7β-aminocephlaospranic acid，7-ACA）为灰白色结晶性粉末，不溶

于水及一般有机溶剂。化学名称为：7-氨基-3-[(乙酰氧)甲基]-8-酮-5-硫杂-1-氮杂二环[4,2，0]-2-烯-2-羧酸，分子结构式为：

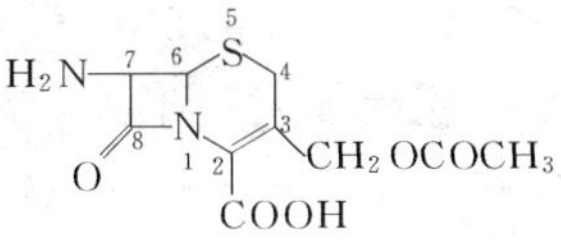

7-ACA 半合成头孢菌素发展迅速，进行半合成主要有四个位点：①7-氨基，②7-α-氢，③杂环中的 S，④3-位的取代基。

2. 化学裂解法制备 7-ACA

用头孢菌素 C 为原料，能够制得 7-ACA，通常用两种方法即酶水解法和化学裂解法。酶水解法合成难度大，应用困难；化学裂解法虽然操作复杂，生产设备要求高，"三废"处理工作量大，但是其生产工艺比较稳定成熟，收率也能够达到较高水平，因此应用广泛。

（1）生产原理　将头孢菌素 C 钠用三甲基氯硅烷保护羧基后，用五氯化磷氯化，生成氯代亚胺衍生物；再用正丁醇处理，形成的亚胺醚衍生物极易水解生成 7-ACA。

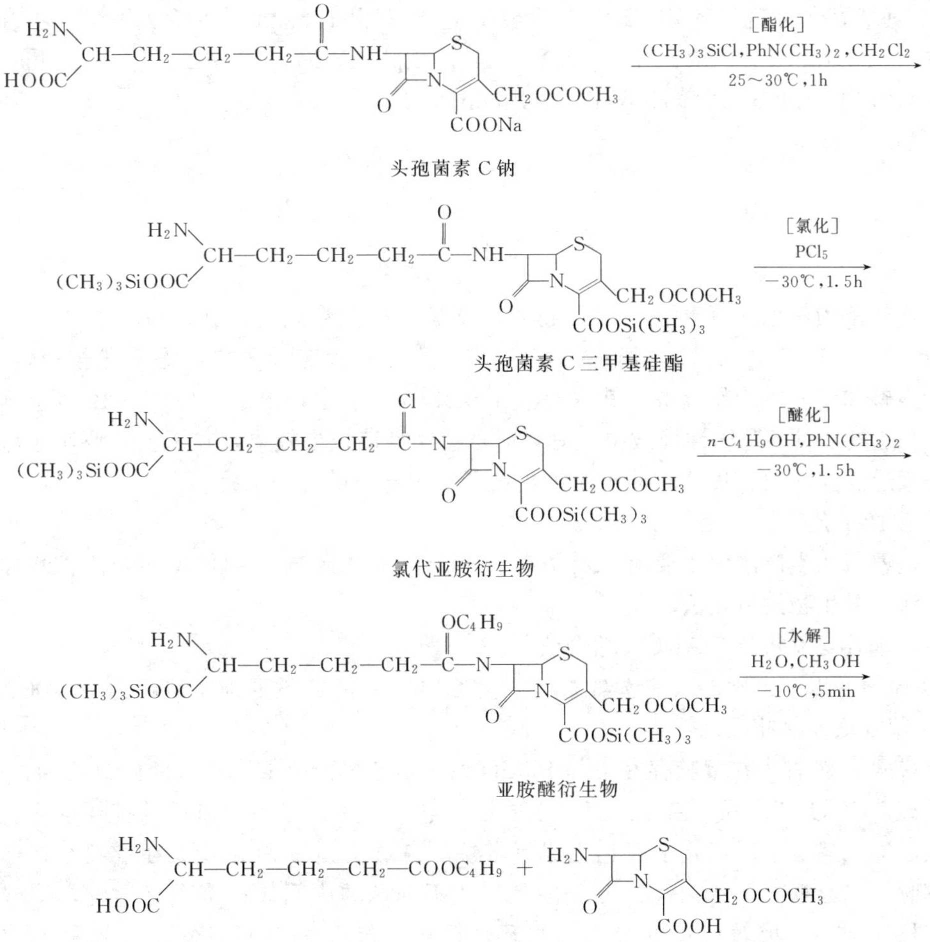

头孢菌素 C 钠

头孢菌素 C 三甲基硅酯

氯代亚胺衍生物

亚胺醚衍生物

D-(—)-α-氨基己二酸　　　　7-氨基头孢霉烷酸（7-ACA）

（2）工艺过程

① 酯化。将头孢菌素 C、二氯甲烷、三乙胺、二甲苯胺投入反应罐，然后缓缓加入三甲基氯硅烷；投料比为头孢菌素 C-二氯甲烷-三乙胺-二甲苯胺-三甲基氯硅烷 1：10.52：

0.5∶2.32∶2.9，在 25～30℃时反应 1h，得到酯化液。

② 氯化。将酯化液降温到－35℃，缓缓加入二甲苯胺、五氯化磷（三者比例为 1∶1.35∶1.3），控制反应温度在－30℃，反应 1.5h，得到氯化液。

③ 醚化。将氯化液降温到-55℃，缓缓加入正丁醇，在－30℃反应 1.5h，得到醚化液。

④ 水解。向醚化液中加入甲醇和水，于－10℃水解 5min，加浓氨水调节 pH＝3.5～3.6，搅拌 30 min，放置结晶 1h，甩滤，洗涤、干燥得到 7-ACA。

（3）注意事项

① 低温反应，温度必须达到－55℃，应严格控制温度。

② 反应中用到的二氯甲烷、三乙胺、二甲苯胺、五氯化磷等有毒有害物质，要严格按规定回收和排放。

三、头孢氨苄的制备

1. 头孢氨苄的结构和性质

头孢氨苄又称为先锋Ⅳ号、头孢力新、头孢菌素Ⅳ。化学名称为：(6R,7R)-3-甲基-7-[(R)-2-氨基-2-苯乙酰氨基]-8-氧代 5 硫杂 1 氮杂双环[4,2,0]辛 2 烯-2-甲酸—水合物。英文名称为：(6R,7R)-3-methyl-7-[(R)-2-amino-2-phenylacetyla mino]-8-oxo-5-thia-1-azabi-cyclo [4,2,0] oct-2-ene-2-carboxylic acid monohydrate。

化学结构式为：

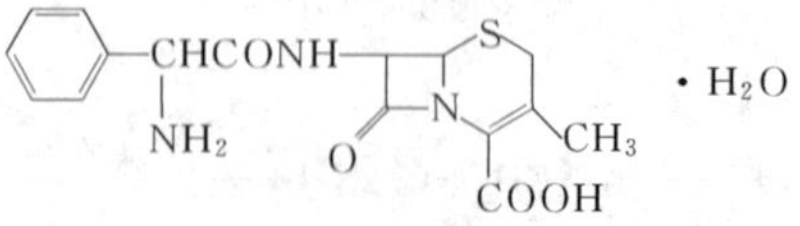

头孢氨苄为白色或乳黄色结晶性粉末，微臭，在水中微溶，在乙醇、氯仿或乙醚中不溶。pK_a 为 2.5、5.2 和 7.3，pH＝3.5～5.5，本品在固态及干燥状态下比较稳定，遇热、强酸、强碱和紫外线均易分解，其水溶液在 pH8.5 以下比较稳定，但在 pH9 以上则迅速被破坏。头孢氨苄对革兰阳性菌效果较好，对革兰阴性菌效果较差，临床上主要用于敏感菌所致的呼吸道、泌尿道、皮肤和软组织、生殖器官等部位的感染治疗。

2. 生产工艺

头孢氨苄的生产国内主要有三种方法，即苯甘氨酰氯与 7-ADCA 缩合法、苯甘氨酸无水酰化法和微生物酶酰化法。

（1）苯甘氨酰氯与 7-ADCA 缩合法

① 原理。以青霉素 G（或青霉素 V）为原料，通过扩环重排，裂解为 7-ADCA，再与 D-(－)-苯甘氨酰氯缩合。

青霉素 G 钾首先在吡啶存在下与 POCl₃ 及三氯乙醇酯化成青霉烷酸三氯乙酯，保护 C3 处的游离"COOH"。同时由于三氯乙基的强吸电子作用，有利于以后的扩环反应。青霉烷酸三氯乙酯在醋酸中用双氧水氧化生成青霉烷酸三氯乙酯 S-氧化物。在吡啶存在下，用磷酸处理时，二氢噻唑环"S—C"键先断裂形成不饱和的中间体次磺酸衍生物，接着发生分子内亲核加成，形成较稳定的二氢噻嗪环，得到"苯乙酰 7-ADCA"。在二氯乙烷中，用 PCl₅ 将侧链的亚胺烯醇型羟基氯化，得到中间体为"氯亚胺物"，将其与甲醇作用得到亚胺醚，亚胺醚容易水解生成 7-ADCA 酯。

为了将 7-ADCA 酯从反应体系中分离出来，向该有机溶剂体系中加入对甲苯磺酸（PTS），即形成 7-ADCA 酯 PTS 盐析出，再用碳酸氢钠处理，将 7-ADCA 酯游离后，再与苯甘氨酰氯盐酸盐发生酯化反应，生成头孢酯酰化物，最后在乙腈（CH_3CN）和 C_2H_5OH 中用锌粉和甲酸进行还原性水解，得到头孢氨苄。以青霉素 G 为原料的反应过程如下：

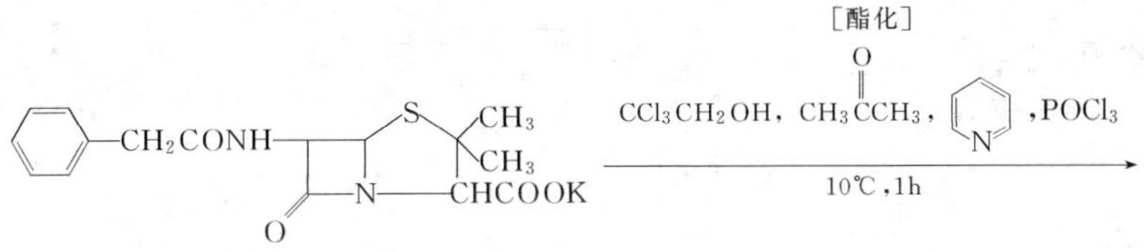

青霉素 G 钾

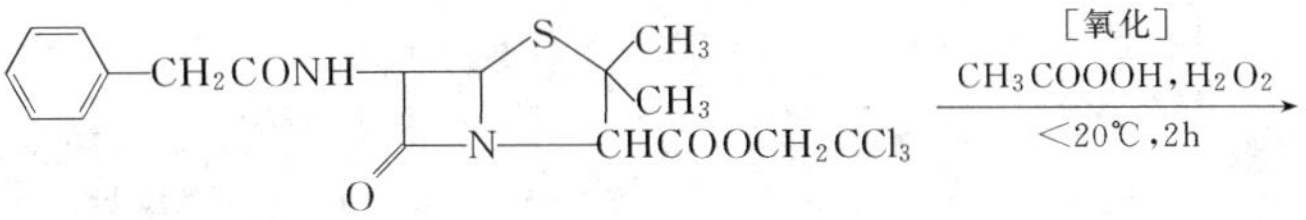

青霉烷酸三氯乙酯

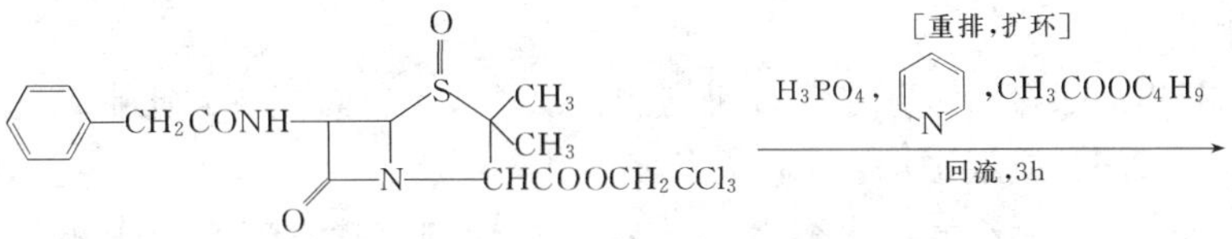

青霉烷酸三氯乙酯 S-氧化物

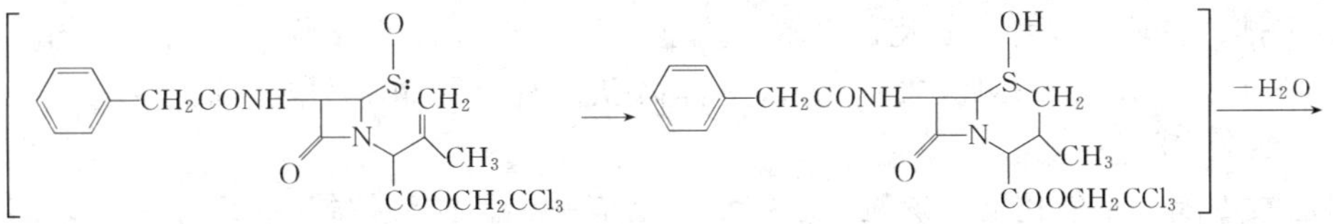

次磺酸衍生物

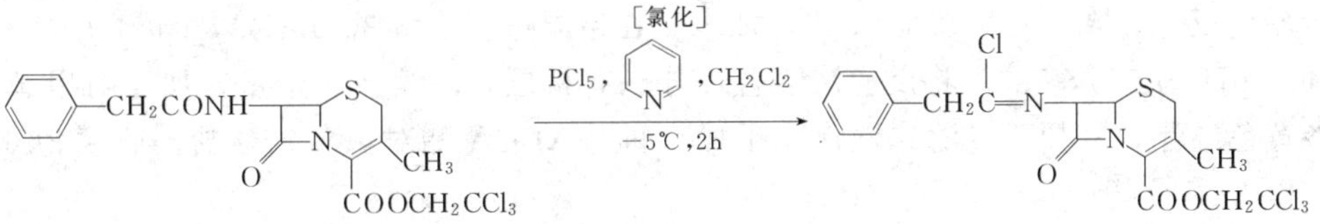

苯乙酰氨基去乙酰氧基头孢烷酸三氯乙酯（苯乙酰 7-ADCA） 　　　　氯亚胺物

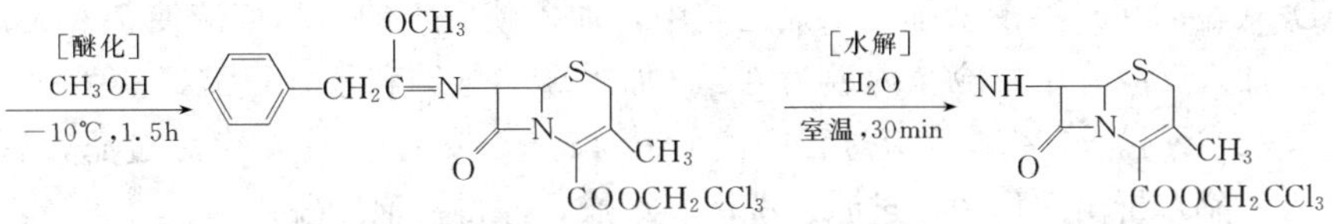

7-亚胺物　　　　　　　　　　　　　　　　　　　7-ADCA 酯

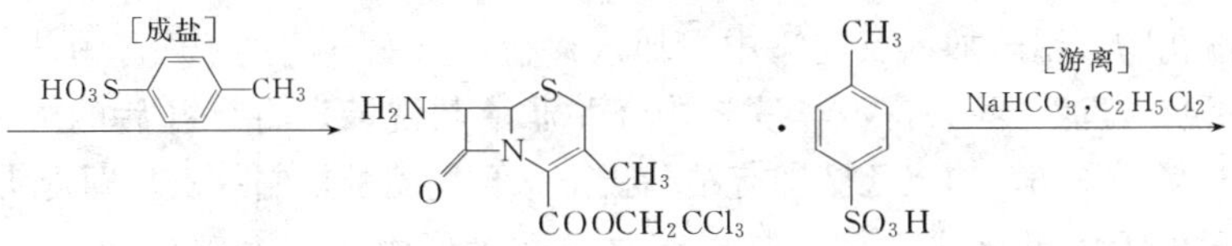

7-ADCA 酯对甲苯磺酸盐

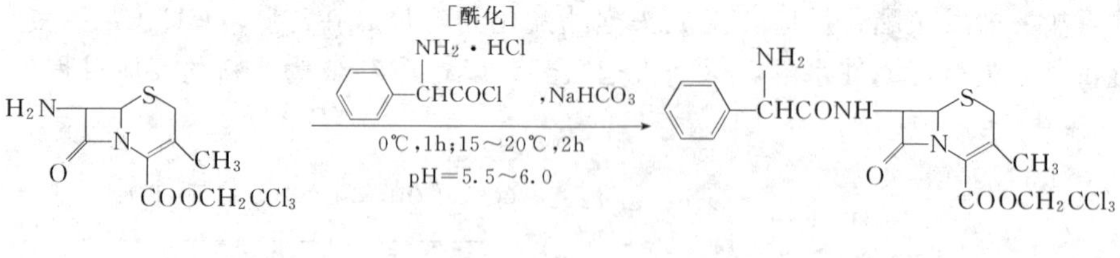

7-ADCA 酯游离 → 头孢酯酰化物

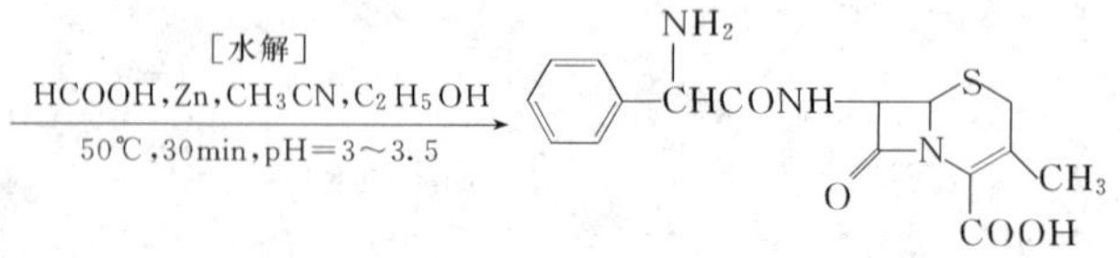

头孢氨苄

② 生产工艺

a. 酯化、氧化：配料比为青霉素 G 钾盐：三氯乙醇：三氯氧磷：吡啶：过氧乙酸＝1.0：1.34：1.9：8.1：2.6（质量比）。

将丙酮、吡啶、三氯乙醇、青霉素 G 钾加入反应罐搅拌，控温 10℃滴加三氯氧磷，进行酯化反应 1h；将酯化液转入氧化罐中，保持在 0℃时，滴加过氧乙酸和双氧水的混合物，在低于 20℃下反应 2h，反应完毕，加水，静置、过滤、干燥，得到 S-氧化物。

b. 重排、扩环、氯化、醚化、水解、成盐：配料比为 S-氧化物-乙酸丁酯-磷酸-吡啶＝1.0：14.0：0.025：0.0184（质量比）；重排物-五氯化磷-甲醇-对甲苯磺酸＝1.0：2.226：57.5：1.345（质量比）。

将乙酸丁酯、S-氧化物、磷酸、吡啶加入反应釜中，回流搅拌 3h 后，减压浓缩，冷却得到黄色结晶，将结晶过滤、洗涤、干燥得重排物，m.p.125～127℃。将重排物溶入二氯乙烷，冷却至－10℃，加入吡啶和五氯化磷，于－5℃反应 2h，再降到－15℃，缓缓加入甲醇进行醚化反应，在－10℃反应 1.5h，加水，在室温进行水解 30min，以 1mol/L NaOH 溶液中和至 pH 为 6.5～7.0，将反应液静置，分取有机层，浓缩至一定量，加入对甲苯磺酸，即得淡黄色结晶，冷却、过滤、洗涤、干燥，得 7-ADCA 酯对甲苯磺酸盐。收率为 65%～70%（以 S-氧化物计）。

c. 酰化：配料比为 7-ADCA 酯对甲苯磺酸盐：碳酸氢钠：苯甘氨酰氯盐酸盐：乙醚：二氯乙烷＝1.0：1.0：1.0：4.0：9.0（质量比）。

将 7-ADCA 酯对甲苯磺酸盐加入二氯乙烷中，加入碳酸氢钠饱和溶液使 7-ADCA 酯游离。分取有机层，加入反应罐中，冷至内温为 0℃，加入碳酸氢钠和苯甘氨酰氯盐酸盐，于 0℃反应 1h，在 15～20℃时反应 2h，反应过程中使 pH 为 5.5～6.0。反应结束后过滤，有机层经薄膜浓缩后加入乙醚，析出酰化物，过滤、洗涤、干燥，即得头孢酯酰化物。收率为 60%。

d. 水解：配料比为酰化物：甲酸：锌粉：水：乙腈：氨水：乙醇＝1.0：5.0：0.5：13：0.15：0.25：2（质量比）。

将头孢酯酰化物、甲酸加入反应罐中，加入锌粉，温度不超过 50℃，加毕，于 50℃反应 30min。冷至室温，过滤，除去锌泥，洗涤，合并滤液与洗液，将合并后的溶液浓缩、加水，用氨水调节 pH 为 3～3.5，加入乙腈即有结晶析出，再用乙醇精制一次，即得头孢氨苄。

(2) 苯甘氨酸无水酰化法　此法是以苯甘氨酸为原料，经溶解成盐、过滤、缩合、离心、制粒、干燥，得中间体苯甘氨酸单宁盐，再将苯甘氨酸单宁盐进行酰化、水解、分层，将水层结晶，离心分离，将晶粒制粒、干燥，即得头孢氨苄。收率为 88%（以 7-ADCA 计）。反应过程如下：

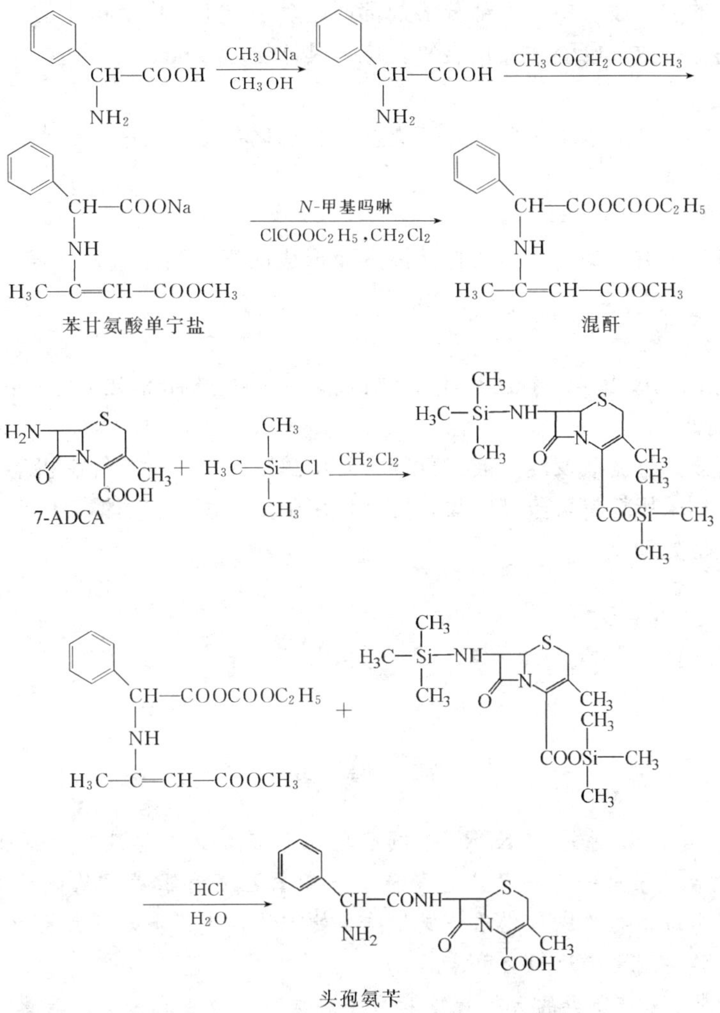

（3）微生物酶酰化法　青霉素 G 经过化学扩环或基因工程菌扩环、大肠杆菌酰胺酶水解制得头孢菌素母核 7-ADCA，再把母核和侧链缩合得到半合成产品头孢氨苄。反应过程如下：

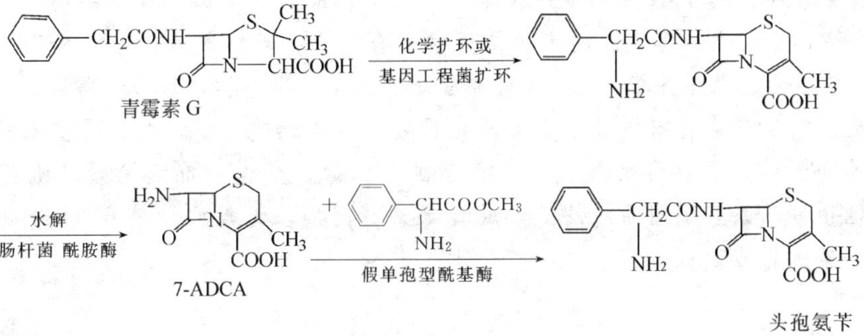

四、"三废"治理

抗生素生产所用的原材料中只有一部分转化为最终产品，其余的都以"三废"形式出现，如果不加以治理，势必污染环境。因此，必须采取有效措施进行治理，在治理"三废"

过程中必须考虑综合利用，把原来认为无用甚至有害的工业"三废"变为有用的物质，充分合理使用资源，降低成本，增加生产，减少污染，保护环境。

抗生素生产的"三废"中，大部分溶剂都回收套用；生产中所产生的大部分废气经过吸收装置达标后高空排放，废渣送焚烧装置焚烧。具体处理方法如下所述。

1. 废水

抗生素生产排放的废水中主要含有各类盐及有机化合物，集中送废水处理。经生化处理后，无毒排放。

2. 废气

生产工艺过程中有毒害性气体的自然挥发而形成的不规则排放，要通过系列排毒装置，引至烟囱高排。

3. 废渣

主要有生产过程中的废炭、锌泥及其他有机残渣。其中有机残渣送焚烧，废炭、锌泥回收。

4. 有机溶剂处理

对产品各阶段的过滤液及洗涤液（分别含有甲醇、丙酮、吡啶等有机溶剂）以及反应过程中所有溶剂，均采用填料塔蒸馏回收，再循环用于生产过程。蒸馏后的残渣集中送至残渣焚烧炉中进行焚烧处理。

查一查

GMP对原料药生产用水系统有哪些要求？

阅读资料

青 霉 素

1959年，美国 J.C. 希亨和 K.R. 亨利—朗根从青霉素发酵液中分离出青霉素母核 6-APA，并成功地合成了第一个半合成青霉素——苯氧乙基青霉素。从此开始了对青霉素结构改造的研究，用微生物合成与化学合成相结合的方法，生产很多各具特点的新型半合成青霉素，使青霉素类得到更广泛地应用。

由青霉素产生菌培养所得的天然青霉素有多种成分，如青霉素 G、青霉素 X、青霉素 F、青霉素 K 等。深层发酵生产所得的青霉素主要为青霉素 G。生产中，发酵时加入苯乙酸或苯乙酰胺作为前体，便可得到高纯度的青霉素 G。如果发酵时加入苯氧乙酸作为前体，则可得高纯度的口服青霉素 V。以 6-APA 和多种化学合成的有机酸为中间体，可以制得许多耐胃酸、抗耐药性和广谱的半合成青霉素。临床已使用的半合成青霉素有苯氧乙基青霉素、甲氧苯青霉素、乙氧萘青霉素、苯唑青霉素、氯苯唑青霉素、氨苄青霉素和羟氨苄青霉素等。

由于天然青霉素存在有抗菌谱窄、不耐胃酸、口服无效及不耐酶、易被水解等缺点，因此，通过改变天然青霉素 G 的侧链可获得耐酸、耐酶、广谱、抗铜绿假单胞菌及主要作用于革兰阴性菌等一系列不同品种的半合成青霉素。例如以青霉素母核 6-APA 制备半合成产品氨苄青霉素的反应过程为：

氨苄链青霉素

迄今临床应用的已有 6 个系：①对酸稳定、可口服的半合成青霉素，如非奈西林、丙匹西林等；②对青霉素酶稳定，用于治疗天然青霉素耐药菌感染的半合成青霉素，如甲氧西林、苯唑西林、萘夫西林等；③广谱青霉素，如氨苄西林、阿莫西林、匹氨西林等；④对铜绿假单胞菌有效的广谱青霉素，如羧苄西林、磺苄西林、阿洛西林、哌拉西林等；⑤主要用于抗革兰阴性细菌的青霉素，如匹美西林，替莫西林等；⑥具有 β-内酰胺酶抑制作用的青霉烷衍生物，如舒巴坦、他唑巴坦等。

本 章 小 结

溶剂和催化剂的应用技术

- 溶剂对化学反应的影响
  - 溶剂对均相化学反应的影响
  - 溶剂对化学反应的影响
  - 溶剂对反应方向的影响
  - 溶剂极性对互变异构体平衡的影响
  - 重结晶时溶剂的选择

- 催化剂对化学反应的影响
  - 催化剂的作用与基本特征
  - 固体催化剂
  - 工业生产对催化剂的要求

- 半合成青霉素合成技术
  - 6-APA 的合成
    1. 酶解法制备 6-APA：将 *E.coli* 固定化，使青霉素 G（或 V）钾盐转化 6-APA，再用醋酸丁酯提取 6-APA
    2. 化学裂解法制备 6-APA：青霉素 G 钾盐和乙酸乙酯，$-5℃$ 加二甲苯胺和五氧化二磷，$(-40\pm1)℃$ 加入三氯化磷，加入五氯化磷、二甲苯胺，搅拌 5min，再加预冷到 $-60℃$ 的正丁醇，料液温度 $<-45℃$，$-45℃$ 保温 70min，加氨水，$13\sim15℃$ 加碳酸氢铵调至 pH＝4.1
  - 半合成青霉素的制备方法
    - 酰氯法
    - 酸酐法
    - 酶催化法
    - 酰基交换法

- 半合成头孢菌素制备技术
  - 头孢菌素 C 制备
    - 头孢菌素 C 的结构
    - 头孢菌素 C 的制备工艺
  - 7-ACA 的制备
    - 7-ACA 的结构
    - 7-ACA 的制备方法
  - 头孢氨苄制备
    - 头孢氨苄的结构和性质
    - 生产工艺
      - 苯甘氨酰氯与 7-ADCA 缩合
      - 苯甘氨酸无水酰化法
      - 微生物酶酰化法

- "三废"治理
  - 废水
  - 废气
  - 废渣
  - 有机溶剂处理

复 习 题

1. 由已知具有一定基本结构的天然产物经化学结构改造和物理处理过程制得的药物，习称_____。
2. 什么是半合成青霉素？半合成青霉素的合成方法有哪几种？
3. 为什么头孢菌素 C 的制菌效力低？其结构改造应从哪些方面入手？
4. 工业生产上是如何对溶剂进行分类的？
5. 重结晶过程对溶剂的要求是什么？
6. 如何选择重结晶溶剂？
7. 在催化剂中，主催化剂、助催化剂和载体的作用分别是什么？
8. 催化剂的活性衡量指标主要是什么？
9. 简述 6-氨基青霉烷酸的生产方法。
10. 简述头孢菌素 C 的生产方法。

有机合成工职业技能考核习题（9）

一、选择题

1. 某反应在一定条件下达到化学平衡时的转化率为 36%，当有催化剂存在，且其他条件不变时，则此反应的转化率应（　　）。
   A. >36%　　　　　　B. <36%　　　　　　　C. =36%　　　　　　　D. 不能确定
2. 催化剂之所以能提高反应速率，其原因是（　　）。
   A. 改变了反应的活化能，但指前因子不变
   B. 改变了指前因子，但反应的活化能不变
   C. 既改变了指前因子，也改变了活化能
   D. 催化剂先作为反应物起反应生成中间产物，然后释放出催化剂
3. 某一级反应的半衰期为 12min，则 36min 后反应物浓度为原始浓度的（　　）。
   A. 1/9　　　　　　　B. 1/3　　　　　　　　C. 1/4　　　　　　　　D. 1/8
4. 配制 I_2 标准溶液时需加入 KI，以下论述正确的是（　　）。
   A. 提高 I_2 的氧化能力　　　　　　　　　　　B. 加快反应速度
   C. 防止 I^- 的氧化　　　　　　　　　　　　　D. 防止 I_2 挥发，增大 I_2 的溶解度
5. 在向反应器装填固体催化剂时，通常催化剂具有较强的毒性，所以进入装填现场的人员必须（　　）。
   A. 戴安全帽　　　　B. 戴手套　　　　　　C. 戴手电筒　　　　　　D. 穿戴防护服装
6. 有机物料泄漏时，尽快关掉所有与（　　）相关的阀门，将泄漏范围控制在最小范围内。
   A. 伴热　　　　　　B. 泄漏设备　　　　　C. 风机　　　　　　　　D. 机泵
7. 化工装置用来消除静电危害的主要方法为（　　）。
   A. 泄漏法　　　　　B. 中和法　　　　　　C. 接地法　　　　　　　D. 释放法
8. 在下列反应中，硫酸只起催化作用的是（　　）。
   A. 乙醇和乙酸酯化　　　　　　　　　　　　B. 苯的磺化反应
   C. 乙酸乙酯水解　　　　　　　　　　　　　D. 乙醇在 170℃时脱水生成乙烯
9. "三剂"是（　　）、添加剂和溶剂的俗称。
   A. 催化剂　　　　　B. 水处理剂　　　　　C. 净水剂　　　　　　　D. 防腐剂
10. 在化学反应达到平衡时，下列选项不正确的是（　　）。
    A. 反应速率始终在变化　　　　　　　　　　B. 正反应速率不再发生变化
    C. 反应不再进行　　　　　　　　　　　　　D. 反应速率减小
11. （　　）条件发生变化后，可以引起化学平衡发生移动。

　　A. 温度　　　　　　　B. 压强　　　　　　　　C. 浓度　　　　　　　　D. 催化剂

12. 结晶时，若要获得颗粒少但是粒度大的晶体，应该控制溶液在（　　　）结晶。

　　A. 不稳定区　　　　　B. 稳定区　　　　　　　C. 介稳区　　　　　　　D. 饱和曲线上

13. 助滤剂应具有（　　　）的性质。

　　A. 颗粒均匀、柔软、可压缩　　　　　　　　　B. 颗粒均匀、坚硬、不可压缩

　　C. 粒度分布范围大、坚硬、不可压缩　　　　　D. 颗粒均匀、可压缩、易变形

14. 萃取操作中，最重要的是（　　　）。

　　A. 物料前处理　　　　B. 溶剂的选择　　　　　C. 操作方法　　　　　　D. 溶剂的回收

15. 下列表述不正确的是（　　　）。

　　A. 沉降、过滤等操作处理的是非均相混合物　　B. 蒸发操作实际上就是对溶液的浓缩

　　C. 精馏、吸收处理的都只是均相混合物　　　　D. 干燥、精馏都只是一个传质的过程

16. 关于化学反应速率，下列说法正确的是（　　　）。

　　A. 表示了反应进行的程度　　　　　　　　　　B. 表示了反应速度的快慢

　　C. 其值等于正、逆反应方向推动力之比　　　　D. 常以某物质单位时间内浓度的变化来表示

17. 对于任何一个可逆反应，下列说法正确的是（　　　）。

　　A. 达平衡时反应物和生成物的浓度不发生变化　B. 达平衡时正反应速率等于逆反应速率

　　C. 达平衡时反应物和生成物的分压相等　　　　D. 达平衡时反应自然停止

二、判断题（√或×）

1. 甲酸能发生银镜反应，乙酸则不能。

2. 重氮基被氯或溴置换的反应称为桑德迈尔反应。

3. 酰胺与次氯酸钠或次溴酸钠的碱溶液作用时，脱去羧基使碳链减少一个碳原子而生成伯胺的这类反应称为黄鸣龙反应。

4. 粉尘不具有发生爆炸的危险性。

5. 常压高温碱熔体系通常用的是 $20\% \sim 50\%$ 的 NaOH 溶液。

6. 物质燃烧危险性取决于其闪点、自然性、爆炸（燃烧）极限及燃烧热四个要素。

7. 湿度是湿空气的温度。

8. 湿空气中所含水汽的质量与绝对干空气的质量之比称为湿度。

9. 湿空气经过预热器前后的湿度不变。

10. 干燥过程中湿度是不变的。

11. 结合水是指借助化学力或物理化学与固体结合的水分，例如物料细胞壁内的水分、小毛细管内的水分以及以结晶水的形态存在于固体物料中的水分。

12. 平衡水分不一定全为结合水分。

13. 乙醇只能进行分子内脱氢生成乙烯，而不能进行分子间脱水生成乙醚。

14. 乙醚的二聚物是丁烯。

15. 乙醛易溶于乙醇、乙醚等有机溶剂，但不易溶于水。

16. 在乙炔水合制备乙醛的过程中，乙炔气中含有的 H_2S、PH_3 和 Cl_2 等杂质，使催化活性下降。

17. 催化剂只能使平衡较快达到，而不能使平衡发生移动。

18. 当反应物浓度不变时，改变温度，反应速率也不变。

19. 在化学分析中，萃取分离法常用于低含量组分的分离或富集，也可用于清除大量干扰元素。

20. 萃取中，萃取剂的加入量应使和点的位置位于两相区。

21. 萃取塔开车时，应先注满连续相，后进分散相。

22. 结晶时只有同类分子或离子才能排列成晶体，因此结晶具有良好的选择性，利用这种选择性即可实现混合物的分离。

第十章　手性药物的合成技术

知识目标	
	◇ 了解手性药物的制备方法。 ◇ 了解紫杉醇的生产发展概况和应用价值。 ◇ 了解半合成紫杉醇的生产工艺原理及过程。
能力目标	
	◇ 进一步熟悉微生物培养方法在药物生产中的使用。 ◇ 了解微生物发酵在半合成紫杉醇生产中的应用。
重点与难点	
	◇ 不对称合成。
工作任务	
	根据有机化工产品的合成方法和生产条件，选择适宜的手性技术，并能对典型的药物合成进行手性技术操作和控制。

第一节　手性药物制备技术理论

手性药物指药物的分子结构中存在手性因素，而且由具有药理活性的手性化合物组成的药物，其中只含有效对映体或者以有效对映体为主。在化学合成药物中，具有手性结构的药物占 40%，其中绝大多数（88.5%）以两种或两种以上立体异构体的混合物形式成为药物。手性药物由于具有副作用少、使用剂量低和疗效高等特点，需求增长迅速。

天然产物药物是人类最早得益的手性药物的重要资源，也是现代合成药物的基础。手性药物可以采用天然提取、外消旋体拆分（见第六章）、手性库技术合成（非不对称合成）、不对称合成及生物酶合成。

一、天然提取

在天然产物中，生物体本身的特定生物化学反应会产生单一异构体，如氨基酸、糖类化合物和生物碱等。对于这些光学活性物质可以通过萃取、重结晶、柱色谱等手段将其提取。由天然获得的手性药物，原料丰富，价廉易得，生产过程简单，产品旋光性高。因而许多手性药物的最初手性原料都是用提取方法生产的。

从天然产物中提取的优点是：在原料丰富的情况下是获得手性物质的最简单方法，尤其是那些含有多个手性中心的复杂大分子；产品一般为光学纯的化合物。从天然产物中提取的缺点是：有些物质在自然界中含量极少。

二、不对称合成

不对称合成是一种将底物分子整体中的非手性部分经过反应试剂等量地生成立体异构体产物的手性单元的反应。也就是说不对称合成是将潜在的手性单元转化为手性单元，使得产生立体异构产物。

在不对称合成中，底物、试剂通过含金属的配体或其他作用结合起来，形成非对映过渡态。底物、试剂两个反应试剂中的一个必须有一个手性因素（即手性中心、手性平面或手性轴），以便在反应位点上诱导不对称性。

不对称合成按照手性基团的影响方式和合成方法的发展，可分为手性源法、手性辅助剂法、手性试剂法、不对称催化合成法、双不对称诱导法等。

1. 手性源的不对称合成

手性源法即第一代不对称合成，又称底物控制反应，是通过手性底物中已经存在的手性单元进行分子内定向诱导。在底物中，新的手性单元常常通过与非手性试剂反应而产生，此时，邻近的手性单元控制非对映面上的反应。反应中若有多个底物，则分别使每个反应底物上带有光学活性的基团，均有可能使新产生的手性基团产生手性诱导作用。

手性源的不对称合成光学活性物质需要一些光学纯的手性物质作为反应物，它能使无手性或潜手性的化合物部分或全部转变成所需的立体异构体。这种方法的优点是产品无需拆分而且产率较高，以易得的光学纯的物质（常是天然产物）做原料，比较经济。此法的缺点是较难获得很好的手性诱导。

2. 手性辅助剂的不对称合成

手性辅助剂的不对称合成被称为第二代不对称合成，此法与第一代方法类似，手性控制仍是通过底物中的手性基团在分子内实现的。其不同点在于在非手性底物上有意连接了定向基团（即辅助剂）以使反应定位进行，并在达到目的以后除去，能用于不对称合成的手性辅助剂需要具备以下条件。

① 合成步骤必须具高度立体选择性。

② 新生成的手性中心或其他手性元素应容易与手性辅助剂分离而不发生外消旋化。

③ 回收率很高且回收不降低光学纯度。

④ 价廉易得。

利用手性辅助剂的方法合成光学活性物质虽然是一个很有价值的方法，但需要预先连接手性辅助剂，反应完成后还要脱去，因此较为麻烦。

3. 手性试剂的不对称合成

手性试剂的不对称合成称为第三代不对称合成，该方法是用手性试剂使非手性底物直接转化为手性产物，与第一代及第二代方法相反，该方法的立体化学控制是通过分子间的作用进行的。该法没有手性试剂与底物的连接，避免了手性辅助剂与底物的连接与脱离的麻烦，且手性试剂部分被回收。

4. 不对称催化合成法

不对称催化合成法被称为第四代不对称合成法。其反应过程是：在底物进行不对称反应时加入少量的手性催化剂，使它与反应底物或试剂形成反应活性很高的中间体，催化剂作为手性模板控制反应物的对映面，经不对称反应得到新的手性产物，而催化剂在反应中循环使用，具有手性增值或手性放大的效应。这种手性控制与前面的手性试剂法一样，也是分子间控制，不同点在于：前三种方法需要使用化学当量的手性试剂，而此种方法只需要催化量的手性试剂，诱导非手性底物与非手性试剂直接向手性产物转化。这对于大量生产手性化合物来说是最经济和实用的技术。

不对称催化反应的方法在许多药物的生产中有应用，例如 L-多巴的合成和萘普生的合成等。

5. 双不对称诱导法

双不对称诱导法是指有两处不对称诱导效果同时作用在一个反应上。有两种情况：一是手性底物同手性底物的反应，即两种手性源反应同时作用。二是手性催化剂作用下的底物的反应，即手性源反应同不对称催化反应同时作用。

三、生物酶合成

利用酶法制备手性药物是一种非常有前途的方法。与化学方法相比，酶促反应方法所需步骤少，副产物少，溶剂用量少，环境污染小，具有明显的优势。但由于酶催化具有最适应天然底物的特点，因此应用酶法实现一些非天然产物的全合成仍有一定的局限性。目前一般采用化学-酶合成法，即在合成的关键步骤，尤其是涉及手性化学反应过程时，采用纯游离酶或微生物细胞催化合成反应，而一般的合成步骤则采用化学合成法，以实现优势互补。例如皮质激素类药物氢化可的松的半合成中，利用犁头酶菌在醋酸化合物 S 的 C11 位上直接引入 β-羟基的反应。

四、手性库方法

利用手性库技术合成手性药物是以光学活性化合物为原料，反应过程中保留原料的手性中心，使反应在手性中心以外的其他部分发生。这样，反应产物的手性中心全部来自于原料，这种方法并没有应用到不对称合成技术，因此也称为非不对称合成法。手性库技术是合成手性药物的一种重要方法，例如，治疗高血压和充血性心力衰竭的药物阿拉普利的合成。

手性库技术合成手性药物的优点是：以价格适宜的手性起始物为原料；产物是 100％光学纯的物质，不需要进行拆分；为确定后续产物的绝对构型提供了方便；手性库分子的手性中心可以对后续反应步骤中引进的基团实施立体控制。

第二节　生产实例——紫杉醇的合成技术（选学）

一、概述

1. 紫杉醇

紫杉醇（Paclitaxel，Taxol）是一种高效、低毒、广谱、作用机制独特的天然抗癌产物，是近几年国际公认的疗效确切的重要抗肿瘤药物之一，最早是由美国化学家 Wani 和 Wall 于 1971 年从太平洋红豆杉的树皮中提取到的一种具有抗肿瘤活性的物质。它具有独特的抗癌机制，其作用位点为有丝分裂和细胞周期中至关重要的微管蛋白。紫杉醇能促进微管蛋白聚合而形成稳定的微管，并抑制微管的解聚，从而抑制了细胞的有丝分裂，最终导致癌细胞的死亡。紫杉醇 1992 年 12 月被美国 FDA 批准用于治疗晚期卵巢癌。1994 年，批准用于治疗转移性乳腺癌，1997 年 FDA 批准使用紫杉醇治疗与艾滋病关联的 Kaposi's 恶性肿瘤；1998 年和 1999 年，FDA 又分别批准半合成紫杉醇作为治疗晚期卵巢癌和非小细胞肺癌的一线用药。

紫杉醇具有复杂的化学结构，整个分子由三个主环构成的二萜核和一个苯基异丝氨酸侧链组成。分子中有 11 个手性中心和多个取代基团。分子式 $C_{47}H_{51}NO_{14}$，相对分子质量 853.92，元素百分比 C：66.41，H：6.02，N：1.64，O：26.23。化学名：5 [(2'R,3'S)-N-苯甲酰基-3'-苯基异丝氨酸酯]。其化学结构式为：

紫杉醇

紫杉醇的来源最初以天然提取为主，主要是从由红豆杉属植物的树皮中分离得到。红豆杉植物是生长极为缓慢的乔木或灌木，其树皮中紫杉醇的含量平均为万分之一点五，从中提取紫杉醇的收率大约为万分之一，这样制取 1kg 紫杉醇就需树皮 10t，这种生产紫杉醇的方法严重破坏资源和环境，将导致天然资源匮乏。红豆杉植物人工栽培困难，紫杉醇含量低，提取也困难。目前，包括我国在内的许多国家都已经禁止或严格限制用这种方法来生产紫杉醇。为解决紫杉醇的大量供应问题，人们曾经探索通过组织和细胞培养、化学合成等方法制取紫杉醇。其中，化学合成是人们首先想到的解决紫杉醇药源问题的一条途径。这里的化学合成又有全合成和半合成之分。

如前所述，紫杉醇的分子结构十分复杂，分子中有众多的功能基团和立体化学特征，如此复杂的结构堪称是对化学合成的一个挑战。1994 年，紫杉醇的全合成在实验室获得成功。到目前为止，文献报道的紫杉醇的全合成路线共有 3 条，即 1994 年由 Holton 和 Nicolaou 研究组几乎同时完成的 2 条路线以及 1996 年 Danishefsky 小组报道的路线。紫杉醇的全合成中，反应步骤多达 20～25 步，大量使用手性试剂，反应条件极难控制，制备成本昂贵，虽然具有重要的理论意义，但不适合大规模工业生产。

为了避免合成紫杉醇复杂的母环部分，人们探索了半合成的制备方法。研究发现，红豆杉植物中除紫杉醇外，还有大量母环结构与紫杉醇类似的化合物，其中，最重要的是巴卡亭Ⅲ（Baccatin Ⅲ）和 10-脱乙酰基巴卡亭Ⅲ（10-Deacetylbaccatin Ⅲ，10-DAB），从它们出发，可以通过半合成方法来生产紫杉醇。其结构如下：

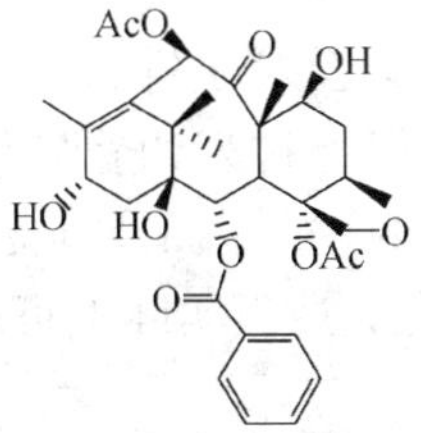

巴卡亭Ⅲ

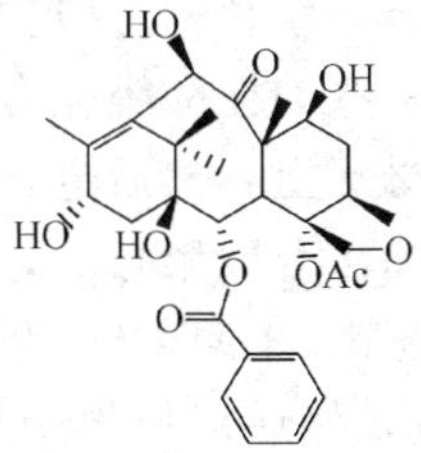

10-脱乙酰基巴卡亭Ⅲ（10-DAB）

紫杉醇的半合成过程，就是以天然存在的紫杉醇母环结构类似物巴卡亭Ⅲ和 10-DAB 为基本原料，在其 C13 位接上化学合成的侧链，以此制备紫杉醇的方法。该方法避开了复杂的紫杉醇二萜部分的合成，过程简明，便于实现规模化生产。

10-DAB 和巴卡亭Ⅲ在红豆杉植物中的含量比紫杉醇丰富得多，分离提取也相对容易，而且树叶的反复提取也不会影响植物资源的再生，因此，从目前来看，半合成是最具实用价值的制备紫杉醇的方法。通过半合成研究，还可以获得有关紫杉醇类似物构效关系的信息，对紫杉醇进行结构改性以寻找活性更大、毒副作用更小、抗癌谱更广或略有不同的紫杉醇类抗癌药物。

2. 多烯紫杉醇

多烯紫杉醇（Docetaxel，Taxotere）是在开展紫杉醇半合成研究过程中发现的一种紫杉醇类似物，两者仅在母环 10 位和侧链 3 位上的取代基略有不同。1985 年，法国罗纳普朗克乐安公司（Rhone-Poulenc Rorer）和法国国家自然科学研究中心（CNRS）以 10-DAB 作为母环骨架，通过半合成方法成功地合成出多烯紫杉醇，目前多烯紫杉醇主要由 AVENTIS 公司（法国罗纳普朗克乐安公司与德国赫斯特合并后的新公司）生产，已在多个国家上市使用。

多烯紫杉醇与紫杉醇有相同的作用机制，是紫杉醇家族第二代抗癌新药的代表，它抑制微管解聚、促进微管二聚体聚合成微管的能力是紫杉醇的 2 倍。多烯紫杉醇的 IC_{50} 值（肿瘤细胞存活减少 50%）范围为 $4\sim35mg/mL$。体外抗肿瘤活性实验已证实，多烯紫杉醇对某些类型肿瘤细胞的抑制活性可达紫杉醇的 10 倍。此外，多烯紫杉醇还具有较好的生物利用度，更高的细胞内浓度，更长的细胞内潴留时间等。多烯紫杉醇的研究与应用也十分有价值。紫杉醇和多烯紫杉醇结构十分相似，所以紫杉醇的半合成工艺适当调整后也适用于合成多烯紫杉醇。

二、紫杉醇的半合成技术

1. 合成路线

紫杉醇分子由一个二萜母环和一个苯基异丝氨酸侧链组成，因此半合成紫杉醇的原料分为母环与侧链两部分。

大量的关于紫杉醇结构-活性关系的研究表明，紫杉醇二萜母环上 C4、C5 位的环氧丙烷环，C2 位的苯甲酰氧基，C4 位的乙酰氧基，C7、C9、C10 位的基团，C11 和 C12 间的双键，C13 侧链基团及其（$2'R，3'S$）构型对于维持紫杉醇的活性至关重要。同时，保持紫杉醇骨架的完整，保证上述基团在空间上排列的稳定性，对于紫杉醇的活性也是必不可少的。在半合成过程中，紫杉醇二萜母环上的基团及其立体化学特征可以完全来自于原料巴卡亭Ⅲ和 10-DAB，这样，紫杉醇的半合成过程实际上可归结为在二萜环上连接具有活性结构的苯基异丝氨酸侧链的问题。

半合成紫杉醇的侧链大致分为非手性侧链、手性侧链和侧链前体物三大类。

（1）非手性侧链（肉桂酸成酯法合成紫杉醇） 这类侧链与紫杉醇的侧链有一定的差别，主要是没有立体化学特征，常用的是一些肉桂酸类化合物如反式肉桂酸等。利用非手性侧链合成紫杉醇时，先把侧链连接到二萜母环上，然后进行立体控制的化学反应，产生紫杉醇的手性侧链结构，典型例子是肉桂酸成酯法合成紫杉醇，该方法的具体反应是以环己基碳二亚胺（DCC）作缩合剂，4-二甲基氨基吡啶（DMAP）为催化剂，将肉桂酸与保护后的母环 7-(2,2,2-三氯-)-巴卡亭Ⅲ乙酯进行反应，然后对侧链上的双键进行羟基化、氨基化、苯甲酰化处理，产生所需要的立体构型，去除保护基后得到几种非对映体的混合物，通过薄层色谱分析（TLC）得到各种纯化的异构体。这种半合成的方法主要缺点是产生紫杉醇的活性侧链结构时选择性较差。合成路线如下：

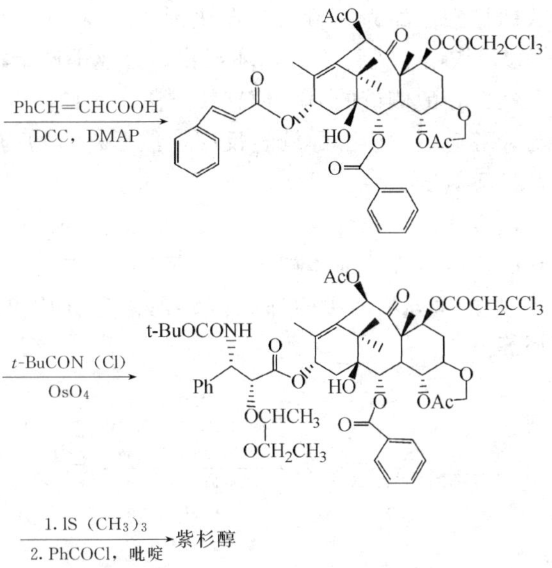

$$\xrightarrow[\text{DCC, DMAP}]{\text{PhCH=CHCOOH}}$$

$$\xrightarrow[\text{OsO}_4]{t\text{-BuCON (Cl)}}$$

$$\xrightarrow[\text{2. PhCOCl, 吡啶}]{\text{1. lS (CH}_3)_3} \text{紫杉醇}$$

（2）手性侧链 半合成紫杉醇时，使用的手性侧链是 2R，3S-苯基异丝氨酸衍生物，该法也称为 Denis 半合成紫杉醇法。预先合成这种手性化合物，然后再与二萜母环连接来制备紫杉醇，这是半合成紫杉醇研究中探索最多的一种方法。最早报道的紫杉醇半合成路线采用的就是这种方法。当时以 10-DAB 为原料，通过先选择性保护 C7 羟基和酯化 C10 羟基，然后在二-2-吡啶碳酸酯（DPC）和 DMAP 存在下，使预先合成的手性侧链与被保护的 10-DAB 连接起来，最后去掉保护基团即得到紫杉醇，总收率约为 53%。该方法的缺点是反应条件较为苛刻，工业化生产比较困难。合成路线如下：

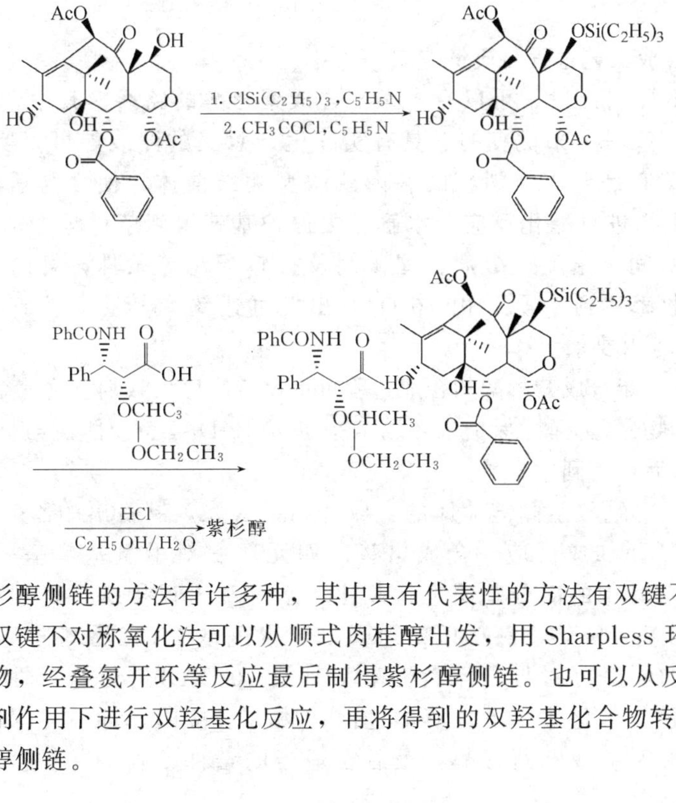

$$\xrightarrow[\text{2. CH}_3\text{COCl,C}_5\text{H}_5\text{N}]{\text{1. ClSi(C}_2\text{H}_5)_3,\text{C}_5\text{H}_5\text{N}}$$

$$\xrightarrow[\text{C}_2\text{H}_5\text{OH/H}_2\text{O}]{\text{HCl}} \text{紫杉醇}$$

合成手性紫杉醇侧链的方法有许多种，其中具有代表性的方法有双键不对称氧化法和醛醇反应法两种。双键不对称氧化法可以从顺式肉桂醇出发，用 Sharpless 环氧化方法合成出手性的环氧化合物，经叠氮开环等反应最后制得紫杉醇侧链。也可以从反式肉桂酸甲酯出发，在手性催化剂作用下进行双羟基化反应，再将得到的双羟基化合物转化成叠氮化合物，最后也得到紫杉醇侧链。

　　另外，也可以以顺式肉桂酸乙酯为原料，在催化剂 Mn-salen 络合物、次氯酸钠和 4-苯基-吡啶-N-氧化物（PPNO）作用下进行不对称环氧化，合成手性紫杉醇侧链。

　　醛醇反应法是合成手性紫杉醇侧链的另一种有效方法。例如，以苯乙酮为原料，在手性催化剂作用下使苯乙酮与烯醇硅醚发生醛醇缩合反应，然后将产物的 C3 反式羟基转变为顺式氨基，经处理就得到紫杉醇侧链。

　　（3）侧链前体物法　该方法是首先合成出紫杉醇侧链前体物。侧链前体物通常是一些环状结构，在与紫杉醇母环的连接过程中前体物开环，产生所需要的立体构型。环状侧链前体物在紫杉醇的合成中具有明显优势，常用的环状侧链前体有 β-内酰胺型、噁唑烷羧酸型、噁唑啉羧酸型和噁嗪酮型等。

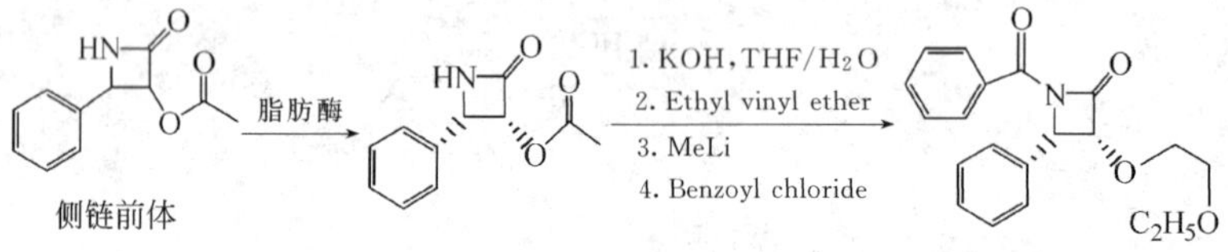

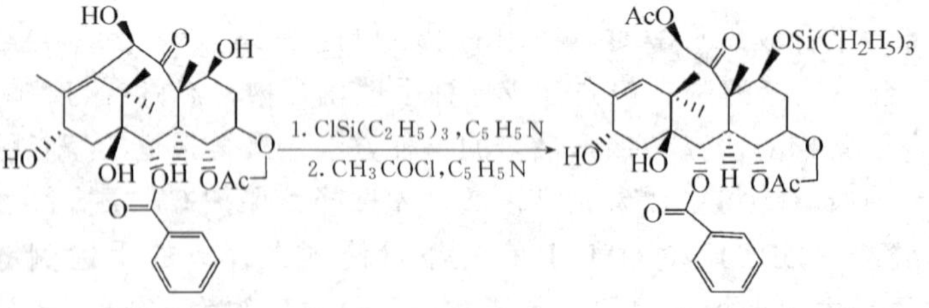

侧链前体

10-DAB 衍生物

$$侧链前体 + 10\text{-}DAB 衍生物 \xrightarrow[\text{2. HCl,}C_2H_5OH/H_2O]{\text{1. DMAP,}C_5H_5N} 紫杉醇$$

　　2. 紫杉醇半合成工艺过程与质量控制

　　从不同的侧链原料出发，可以有多条半合成紫杉醇的路线。其中，以 β-内酰胺型侧链前体为原料的路线是一条优良的、具有实际生产意义的路线，可以实现规模化生产。整个工艺过程的核心是合成外消旋的 β-内酰胺型侧链前体，使之与适当保护的巴卡亭Ⅲ或 10-DAB 衍生物进行酯化反应，水解除去保护基就得到紫杉醇。精确控制半合成中各步反应的反应时间、温度、溶剂、催化剂及投料配比等条件，可以使由巴卡亭Ⅲ出发合成紫杉醇的收率达到 90%，由 10-DAB 出发可达 70% 以上，生产出的紫杉醇纯度大于 99%，满足药用要求。

　　（1）工艺流程　半合成紫杉醇的合成过程可依反应顺序大致划分为三个阶段：合成紫杉醇的侧链（或前体物）、选择性保护母环巴卡亭Ⅲ或 10-DAB、使侧链与母环发生酯化反应并去除保护基，最后可得到紫杉醇。

　　生产过程从 β-内酰胺型侧链前体的合成开始。首先，制备出的乙酰氧基乙酰氯和亚胺发生 [2+2] 型环加成反应，合成出基础四元环 1-对甲氧基苯基-3-乙酰氧基-4-苯基-2-吖叮啶酮；对其中的部分基团进行氧化、水解和上保护基，得到对接四元环 1-苯甲酰基-3-(乙氧乙基)-4-苯基-2-吖叮啶酮或 1-苯甲酰基-3-(三乙基硅基)-4-苯基-2-吖叮啶酮。制备侧链的同时可对母环原料巴卡亭Ⅲ或 10-DAB 进行选择性保护处理。接下来，在碱 n-丁基锂的催化作用下，使侧链前体物（对接四元环）与保护后的母环进行酯化反应，得到带保护基的紫杉醇，最后在适当的条件下除去保护基，经过分离、纯化得到成品紫杉醇。

（2）生产工艺与质量控制

① β-内酰胺型侧链前体的合成。以 β-内酰胺作为紫杉醇侧链的前体，主要是由于 β-内酰胺的形成可以很好地控制反应的立体选择性，不需要使用任何手性试剂就可以产生两个手性中心，这使得该方法成为工业化半合成紫杉醇的最具前景的侧链合成方法之一。

从合成乙酰氧基乙酰氯开始，本部分共包括以下七步反应。

a. 合成乙酰氧基乙酰氯

工艺条件　反应器，10L 耐酸反应罐；投料配比，羟基乙酸：乙酰氯：二氯亚砜＝1：3：3；反应温度，第一步 60℃，第二步 70℃。

收率 83%。

b. 合成 N-苯亚甲基-4-甲氧基苯胺（亚胺）

工艺条件　两种原料在甲醇中混合、搅拌，室温下反应 4h。

收率＞90%。

c. 合成 cis-1-对甲氧基苯基-3-乙酰氧基-4-苯基-2-吖叮啶酮（基础四元环）

工艺条件　5L 反应器，低温（＜－20℃）条件下反应 8～10h。

投料比　亚胺：乙酰氧基乙酰氯：三乙胺＝1：2：3。

收率 60%。

利用乙酰氧基乙酰氯和亚胺可方便地合成出 1-对甲氧基苯基-3-乙酰氧基-4-苯基-2-吖叮啶酮（基础四元环）。该过程属于 ［2＋2］型环加成反应。反应中一个含碳-碳双键（或叁键）的化合物与一个含杂原子的不饱和分子发生环化反应，以很高的产率生成四元杂环。

对于合成 β-内酰胺侧链的过程，环加成产物为单一顺式或反式异构体，产物的立体构型取决于亚胺上取代基的类型，取代基为芳基、芳杂环、共轭烯烃时，环加成产物为顺式。据推测，其反应机理为乙酰氧基乙酰氯在三乙胺作用下脱氯化氢生成烯酮，烯酮与上述亚胺反应，由于共轭体系对亚胺电荷的分散作用，烯酮以异面组分与亚胺进行环加成，过渡态以最小的空间效应相互作用，所得产物为顺式异构体。

d. 合成 cis-3-乙酰氧基-4-苯基-2-吖叮啶酮（氧化四元环）

工艺条件　5L 反应器。

投料比　基础四元环：硝酸铈铵＝1：5（质量比）。

收率 90%。

e. 合成 cis-3-羟基-4-苯基-2-吖叮啶酮（水解四元环）

工艺条件　5L 反应器；室温下反应。

投料比　四元环：硝酸铈铵＝1：3（摩尔比）。

溶剂　饱和碳酸氢钠-甲醇溶液。

收率 85%。

基础四元环进行氧化和水解处理，分别除去其中亚氨基、羟基上的原有基团，得到水解四元环 cis-3-羟基-4-苯基-2-吖叮啶酮。可以使用硝酸铈铵来进行氧化反应，硝酸铈铵作为有机反应中的氧化剂具有较强的氧化性，在 p-二甲苯衍生物合成为其对应苯醌化合物的反应中有广泛的应用。四价铈离子作为氧化剂可定量地与原料发生反应。筛选后确定的溶剂体系为乙腈和水（或者四氢呋喃-水），此时，氧化反应可保证在均相中进行。基础四元环与硝酸铈铵反应的摩尔比为 1：3 时，氧化反应才能进行完全。尽管硝酸铈铵用量较大，给产品的分离带来一定困难，但若投料配比过小，四元环不能充分氧化，将大大影响产品的收率。

分离纯化方法会对产品的收率产生一定的影响。可以用以下两种方法分离反应的粗产物。

Ⅰ 用 5％碳酸钠溶液反复洗涤萃取液（指反应结束后萃取的有机相），直至水相几乎无色为止，再用饱和碳酸氢钠洗涤两次，饱和氯化钠洗涤一次。经无水硫酸钠干燥后，用乙酸乙酯重结晶。

Ⅱ 萃取液用水、饱和亚硫酸氢钠溶液和饱和碳酸氢钠分别洗涤三次，旋转蒸发掉溶剂，得到白色固体，用乙酸乙酯-正己烷重结晶，可以得到较好晶型的晶体。

两种方法相比较，Ⅰ 法在分离过程中 Na_2CO_3 耗用量较大，洗涤和萃取过程中产品损失严重，并且长时间的萃取与洗涤过程中，萃取液会变为黑色，这可能是由于温度升高，残留的硝酸铈铵进行深度氧化反应造成的，将在一定程度上影响产品收率。Ⅱ 法用饱和亚硫酸氢钠溶液洗去反应中生成的对苯二醌，洗涤次数较少，简化了操作，可提高收率，所得产品的晶型和纯度都非常理想。所以，大量生产时应选择方法 Ⅱ 对氧化产物进行分离纯化操作。

内酰胺环能发生亲核反应生成链状化合物，产率将不会很理想。

内酰胺水解的条件为：用弱碱性的甲醇-饱和 $NaHCO_3$ 溶液，于室温下进行水解，只要控制合适的反应时间，即可获得满意的收率。

f. 合成 *cis*-3-(三乙基硅基)-4-苯基-2-吖叮啶酮（硅化四元环）

工艺条件 5L 反应器；室温下反应 8～12h。

投料比 水解四元环：三乙基氯硅烷＝180g：250mL；

收率 85％。

为得到紫杉醇的侧链基团，需对制备出的基础四元环进行 N-苯甲酰化，之前必须对四元环分子中存在的、活性更高的游离羟基进行有效保护。可选择三乙基氯硅烷或乙烯基乙醚作保护剂。用乙烯基乙醚作保护剂时，乙烯基乙醚在对甲苯磺酸作催化剂的条件下，与 3-羟基-4-苯基-2-吖叮啶酮发生加成反应来保护游离的羟基。其反应机理可能是：反应中对甲苯磺酸的氢离子首先进攻乙烯基乙醚形成一个碳正离子，根据马尔柯夫尼柯夫规律，氢原子加到含有最多氢原子的 1 位的碳上，然后 3-羟基- 4-苯基-2-吖叮啶酮加成到碳正离子上，氢离子离去即完成反应。

作为与烯烃进行亲电加成反应的试剂，反应活性随着其酸度或亲电性的增强而增大。若反应体系中存在其他活性成分（如水），势必造成一种竞争机制，而抑制 3-羟基-4-苯基-2-吖叮啶酮与乙烯基乙醚的结合。因此保持反应体系的单一性尤其重要，应防止其他具有较强酸性或亲电性试剂的介入。反应所需的各种试剂都要经过严格的处理，除去其中所含水分和醇类，只有这样才能保证较高的收率。

g. 合成 *cis*-1-苯甲酰基-3-(三乙基硅基)-4-苯基-2-吖叮啶酮（对接四元环）

工艺条件 5L 反应器；室温下反应 8～12h。

投料比 四元环：苯甲酰氯：三乙胺＝2g：1mL：2mL。

收率 ＞90％。

二甲基氨基吡啶（DMAP）参与的催化反应在有机合成中十分常见。上述酰化反应的机理可能是 DMAP 首先与苯甲酰氯（PhCOCl）形成活性中间体，然后与 3-(1-乙氧乙氧基)-4-苯基-2-吖叮啶酮中的亚氨基发生缩合反应，生成产品。

为了获得较好的反应收率，必须不断除去反应中生成的 HCl，以防止其与亚氨基生成盐，因此加入三乙胺来中和生成的 HCl。同时，必须要保证整个反应体系的单一性，不可混入其他的能被 DMAP 催化的活性物质，例如含有羟基的醇、水等化合物。另外，反应时可加入过量的 PhCOCl 以保证 3-(1-乙氧乙氧基)-4-苯基-2-吖叮啶酮的完全转化。

② 母环原料的保护

a. 巴卡亭Ⅲ（Baccatin Ⅲ）的保护

工艺条件 1L 反应器；室温下反应 10～12h。

投料比 巴卡亭Ⅲ：三乙基氯硅烷：吡啶＝1g：12mL：50mL。

收率 95%。

在半合成紫杉醇过程中，选择性地保护母环的 7-OH、10-OH，使侧链与 13-OH 反应，是合成过程的关键步骤。以巴卡亭Ⅲ为原料合成紫杉醇时，可以使用三乙基氯硅烷作为紫杉醇母环的保护剂，由于母环 10 位是乙酰氧基，而 13-OH 的反应活性与 7-OH 相比有一定的差别，因此可以得到单一的反应产物。

三乙基硅基可以在非常温和的条件下引进和除去。该反应通过取代反应形成 Si-O 键而得到硅醚，将 7-OH 转化为 7-三乙基硅醚保护起来。反应在吡啶中进行，吡啶既是反应的亲核催化剂，也为反应提供一个碱性环境，作为缚酸剂吸收反应过程中产生的 HCl，吡啶同时还是一个良好的溶剂，使反应能够在均相中进行。但是反应体系中存在吡啶会给监测反应进程带来一定困难。反应终了时可用 HCl 将吡啶除去，但考虑到酸性环境中三乙基硅基不稳定，可能水解下来，因此可考虑利用吡啶氮上具有孤对电子、能作为配体的特点，用 $CuSO_4$ 水溶液洗涤有机相，使 $CuSO_4$ 与吡啶形成络合物而除去吡啶。

反应物的投料配比及反应时间对实验结果都有很大的影响，当巴卡亭Ⅲ与三乙基氯硅烷的摩尔比为 1：20 时，24h 以内几乎得不到任何产物，可以将原料巴卡亭Ⅲ全部回收。将巴卡亭Ⅲ与三乙基氯硅烷的投料配比提高到 1：30，反应 24h，可以得到 7-三乙基硅巴卡亭Ⅲ，但仍有大部分巴卡亭Ⅲ未反应。为将巴卡亭Ⅲ完全转化为 7-三乙基硅巴卡亭Ⅲ，需将投料配比提高到 1：40，反应时间延长至 60h，此时原料巴卡亭Ⅲ完全转化为产物 7-三乙基硅巴卡亭Ⅲ。

b. 10-去乙酰基巴卡亭Ⅲ（10-DAB）的选择性保护和酰化

工艺条件为：

ⅰ. 硅化反应 5L 反应器；惰性气体保护、室温反应 10～12h；

投料比 10-DAB：三乙基氯硅烷＝1：40（摩尔比）。

收率 95%。

ⅱ. 酰化反应 5L 反应器；0℃下反应 5h。

投料比 7-三乙基硅-10-DAB：乙酰氯＝1：1.5（摩尔比）。

收率 90%。

以 10-DAB 为原料制备 7-三乙基硅巴卡亭Ⅲ，10-DAB 与巴卡亭Ⅲ虽然只在 10 位相差一个乙酰氧基，但 10-DAB 直接乙酰化得主要产物是 7-乙酰基-10-DAB，并不能得到巴卡亭Ⅲ，需要先将 7-OH 用硅醚保护起来再乙酰化 10-OH。因此，在乙酰化之前必须有效地保护 7-OH，采用 40 倍量的三乙基氯硅烷 $ClSi(C_2H_5)_3$ 与 10-DAB 在室温、惰性气体保护条件下反应 10～12h，可得到 7-三乙基硅-10-DAB。

将所得的 7-三乙基硅-10-DAB 进行乙酰化反应即可得到 7-三乙基硅巴卡亭Ⅲ。为了防止在 13-OH 乙酰化，必须严格控制反应温度。7-三乙基硅-10-DAB 转化为 7-三乙基硅巴卡亭Ⅲ的收率可以达到 90%。

比较由两种不同的起始原料出发，制备带保护基的紫杉醇侧链的方法，以巴卡亭Ⅲ为起始原料，收率可达 85% 以上，而以 10-DAB 为原料，收率最高为 70% 左右。这样，尽管 10-DAB 含量较巴卡亭Ⅲ更为丰富，价格也略便宜一些，但以巴卡亭Ⅲ为原料合成紫杉醇还是要比用 10-DAB 更经济些。

③ 侧链前体与保护后的母环的酯化反应（对接反应）与水解反应

a. 对接反应

工艺条件 1L 反应器。

投料比 7-三乙基硅巴卡亭Ⅲ：四元环：丁基锂＝1：5：2.5。

滴加丁基锂控温 -45～-30℃；在 1～1.5h 内自然升温至 0℃，继续反应至完全；收率大于 90%。母环与侧链不能直接发生酯化反应，将 7-三乙基硅巴卡亭Ⅲ与 β-内酰胺在 DMAP、吡啶存在下酯化，效果也不理想。文献有使用二-（三甲基硅）-氨基钠（NaHMDS）作为碱活化 13-OH，然后使活化后的 7-三乙基硅基巴卡亭Ⅲ与 β-内酰胺发生酯化反应的报道。但是如果条件控制不好，侧链与母环对接的产物不是紫杉醇衍生物，而是 β-内酰胺在 NaHMDS 作用下的分解产物。为使反应顺利进行，可选择正丁基锂作为碱来活化 7-三乙基硅巴卡亭Ⅲ的 13-OH，先形成醇锂，然后再与 β-内酰胺形成 β-氨基酯中间体。醇锂与 β-内酰胺反应立体选择性较高，可以使用外消旋 β-内酰胺进行反应，节省了拆分 β-内酰胺或合成光学活性 β-内酰胺的费用。

该反应对水和氧极其敏感，所以必须严格处理反应试剂和控制反应条件。反应原料和溶剂要经严格的无水处理，整个反应要在惰性气体保护下进行，在真空线上操作，使用注射器转移液体，注射器在使用前也要将各个部件彻底洗净、烘干，注射器装好后，通过吸入和挤出惰性气体将针管冲洗几次。由于溶剂四氢呋喃很容易吸收空气中的水分，所以将四元环溶于四氢呋喃时也必须在惰性气体保护下进行操作，这是反应过程中很关键的一步。

除了严格无水、无氧操作以外，正丁基锂的用量也很关键。7-三乙基硅巴卡亭Ⅲ、四元环与正丁基锂的用量以 1：5：2.5 为好，收率可达 90% 以上。投料量较小时，溶剂的影响相对较大，稍微处理不够严格就会使产率大大降低，而当加大投料量时，溶剂的影响就相对较小，收率也就有所提高。正丁基锂用量过大，接近 3 倍量时会破坏四元环，同时，反应体系升至 0℃反应时，过量的丁基锂也会使 7-三乙基硅巴卡亭Ⅲ母环降解，从而使收率大大降低。

酯化反应中温度的控制也很关键，低于 -45℃时，正丁基锂与 7-三乙基硅巴卡亭Ⅲ不能反应，所以反应温度应控制在 -45℃以上，但亦不能过高，温度高于 -20℃时，正丁基锂会使 7-三乙基硅巴卡亭Ⅲ母环降解。所以，滴加正丁基锂及四元环的过程中，温度应控制在 -45～-30℃。实验过程中，可以用液氮-乙腈控温，使反应温度稳定在 -40℃上下。乙腈比热容比较大，温度波动较小。滴加完正丁基锂以后，反应体系可以在 1～1.5h 内自然升温至 0℃继续反应。实际工业生产中，可以采取很多方式控制反应的温度，温度稳定会对反应更为有利。

b. 水解反应

工艺条件 2L 反应器；反应温度：0℃反应 8h，升至室温反应 10h。

溶剂 乙腈和吡啶的混合液。

投料比 双保护紫杉醇∶氢氟酸＝1g∶10mL。

收率80%。

乙氧乙基和三乙基硅基保护基都可以在温和的条件下除去，$2'$-乙氧乙基-7-三乙基硅-紫杉醇在0.5%HCl-C_2H_5OH 1∶1条件下水解4天较为完全，三乙基硅保护的紫杉醇可以用氢氟酸水解，反应以吡啶和乙腈溶液为溶剂。由于紫杉醇在许多有机溶剂中不稳定，易降解，因此实施后处理时，要注意萃取后的有机相应迅速处理，蒸除溶剂过程中，温度也应严格控制，高温会导致紫杉醇降解，极大地影响产品的收率。

水解得到的紫杉醇粗品可以用柱色谱分析和重结晶方法进行纯化。柱色谱分析中，常用硅胶作色谱材料，用二氯甲烷、丙酮、乙酸乙酯、石油醚等溶剂组成洗脱液进行梯度洗脱。得到的紫杉醇若含量不满足要求，可进行二次柱色谱分析，或用重结晶方法来进一步提高产品纯度，直至达到药用标准。

虽然半合成方法在目前是较有实用价值的合成紫杉醇的方法，但达到规模化生产还需要一定的时间。目前紫杉醇生产都是通过从天然红豆杉的树皮获得，然而利用高新生物技术手段，利用细胞大规模培养方法，例如，采用红豆杉科植物进行愈伤组织和细胞悬浮培养，继而进行细胞大规模培养生产紫杉醇，取代从天然红豆杉中提取紫杉醇，原料成本低，可终年生产，产品提纯比树皮容易，占地小，产量高，从整体上克服了紫杉醇生产中化合物成分复杂、纯化精制难度大、易污染环境、树种资源稀缺等种种问题，是一条生产紫杉醇的新途径。

紫杉醇的生产

紫杉醇制剂是目前对中晚期癌症仍有较好疗效的天然抗癌药物，副作用较小，在目前全球抗癌药物中销售排名第一。但因为受紫杉醇的主要来源——红豆杉资源数量的限制，紫杉醇制剂的数量远远不能满足患者的需要。目前，对紫杉醇生产工艺有大量的研究报道，其中大多是利用生物技术和半合成方法。例如：利用生物催化手性合成紫杉醇侧链和半合成紫杉醇的新方法，采用动物肝丙酮粉催化方法拆分消旋体反式-2-苯基环己醇的乙酯，得到的(—)-反式-2-苯基环己醇作为β-内酰胺型侧链的关键中间体。(—)-反式-2-苯基环己醇与巴豆酰氯反应，经臭氧解、$NaBH_4$还原，三异丙基硅氯保护，得到手性辅剂甘醇酸酯。该手性辅剂再与三甲基硅亚胺反应，经乙基乙烯基醚处理，将乙酰氧基置换为乙氧乙基，制得侧链前体，即顺-1-苯基-3-(1-乙氧乙基)-4-苯基氮杂环丁酮。母核10-脱乙酰巴卡亭Ⅲ的C13羟基作醇锂盐处理，醇锂与β-内酰胺侧链前体反应具有一定的立体选择性。该侧链前体直接与金属醇盐10-DAB反应，缩合成为紫杉醇。

利用酶催化半合成紫杉醇的方法是：以红豆杉中含量相对丰富的10-脱乙酰巴卡亭Ⅲ为底物，对紫杉醇三环二萜骨架修饰过程中采用酶催化的方法，直接对10位和13位进行特异性酰化，且整个反应在温和条件下进行，紫杉醇酶催化半合成以三个重组酰化酶为催化剂，在反应器中进行三步酰化，从而合成紫杉醇；从紫杉醇提取过程中的副产品中得到或从常见植物马尾松或粗榧中提取紫杉醇分子母核四环双萜10-脱乙酰巴卡亭Ⅲ（10-DAB），以10-DAB为起始材料半合成紫杉醇。

采用红豆杉科植物进行愈伤组织和细胞悬浮培养，是在B5培养基中附加激素2,4-D、KT条件下进行红豆杉单细胞克隆培养等方法。

本 章 小 结

手性药物的合成技术
- 手性药物的合成
  - 天然提取：通过萃取、重结晶、柱色谱等手段提取氨基酸、糖类化合物和生物碱等手性物质
  - 不对称合成：分为手性源法、手性辅助剂法、手性试剂法、不对称催化合成法、双不对称诱导法
  - 生物酶合成：采用纯游离酶或微生物细胞催化合成反应
  - 手性库方法：也称为非不对称合成法，是以光学活性化合物为原料，反应过程中保留原料的手性中心，使反应在手性中心以外的其他部分发生
- 生产实例——紫杉醇的合成技术
  - 概述
    - 紫杉醇：高效、低毒、广谱、作用机制独特的天然抗癌产物
    - 多烯紫杉醇：紫杉醇类似物，半合成方法合成的，对某些类型肿瘤细胞的抑制活性可达紫杉醇的10倍
  - 紫杉醇的合成
    1. 肉桂酸成酯法合成紫杉醇：DCC做缩合剂，DMAP为催化剂，将肉桂酸与保护后的母环7-（2,2,2-三氯-）-巴卡亭Ⅲ乙酯进行反应，然后对侧链上的双键进行羟基化、氨基化、苯甲酰化，产生所需要的立体构型，去除保护基后得到几种非对映体的混合物，通过薄层色谱得到各种异构体
    2. 以10-DAB为原料，先选择性保护C-7羟基和酯化C-10羟基，然后在DPC和DMAP存在下，使预先合成的手性侧链与被保护的10-DAB连接起来，最后去保护基团即得到紫杉醇
    3. 紫杉醇半合成工艺过程与质量控制：以β-内酰胺为紫杉醇侧链的前体，可以很好地控制反应的立体选择性，共七步反应，得到对接四元环。侧链前体与保护后的母环的酯化反应（对接反应）与水解反应，得到紫杉醇。

复 习 题

1. 手性药物的制备方法有哪几种？
2. 简要说明不对称合成的类别。
3. 什么是手性库技术？手性库技术在手性药物的制备中有什么用途？
4. 紫杉醇类药物生产中要解决的关键性问题有哪些？
5. 如何采用红豆杉科植物愈伤组织和细胞悬浮培养生产紫杉醇类药物？

有机合成工职业技能考核习题（10）

一、选择题

1. 下列化合物中，碱性最小的是（　　　）。

    A. NH_3
    B. CH_3NH_2
    C. $CH_3CH_2NH_2$
    D. 苯胺（含 NH_2）

2. 根据胺分子中所含氨基的数目分为（　　　）。

    A. 伯胺
    B. 仲胺
    C. 一元胺
    D. 多元胺

3. 有机物 M 和 N 分子中都有 2 个碳原子，室温时 M 为气体、N 为液体，M 在催化剂作用下与水反应生成一种含氧化合物 L，加氢还原 L 则生成 N，则三种物质是（　　　）。

    A. M 是 $CH_2{=}CH_2$，N 是 CH_3CHO，L 是 CH_3CH_2OH
    B. M 是 CH_3CHO，N 是 $CH_2{=}CH_2$，L 是 CH_3CH_2OH
    C. M 是 $CH{\equiv}CH$，N 是 CH_3CH_2OH，L 是 CH_3CHO
    D. M 是 CH_3CH_2OH，N 是 CH_3CH_3，L 是 $CH{\equiv}CH$

4. 戊烷同分异构体的数目是（　　　）。

    A. 2 个
    B. 3 个
    C. 4 个
    D. 5 个

5. （　　　）的烃基是烯丙基。

    A. $-CH_2CH_2CH_3$
    B. $-CH(CH_3)_2$
    C. $CH{=}CHCH_3$
    D. $-CH_2-CH{=}CH_2$

6. 下列化合物的相对酸性由强到弱的是（　　　）。

    ①苯酚　　　　②苯甲酸　　　　③苄醇　　　　④苯磺酸

    A. ④②①③
    B. ③④①②
    C. ①②③④
    D. ②①③④

7. 在下列物质中（　　　）不属于大气污染物。

    A. 二氧化硫
    B. 铅
    C. 氮氧化合物
    D. 镉

8. 以下关于 EDTA 标准溶液制备叙述正确的为（　　　）。

    A. 使用 EDTA 分析纯试剂先配成近似浓度再标定
    B. 标定条件与测定条件应尽可能接近
    C. EDTA 标准溶液应贮存于聚乙烯瓶中
    D. 标定 EDTA 溶液可用二甲酚橙指示剂

9. 对于酸效应曲线，下列说法正确的有（　　　）。

    A. 利用酸效应曲线可确定单独滴定某种金属离子时所允许的最低酸度
    B. 可判断混合物金属离子溶液能否连续滴定
    C. 可找出单独滴定某金属离子时所允许的最高酸度
    D. 酸效应曲线代表溶液 pH 与溶液中的 MY 的绝对稳定常数（lgK_{MY}）以及溶液中 EDTA 的酸效应系数的对数值（lga）之间的关系。

10. 下列气体中有毒的是（　　　）。

    A. CO_2
    B. CO
    C. Cl_2
    D. H_2

11. "三苯"指的是（　　　）。

    A. 甲苯
    B. 苯
    C. 二甲苯
    D. 乙苯

12. 有机合成原料"三烯"指的是（　　　）。

    A. 乙烯
    B. 丁烯
    C. 丙烯
    D. 1, 3-丁二烯

13. （　　　）能与氢氧化钠水溶液反应。

    A. 乙醇
    B. 环烷酸
    C. 脂肪酸
    D. 苯酚

14. 下列化合物中能发生碘仿反应的有（　　　）。

    A. 丙酮
    B. 甲醇
    C. 正丙醇
    D. 乙醇

15. 氯苯的合成中，可以通过控制（　　　）来控制反应产物组成。

    A. 温度
    B. 反应时间
    C. 反应液密度
    D. 加辅助剂

16. 下列醛酮类化合物中 α-C 上不含 α-H 的是（　　　）。

A. 苯甲醛   B. 甲醛   C. 苯乙酮   D. 丙酮

17. 实验室中皮肤上有浓碱时立即用大量水冲洗，然后用（ ）处理。

A. 5%硼酸溶液   B. 5%小苏打溶液   C. 2%的乙酸溶液   D. 0.01%高锰酸钾溶液

18. 影响气体溶解度的因素有溶质、溶剂的性质和（ ）。

A. 温度   B. 压强   C. 体积   D. 质量

19. 下列可与烯烃发生加成反应的物质有（ ）。

A. 氢气   B. 氧气   C. 卤化氢   D. 水

20. 芳香烃可以发生（ ）。

A. 取代反应   B. 加成反应   C. 氧化反应   D. 硝化反应

21. 甲烷在漫射光照下和氯气反应，生成的产物是（ ）。

A. 一氯甲烷   B. 二氯甲烷   C. 三氯甲烷   D. 四氯化碳

22. 能与环氧乙烷反应的物质是（ ）。

A. 水   B. 酚   C. 胺   D. 羧酸

23. 甲苯在硫酸和三氧化硫存在的情况下，主要生成（ ）。

A. 对甲苯磺酸   B. 对甲苯硫醇   C. 邻甲苯磺酸   D. 间甲苯磺酸

24. 化工设备的防腐蚀方法有（ ）。

A. 衬里   B. 喷涂   C. 电镀   D. 通电

25. 下列关于氧化还原反应的说法正确的是（ ）。

A. 在氧化还原反应中，失去电子的物质叫还原剂，自身被氧化

B. 反应前后各元素的原则总数必须相等

C. 在氧化还原反应中，氧化剂和还原剂可以不同时存在

D. 当一种元素有多种化合态时，具有中间氧化数的化合物既可作氧化剂，也可作还原剂

26. 下列化合物中能发生碘仿反应的是（ ）。

A. CH_3CH_2OH B. C_6H_5CHO C. $CH_3CH_2COOCH_3$ D. $C_6H_5COCH_3$

27. 下列物质能发生银镜反应的是（ ）。

A. 甲酸   B. 乙酸   C. 丙酮   D. 乙醛

28. 有关滴定管的使用正确的是（ ）。

A. 为保证标准溶液浓度不变，使用前可加热烘干

B. 滴定前应保证尖嘴部分无气泡

C. 要求较高时，要进行体积校正

D. 用硫代硫酸钠标准溶液滴定时使用酸式滴定管

29. 采用脱硫酸钙法将芳磺酸与废硫酸进行分离时，若要得到芳磺酸钙，则先后要用到的化学物质是（ ）。

A. $Ca(OH)_2$ B. H_2SO_4 C. Na_2CO_3 D. NaOH

30. 氢卤酸与醇的置换卤化是一个可逆反应，要有利于卤代烃的生成，可采取（ ）措施。

A. 加入 NaOH   B. 氢卤酸过量   C. 加入脱水剂   D. 升温

31. 卤素与不饱和烃的加成卤化，其机理有可能是（ ）反应机理。

A. 加成-消除   B. 亲核加成   C. 亲电加成   D. 自由基加成

32. 羧酸的合成方法有（ ）。

A. 烷基苯的氧化   B. 伯醇和醛的氧化   C. 甲基酮的氧化   D. 醛的还原

33. 以下化合物酸性比苯酚大的是（ ）。

A. 乙酸   B. 乙醚   C. 硫酸   D. 碳酸

34. 不能与 HNO_2 反应能放出 N_2 的是（ ）。

A. 伯胺   B. 仲胺   C. 叔胺   D. 都可以

35. 有机物料泄漏时，应尽快确定发生泄漏的部位及物料的（ ）。

    A. 密度   B. 组成   C. 性质   D. 相对密度

36. 根据危险化学品的危险程度和类别，用（　　）进行危害程度的警示。

    A. 危险   B. 有毒   C. 注意   D. 警告

37. 危险化学品库门应采用（　　）。

    A. 内开式   B. 外开式   C. 铁门或木质外包铁皮   D. 木质门

38. （　　）是有机化合物的特性。

    A. 易燃   B. 易熔   C. 易溶于水   D. 结构复杂

39. 下列叙述中正确的是（　　）。

    A. 苯是无色有特殊气味的液体   B. 苯及其蒸气都有毒

    C. 苯难溶于水   D. 苯不易燃烧

40. 在适当条件下，不能与本发生取代反应的是（　　）。

    A. 氢气   B. 氯气   C. 水   D. 浓硫酸

41. 属于邻对位定位基的是（　　）。

    A. —X   B. —OH   C. —NO_2 D. —COOH

42. 甲醛具有的性质是（　　）。

    A. 易溶于乙醚中   B. 可与水混溶   C. 比甲醇的沸点高   D. 具有杀菌防腐能力

43. 属于脂肪醛的有（　　）。

    A. 甲醛   B. 乙醛   C. 苯甲醛   D. 丙酮

44. 羧酸的衍生物有（　　）。

    A. 酰卤   B. 酸酐   C. 酯   D. 酰胺

45. 羧酸按羧基所连烃基的不同可分为（　　）。

    A. 饱和羧酸   B. 脂肪羧酸   C. 一元羧酸   D. 芳香羧酸

46. 可利用（　　）组成的卢卡斯试剂来区别伯醇、仲醇和叔醇。

    A. 浓盐酸   B. 浓硫酸   C. 无水氯化锌   D. 无水氯化镁

47. 制备丙酮的方法有（　　）。

    A. 正丙醇氧化   B. 丙烯氧化   C. 异丙醇氧化   D. 异丙苯法

48. 鉴别醛和酮的方法有（　　）。

    A. 托伦试剂   B. 菲林试剂   C. 羰基试剂   D. 饱和的碳酸氢钠

二、判断题（√或×）

1. 单环芳烃类有机化合物一般情况下与很多试剂易发生加成反应，不易进行取代反应。

2. 普通的衣物防皱整理剂含有甲醛，新买服装先用水清洗以除掉残留的甲醛。

3. 含有多元官能团的化合物的相对密度总是大于 1.0 的。

4. 有机官能团之间的转化反应速度一般较快，反应是不可逆的。

5. 无论均匀和不均匀物料的采集，都要求不能引入杂质，避免引起物料的变化。

6. 液体流量和气体流量过大，都会引起液泛现象。

7. 苯和氯气在三氯化铁作催化剂的条件下发生的反应属于自由基取代。

8. 芳香环侧链取代卤化反应一般可采用钢或铸铁反应釜。

9. 间二硝基苯在碱性介质中用羟胺进行直接氨基化反应主要产物为 2，4-二硝基苯胺。

10. 往复泵的流量随扬程增加而减少。

11. 将滤液冷却可提高过滤速率。

12. 离心分离因素越大，其分离能力越强。

13. 传热速率即为热负荷。

14. 辐射不需要任何物质做媒介。

15. 多效蒸发的目的是节约加热蒸汽。

16. 蒸发操作只有在溶液沸点下才能进行。

17. 对已结冻的铸铁管线、阀门等可以用高压蒸汽迅速解冻。

18. 回流是精馏稳定连续进行的必要条件。

19. 精馏塔板的作用主要是为了支撑液体。

20. 皂化值越大，油脂的平均分子量越大。

21. 因为卤化氢分子中有带正电荷和负电荷两部分，因此卤化氢与烯烃的加成反应，既是亲电加成反应，又是亲核加成反应。

22. 吸收操作中吸收剂用量越多越有利。

23. 吸收过程一般只能在填料塔中进行。

24. 喷雾干燥塔干燥得不到粒状产品。

25. 当有少量过氧化物存在时，HCl 与烯烃的加成反应是按马氏规律进行的。

26. SN2 反应是指卤代烃发生取代反应时，旧键的断裂和新键的形成是分两步进行的。

27. 具有—N,N—结构的化合物称为偶氮化合物。

28. 相比指混酸与被硝化物的物质的量之比。

29. 利用萃取操作可分离煤油和水的混合物。

30. 过氧酸与酮的反应（即羰基酯化）比烯的环氧化慢得多，可以在酮羰基存在下进行烯的环氧化。

31. 聚合反应生成的高分子物质称为聚合物。

32. 芳香烃化合物易发生亲核取代反应。

33. 油脂在碱性条件下的水解称为皂化反应。

34. 甲胺、二甲胺、三甲胺、氢氧化四甲铵碱性最强的是甲胺。

35. SN2 反应分为两步进行。

36. 碘值越小，油脂的不饱和程度越大。

第十一章　选做实验及生产实训

第一部分　一般实验操作

实验一　美沙拉秦的制备

一、能力目标

1. 通过美沙拉秦的合成，掌握硝酸硝化剂的硝化反应和铁酸还原剂的还原反应操作方法。

2. 训练反应操作中控制 pH、温度等反应条件纯化产品的方法。

3. 加深对美沙拉秦药物一般理化性质的认识。

二、知识目标

1. 进一步熟悉硝化反应。

2. 进一步熟悉还原反应。

三、合成原理

美沙拉秦（Mesalazine）的化学名称为 5-氨基-2-羟基苯甲酸。其由瑞典开发，1985 年在美国首次上市。

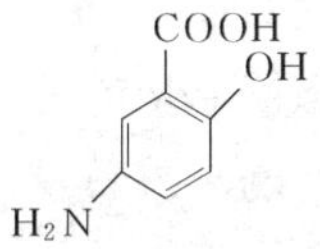

美沙拉秦是灰白色结晶或结晶状粉末，微溶于冷水、乙醇，m.p.280℃。用作抗结肠炎药，是抗慢性结肠炎柳氮磺吡啶（SASP）的活性成分。疗效与 SASP 相同，适用于因副作用和变态反应而不能使用 SASP 的患者，国外已广泛用于治疗溃疡性结肠炎。

合成路线如下：

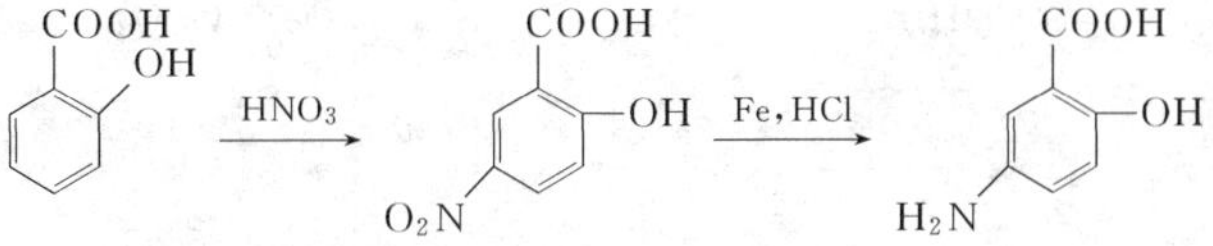

四、合成过程

1. 5-硝基-2-羟基苯甲酸的制备

在反应瓶中，加入水杨酸 69g、水 70mL，搅拌升温至 70℃，滴加 70％硝酸 87.5mL，滴毕，继续保温搅拌 1h。反应毕，倒入冰水 700mL 中，放置 1h。过滤，得粗品。用

650mL 水重结晶，得淡黄色结晶 30.4g（33%），m. p. 227~230℃。

2. 美沙拉秦的合成

在反应瓶中，加入水 250mL，升温至 60℃以上，加入浓盐酸 17mL、铁粉 14g，加热回流后，交替加入铁粉 38g 和 5-硝基-2-羟基苯甲酸 41g，加毕，继续保温搅拌 1h。反应毕，冷却至 80℃后，用 40%氢氧化钠溶液调至 pH=2~3，析出固体，过滤，干燥，得固体粗品。向其粗品中加水 412mL，浓盐酸 18.5mL 和活性炭少许，加热回流数分钟后趁热过滤，冷却，滤液用 15%氨水调至 pH=2~3，析出固体，水洗，干燥，得粗品 21.8g（64.8%），m. p. 274℃。

实验二 磺胺醋酰钠的合成

一、能力目标

1. 通过磺胺醋酰钠的合成，进一步训练酰化反应操作。
2. 训练控制反应 pH、温度等反应条件纯化产品的方法。
3. 加深对磺胺类药物一般理化性质的认识。

二、知识目标

1. 进一步熟悉酰化反应理论知识。
2. 进一步熟悉酰化反应操作知识。

三、合成原理

磺胺醋酰钠（Sulfacetamide Sodium）用于治疗结膜炎、沙眼及其他眼部感染。化学名为 N-[(4-氨基苯基)-磺酰基]-乙酰胺钠一水合物，化学结构式为：

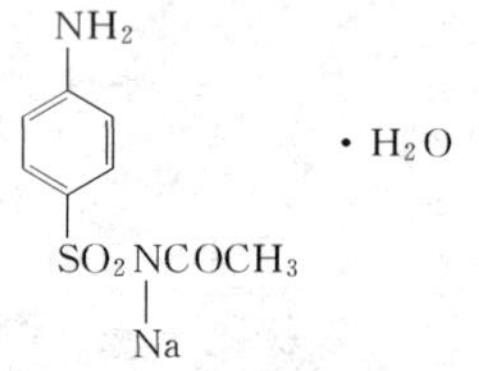

磺胺醋酰钠为白色结晶性粉末；无臭味，微苦。易溶于水，微溶于乙醇、丙酮。合成路线如下：

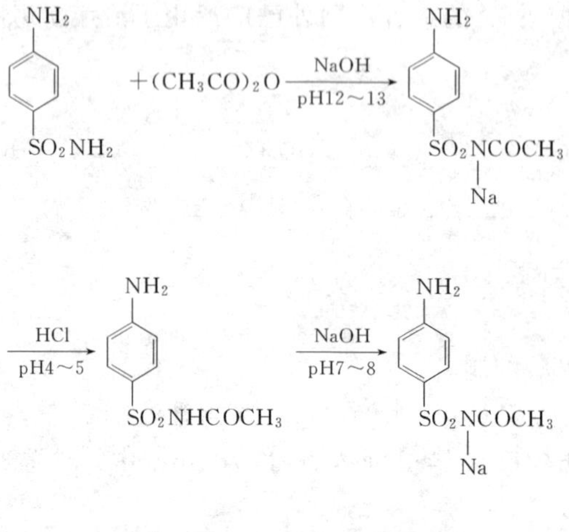

四、合成过程

1. 磺胺醋酰的制备

在装有搅拌棒及温度计的 100mL 三颈瓶中，加入磺胺 17.2g、22.5％氢氧化钠 22mL，开动搅拌，于水浴上加热至 50℃左右。待磺胺溶解后，分次加入醋酐 13.6mL、77％ 氢氧化钠 12.5m；（首先，加入醋酐 3.6mL、77％ 氢氧化钠 2.5mL；随后，每次间隔 5min，将剩余的 77％ 氢氧化钠和醋酐分 5 次交替加入）。加料期间反应温度维持在 50～55℃；加料完毕继续保持此温度反应 30min。反应完毕，停止搅拌，将反应液倾入 250mL 烧杯中，加水 20mL 稀释，于冷水浴中用 36％盐酸调至 pH7，放置 30min，并不时搅拌析出固体，抽滤除去。滤液用 36％盐酸调至 pH4～5，抽滤，得白色粉末。

用 3 倍量（3mL/g）10％ 盐酸溶解得到的白色粉末，不时搅拌，尽量使单乙酰物成盐酸盐溶解，抽滤除不溶物。滤液加少量活性炭室温脱色 10min，抽滤。滤液用 40％ 氢氧化钠调至 pH5，析出磺胺醋酰，抽滤，压干。干燥，测熔点（m. p. 179～184℃）。若产品不合格，可用热水（1∶5）精制。

2. 磺胺醋酰钠的制备

将磺胺醋酰置于 50mL 烧杯中，于 90℃热水浴上滴加计算量的 20％氢氧化钠至固体恰好溶解，放冷，析出结晶，抽滤（用丙酮转移），压干，干燥，计算收率。

五、注意事项

① 在反应过程中交替加料很重要，以使反应液始终保持一定的 pH（pH12～13）。

② 按实验步骤严格控制每步反应的 pH，以利于除去杂质。

③ 将磺胺醋酰制成钠盐时，应严格控制 20％ NaOH 溶液的用量，按计算量滴加。例如：

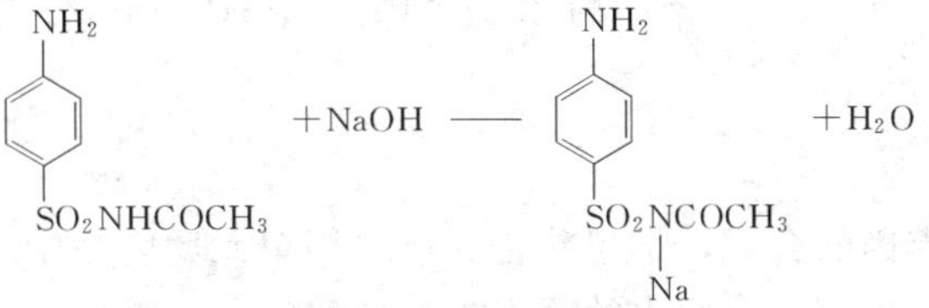

$$214 : 40 = 12.5 : X \qquad X = 2.3g$$

由计算可知需 2.3g NaOH，即滴加 20％ NaOH 11.5mL 便可。因磺胺醋酰钠水溶性大，由磺胺醋酰制备其钠盐时若 20％ NaOH 的量多于计算量，则损失很大。必要时可加少量丙酮，以使磺胺醋酰钠析出。

实验三　联苯丁酮酸的合成

一、能力目标

1. 掌握联苯类药物的一般理化性质，并掌握如何利用其理化性质的特点，对其进行分离提纯。

2. 掌握傅克酰基化反应操作。

3. 掌握水蒸气蒸馏方法提纯产品的技术。

二、知识目标

1. 掌握傅克反应相关知识。

2. 了解水蒸气蒸馏的基本原理。

三、合成原理

联苯丁酮酸是以联苯和丁二酸酐为原料，在三氯化铝催化下进行傅-克酰基化反应合成的。在反应中需要硝基苯或氯苯为溶剂。

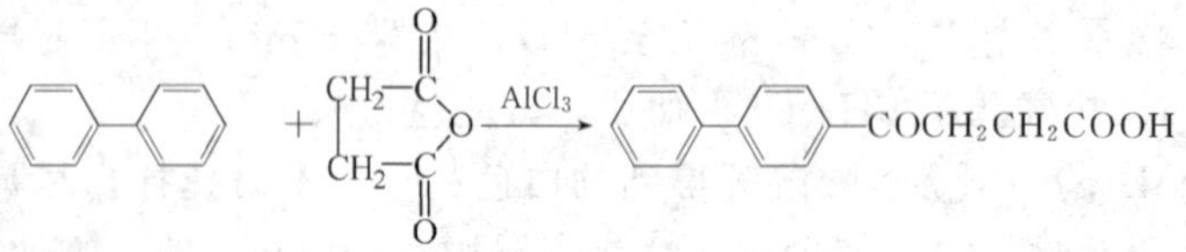

联苯丁酮酸是结晶性粉末，几乎不溶于水，熔点为 184℃，是一种非甾体抗炎药物，可用于治疗风湿性关节炎、骨关节炎等，对肠道及中枢神经系统的副作用发生率低于阿司匹林及其他非甾体抗炎药物。

四、合成过程

于 250mL 三口烧瓶中，加入氯苯 60mL、无水三氯化铝 13.5g，搅拌 1h，待无水三氯化铝全部溶解后，在 5～10℃下，加入丁二酸酐 5g、联苯 7.5g，继续搅拌 2h，将反应物倒入 15mL 浓盐酸和 100g 冰的混合物中，用水蒸气蒸馏除去氯苯，冷却，过滤，将滤饼溶于 450mL 3%碳酸钠溶液中，过滤，除去少量氢氧化铝，滤液用活性炭脱色，然后将母液冷却至 60℃，用 100mL 5mol/L 的硫酸酸化，冷却，过滤，得粗品。

实验四　盐酸普鲁卡因的合成

一、能力目标

1. 通过盐酸普通卡因的合成，学习酯化、还原等单元反应操作。

2. 掌握利用水和二甲苯共沸脱水的原理进行羧酸的酯化操作。

3. 掌握水溶性大的盐类用盐析法进行分离及精制的方法。

二、知识目标

1. 进一步学习酯化反应。

2. 进一步学习还原反应。

三、合成原理

盐酸普鲁卡因（Procaine hydrochloride）为局部麻醉药，作用强，毒性低。临床上主要用于浸润、脊椎及传导麻醉。盐酸普鲁卡因化学名为：对氨基苯甲酸-2-二乙氨基乙酯盐酸盐，化学结构式为：

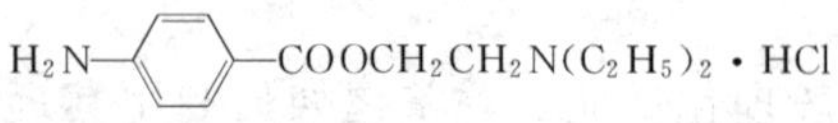

$$H_2N-\!\!\!\!\!\bigcirc\!\!\!\!\!-COOCH_2CH_2N(C_2H_5)_2 \cdot HCl$$

盐酸普鲁卡因为白色细微针状结晶或结晶性粉末，无臭，味微苦而麻。熔点 153～157℃。易溶于水，溶于乙醇，微溶于氯仿，几乎不溶于乙醚。

合成路线如下：

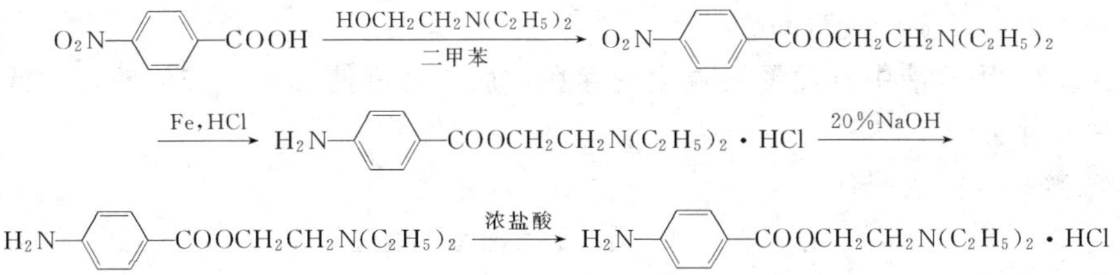

$$O_2N-\!\!\!\!\bigcirc\!\!\!\!-COOH \xrightarrow[\text{二甲苯}]{HOCH_2CH_2N(C_2H_5)_2} O_2N-\!\!\!\!\bigcirc\!\!\!\!-COOCH_2CH_2N(C_2H_5)_2$$

$$\xrightarrow{Fe,HCl} H_2N-\!\!\!\!\bigcirc\!\!\!\!-COOCH_2CH_2N(C_2H_5)_2 \cdot HCl \xrightarrow{20\%NaOH}$$

$$H_2N-\!\!\!\!\bigcirc\!\!\!\!-COOCH_2CH_2N(C_2H_5)_2 \xrightarrow{\text{浓盐酸}} H_2N-\!\!\!\!\bigcirc\!\!\!\!-COOCH_2CH_2N(C_2H_5)_2 \cdot HCl$$

四、合成过程

1. 对硝基苯甲酸-β-二乙氨基乙醇（俗称硝基卡因）的制备

在装有温度计、分水器及回流冷凝器的 500mL 三颈瓶中，投入对硝基苯甲酸 20g、β-二乙氨基乙醇 14.7g、二甲苯 150mL 及止爆剂，油浴加热至回流（注意控制温度，油浴温度约为 180℃，内温约为 145℃），共沸带水 6h。撤去油浴，稍冷，将反应液倒入 250mL 锥形瓶中，放置冷却，析出固体。将上清液用倾泻法转移至减压蒸馏烧瓶中，水泵减压蒸除二甲苯，残留物以 3% 盐酸 140mL 溶解，并与锥形瓶中的固体合并，过滤，除去未反应的对硝基苯甲酸，滤液（含硝基卡因）备用。

注意事项：

① 羧酸和醇之间进行的酯化反应是一个可逆反应。反应达到平衡时，生成酯的量比较少（约 65.2%），为使平衡向右移动，需向反应体系中不断加入反应原料或不断除去生成物。本反应利用二甲苯和水形成共沸混合物的原理，将生成的水不断除去，从而打破平衡，使酯化反应趋于完全。由于水的存在对反应产生不利的影响，故实验中使用的药品和仪器应事先干燥。

② 考虑到教学实验的需要和可能，将分水反应时间定为 6h，若延长反应时间，收率尚可提高。

③ 也可不经放冷，直接蒸去二甲苯，但蒸馏至后期，固体增多，毛细管堵塞，操作不方便。回收的二甲苯可以套用。

④ 对硝基苯甲酸应除尽，否则影响产品质量，回收的对硝基苯甲酸经处理后可以套用。

2. 对氨基苯甲酸-β-二乙氨基乙醇酯的制备

将上步得到的滤液转移至装有搅拌器、温度计的 500mL 三颈瓶中，搅拌下用 20% 氢氧化钠调 pH4.0～4.2。充分搅拌下，于 25℃分次加入经活化的铁粉，反应温度自动上升，注意控制温度不超过 70℃（必要时可冷却），待铁粉加毕，于 40～45℃保温反应 2h。抽滤，滤渣以少量水洗涤两次，滤液以稀盐酸酸化至 pH5。滴加饱和硫化钠溶液调 pH7.8～8.0，沉淀反应液中的铁盐，抽滤，滤渣以少量水洗涤两次，滤液用稀盐酸酸化至 pH6。加少量活性炭，于 50～60℃保温反应 10min，抽滤，滤渣用少量水洗涤一次，将滤液冷却至 10℃以下，用 20% 氢氧化钠碱化至普鲁卡因全部析出（pH9.5～10.5），过滤，得普鲁卡因，备用。

注意事项：

① 铁粉活化的目的是除去其表面的铁锈，方法是：取铁粉 47g，加水 100mL、浓盐酸 0.7mL，加热至微沸，用水倾泻法洗至近中性，置水中保存待用。

② 该反应为放热反应，铁粉应分次加入，以免反应过于激烈，加入铁粉后温度自然上升。铁粉加毕，待其温度降至 45℃进行保温反应。在反应过程中铁粉参加反应后，生成绿色沉淀 $Fe(OH)_2$，接着变成棕色 $Fe(OH)_3$，然后转变成棕黑色的 Fe_3O_4。因此，在反应过程中应经历绿色、棕色、棕黑色的颜色变化。若不转变为棕黑色，可能反应尚未完全。可补

加适量铁粉，继续反应一段时间。

③ 除铁时，因溶液中有过量的硫化钠存在，加酸后可使其形成胶体硫，加活性炭后过滤，便可使其除去。

3. 盐酸普鲁卡因的制备

（1）成盐　将普鲁卡因置于烧杯中，慢慢滴加浓盐酸至 pH5.5，加热至 60℃，加精制食盐至饱和，升温至 60℃，加入适量保险粉，再加热至 65～70℃，趁热过滤，滤液冷却结晶，待冷至 10℃以下，过滤，即得盐酸普鲁卡因粗品。

（2）精制　将粗品置烧杯中，滴加蒸馏水至维持在 70℃时恰好溶解。加入适量的保险粉，于 70℃保温反应 10min，趁热过滤，滤液自然冷却，当有结晶析出时，外用冰浴冷却，使结晶析出完全。过滤，滤饼用少量冷乙醇洗涤两次，干燥，得盐酸普鲁卡因，m.p.153～157℃，以对硝基苯甲酸计算总收率。

注意事项：

① 盐酸普鲁卡因水溶性很大，所用仪器必须干燥，用水量需严格控制，否则影响收率。

② 严格掌握 pH5.5，以免芳氨基成盐。

③ 保险粉为强还原剂，可防止芳氨基氧化，同时可除去有色杂质，以保证产品色泽洁白，若用量过多，则成品含硫量不合格。

实验五　巴比妥的合成

一、能力目标

1. 通过巴比妥的合成，了解药物合成的基本过程。
2. 掌握无水操作技术。

二、知识目标

1. 进一步熟悉活性亚甲基化合物的性质。
2. 学习沙浴蒸馏操作。

三、合成原理

巴比妥（Barbital）为长时间作用的催眠药。主要用于神经过度兴奋、狂躁或忧虑引起的失眠。巴比妥化学名为：5,5-二乙基巴比妥酸，化学结构式为：

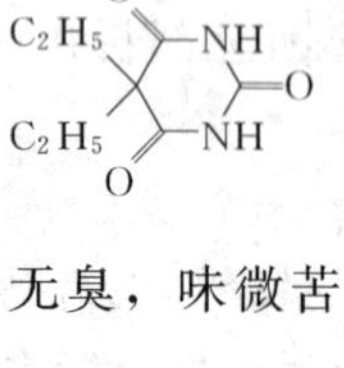

巴比妥为白色结晶或结晶性粉末，无臭，味微苦。m.p.189～192℃。难溶于水，易溶于沸水及乙醇，溶于乙醚、氯仿及丙酮。

合成路线如下：

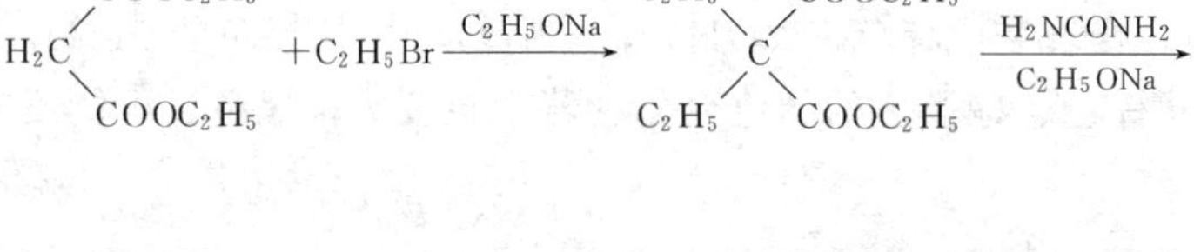

四、合成过程

1. 绝对乙醇的制备

在装有球形冷凝器（顶端附氯化钙干燥管）的 250mL 圆底烧瓶中加入无水乙醇 180mL，金属钠 2g，加几粒沸石，加热回流 30min，加入邻苯二甲酸二乙酯 6mL，再回流 10min。将回流装置改为蒸馏装置，蒸去前馏分。用干燥圆底烧瓶作接收器，蒸馏至几乎无液滴流出为止。量其体积，计算回收率，密封储存。

检验乙醇是否有水分，常用的方法是：取一支干燥试管，加入制得的绝对乙醇 1mL，随即加入少量无水硫酸铜粉末。如乙醇中含水分，则无水硫酸铜变为蓝色硫酸铜。

2. 二乙基丙二酸二乙酯的制备

在装有搅拌器、滴液漏斗及球形冷凝器（顶端附有氯化钙干燥管）的 250mL 三颈瓶中，加入制备的绝对乙醇 75mL，分次加入金属钠 6g。待反应缓慢时，开始搅拌，用油浴加热（油浴温度不超过 90℃），金属钠消失后，由滴液漏斗加入丙二酸二乙酯 18mL，10～15min 内加完，然后回流 15min，当油浴温度降到 50℃ 以下时，慢慢滴加溴乙烷 20mL，约 15min 加完，然后继续回流 2.5h。将回流装置改为蒸馏装置，蒸去乙醇（但不要蒸干），放冷，药渣用 40～45mL 水溶解，转到分液漏斗中，分取酯层，水层以乙醚提取 3 次（每次用乙醚 20mL），合并酯与醚提取液，再用 20mL 水洗涤一次，醚液倾入 125mL 锥形瓶内，加无水硫酸钠 5g，放置。

3. 二乙基丙二酸二乙酯的蒸馏

将上一步制得的二乙基丙二酸二乙酯乙醚液过滤，滤液蒸去乙醚。瓶内剩余液用装有空气冷凝管的蒸馏装置于砂浴上蒸馏，收集 218～222℃ 馏分（用预先称量的 50mL 锥形瓶接受），称重，计算收率，密封储存。

4. 巴比妥的制备

在装有搅拌器、球形冷凝器（顶端附有氯化钙干燥管）及温度计的 250mL 三颈瓶中加入绝对乙醇 50mL，分次加入金属钠 2.6g，待反应缓慢时，开始搅拌。金属钠消失后，加入二乙基丙二酸二乙酯 10g、尿素 4.4g，加完后，随即使内温升至 80～82℃。停止搅拌，保温反应 80min（反应正常时，停止搅拌 5～10min 后，料液中有小气泡逸出，并逐渐呈微沸状态，有时较激烈）。反应毕，将回流装置改为蒸馏装置。在搅拌下慢慢蒸去乙醇，至常压不易蒸出时，再减压蒸馏尽。残渣用 80mL 水溶解，倾入盛有 18mL 稀盐酸（盐酸∶水＝1∶1）的 250mL 烧杯中，调 pH 为 3～4，析出结晶，抽滤，得粗品。

5. 精制

粗品称重，置于 150mL 锥形瓶中，用水（16mL/g）加热使溶，加入活性炭少许，脱色 15min 趁热抽滤，滤液冷至室温，析出白色结晶，抽滤，水洗，烘干，测熔点，计算收率。

五、注意事项

① 本实验中所用仪器均需彻底干燥。由于无水乙醇有很强的吸水性，故操作及存放时，必须防止水分侵入。

② 制备绝对乙醇所用的无水乙醇，其水分不能超过 0.5%，否则反应相当困难。

③ 取用金属钠时需用镊子，先用滤纸吸去黏附的油后，用小刀切去表面的氧化层，再

切成小条。切下来的钠屑应放回原瓶中，切勿与滤纸一起投入废物缸内，并严禁金属钠与水接触，以免引起燃烧爆炸事故。

④ 加入邻苯二甲酸二乙酯的目的是利用它和氢氧化钠进行如下反应：

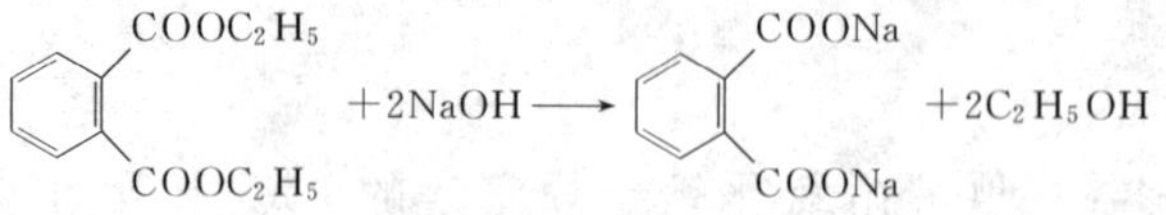

$$\text{邻苯二甲酸二乙酯} + 2NaOH \longrightarrow \text{邻苯二甲酸钠} + 2C_2H_5OH$$

因此避免了乙醇和氢氧化钠生成的乙醇钠再和水作用，这样制得的乙醇可达到极高的纯度。

⑤ 溴乙烷的用量也要随室温而变。当室温在 30℃ 左右时，应加 28mL 溴乙烷，滴加溴乙烷的时间应适当延长，若室温在 30℃ 以下，可按本实验投料。

⑥ 内温降到 50℃，再慢慢滴加溴乙烷，以避免溴乙烷的挥发及产生生成乙醚的副反应。

$$C_2H_5ONa + C_2H_5Br \longrightarrow C_2H_5OC_2H_5 + NaBr$$

⑦ 砂浴传热慢，因此砂要铺得薄，也可用减压蒸馏的方法。

⑧ 尿素需在 60℃ 干燥 4h。

⑨ 蒸乙醇不宜快，至少要用 80min，反应才能顺利进行。

实验六　2,4-二氯乙酰苯胺的合成

一、能力目标

1. 了解卤化剂的分类及卤化反应的特点和反应条件。

2. 掌握氯化反应操作。

二、知识目标

进一步熟悉卤化反应相关知识。

三、合成原理

2,4-二氯乙酰苯胺是制备环丙沙星的中间体。环丙沙星是喹诺酮类抗菌药，可抑制 DNA 促旋 gyrase 酶而起到抑菌作用，对金黄色葡萄球菌、肺炎杆菌、柠檬杆菌、肠杆菌、变形杆菌、沙雷菌、铜绿假单胞杆菌、淋球菌、流感杆菌、脆弱拟杆菌包括厌氧革兰阳性、阴性菌均有良好抗菌作用。用于敏感菌引起的呼吸道感染、尿路感染、肠道感染、胆道感染、浅表化脓疾病、妇科感染、耳鼻咽喉科感染等其他感染。本品具有作用迅速、副作用小等特点。

反应式：

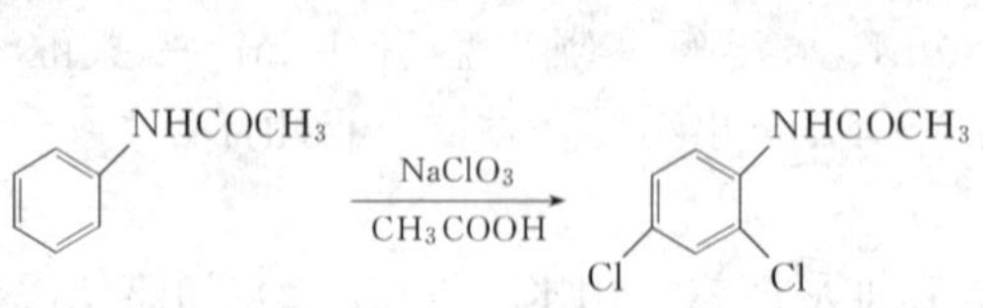

四、仪器与试剂

搅拌器（标准口）、铁架台、球形回流冷凝管（标准口）、水浴锅、250mL 烧瓶、50mL 量筒、100℃ 温度计、减压抽滤装置、天平、烧杯、玻璃棒、pH 试纸、滤纸。

氯酸钠、乙酰苯胺、冰乙酸、浓盐酸。

五、实验操作

1. 氯酸钠 3g 溶于 8mL 水。

2. 将乙酰苯胺 5g、冰乙酸 10mL 置入装有搅拌器、温度计及球形回流冷凝管的烧瓶中，搅拌使之均匀。

3. 加浓盐酸 18mL，然后在冰水冷却下，滴加配好的氯酸钠水溶液，维持反应温度 20～25℃。

4. 滴加完毕后，室温继续搅拌 1.5h，抽滤，水洗滤饼至中性，得粗品。

实验七　安息香缩合

一、能力目标

1. 了解卤化剂的分类及卤化反应的特点和反应条件。

2. 掌握氯化反应操作。

二、知识目标

1. 进一步掌握缩合反应的特点和反应条件。

2. 进一步熟悉催化剂的选择方法。

三、反应原理

安息香（苯偶姻）主要用于荧光反应检验锌、有机合成、作为测热法的标准及防腐剂等，并是粉末涂料生产中除粉末涂料出现针孔的理想的助剂。乳白色或淡黄色结晶，熔点 137℃，沸点 344℃，相对密度 1.310。溶于丙酮、热乙醇，微溶于水。

安息香可由苯甲醛在热的氰化钾或氰化钠的乙醇溶液中反应制得。因其相当于 2 分子醛缩合在一起的产物，故该反应称为安息香缩合。由于氰化物是剧毒物质，在实验室制作极为不便。故改用维生素 B_1 作催化剂，此方法操作安全、效果良好。维生素 B_1 是一种生物辅酶，它在生化过程中主要是对 α-酮酸的脱羧和生成偶姻等酶促反应发挥辅酶的作用。

维生素 B_1 分子右边噻唑环上的氮原子和硫原子之间的氢有较大的酸性，在碱性条件下易被除去形成碳负离子，从而催化安息香的形成。反应方程式为：

$$2C_6H_5CHO \xrightarrow[\text{回流，1.5h}]{\text{维生素 } B_1 \quad C_2H_5OH} C_6H_5\overset{O}{\underset{\|}{C}}-\overset{OH}{\underset{|}{CH}}-C_6H_5$$

四、反应操作

实验仪器：圆底烧瓶（50mL），温度计（100℃），回流冷凝管，抽滤瓶。

实验药品：维生素 B_1，蒸馏水，95％乙醇，10％NaOH 溶液，苯甲醛等。

实验装置：见图 11-1。

图 11-1　温热装置

1. 混合反应

在 50mL 圆底烧瓶中，加入 1.75g（0.005mol）维生素 B_1、3.5mL 蒸馏水和 15mL95％乙醇，摇匀溶解后将烧瓶置于冰水浴中冷却；同时取 5mL 的 10％氢氧化钠溶液于试管中，也置于冰浴中冷却；然后在冰浴冷却下，将氢氧化钠溶液滴加到反应液中，并不断摇荡，调节溶液 pH 为 9～10，此时溶液为黄色。去掉冰水浴后，加入 10mL 新蒸苯甲醛，装上回流冷凝管，加上几粒沸石，将混合物置于水浴中温热 1.5h。反应过程中保持溶液 pH 为 8～9，水浴温度 60～75℃，切勿将混合物加热至沸腾，此时反应混合物呈橘黄或橘红色均相溶液。

将反应混合物冷却至室温，析出浅黄色的结晶。将烧瓶置于冰水浴中冷却使结晶完全。若产物呈油状物析出，应重新加热使成均相，再慢慢冷却重结晶。必要时可用玻璃摩擦瓶壁或投入晶种。

2. 抽滤

反应物冷却至室温，析出浅黄色晶体，再在冰水中冷却，待结晶完全后抽滤，用冷水分2次洗涤，结晶。粗产品用95%的乙醇重结晶，若产物呈黄色，可加入少量的活性炭脱色或用少量冰丙酮洗涤。

纯安息香为白色针状晶体，熔点为134～136℃。称量产物。

3. 实验过程中要进行pH调节的原因分析。

维生素 B_1 是催化剂，它在酸性条件下比较稳定，在水溶液中或碱性条件下易开环失效。反应的第一步是加入冰冷的氢氧化钠，目的是防止噻唑环发生的开环反应，促使维生素 B_1 形成碳负离子。因此在实验过冲中，pH 必须调节在 9～10 之间，过低则无法形成碳负离子，反应无法进行；过高则会使维生素 B_1 发生开环，或发生歧化反应生成苯甲酸和苯甲醇。

4. 提高产率的因素及注意事项分析

反应溶液 pH 保持在 9～10，特别是在加入苯甲醛后调节 pH 时，一定注意观察 pH 值，呈蓝色的时候就不要再加了，很容易过碱。

温热的时间不能少于 1.5h，尽量让反应完全。水浴加热时应严格控制温度，切勿加热过剧。

冷却时不宜太快，否则产物易成油状析出，在抽滤时产物被抽出，造成损失。

实验八　苯妥英锌（Phenytoin-Zn）的合成

一、能力目标

1. 学习二苯羟乙酸重排反应操作。
2. 掌握用三氯化铁氧化的实验方法。

二、知识目标

1. 进一步熟悉氧化剂的使用方法。
2. 了解重排反应的机理。

三、实验原理

苯妥英锌可作为抗癫痫药，用于治疗癫痫大发作，也可用于三叉神经痛。苯妥英锌化学名为 5,5-二苯基乙内酰脲锌，化学结构式为：

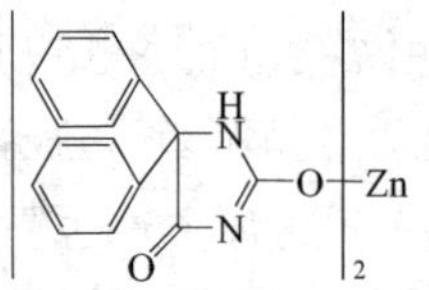

苯妥英锌为白色粉末，熔点 222～227℃（分解），微溶于水，不溶于乙醇、氯仿、乙醚。

合成路线如下：

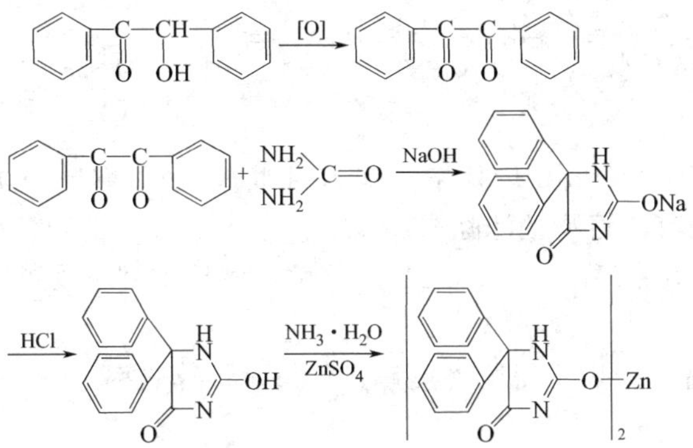

四、实验操作

（一）联苯甲酰的制备

反应式：

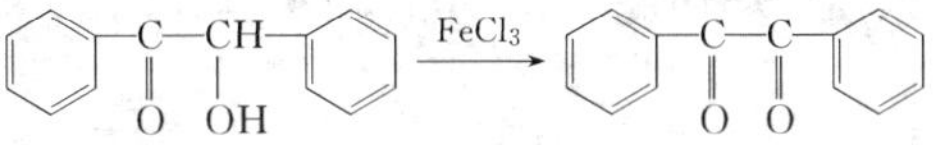

1. 在装有球形冷凝器的 250mL 三口烧瓶中，依次加入 $FeCl_3 \cdot 6H_2O$ 14g、冰醋酸 15mL、水 6mL 及沸石一粒，慢速搅拌，在石棉网上直火加热沸腾 5min。

2. 稍冷，加入安息香 2.5g，慢速搅拌，加热回流 50min。

3. 稍冷，加水 50mL 及沸石一粒，慢速搅拌，再加热至沸腾后，将反应液倾入 250mL 烧杯中，搅拌，放冷，析出黄色固体。

4. 抽滤。结晶用少量水洗，干燥，得粗品，计算收率。

（二）苯妥英的制备

反应式：

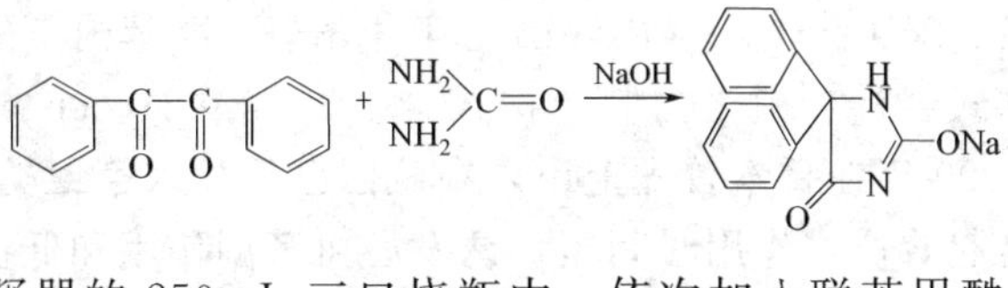

1. 在装有球形冷凝器的 250mL 三口烧瓶中，依次加入联苯甲酰 2g、尿素 0.7g、20% 氢氧化钠 6mL、50%乙醇 10mL 及沸石一粒。

2. 直火加热，回流反应 30min。

3. 然后加入沸水 60mL、活性碳 0.3g，煮沸脱色 10min，放冷过滤。

4. 滤液用 10 % 盐酸调 pH＝6。

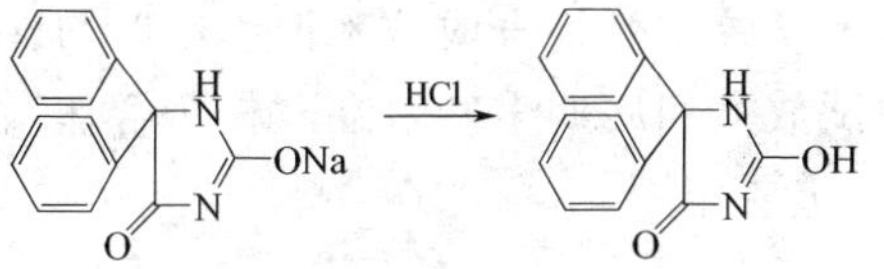

5. 析出结晶，抽滤。结晶用少量水洗，干燥，得粗品，计算收率。

（三）苯妥英锌的制备

反应式：

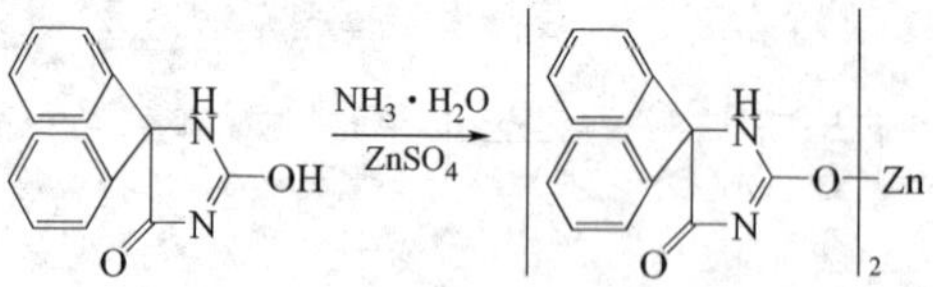

1. 将苯妥英 0.5g 置于 50mL 烧杯中，加入氨水（15mL $NH_3 \cdot H_2O$ + 10mL H_2O），尽量使苯妥英溶解，如有不溶物抽滤除去。

2. 另取 0.3g $ZnSO_4 \cdot 7H_2O$，加 3mL 水溶解，然后加到苯妥英铵水溶液中，析出白色沉淀，抽滤。

3. 结晶用少量水洗，干燥，得苯妥英锌，称重，计算收率。

第二部分　科研训练操作

实验实训一　那格列奈的合成

一、知识目标

综合应用氧化反应、酸性开环反应、催化氢化反应、异构化反应、卤化反应、酰基化反应等基础知识。

二、能力目标

掌握氧化反应、酸性开环反应、催化氢化反应、异构化反应、卤化反应、酰基化反应等基本操作在那格列奈合成中的具体应用；熟练产物分离、产品提纯等操作，培养溶剂选择相关技能，异常现象的判断、分析、解决能力；学习设备使用及维护，操作室的管理等。

三、项目意义

那格列奈，化学名：*N*-(反式-4-异丙环己基-1-甲酰基)-D-苯丙氨酸，是治疗Ⅱ型糖尿病药物，由日本味之素株式会社、山之内制药株式会社和日本 HeochestMarionRussel 株式会社共同研制开发，于 1999 年在日本首先上市，在我国已经列入第二类新药，并于 2003 年在我国上市。它的特点是起效快，作用时间短，诱发心血管副作用和低血糖的概率低。

文献报道的那格列奈合成路线中，均以甲苯或异丙苯等石油产品为原料，经过对位选择 Friedle-Crafts 反应，氧化成 4-异丙基苯甲酸，或直接用 4-异丙基苯甲酸经苯环催化加氢，异构化得反-4-异丙基环己基甲酸，然后再跟 D-苯丙氨酸发生酰化反应得到那格列奈。但苯环对位 Friedle-Crafts 反应选择性不高，苯环催化氢化反应困难，需在高温高压下进行。针对以上不足，连云港职业技术学院提出了一条新的合成路线，已申请国家专利。

此项目是连云港职业技术学院"药物合成技术课程组"与江苏德源药业有限公司合作开发的工艺开发，并跟踪了中试放大和后期生产，在"校企合作"、"专兼融合"教学和学生的"工学结合"学习中，起到了重要作用。

四、合成原理

以天然产物 β-蒎烯为原料，经过氧化、酸性开环、催化氢化、异构化，制得反-4-异丙基环己基甲酸，然后与二氯亚砜反应制得酰氯，再与 D-苯丙氨酸反应得到那格列奈。合成路线如图 11-2 所示。

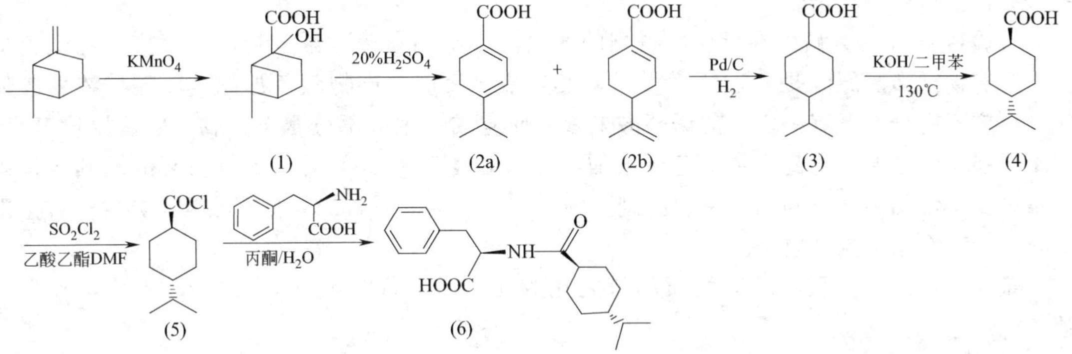

图 11-2 那格列奈的合成路线

五、原料与设备

原料及规格：β-蒎烯，工业品，纯度 96％；5％钯碳、D-苯丙氨酸（98％）、二氯亚砜、高锰酸钾、叔丁醇、氢氧化钠等均为 AR 级。

仪器与设备：X-4 显微熔点仪，温度未校正；岛津 GC-2010 型气相色谱分析仪；岛津 QP-5050A 型气相色谱-质谱联用仪；德国 BrukeDRX-400 超导核磁共振仪；美国 Analect 公司 RFX-65A 傅立叶变换红外光谱仪。

六、操作步骤

1. 诺蒎酸（1）的合成

将 47.4g KMnO$_4$、4g NaOH、90g 叔丁醇及 210g 蒸馏水分别加入到 500mL 的三口烧瓶中，搅拌，冷却至 25℃，然后缓慢滴加 13.6g β-蒎烯，控制滴加速度，使温度浮动不超过 5℃，滴毕，室温下继续搅拌 0.5h，然后升温到 70℃，趁热过滤，用热水洗涤沉淀 3 次，合并滤液。将滤液减压浓缩到 50mL，有大量白色固体析出，放入冰箱过夜。过滤，用冷水洗涤 3 次。用 20％的硫酸酸化得到固体，然后用二氯甲烷萃取 3 次，干燥，蒸去溶剂，用苯重结晶得到白色固体诺蒎酸 13.6g。

高锰酸钾氧化 β-蒎烯是连续反应，先氧化成诺蒎二醇，再被氧化成诺蒎酸，最终是诺蒎酮。由于在酸性、中性或弱碱性条件下，高锰酸钾的氧化能力太强，致使反应不能停留在诺蒎酸阶段。选择在强碱性混合液的条件下进行反应，降低高锰酸钾的氧化能力，使反应主要停留在诺蒎酸。

实验：在没有碱（NaOH 或 KOH）条件下，反应剧烈，诺蒎酸收率很低，β-蒎烯大部分被氧化成诺蒎酮。加入碱后，反应趋于平稳，反应后滤液颜色变浅。通过碱用量的不同来控制反应酸碱度。从而控制高锰酸钾氧化能力。

正交试验：质量分数为 30％的叔丁醇水溶液做溶剂；温度：15～20℃；n（β-蒎烯）：$n(KMnO_4)$：$n(NaOH)=1:3:1.5$，诺蒎酸收率高于 75.5％。熔点：125～127℃（文献 126～127℃）。

2. 二氢枯茗酸（2a）和紫苏酸（2b）的合成

将 18.4g 诺蒎酸加入到 400mL 20％的硫酸溶液中，磁力搅拌，80℃回流 4h，冷却，过滤得到淡黄色固体，用乙醇和水重结晶得到白色针状固体 11.7g。由于混合物的下一步催化氢化都被还原为 4-异丙基环己基甲酸，因此没有进行分离。

诺蒎酸酸性条件下脱水开环反应受酸的种类、浓度以及温度影响较大。在不同的无机酸条件下，产物不同，在硫酸和磷酸的条件下脱水开环产物主要是二氢枯茗酸及其异构体，在盐酸条件下得到氯代产物。

实验：采用 20％硫酸在反应中得到的产物收率最高，硫酸浓度过高，反应产物颜色加深，副产物增多。原因是当酸浓度大时，发生聚合反应，产物颜色加深。而硫酸浓度较低时，反应不完全，还有一定量的诺蒎酸未参加反应或者生成部分水合产物。随着温度升高，产率增加，但是温度升高产物颜色逐渐加深，当温度高于 90℃时，二氢枯茗酸及其异构体含量减少，说明温度升高以后聚合的副产物增加；温度低时，二氢枯茗酸及其异构体含量不高，可能存在水合副产物。

条件为：20％硫酸，反应物质的量之比为 1∶15，温度 80～85℃，反应 4h，收率可达 70.2％。

3. 4-异丙基环己基甲酸（3）的合成

将 5g 上一步得到的混合物及 1g 5％的钯碳分别加入到高压釜中，加入 20mL 乙醇，通氢气排空气，反复 3 次，充氢气使压力到 7MPa，室温下磁力搅拌反应至氢气压力不再下降，过滤，减压除去乙醇，得到 5g 油状液体，放置后有部分固体析出。气相色谱分析，顺-4-异丙基环己基甲酸和反-4-异丙基环己基甲酸比例为 65∶35。

当采用常压条件钯炭催化加氢，副产物对异丙基苯甲酸含量大于 15％；选用加压催化加氢，压力高于 5MPa 时，可有效避免脱氢产物对异丙基苯甲酸的生成。

4. 反-4-异丙基环己基甲酸（4）的合成

将上一步反应得到的顺反异构体的混合物 10g 加入到 40mL 二甲苯中，加入 6.6gKOH，加热回流 12h，冷却，加入 30mL 水和 60mL 甲醇，分液。在冰浴冷却下，将得到的下层溶液用浓盐酸酸化至 pH 值 2～3，有白色固体析出，继续搅拌约 1h，过滤，用冰水洗涤，得针状晶体 7.0g。气相色谱分析：顺式异构体吸收峰消失。

反式-4-异丙基环己基甲酸的两个取代基异丙基和羧基都处于具有椅式构象的环己烷的平伏键上，而顺式异构体的两个取代基分别处于平伏键和直立键上，反式异构体构象自由能小于顺式异构体构象自由能，反式异构体更稳定。反式异构体一般是在碱催化剂作用下，顺式体发生异构化反应得到。选用高沸点惰性有机溶剂进行异构化反应。

诺蒎酸的重排反应如图 11-3 所示。

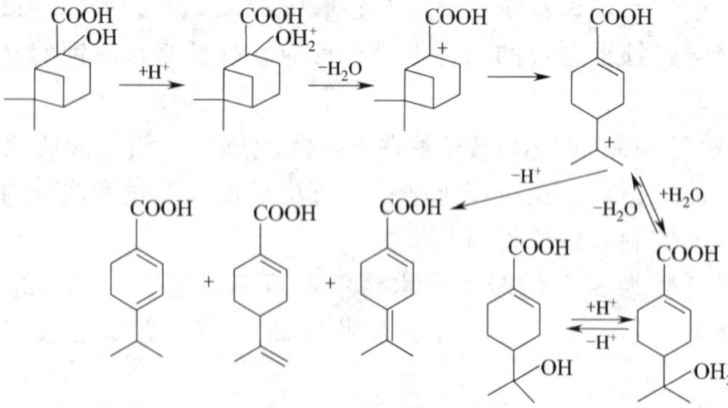

图 11-3 诺蒎酸的重排反应

5. 反-4-异丙基环己基甲酰氯（5）的合成

将 10g 反-4-异丙基环己基甲酸、20g 乙酸乙酯，1mL N,N-二甲基甲酰胺加入到反应瓶中，加热到 40℃，然后滴加 10.5g 二氯亚砜，约 0.5h，滴完后继续搅拌反应 1h，待反应完毕后，减压蒸去溶剂，得无色液体 10.5g，收率 94.6％。产物未纯化直接用于下步反应。

6. B 型那格列奈（6）的合成

将溶解了 5g D-苯丙氨酸的 12.5g 10％的氢氧化钠水溶液加入到 100mL 三口烧瓶中，然后加入 4g 丙酮，冰浴冷却到 0～5℃，将 4.8g 反-4-异丙基环己基甲酰氯溶于 4g 丙酮中并慢慢滴加，约 10min，同时滴加 10g 10％氢氧化钠溶液，保持体系 pH 值为 13～14。滴毕继续搅拌反应 30min，然后加入 10g 水，冰浴冷却下慢慢滴加 6.0mol/L 盐酸，至 pH 值为 2～3，继续在冷却下搅拌 0.5h，过滤，干燥得 6.5g 白色固体。

7. H 型那格列奈的合成

将 10g B 型那格列奈溶解在 100mL 甲醇中，然后加入 1.27g NaOH 和 50g 水，冰浴冷却下滴加浓盐酸，至 pH 为 3，继续搅拌 0.5h，过滤，依次用 50％甲醇水溶液和水洗涤，然后将滤饼加入到 200mL 正己烷中，加热回流 2h，冷却过滤，干燥得 8.5g 那格列奈。

实验是酰氯跟氨基酸发生酰化反应，氨基酸通常以内盐形式存在，在碱性条件下，使氨基游离出来才能与酰氯进行亲核取代反应。由于胺的亲核性比水强，当酰氯滴加到氨基酸的碱液中时，游离的氨基首先跟酰氯发生反应，生成副产物盐酸，使溶液 pH 值变小，所以必须加入 NaOH，使 pH 在 13～14，始终保持未反应的氨基酸中氨基处于游离状态，反应才能继续进行，所以在加料中必须边加酰氯边加氢氧化钠，以利于酰化反应。但碱不能过量，否则酰氯发生分解。

采用丙酮和水作溶剂，一方面在碱性条件下使氨基酸转化为氨基酸盐后，水能使其更好地溶解，使氨基游离出来有利于反应进行；另一方面使用有机溶剂丙酮可减缓酰氯的水解。收率 80.0％。熔点：126～127℃。

8. 结论与讨论

以 β-蒎烯为原料，经过氧化、酸性重排、催化氢化、异构化得到反-4-异丙基环己基甲酸，然后转化为酰氯，再与 D-苯丙氨酸发生酰化反应制得那格列奈，经过六步合成了目标产物，总收率可达到 28.1％，合成路线简便易行，原料成本低廉。

以天然产物松节油为原料的合成路线和原有的以石油化工产品为原料的合成路线相比，有 3 个优势：一是原料价格低廉，可以极大降低那格列奈药原料的价格；二是合成过程简单易行，二氢枯茗酸和紫苏酸具有 2 个双键，催化加氢比 4-异丙基苯甲酸容易，可以提高反应产率，降低生产成本；三是反-4-异丙基环己烷甲酸上所有碳原子都源于天然资源松节油，产物保持其六元环结构，所以生物相容性好，可以提高药效。此外，该合成方法可以丰富松节油深加工路线，提高松节油的附加价值，高效利用林业资源，促进山区经济增长。

实验实训二 盐酸埃罗替尼的合成

一、知识目标
综合应用硝化反应、烷基化反应、还原反应、成环反应等反应的基础知识。

二、能力目标
掌握硝化反应、烷基化反应、还原反应、成环反应等反应等基本操作在盐酸埃罗替尼合成中的具体应用；熟练产物分离、产品提纯等操作；培养溶剂选择相关技能，异常现象的判断、分析、解决能力；学习设备使用及维护，操作室的管理等。

三、项目意义

盐酸埃罗替尼（Erlotinib Hydrochloride），由 Roche（罗氏公司）生产，是用于治疗至少对一种化疗方案失败的局部晚期或转移性非小细胞肺癌的创新药物。于 2004 年 11 月获得美国 FDA 批准，并于 2005 年 9 月获欧盟批准上市，已于 2006 年 4 月在中国上市。FDA2005 年也批准了埃罗替尼与吉西他滨联合用于晚期胰腺癌的治疗，成为近 10 年来首个被批准的晚期胰腺癌治疗药物。

盐酸埃罗替尼为表皮生长因子受体酪氨酸激酶抑制剂（EGFR-TK）。其通过在细胞内与三磷酸腺苷竞争结合受体酪氨酸激酶的胞内区催化部分，抑制磷酸化反应，从而阻滞向下游增殖信号的传导，抑制肿瘤细胞配体依赖或配体外依赖的 HER-1/EG-FR 的活性，达到抑制癌细胞增殖作用。

连云港职业技术学院提出了一条新的盐酸埃罗替尼合成路线，已申请国家专利。

此项目是连云港职业技术学院"药物合成技术课程组"与连云港盛和生物科技有限公司合作开发的项目，并跟踪了中试放大和后期生产，在"校企合作"、"专兼融合"教学和学生的"工学结合"学习中，起到了重要作用。

合成路线如图 11-4 所示。

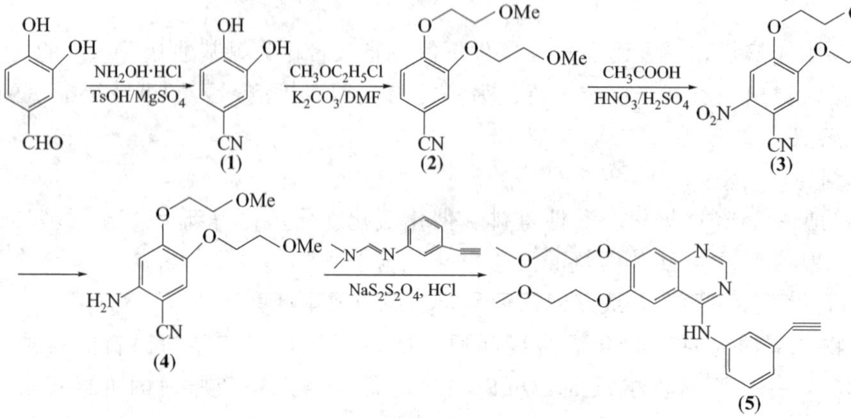

图 11-4　盐酸埃罗替尼的合成路线

四、操作过程

1. 化合物（1）的合成

10L 四口瓶中加入 5L 重蒸甲苯，搅拌下加入 3,4-二羟基苯甲醛 1kg、500g 盐酸羟胺、160g 对甲苯磺酸和 5kg 无水硫酸镁，加热回流 6h，冷至室温，过滤，滤饼用热的乙酸乙酯提至薄层色谱检测无产品，合并，水洗，饱和盐水洗，干燥，浓缩至产品大量析出，加入 2.5L 石油醚，抽滤，少量石油醚洗涤，干燥得化合物 1800g 左右。

2. 化合物（2）的合成

化合物（1）1kg、氯乙基甲醚 2kg、碳酸钾 3kg、四丁基碘化物 500g 和 5L DMSO 加入 10L 四口瓶中，加热回流，薄层色谱检测反应完全后，冷却，倒入 10L 冰水中，用二氯甲烷萃取，盐水洗涤，干燥，浓缩得到化合物（2）1.6kg，备用。

3. 化合物（3）的合成

化合物（2）1kg 溶于 5L 醋酸中，滴加到冷至 0℃的硝酸 3L 中，控制温度不超过 10℃，加毕，搅拌至反应结束，搅拌下倒入 50L 冰水中，析出大量固体，搅拌 30min 后离心，水洗，烘干，甲醇重结晶得化合物（3）1.1kg

4. 化合物（4）的合成

将化合物（3）1kg 加入 8L 甲醇中，加入 1kg 甲酸铵，200g Pd/C，加热回流，反应完全后，冷至室温，抽滤，滤液浓缩干，剩余物（4）直接用于下步反应。

5. 化合物（5）的合成

合成：N'-(3-乙炔苯胺)-N,N-二甲基甲脒。

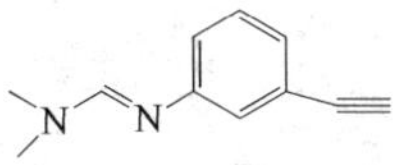

将化合物（4）4.57g（0.0172mol）加入甲苯 30mL、N'-(3-乙炔苯胺)-N,N-二甲基甲脒 3.44g（0.0172mol）和乙酸 0.5mL 中，回流 4h，冷至室温，分离甲苯层并水洗，冷去析出粗品。用甲醇重结晶得化合物（5），熔点 149～153℃。

3-乙炔苯胺 10g（0.0854mol）加到甲苯 40mL、N,N-二甲基甲酰胺甲缩醛 22.8mL（0.1709mol）和乙酸 0.5mL 中，加热到 110℃并搅拌 2h，蒸去甲苯得棕色固体 11g。

第三部分 生产实训

阿折地平的生产工艺

阿折地平是正大天晴药业生产的原料药，在本课程中作为本课程的校企合作建设项目。学生的学习过程是在天晴药业培训室和车间生产实训中完成。

阿折地平属于二氢吡啶（DHP）类钙通道阻滞剂（CCB），CCB 类作为一线高血压治疗药，由于降压效果可靠性而被广泛应用。

阿折地平英文名 Azelnidipine；化学名称：3-(1-二苯基甲基氮杂环丁基)-5-异丙基-2-氨基-1,4-二氢-6-甲基-4-(3-硝基苯基)-3,5-吡啶二羧酸酯。

化学结构式：

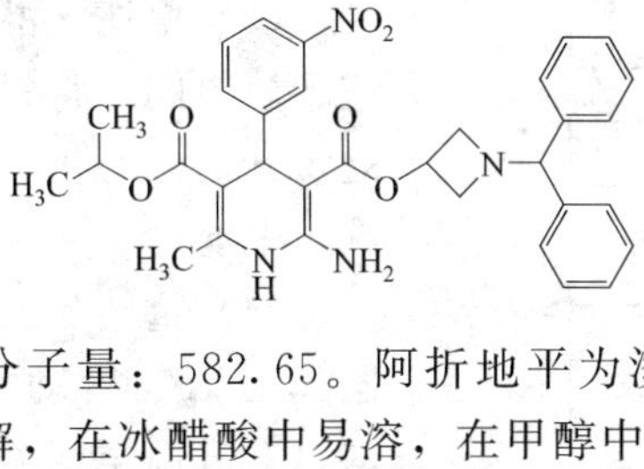

分子式：$C_{33}H_{34}N_4O_6$；分子量：582.65。阿折地平为淡黄色或黄色结晶性粉末，在 N,N-二甲基甲酰胺中极易溶解，在冰醋酸中易溶，在甲醇中微溶，在水中几乎不溶。

合成路线如图 11-5 所示。

一、阿折地平中间体Ⅳ的生产

1. 阿折地平中间体Ⅳ工艺及设备流程

见图 11-6。

2. 阿折地平中间体Ⅳ生产工艺

将乙酰乙酸异丙酯 2.9kg 加入反应罐中，冷却至 -6℃以下缓慢加入硫酸 240mL，分批

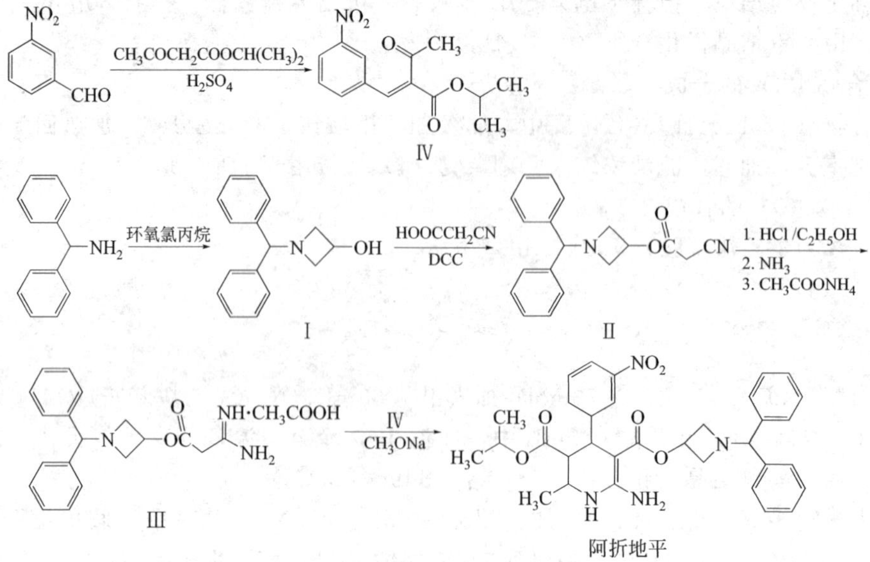

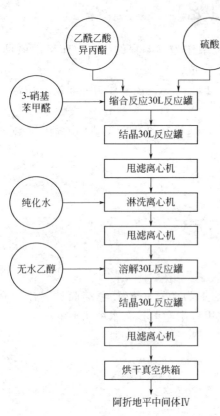

图 11-5　阿折地平合成路线

加入 3-硝基苯甲醛 3.3kg，保温－6℃以下反应 4h，反应结束后 0℃结晶 12h 以上。甩滤，用纯化水 100kg 淋洗，甩滤。滤饼加入无水乙醇 10kg 中，加热至回流，降至温室温析晶，再 0℃结晶 12h 以上。甩滤，55℃减压干燥 6h。得阿折地平中间体Ⅳ。

3. 阿折地平中间体Ⅳ生产详细操作

（1）缩合反应：打开反应罐投料口加入乙酰乙酸异丙酯 2.9kg，开启搅拌，冷却至－6℃以下，打开恒压滴液漏斗滴加阀，缓慢滴加硫酸 240mL。加毕，打开加料口，分次加入 3-硝基苯甲醛 3.3kg。加毕，关闭加料口，保持料液于－6℃以下反应 4h。

（2）结晶：关闭搅拌，控制料液温度 0℃静置结晶 12h 以上。

（3）甩滤、淋洗、甩滤：结晶完毕，打开反应罐放料阀，将料液放入料桶中，转移至离心机处。开启离心机，甩滤。滤饼用纯化水 100kg 淋洗，甩滤。

（4）重结晶：打开反应罐加料口，加入无水乙醇 10kg，启动搅拌，加入所得滤饼，关闭加料口。升温至回流，降至室温搅拌析晶，再将料液降温至 0℃以下，关闭搅拌，控制料液温度至 0℃，析晶 12h 以上。

（5）甩滤：结晶完毕，打开反应罐放料阀，将料液放入料桶中，转移至离心机处。开启离心机，甩滤，加入纯化水 100kg 淋洗，甩滤。

（6）烘干：将甩滤所得湿品转入烘箱中，关

流程图（图 11-6）：

乙酰乙酸异丙酯 → 缩合反应30L反应罐
硫酸 → 缩合反应30L反应罐
3-硝基苯甲醛 → 缩合反应30L反应罐
缩合反应30L反应罐 → 结晶30L反应罐 → 甩滤离心机 → 淋洗离心机（纯化水） → 甩滤离心机 → 溶解30L反应罐（无水乙醇） → 结晶30L反应罐 → 甩滤离心机 → 烘干真空烘箱 → 阿折地平中间体Ⅳ

图 11-6　阿折地平中间体Ⅳ生产工艺及设备流程

闭烘箱门。启动烘箱，55℃减压干燥 6h 后，关闭加热，打开烘箱门，将物料倒入双层药用低密度聚乙烯袋袋内，得阿折地平中间体Ⅳ。

二、阿折地平中间体Ⅰ的生产

1. 阿折地平中间体Ⅰ工艺及设备流程

见图 11-7。

2. 阿折地平中间体Ⅰ生产工艺

将二苯甲胺 5.5kg、环氧氯丙烷 2.8kg 和甲醇 11kg 投入反应罐中，室温反应 72h，然后回流反应 72h。反应结束后，50℃减压回收溶剂。然后加入丙酮 8.3kg，搅拌，甩滤，50℃减压干燥 4h，将所得固体加入氢氧化钠溶液（2.2kg 氢氧化钠/9.2kg 纯化水）中，搅拌 1h，甩滤，纯化水 100kg 淋洗，甩滤，80℃减压干燥 6h，得阿折地平中间体Ⅰ。

3. 阿折地平中间体Ⅰ生产详细操作

（1）溶液配制：氢氧化钠溶液的配制，将氢氧化钠 2.2kg 缓慢加入纯化水 9.2kg 中，备用。

（2）环合反应：打开反应罐加料口，加入甲醇 11kg，启动搅拌，加入二苯甲胺 5.5kg、环氧氯丙烷 2.8kg，加毕关闭加料口。室温反应 72h后，升温回流反应 72h。

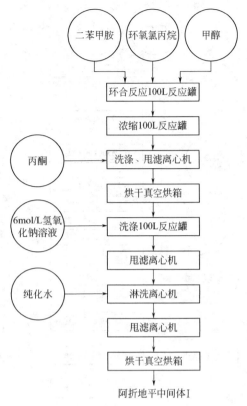

图 11-7　阿折地平中间体Ⅰ工艺及设备流程

（3）减压浓缩：反应结束后，打开接收罐真空阀、浓缩阀，控制水浴温度 50℃，减压回收溶剂，至无液体流出，关闭夹套热水阀，排尽罐内真空。

（4）洗涤：打开反应罐加料口，加入丙酮 8.3kg，加毕，关闭加料口，搅拌，打开反应罐放料阀，将料液放入料桶中，转移至离心机处。

（5）甩滤：将料液均匀加入至离心机中，开启离心机，甩滤。

（6）烘干：将甩滤所得湿品转入烘箱中，关闭烘箱门。启动烘箱，55℃减压干燥 4h 后，关闭加热，打开烘箱门，将物料倒入双层药用低密度聚乙烯袋袋内。

（7）洗涤：打开反应罐加料口，加入氢氧化钠溶液，开启搅拌，加入烘干后的物料，关闭加料口，搅拌 1h，打开放料阀，将料液放入料桶中，转移至离心机处。

（8）甩滤、淋洗、甩滤：将料液均匀加入至离心机中，开启离心机，甩滤，加入纯化水 100kg 淋洗，甩滤。

（9）烘干：将甩滤所得湿品转入烘箱中，关闭烘箱门。启动烘箱，80℃减压干燥 6h 后，关闭加热，打开烘箱门，将物料倒入双层药用低密度聚乙烯袋袋内，得阿折地平中间体Ⅰ。

三、阿折地平中间体Ⅱ的生产

1. 阿折地平中间体Ⅱ工艺及设备流程

见图 11-8。

2. 阿折地平中间体Ⅱ生产工艺

将四氢呋喃（21 倍量）、中间体Ⅰ、氰基乙酸（0.35 倍量）、DCC（1.04 倍量）加入反

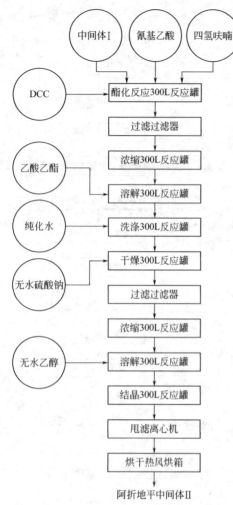

图 11-8　阿折地平中间体Ⅱ工艺及设备流程

应罐中，55℃反应 11h，降温，室温过滤，滤液 50℃减压回收溶剂。浓缩至料液呈黏稠状，加入乙酸乙酯（10.7 倍量）搅拌。纯化水（8 倍量）分 3 次洗涤。无水硫酸钠（1.2 倍量）干燥 2h，过滤。滤液 50℃减压回收溶剂。加入无水乙醇（5 倍量）中回流，降温至室温析晶，再 0℃结晶 12h 以上。甩滤，70℃干燥 6h。得阿折地平中间体Ⅱ。

3. 阿折地平中间体Ⅱ制备详细操作

（1）酯化反应：打开反应罐真空、进料阀，抽入四氢呋喃（21 倍量）。抽毕，关闭真空阀、进料阀，开启搅拌。打开反应罐加料口，依次加入中间体Ⅰ、氰基乙酸（0.35 倍量）和 DCC（1.04 倍量），关闭加料口。升温 55℃反应 11h。

（2）压滤、浓缩：反应结束后，降至室温，将料液经过滤器过滤至料桶中，打开反应罐真空阀、进料阀，将滤液抽至反应罐中。抽毕，关闭进料阀，开启搅拌和浓缩阀。打开冷凝器冷冻水回阀。控制水浴温度在 50℃，减压回收溶剂。待料液浓缩至黏稠状，关闭冷凝器冷冻水阀，停止浓缩。

（3）溶解、洗涤：打开反应罐真空阀、进料阀，将乙酸乙酯（10.7 倍量）抽至反应罐中。抽毕，关闭进料阀、真空阀，打开反应罐真空阀、进料阀，抽入 1/3 纯化水（8 倍量的），抽毕，关闭进料阀、真空阀。搅拌洗涤，静置。打开反应罐放料阀，弃去下层水相，上层有机相保留在反应罐中。用剩余纯化水洗涤有机相 2 次。

（4）脱水、过滤：洗涤完毕，开启搅拌，打开反应罐加料口，加入无水硫酸钠干燥 2h。将料液经过滤器压滤至料桶中。

（5）浓缩：打开反应罐真空阀、浓缩阀、进料阀，将滤液抽至反应罐中。抽毕，关闭进料阀，开启搅拌。打开冷凝器冷冻水阀。控制 50℃，减压回收溶剂。

（6）溶解、结晶：浓缩至无液体流出，打开反应罐进料阀，抽入无水乙醇。抽毕，关闭进料阀、接真空阀。关闭浓缩阀，打开回流阀，升温回流。回流结束，降温至室温析晶，再继续降温至 0℃，结晶 12h 以上。析晶结束，打开放料阀，将料液放入料桶中，转移至离心机处。

（7）甩滤：将料液均匀加入至离心机中，开启离心机，甩滤。

（8）烘干：将甩滤所得湿品转入烘箱中，关闭烘箱门。启动烘箱，70℃干燥 6h 后，关闭加热，打开烘箱门，将物料倒入双层药用低密度聚乙烯袋袋内，得阿折地平中间体Ⅱ。

四、阿折地平中间体Ⅲ的生产

1. 阿折地平中间体Ⅲ工艺及设备流程

见图 11-9。

2. 阿折地平中间体Ⅲ生产工艺

将三氯甲烷（30 倍量）、无水乙醇（0.18倍量）、中间体Ⅱ加入反应罐中，5℃以下通入氯化氢气体 30min。反应 12h，HPLC 检测。反应结束后，45℃减压回收溶剂，加入三氯甲烷Ⅱ（30 倍量）中，降温至 5℃以下通入氨气，调节 pH 至 8~9。过滤，滤液 45℃减压回收溶剂，加入乙腈（5.6 倍量）、乙酸铵（0.25 倍量），50℃反应 1h，趁热过滤，滤液 55℃减压回收溶剂，浓缩至干后，加入正己烷（2 倍量），搅拌洗涤，甩滤。50℃减压干燥 6h。得阿折地平中间体Ⅲ。

3. 阿折地平中间体Ⅲ制备详细操作

（1）成脒反应Ⅰ：打开反应罐真空阀、进料阀，依次抽入三氯甲烷（30 倍量）、无水乙醇（0.18 倍量），抽毕，关闭进料阀、真空阀，启动搅拌。打开加料口，加入中间体Ⅱ，加毕关闭加料口，搅拌降温至 5℃以下，通入氯化氢气体 30min。然后反应 12h，取样，HPLC 跟踪监测至反应终点。

（2）浓缩：反应结束后，打开接收罐真空阀、浓缩阀、冷凝器冷冻水阀，控制温度在 40℃，减压回收溶剂。浓缩至无液体流出。

（3）成脒反应Ⅱ：停止浓缩，打开反应罐真空阀和进料阀，抽入三氯甲烷（30 倍量），抽毕，关闭真空阀和进料阀。搅拌降温至 5℃以下，通入氨气，调节料液 pH 为 8~9。

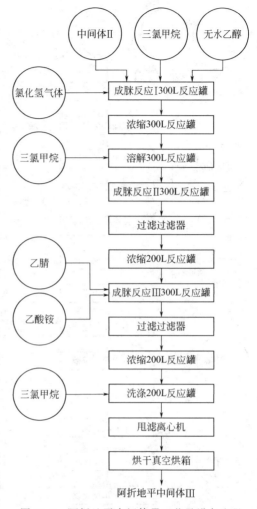

图 11-9　阿折地平中间体Ⅲ工艺及设备流程

（4）过滤、浓缩：将料液经过滤器过滤至料桶中，打开反应罐接收罐真空阀、进料阀，抽入滤液，抽毕，关闭进料阀，打开冷凝器冷冻水阀。控制温度 45℃，减压回收溶剂。

（5）成脒反应Ⅲ：浓缩至无液体流出时，停止浓缩，打开加料口，向反应罐内加入乙腈（5.6 倍量）、乙酸铵（0.25 倍量）。加毕，关闭加料口，控制料液温度在 50℃，反应 1h。

（6）压滤、浓缩：反应结束后，趁热将料液经过滤器过滤至料桶中，打开反应罐真空阀、进料阀，将滤液抽入反应罐中。抽毕，关闭进料阀，打开冷凝器冷冻水阀、控制温度 55℃，减压回收溶剂。

（7）洗涤、甩滤：浓缩至干后，停止浓缩。打开反应罐加料口，加入正己烷（2 倍量），加毕关闭加料口，搅拌洗涤。打开放料阀，将料液放至料桶中，转移至离心机处。将料液均匀加入至离心机中，开启离心机，甩滤。

（8）烘干：将甩滤所得湿品转入烘箱中，关闭烘箱门。启动烘箱，50℃减压干燥 6h后，关闭加热，打开烘箱门，将物料倒入双层药用低密度聚乙烯袋袋内，得阿折地平中间体Ⅲ。

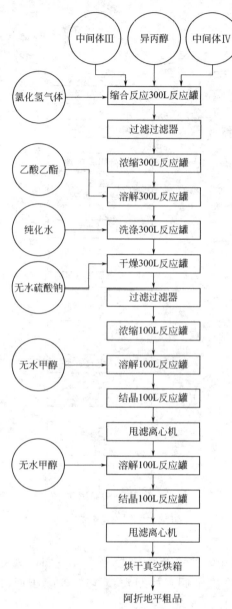

图 11-10 阿折地平粗品工艺及设备流程

五、阿折地平粗品的生产

1. 阿折地平粗品工艺及设备流程

见图 11-10。

2. 阿折地平粗品生产工艺

将异丙醇（13倍量）、中间体Ⅲ、中间体Ⅳ（0.7倍量）加入反应罐中溶解，加入甲醇钠（0.14倍量）回流，反应4h。薄层色谱检测（甲苯：乙酸乙酯＝1:1；在 $R_f \approx 0.8$ 处应无斑点）。降至室温，过滤，滤液72℃减压浓缩。加入乙酸乙酯（7.2倍量）搅拌。用纯化水（5倍量）分3次洗涤，无水硫酸钠（0.8倍量）干燥，过滤。滤液40℃减压回收溶剂，加入无水甲醇Ⅰ（9倍量）回流。室温结晶1h，再5℃结晶2h，甩滤。将无水甲醇Ⅱ（9倍量）、滤饼加入反应罐，回流。室温结晶，再5℃结晶2h，甩滤。50℃减压烘干6h得阿折地平粗品。

3. 阿折地平粗品制备详细操作

（1）缩合反应：打开反应罐真空阀、进料阀，抽入异丙醇（13倍量）。抽毕，关闭真空阀和进料阀，开启搅拌。打开加料口，依次加入中间体Ⅲ、中间体Ⅳ（0.7倍量），溶解，加入甲醇钠，加毕，关闭加料口。升温，控制料80℃反应4h。取样，薄层色谱跟踪监控（甲苯：乙酸乙酯＝1:1；在 $R_f \approx 0.8$ 处应无斑点）。

（2）压滤、浓缩：反应结束后，降至室温，将料液经过滤器过滤，打开反应罐真空阀、进料阀，将滤液抽至罐中，抽毕，关闭进料阀。打开冷凝器冷冻水阀。控制水浴温度72℃，减压回收溶剂。

（3）溶解、洗涤：浓缩至无液体流出。打开反应罐真空阀、进料阀，将乙酸乙酯（7.2倍量）抽入反应罐中，抽毕，关闭真空阀和进料阀。搅拌，打开反应罐真空阀、进料阀，抽入1/3量的纯化水（5倍量），抽毕，关闭反应罐真空阀和进料阀，搅拌，静置。打开反应罐出料阀，弃去下层水相，上层有机相保留在反应罐中。用剩余纯化水洗涤有机相2次。

（4）脱水、压滤：打开反应罐加料口，加入无水硫酸钠，搅拌干燥。脱水结束，将料液经过滤器过滤至料桶中。

（5）浓缩：打开反应罐真空阀、进料阀，抽入滤液，抽毕，关闭进料阀。打开冷凝器冷冻水阀，升温，控制40℃，减压回收溶剂。

（6）溶解、结晶：浓缩至无液体流出，停止浓缩。打开反应罐进料阀，抽入无水甲醇（9倍量）。抽毕，关闭进料阀，排尽罐内真空。升温回流，降温至室温析晶，再降温至5℃结晶2h。结晶结束，打开放料阀，将料液放入料桶中，转移至离心机处。

（7）甩滤：将料液均匀加入至离心机中，开启离心机，甩滤。

（8）溶解、结晶：浓缩至无液体流出，停止浓缩。打开反应罐进料阀，抽入无水甲醇（9倍量）。抽毕，关闭进料阀，排尽罐内真空。升温回流，降温至室温析晶，再降温至5℃结晶2h。结晶结束，打开放料阀，将料液放入料桶中，转移至离心机处。

（9）甩滤：将料液均匀加入至离心机中，开启离心机，甩滤。

（10）烘干：将甩滤所得湿品转入烘箱中，关闭烘箱门。启动烘箱，50℃减压干燥6h后，关闭加热，打开烘箱门，将物料倒入双层药用低密度聚乙烯袋袋内，得阿折地平中间体Ⅲ。

六、阿折地平的精制生产

1. 阿折地平精制工艺及设备流程

见图11-11。

2. 阿折地平生产工艺

搅拌下将甲苯（2.8倍量）、阿折地平粗品加入反应罐中，搅拌溶解过滤至洁净区结晶罐中，加入正己烷（1.2倍量）结晶1h。甩滤，60℃减压烘干8h得阿折地平。经粉碎、混合后包装得成品。

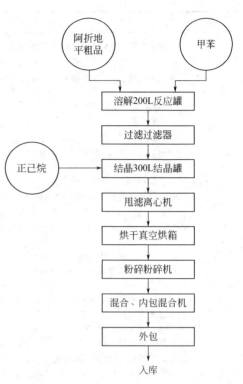

图11-11　阿折地平精制工艺及设备流程

3. 阿折地平精制详细操作

（1）溶解、过滤：打开精制罐真空阀、进料阀，抽入甲苯（2.8倍量），抽毕，开启搅拌。打开投料口，加入阿折地平粗品，投料结束，关闭投料口。搅拌至料液溶清。经过滤器过滤至洁净区结晶罐中。

（2）析晶：过滤结束后，启动搅拌，加入正己烷（1.2倍量），搅拌析晶1h。

（3）甩滤、淋洗、甩滤：析晶结束后，料液通过不锈钢软管均匀加入至离心机中，开启离心机，甩滤。

（4）烘干：将甩滤所得湿品转入烘箱中，关闭烘箱门。启动烘箱，60℃干燥8h后，关闭加热，打开烘箱门，将物料倒入双层药用低密度聚乙烯袋袋内，得阿折地平。

（5）粉碎：将粉碎机筛网和专用集料袋固定好后，打开粉碎机电源，将物料加入上料斗，开始粉碎，将粉碎后的物料装入药用低密度聚乙烯袋内。粉碎结束后，关闭电源。

（6）混合、内包：打开混合机加料口，将粉碎后的物料加入混合机中，关闭加料口，混合30min，停机。打开放料阀，将混合机中的物料按照实际批量/袋包装规格倒入双层药用低密度聚乙烯袋中，称重，包装。将包装好的成品贴上标签。

（7）外包：每只纸桶中装入阿折地平原料，合上箱盖，封口。封口后应及时将标签张贴在纸桶侧面中间处，要求标签平整、清洁。包装结束，入库。

七、生产过程中安全及劳动防护

1. 阿折地平生产工艺中所使用试剂及特别特性和常用灭火剂

试剂	危险特性	燃烧(分解)产物	常用灭火剂
硫酸	与易燃物(如苯)和有机物(如糖、纤维素等)接触会发生剧烈反应,甚至引起燃烧。能与一些活性金属粉末发生反应,放出氢气。遇水大量放热,可发生沸溅。具有强腐蚀性	氧化硫	砂土。禁止用水
乙醇	易燃,其蒸气与空气可形成爆炸性混合物。遇明火、高热能引起燃烧和爆炸。与氧化剂接触发生化学反应或引起燃烧。在火场中,受热的容器有爆炸危险。其蒸气比空气重,能在较低处扩散到相当远的地方,遇明火会引着回燃	一氧化碳、二氧化碳	抗溶性泡沫、干粉、二氧化碳、砂土
甲醇	易燃,其蒸气与空气可形成爆炸性混合物。遇明火、高热能引起燃烧和爆炸。与氧化剂接触发生化学反应或引起燃烧。在火场中,受热的容器有爆炸危险。其蒸气比空气重,能在较低处扩散到相当远的地方,遇明火会引着回燃	一氧化碳、二氧化碳	抗溶性泡沫、干粉、二氧化碳、砂土
环氧氯丙烷	其蒸气与空气形成爆炸性混合物,遇明火、高温能引起分解爆炸和燃烧。若遇高热可发生剧烈分解,引起容器破裂或爆炸事故	一氧化碳、二氧化碳、氯化氢	泡沫、二氧化碳、干粉、砂土
氰基乙酸	遇明火能燃烧。受潮或受高热分解释出剧毒的乙氰蒸气。具有腐蚀性	一氧化碳、二氧化碳、氧化氮	干粉、二氧化碳。禁止使用酸碱灭火剂
四氢呋喃	其蒸气与空气可形成爆炸性混合物。遇明火、高热及强氧化剂易引起燃烧。接触空气或在光照条件下可生成具有潜在爆炸危险性的过氧化物。与酸类接触能发生反应。与氢氧化钾、氢氧化钠反应剧烈。其蒸气比空气重,能在较低处扩散到相当远的地方,遇明火会引着回燃	一氧化碳、二氧化碳	泡沫、干粉、二氧化碳、砂土。用水灭火无效
乙酸乙酯	易燃,其蒸气与空气可形成爆炸性混合物。遇明火、高热能引起燃烧和爆炸。与氧化剂接触会猛烈反应。在火场中,受热的容器有爆炸危险。其蒸气比空气重,能在较低处扩散到相当远的地方,遇明火会引着回燃	一氧化碳、二氧化碳	溶性泡沫、二氧化碳、干粉、砂土。用水灭火无效
三氯甲烷	与明火或灼热的物体接触时能产生剧毒的光气。在空气、水分和光的作用下,酸度增加,因而对金属有强烈的腐蚀性	氯化氢、光气(碳酰氯)	雾状、抗溶性泡沫、二氧化碳、干粉、砂土
乙腈	易燃,其蒸气与空气可形成爆炸性混合物。遇明火、高热或与氧化剂接触,有引进燃烧爆炸的危险。与氧化剂能发生强烈反应。燃烧时有发光火焰。与硫酸、发烟硫酸、氯磺酸、过氯酸盐等反应剧烈	一氧化碳、二氧化碳、氧化氮、氰化氢	
氯化氢	无水氯化氢无腐蚀性,但遇水时有强腐蚀性。能与一些活性金属粉末发生反应,放出氢气。遇氰化物能产生剧毒的氰化氢气体	氯化氢	本品不燃。但与其他物品接触引起火灾
氨气	与空气混合能形成爆炸性混合物。遇明火、高热能引起燃烧爆炸。与氟、氯等接触会发生剧烈的化学反应。若遇高热,容器内压增大,有开裂和爆炸的危险	氧化氮、氨	雾状水、抗溶性泡沫、二氧化碳、砂土
异丙醇	易燃,其蒸气与空气可形成爆炸性混合物。遇明火、高热能引起燃烧和爆炸。与氧化剂接触会猛烈反应。在火场中,受热的容器有爆炸危险。其蒸气比空气重,能在较低处扩散到相当远的地方,遇明火会引着回燃	一氧化碳、二氧化碳	抗溶性泡沫、干粉、二氧化碳、砂土

续表

试剂	危险特性	燃烧(分解)产物	常用灭火剂
甲苯	易燃,其蒸气与空气可形成爆炸性混合物。遇明火、高热极易燃烧和爆炸。与氧化剂能发生强烈反应。流速过快,容易产生和积聚静电。其蒸气比空气重,能在较低处扩散到相当远的地方,遇明火会引着回燃	一氧化碳、二氧化碳	泡沫、干粉、二氧化碳、砂土。用水灭火无效
正己烷	极易燃,其蒸气与空气可形成爆炸性混合物。遇明火、高热极易燃烧和爆炸。与氧化剂接触发生强烈反应,甚至引起燃烧。在火场中,受热的容器有爆炸危险。其蒸气比空气重,能在较低处扩散到相当远的地方,遇明火会引着回燃	一氧化碳、二氧化碳	泡沫、干粉、二氧化碳、砂土。用水灭火无效

　　操作人员在生产操作前应检查操作场所通风是否良好,如有问题及时联系;使用易燃、易爆、有机溶剂时必须严格按操作规程进行操作;废弃的有机溶剂不得随意倒入下水道中,以免积蓄爆炸;对过期、老化的设施应及时更换。

　　2. 阿折地平生产工艺中所使用危险试剂的防护及急救措施

试剂	防护措施	急救措施
硫酸	眼睛防护:戴化学安全防护眼镜 防护服:穿工作服(防腐材料制作) 手防护:戴橡皮手套	皮肤接触:脱去污染的衣着,立即用水冲洗至少15min。或用2%碳酸氢钠溶液冲洗。就医 眼睛接触:立即提起眼睑,用流动清水或生理盐水冲洗至少15min。就医 吸入:迅速脱离现场至空气新鲜处。呼吸困难时输氧。给予2%～4%碳酸氢钠溶液雾化吸入。就医
乙醇	呼吸系统防护:一般不需要特殊防护,高浓度接触时可佩戴滤式防毒面罩(半面罩) 眼睛防护:一般不需特殊防护 身体防护:穿防静电工作服 手防护:戴一般作业防护手套	皮肤接触:脱去被污染的衣着,用流动清水冲洗 眼睛接触:提起眼睑,用流动清水或生理盐水冲洗。就医 吸入:迅速脱离现场至空气新鲜处。就医
甲醇	呼吸系统防护:可能接触其蒸气时,应该佩戴过滤式防毒面罩(半面罩)。紧急事态抢救或撤离时,建议佩戴空气呼吸器 眼睛防护:戴化学安全防护眼镜 身体防护:穿防静电工作服 手防护:戴橡胶手套	皮肤接触:脱去被污染的衣着,用肥皂水和清水彻底冲洗皮肤 眼睛接触:提起眼睑,用流动清水或生理盐水冲洗。就医 吸入:迅速脱离现场至空气新鲜处。保持呼吸道通畅。如呼吸困难,输氧。如呼吸停止,立即进行人工呼吸。就医
环氧氯丙烷	呼吸系统防护:空气中浓度超标时,戴面具式呼吸器。紧急事态抢救或撤离时,建议佩戴自给式呼吸器 眼睛防护:戴化学安全防护眼镜 防护服:穿紧袖工作服,长筒胶鞋 手防护:戴防化学品手套	皮肤接触:脱去污染的衣着,立即用大量流动清水彻底冲洗至少15min。就医 眼睛接触:立即翻开上下眼睑,用流动清水或生理盐水冲洗至少15min。就医 吸入:迅速脱离现场至空气新鲜处。保持呼吸道通畅。呼吸困难时输氧。呼吸停止时,立即进行人工呼吸。就医
氰基乙酸	呼吸系统防护:可能接触其蒸气时,应该佩戴自吸过滤式防毒面具(全面罩)。紧急事态抢救或撤离时,建议佩戴自给式呼吸器 眼睛防护:戴化学安全防护眼镜 身体防护:穿聚乙烯防毒服 手防护:戴橡胶手套	皮肤接触:脱去被污染的衣着,用肥皂水和清水彻底冲洗皮肤。就医 眼睛接触:提起眼睑,用流动清水或生理盐水冲洗。就医 吸入:迅速脱离现场至空气新鲜处。保持呼吸道通畅。如呼吸困难,输氧。如呼吸停止时,立即进行人工呼吸。就医

试剂	防护措施	急救措施
四氢呋喃	呼吸系统防护:可能接触其蒸气时,应该佩戴过滤式防毒面具(半面罩)。必要时,建议佩戴自给式呼吸器 眼睛防护:一般不需要特殊防护,高浓度接触时可戴安全防护眼镜 身体防护:穿防静电工作服 手防护:戴防苯耐油手套	皮肤接触:脱去被污染的衣着,用肥皂水和清水彻底冲洗皮肤 眼睛接触:提起眼睑,用流动清水或生理盐水冲洗。就医 吸入:迅速脱离现场至空气新鲜处。保持呼吸道通畅。如呼吸困难,输氧。如呼吸停止,立即进行人工呼吸。就医
乙酸乙酯	呼吸系统防护:可能接触其蒸气时,应该佩戴自吸过滤式防毒面具(半面罩)。紧急事态抢救或撤离时,建议佩戴空气呼吸器 眼睛防护:戴化学安全防护眼镜 身体防护:穿防静电工作服 手防护:戴橡胶手套	皮肤接触:脱去被污染的衣着,用肥皂水和清水彻底冲洗皮肤。就医 眼睛接触:提起眼睑,用流动清水或生理盐水冲洗。就医 吸入:迅速脱离现场至空气新鲜处。保持呼吸道通畅。如呼吸困难,输氧。如呼吸停止,立即进行人工呼吸。就医
三氯甲烷	呼吸系统防护:空气中浓度超标时,应该佩戴直接式防毒面具(半面罩)。紧急事态抢救或撤离时,佩戴空气呼吸器 眼睛防护:戴化学安全防护眼镜 身体防护:穿防毒物渗透工作服 手防护:戴防化学品手套	皮肤接触:立即脱去被污染的衣着,用大量流动清水冲洗,至少5min。就医 眼睛接触:立即提起眼睑,用大量流动清水或生理盐水彻底冲洗至少15min。就医 吸入:迅速脱离现场至空气新鲜处。保持呼吸道通畅。如呼吸困难,输氧。如呼吸停止,立即进行人工呼吸。就医
氯化氢	呼吸系统防护:空气中浓度超标时,佩戴过滤式防毒面具(半面罩)。紧急事态抢救或撤离时,建议佩戴空气呼吸器 眼睛防护:必要时,戴化学安全防护眼镜 身体防护:穿化学防护服 手防护:戴橡胶手套	皮肤接触:立即脱去被污染的衣着,用大量流动清水冲洗,至少15min。就医 眼睛接触:立即提起眼睑,用大量流动清水或生理盐水彻底冲洗至少15min。就医 吸入:迅速脱离现场至空气新鲜处。保持呼吸道通畅。如呼吸困难,输氧。如呼吸停止,立即进行人工呼吸。就医
氨	呼吸系统防护:空气中浓度超标时,建议佩戴过滤式防毒面具(半面罩)。紧急事态抢救或撤离时,必须佩戴空气呼吸器 眼睛防护:戴化学安全防护眼镜 身体防护:穿防静电工作服 手防护:戴橡胶手套	皮肤接触:立即脱去被污染的衣着,应用2%硼酸液或大量流动清水彻底冲洗。就医 眼睛接触:立即提起眼睑,用大量流动清水或生理盐水彻底冲洗至少15min。就医 吸入:迅速脱离现场至空气新鲜处。保持呼吸道通畅。如呼吸困难,输氧。如呼吸停止,立即进行人工呼吸。就医
乙腈	呼吸系统防护:可能接触毒物时,必须佩戴过滤式防毒面具(全面罩)、自给式呼吸器或通风式呼吸器。紧急事态抢救或撤离时,佩戴空气呼吸器 眼睛防护:呼吸系统防护中已作防护 身体防护:穿胶布防毒衣 手防护:戴橡胶手套	皮肤接触:脱去被污染的衣着,用肥皂水和清水彻底冲洗皮肤 眼睛接触:提起眼睑,用流动清水或生理盐水冲洗。就医 吸入:迅速脱离现场至空气新鲜处。保持呼吸道通畅。如呼吸困难,给输氧。如呼吸停止,立即进行人工呼吸。就医 食入:饮足量温水,催吐,用1:5000高锰酸钾或5%硫代硫酸钠溶液洗胃。就医
异丙醇	呼吸系统防护:空气中浓度超标时,应该佩戴过滤式防毒面罩(半面罩) 眼睛防护:一般不需要特殊防护,高浓度接触时可戴化学安全防护眼镜 身体防护:穿防静电工作服 手防护:戴乳胶手套	皮肤接触:脱去被污染的衣着,用肥皂水和清水彻底冲洗皮肤 眼睛接触:提起眼睑,用流动清水或生理盐水冲洗。就医 吸入:迅速脱离现场至空气新鲜处。保持呼吸道通畅。如呼吸困难,输氧。如呼吸停止,立即进行人工呼吸。就医

续表

试剂	防护措施	急救措施
甲苯	呼吸系统防护：空气中浓度超标时，应该佩戴自吸过滤式防毒面罩（半面罩）。紧急事态抢救或撤离时，应该佩戴空气呼吸器或氧气呼吸器 眼睛防护：戴化学安全防护眼镜 身体防护：穿防毒渗透工作服 手防护：戴乳胶手套	皮肤接触：脱去被污染的衣着，用肥皂水和清水彻底冲洗皮肤 眼睛接触：提起眼睑，用流动清水或生理盐水冲洗。就医 吸入：迅速脱离现场至空气新鲜处。保持呼吸道通畅。如呼吸困难，输氧。如呼吸停止，立即进行人工呼吸。就医
正己烷	呼吸系统防护：空气中浓度超标时，佩戴自吸过滤式防毒面具（半面罩） 眼睛防护：必要时，戴化学安全防护眼镜 身体防护：穿防静电工作服 手防护：戴防苯耐油手套	皮肤接触：脱去被污染的衣着，用肥皂水和清水彻底冲洗皮肤 眼睛接触：提起眼睑，用流动清水或生理盐水冲洗。就医 吸入：迅速脱离现场至空气新鲜处。保持呼吸道通畅。如呼吸困难，输氧。如呼吸停止，立即进行人工呼吸。就医

　　操作人员在生产操作前应检查与本岗位相应的劳动防护用品是否破损、老化、失效，如有应及时更换。在完成生产操作后，应及时对劳动防护用品进行清洁、清洗。一般区域劳动防护用品包括：防酸服、防酸靴、防酸手套、眼镜、口罩等，必要时需戴防毒面具。

有机合成工职业技能考核习题参考答案

有机合成工职业技能考核习题 (1)

一、选择题

1. D　2. B　3. A　4. C　5. A　6. B　7. C　8. B　9. C　10. D
11. D　12. A　13. D　14. C　15. A　16. A　17. A　18. A　19. C　20. D
21. A　22. B　23. D　24. B　25. C　26. D　27. C　28. B　29. A　30. B
31. D　32. B　33. C

二、判断题

1. √　2. √　3. ×　4. √　5. √　6. ×　7. ×　8. √　9. ×　10. ×
11. √　12. ×　13. ×　14. √　15. ×　16. ×　17. √　18. ×　19. ×　20. √
21. √　22. √　23. √　24. √　25. ×　26. √　27. √　28. √　29. ×　30. √
31. √　32. √　33. √　34. √　35. ×　36. ×　37. √　38. ×　39. √　40. ×
41. ×　42. √　43. ×　44. √　45. ×　46. √

有机合成工职业技能考核习题 (2)

一、选择题

1. A　2. B　3. C　4. D　5. A　6. D　7. D　8. A　9. B　10. C
11. C　12. A　13. D　14. B　15. A　16. B　17. C　18. C　19. ABCD
20. ACD　21. ABCD　22. ABCD　23. ABCD　24. ABCD
25. AB　26. AB　27. CD

二、判断题

1. √　2. ×　3. √　4. ×　5. ×　6. ×　7. √　8. ×　9. ×　10. √
11. ×　12. √　13. ×　14. ×　15. ×

有机合成工职业技能考核习题 (3)

一、选择题

1. A　2. A　3. A　4. D　5. B　6. C　7. D　8. C　9. A　10. D
11. A　12. B　13. C　14. A　15. C　16. D　17. D　18. ABC　19. AB
20. AD　21. BD

二、判断题

1. √　2. ×　3. ×　4. ×　5. ×　6. √　7. √　8. √　9. √　10. √
11. √　12. √　13. ×　14. ×　15. ×　16. ×　17. √　18. √　19. √　20. √
21. ×　22. ×　23. ×　24. √

有机合成工职业技能考核习题（4）

一、选择题

1. D　2. C　3. B　4. A　5. A　6. B　7. A　8. A　9. A　10. D
11. A　12. D　13. C　14. B　15. B　16. C　17. C　18. B　19. D　20. A
21. C　22. ABC　23. ABD　24. ABCD　25. ABC　26. CD
27. CD　28. ABC　29. ABD　30. ABC

二、判断题

1. ×　2. ×　3. ×　4. √　5. ×　6. √　7. ×　8. √　9. ×　10. √
11. √　12. √　13. ×　14. √　15. ×　16. ×　17. ×　18. √　19. √　20. √
21. √　22. ×　23. ×　24. √　25. ×　26. ×　27. ×　28. ×

有机合成工职业技能考核习题（5）

一、选择题

1. D　2. A　3. C　4. A　5. A　6. C　7. A　8. C　9. AB　10. BD
11. AD　12. CD　13. AB　14. ABC　15. ABCD
16. ACD　17. BCD　18. ABC　19. ABCD　20. ABCD
21. ABCD　22. ABCD　23. ABC　24. ABC　25. AC
26. BD

二、判断题

1. √　2. √　3. ×　4. ×　5. √　6. √　7. √　8. √　9. √　10. √
11. √　12. ×　13. √　14. √

有机合成工职业技能考核习题（6）

一、选择题

1. A　2. D　3. C　4. B　5. C　6. B　7. B　8. ABCD　9. AB
10. ABD　11. BD　12. ABCD　13. ABCD　14. D
15. ACD

二、判断题

1. ×　2. ×　3. √　4. √　5. ×　6. √　7. ×　8. √　9. √　10. ×
11. √　12. √　13. √　14. ×

有机合成工职业技能考核习题（7）

一、选择题

1. D　2. A　3. A　4. B　5. ABCD　6. ABC　7. C　8. CD　9. A
10. BCD　11. ABCD　12. C　13. A　14. BCD　15. C　16. BC

二、判断题

1. ×　2. √　3. √　4. ×　5. ×　6. √　7. √　8. √　9. √　10. √

有机合成工职业技能考核习题（8）

一、选择题

1. B 2. B 3. D 4. C 5. C 6. A 7. D 8. B 9. C 10. A

二、判断题

1. √ 2. × 3. √ 4. × 5. √ 6. × 7. √ 8. √ 9. × 10. ×

11. × 12. × 13. × 14. √ 15. √ 16. √ 17. √ 18. × 19. √ 20. √

21. √ 22. √ 23. √

有机合成工职业技能考核习题（9）

一、选择题

1. C 2. C 3. D 4. D 5. D 6. B 7. C 8. C 9. A 10. ACD

11. ABC 12. A 13. B 14. A 15. C 16. BCD 17. AB

二、判断题

1. √ 2. √ 3. × 4. × 5. × 6. √ 7. × 8. √ 9. √ 10. ×

11. √ 12. × 13. × 14. √ 15. × 16. √ 17. √ 18. × 19. √ 20. √

21. √ 22. √

有机合成工职业技能考核习题（10）

一、选择题

1. D	2. CD	3. C	4. B	5. D
6. A	7. D	8. ABCD	9. BCD	10. BC
11. ABC	12. ACD	13. BCD	14. AD	15. ABCD
16. AB	17. AC	18. AB	19. ACD	20. ABCD
21. ABCD	22. ABCD	23. AC	24. ABCD	25. ABD
26. AD	27. AD	28. BC	29. AC	30. BC
31. CD	32. ABC	33. ACD	34. BC	35. BC
36. ACD	37. BC	38. ABD	39. ABC	40. AC
41. AB	42. ABD	43. AB	44. ABCD	45. ABD
46. AC	47. BCD	48. ABC		

二、判断题

1. × 2. √ 3. √ 4. × 5. √ 6. √ 7. × 8. × 9. √ 10. ×

11. × 12. × 13. × 14. √ 15. √ 16. × 17. × 18. √ 19. √ 20. ×

21. × 22. × 23. × 24. √ 25. √ 26. × 27. × 28. × 29. × 30. √

31. √ 32. × 33. √ 34. × 35. × 36. ×

参 考 文 献

[1] 邢其毅．基础有机化学．第 3 版．北京：高等教育出版社，2005.

[2] 徐寿昌．有机化学．第 2 版．北京：高等教育出版社，2005.

[3] 陆敏．化学制药工艺与反应器．第 2 版．北京：化学工业出版社，2011.

[4] 陶杰．化学制药技术．第 2 版．北京：化学工业出版社，2013.

[5] 陈炳和，许宁．化学反应过程与设备．第 3 版．北京：化学工业出版社，2014.

[6] 程忠玲，曲志涛．精细有机单元反应．北京：高等教育出版社，2006.

[7] 李丽娟，叶昌伦．药物合成反应技术与方法．北京：化学工业出版社，2008.

[8] 尹继广，陈佳山．化工设备安装与维护．杭州：浙江大学出版社，2013.

[9] 尤启冬．药物化学．北京：化学工业出版社，2004.

[10] 朱宝泉．生物制药技术．北京：化学工业出版社，2004.

[11] 林峰．精细有机合成技术．北京：科学出版社，2009.

[12] 周珮．生物技术制药．第 2 版．北京：人民卫生出版社，2011.

[13] 计志忠．化学制药工艺学．北京：化学工业出版社，2002.

[14] 宋航．制药工程技术概论．北京：化学工业出版社，2006.

[15] 白鹏．制药工程导论．北京：化学工业出版社，2003.

[16] 闻韧．药物合成反应．第 3 版．北京：化学工业出版社，2010.

[17] 中华人民共和国药典委员会．中华人民共和国药典．北京：中国医药科学技术出版社，2015.